Photoshop® Lightroom® 6/CC 摄影师专业技法

[美] 斯科特 · 凯尔比（Scott Kelby） 著
王聪 杨庆康 译

人 民 邮 电 出 版 社
北 京

内容提要

本书作者Scott Kelby撰写过多本计算机、摄影方面的畅销书。书中内容组织独具匠心，没有介绍大套的理论，而是一些具体的方法和技巧，并针对每个问题详细地列出所有处理步骤和具体的设置。读者在阅读之后，就可以了解在Photoshop Lightroom中怎样导入照片、分类和组织照片、编辑照片、局部调整、校正数码照片问题、导出图像、转到Photoshop进行编辑、黑白转换、制作幻灯片放映、打印照片、创建针对Web使用的照片等方面的技巧与方法，了解专业人士所采用的照片处理工作流。

本书适合数码摄影、广告摄影、平面设计、照片修饰等领域各层次的用户阅读。无论是专业人员，还是普通爱好者，都可以通过本书迅速提高数码照片处理水平。

献　辞

这本书献给我亲爱的朋友——Manny Steigman，
这个世界因为有你而更加美好！

关于作者

Scott 是《Photoshop User》杂志的编辑、出版人和共同创办者，他是《Light It》杂志的执行编辑和出版人，也是“The Grid”节目（每周直播的摄影师视频讲座节目）的嘉宾，以及顶级视频节目“Photoshop User TV”的嘉宾。

Scott 是美国Photoshop 国家专业协会（National Association of Photoshop Professionals，NAPP）的主席，并担任Kelby Media Group 公司（一家从事培训、教育和出版的公司）总裁。

Scott 是一位摄影师、设计师和60 多本获奖图书的作者，这些图书包括《Photoshop 数码照片专业处理技法》、《Photoshop 炫招》、《Photoshop 七大核心技术》、《数码摄影手册》（第一卷、第二卷、第三卷、第四卷和第五卷）。

在过去五年里，Scott 一直保持着全球摄影类图书第一畅销书作者这一荣誉。他的著作《数码摄影手册》现在也成为历史上最畅销的数码摄影类书籍。最近，他还因其在全球摄影教育方面的贡献荣获了哈姆丹国际摄影奖（HIPA）。

他的图书已经被翻译为十多种语言，其中包括中文、俄文、西班牙文、韩文、波兰文、法文、德文、意大利文、日文、荷兰文、瑞典文、土耳其文和葡萄牙文等，并获得了ASP 国际大奖（ASP International Award），该奖由美国摄影师协会（American Society of Photographers）每年颁发一次，旨在奖励对专业摄影做出特殊或突出贡献的人。

Scott 担任Adobe Photoshop Seminar Tour 培训主任，以及Photoshop World Conference & Expo 会议技术主席，并出现在一系列Adobe Photoshop 培训DVD 和KelbyTraining.com 联机课程中，他从1993 年以来一直从事Adobe Photoshop 用户培训工作。

要了解关于Scott 的更多信息，请访问：

http://scottkelby.com

致　谢

像之前编写的每本书一样，我首先要感谢我漂亮的妻子Kalebra。如果您知道她是一位多么令人难以置信的人，就会明白我这么做的原因。

这听起来似乎有点傻。有时我们一起去超市，她让我去其他通道取牛奶，当我带着牛奶返回时，她会注视着我从通道走回来，并报以最温暖、最迷人的微笑。这并不是因为我找到了牛奶让她感到高兴，而是我们每次对视时她都这样做，即使我们只分开1分钟。这种微笑仿佛在说："这是我爱的男人。"

如果结婚26年来天天看到这样的微笑，你会觉得自己是世界上最幸运的人，迄今为止，只要见到她我依然会怦然心动。当你体验这样的生活时，会认为自己是最快乐、幸运的人，我的确是。

因此，谢谢你，谢谢你的照顾、关爱、理解、忠告、耐心、宽容大度，谢谢你是这样一位富有同情心而且善良的母亲和妻子，我爱你。

其次，我要感谢我的儿子Jordan，19年前当我在编写我的第一本书时，我的妻子正怀着他，他伴随着我的写作而成长。看着他在他母亲温柔、充满爱心的呵护下，成长为一个优秀的年轻人，真是一件令人激动不已的事。今年，他就要去其他州上大学了，他知道他的父亲以他为荣，但可能不知道我是那么的怀念他早晨上学前和傍晚在饭桌上洋溢的微笑。他虽然年轻，但却以各种各样的方式遇到了很多人，因此受到了诸多启发，真期待他的人生即将面临的充满爱和快乐的奇妙旅程。小家伙——这个世界需要更多你这样的人！

感谢我可爱的女儿Kira，她是她母亲的小小翻版，相信我，我已经想不出更好的赞美之词了。能每天看到这样一个快乐、欢闹、聪明、有创意、由些许自然之力创造的小家伙在屋子里跑来跑去，真是一大幸事——她不知道她为我们带来了多么大的欢乐。她有如包裹在糖衣里的巧克力，没有比这更美妙的了。

我还要特别感谢我的兄长Jeff，对我生活的积极影响，您是最好的兄长，我以前说过上百万次了，但再说一次也无妨——我爱您。

我要衷心感谢Kelby Media Group公司的整个团队，你们永远都独具匠心且富有活力。与你们在一起工作，我感到很自豪，你们在工作中表现出来的热情和自豪感常常给我留下深刻的印象。

衷心感谢我的编辑Kim Doty。她工作认真，态度积极，注意细节，使我不断地写出一本本图书。在写这样的图书时，有时真的会感到很孤独，但她让我不再孤独——我们是一个团队。在我碰到问题时，她常常用鼓励的话语或者有用的想法给我坚持下去的信念，无论怎样感谢她都不为过。Kim，你是最棒的！

我同样感到幸运的是能够让才华横溢的Jessica Maldonado来设计我的图书。我喜欢Jessica 的设计方式，以及她对版面和封面设计添加的活灵活现的小元素。她不仅才华横溢，而且与她一起工作还很有乐趣。她是一个聪明的设计师，能有她在我的团队里，我感到非常幸运。

此外，非常感谢技术编辑Cindy Snyder，她帮助测试了本书中的所有技术（确保我没有漏掉一些必要的步骤）。在她的帮助下，我们找出了很多遗漏的小问题。另外，她的奉献精神、专业技能和办事态度让我在与她共事时倍感愉悦。感谢你，Cindy！

感谢我最好的伙伴Dave Moser（也被称作“指路明灯”“自然的力量”和“奇迹诞生者”等），他总是激励我们更上一层楼，使我们做的一切都比以前更好。

感谢我的朋友和业务伙伴Jean A. Kendra 这些年来的支持和友谊。他于我，于Kalebra 以及我们的公司来说，都太重要了。

衷心感谢Jeff Gatt和Audra Carpenter的辛勤工作和无私奉献，令我们的团队更上一层楼，并且总能做出正确的决断。

非常感谢我的执行助理Lynn Miller，感谢她持之以恒的工作，并近乎完美地处理各种事情，让我有时间专注写书。即便是一个极富挑战的疯狂任务，她也能几乎毫不费力地完成，足以彰显她的才能。谢谢你，Lynn。

感谢Peachpit Press的全体成员，是你们的辛勤工作和无私奉献，才使得这本书与众不同。此外，特别感谢Peachpit与我长期合作的出版人——今年退休的Nancy Aldrich-Ruenzel，我非常有幸与你合作，你的智慧、忠告、指导和深刻见解令我永生难忘。我们非常思念你，也会竭尽全力创作出让你倍感骄傲的书籍。

感谢Lightroom 产品经理Sharad Manggalick和Adobe Digital Happiness总监Tom Hogarty回答我的诸多问题，以及在深夜还不厌其烦地回复我的电子邮件。你们使本书变得更出色，你们是最棒的！

感谢Adobe 公司的以下朋友：Brian Hughes、Terry White、Scott Morris、Jim Heiser、Stephen Nielsen、Bryan Lamkin、Julieanne Kost和Russell Preston Brown。以及故去的Barbara Rice、Rye Livingston、John Loiacono、Kevin Connor、Deb Whitman、Addy Roff、Cari Gushiken和Karen Gauthier，你们将永远为人们所铭记。

我要感谢多年来一直教导我，启发我的那些才华横溢的摄影师们，包括：Moose Peterson、Joe McNally、Bill Fortney、George Lepp、Anne Cahill、Vincent Versace、David Ziser、Jim DiVitale、Cliff Mautner、Dave Black、Helene Glassman和Monte Zucker。

感谢我的一些良师益友，他们的智慧和鼓励给予我极大的帮助，其中包括John Graden、Jack Lee、Dave Gales、Judy Farmer和Douglas Poole。

阅读本书之前要了解的5件事

我真的希望你能掌握本书的绝大部分内容，如果你现在花两分钟时间了解关于本书的这5件事情，我敢肯定会对你成功使用Lightroom和理解这本书产生巨大的影响，这部分内容绝对值得你花点时间阅读。

（1）本书供Lightroom CC或Lightroom 6两个版本的用户使用（二者的功能完全相同，因此如果你购买的是Lightroom 6，却看到书中出现了“Lightroom CC”字样也无需感到奇怪）。此外，我还针对Lightroom的手机和平板计算机版本提供了一章进行介绍，有兴趣的读者请参考第16章。

（2）你可以下载本书使用的很多重要图片，这样你在阅读本书时可以使用与书中相同的照片进行练习。另外，我也在下载链接中提供了额外3章的PDF文件，供您学习。下载地址是http://pan.baidu.com/s/1hstyeQo。（看，这就是我说的你直接跳到第1章会错过的事情之一。）

SCOTT KELBY

SCOTT KELBY

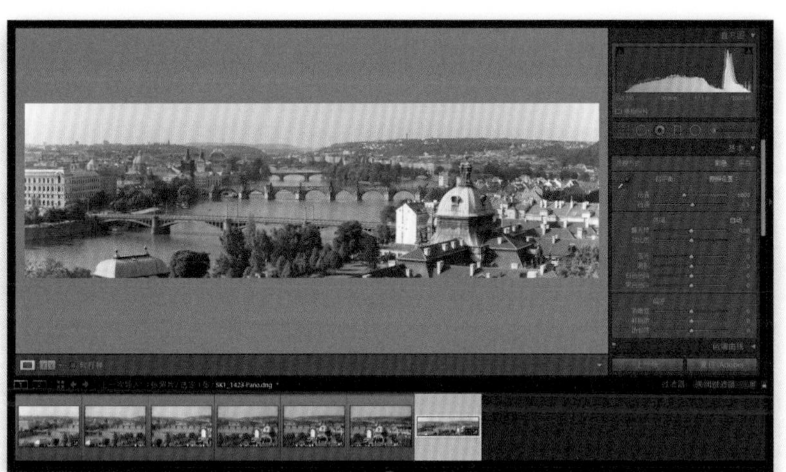

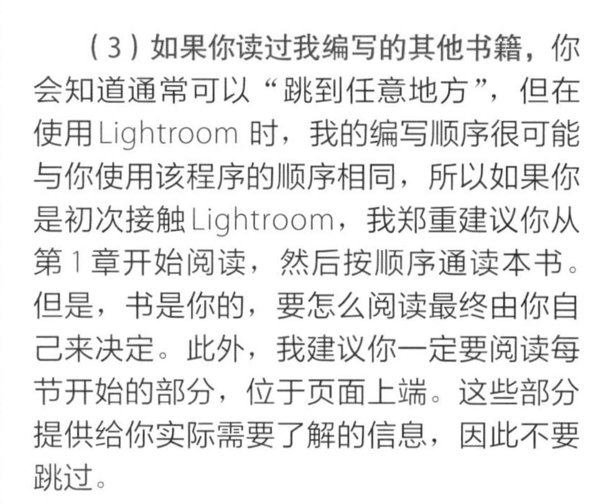

（3）如果你读过我编写的其他书籍，你会知道通常可以“跳到任意地方”，但在使用Lightroom 时，我的编写顺序很可能与你使用该程序的顺序相同，所以如果你是初次接触Lightroom，我郑重建议你从第1章开始阅读，然后按顺序通读本书。但是，书是你的，要怎么阅读最终由你自己来决定。此外，我建议你一定要阅读每节开始的部分，位于页面上端。这些部分提供给你实际需要了解的信息，因此不要跳过。

（4）该软件的官方正式名称是“Adobe Photoshop Lightroom CC”，因为它是Photoshop大家庭中的一员。但是，如果我在本书中每处都称它为“Adobe Photoshop Lightroom CC”，会显得十分冗长）。因此，从这里开始，我通常只把它称作“Lightroom”或“Lightroom CC”。

（5）本书额外提供一章与你分享我从头至尾的工作流程。然而，请在读完整本书之后再看这一章，因为有些方法你可能还不了解，我会在书中讲述。

目录

第1章 13

▼ 导入照片

第2章 71

▼ 组织照片

第3章 127

▼ 自定设置

第4章 147

▼ 编辑基础

第5章 187

▼ 局部调整

第6章 213

▼ 编辑基础

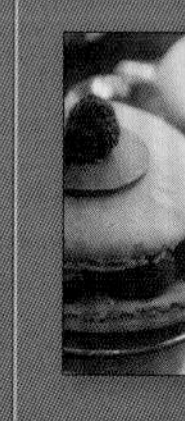

第7章 249

▼ 问题照片

第8章 291

▼ 导出图像

第9章 311

▼ 转到 Photoshop

第10章 329

▼ 爱之影集

第11章 361

▼ 幻灯片放映

第12章 391

▼ 视频编辑

第13章 403

▼ 人像处理工作流程

第14章 见下载链接

▼ 大型印刷品

第15章 见下载链接

▼ 布局样式

第16章 见下载链接

▼ Lightroom 手机用户

摄影师：Scott Kelby ┆ 曝光时间：1/1250s ┆ 焦距：19mm ┆ 光圈：*f*/7.1

第1章

导入照片

1.1 先选择照片的存储位置

在进入 Lightroom 并开始导入照片之前，你需要先决定所有照片的存储位置（我是指你所有的照片——过去拍的，今年拍的，还有未来几年将要拍的所有照片）。你需要一个极大容量的存储设备来保存整个照片库，好消息是如今的存储卡价格非常便宜。

使用外接硬盘

如果你计算机硬盘的可用空间充足，那么你可以把所有照片都存在里边。不过，我通常会建议朋友购买一个比其预期的容量要大得多的外接硬盘（初学者至少需要4TB[太字节]）。如果你打算把毕生拍下的照片都存在计算机硬盘中，那么计算机的存储空间很快就会被充满，你还是不得不购买外接硬盘，所以最好一开始就准备好一个性能好、速度快、容量大的外接硬盘。顺便说一下，不用担心，Lightroom强大到能把照片存储在独立的硬盘中（不久就会教你如何操作）。总之，无论是什么外接存储器（我使用的是G-Technology外接硬盘），它都能超乎想象地迅速被填满，这也归功于当今的高像素相机越发标准化。不过，硬盘的价格可并不便宜，通常4TB（相当于4000GB［千兆字节］）的硬盘价格在825元左右。你可能会说："我绝不可能填满4TB的存储空间！"但你仔细想想：如果你每周只拍一次照，每次只使用16GB的存储量，那么一年你也将使用超过400 GB的存储空间。而这仅仅是每周只拍一次的情况，还没有算上以前拍摄的照片。所以一定要选择存储空间大的硬盘。

图 1-1

1.2
现在选择你的备份策略

现在你已经准备好外接硬盘了，你所有的照片都会存在这里边，可它坏掉了怎么办？注意，我此处所说的“坏掉”并非偶然，而是必然的。它们终将会坏掉，存在里面的东西也会随之消失。因此，你必须至少有一个额外备份的照片库。注意我说的是“至少有一个”。这是一个很严肃的问题。

SCOTT KELBY AND BRAD MOORE

图 1-2

图 1-3

它必须是一个完全独立的硬盘：

你的备份必须是完全独立于主外接硬盘之外的另一个外接硬盘（不是区分硬盘，也不是同一硬盘中的另一个文件夹。我曾经和一个没意识到该问题严重性的摄影师探讨过，一旦原始图库和备份图库同时崩溃，那么结局只有一个，就是照片永远丢失）。所以完全有必要准备第二个硬盘，把照片存储在两个完全独立的硬盘中。稍后我再做详细讲解。

第二和第三策略：

如果你家（或办公室）遭遇暴风、龙卷风、洪水或火灾，这时即便有两个硬盘，依旧会因其损毁而失去照片。如果家或办公室遭到破坏，整个计算机装置，包括外接硬盘都很难幸免于难。这时需要考虑把备份外接硬盘分开存放。例如，我把一个G-tech 硬盘放在家里，把另一个存有相同图库的硬盘放在办公室。我的第三个备份策略是对整个图库进行“云储备”备份。

1.3 进入Lightroom前组织照片的方法

我几乎每天都会遇到为照片存储位置而犯难的摄影师，他们对Lightroom的存储功能迷惑不解，认为其毫无章法。不过，如果你能在使用Lightroom前先组织照片（我将为大家介绍一个简单的办法），那么接下来的工作将更加顺利，你不仅能明确照片的位置，而且即便你不在计算机旁，别人也能通过精确的存储位置找到所需要的照片。

第1步：

进入外接硬盘（参见1.1节）并创建一个新文件夹。这是你的主图库文件夹，你需要把所有照片（无论是几年前的老照片，还是新拍摄的照片）都存入其中，这是在进入Lightroom前整理照片的关键步骤。

我把这个重要的文件夹命名为Lightroom Photos，你也可以按自己的喜好命名，只要知道这是你整个照片库的新家就行了。此外，如果想要备份整个照片库，只需要备份这个文件夹，很方便对不对？

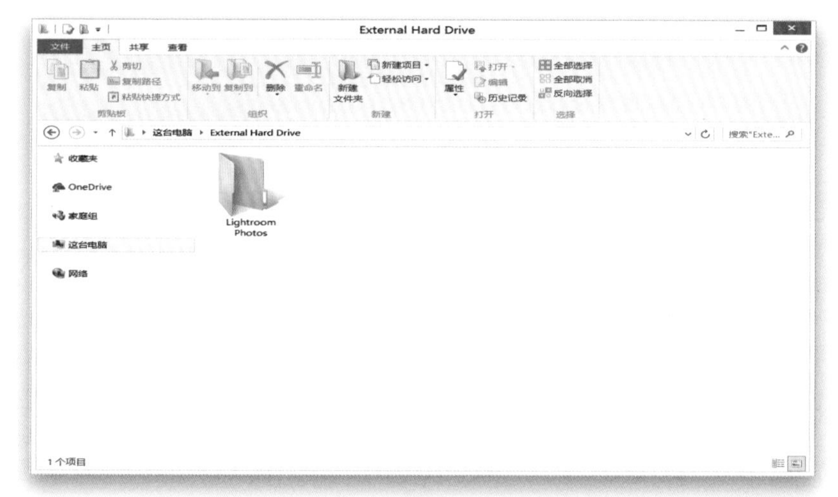

图 1-4

第2步：

在主文件夹里创建更多的子文件夹，然后根据照片的主题命名它们。例如，我有旅行、运动、家庭、汽车、人像、风景、纪实和杂项等独立的文件夹。现在我已经拍摄过许多不同的运动题材的照片，因此在我的运动文件夹中又设有足球、棒球、赛车、篮球、曲棍球、橄榄球和其他运动等独立的文件夹。最后一个步骤不是必须要有的，只不过我拍过许多不同运动题材的照片，这样做更方便我快速地找到照片。

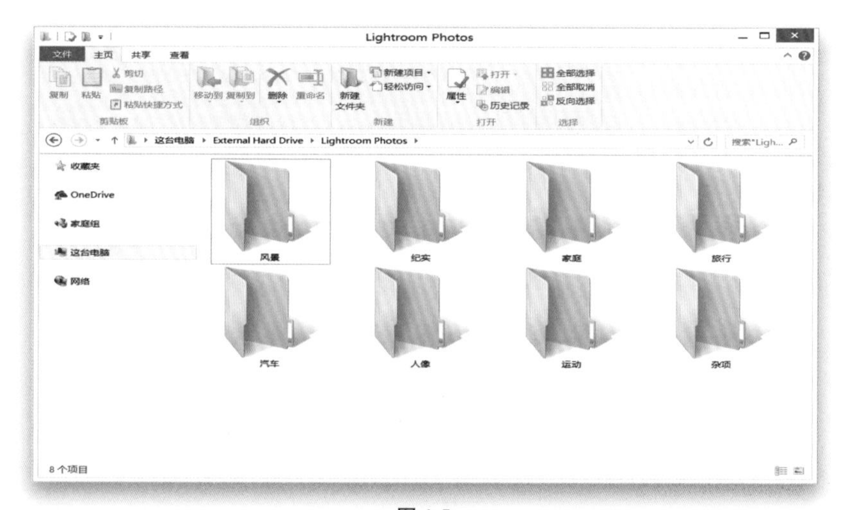

图 1-5

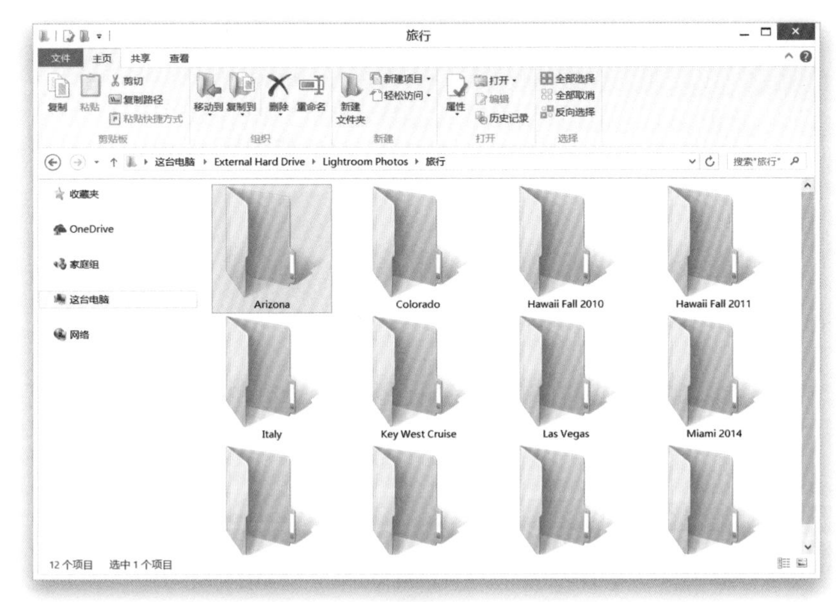

图 1-6

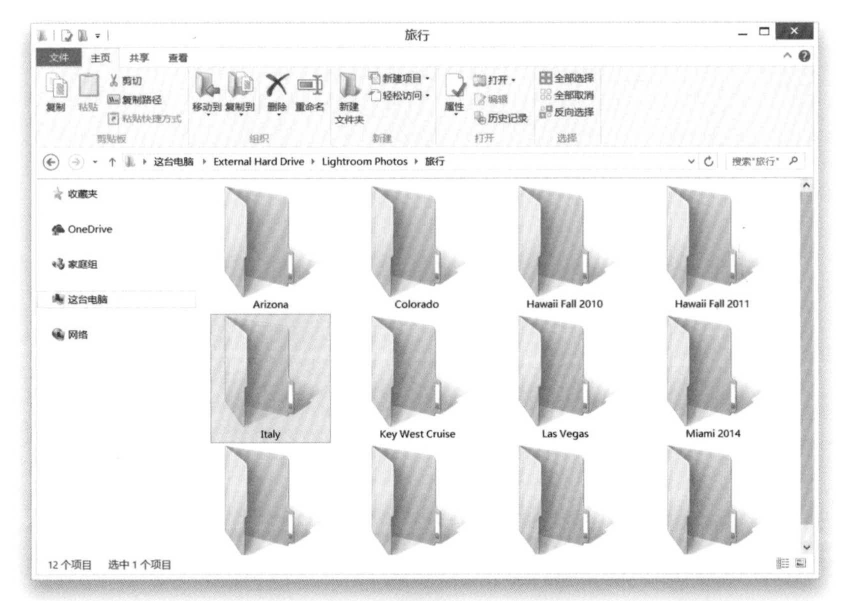

图 1-7

第3步：

现在你的计算机里可能有许多满是照片的文件夹，你的任务是把它们拖入到对应主题的文件夹中。所以，如果你有一些夏威夷旅行的照片，就把文件夹拖入Lightroom Photos文件夹中的旅行文件夹中。顺便提一下，如果存储夏威夷之行照片的文件夹取了一个诸如“Maui Trip 2012”之类不太一目了然的名字，那现在你最好修改一下名称。文件夹名应该越简单直白越好。言归正传：我拍了一些我女儿参加垒球锦标赛的照片，把它们放入Lightroom Photos文件夹的运动文件夹中。但它们同时也是我女儿的照片，因此也可以把它们存入家庭文件夹中，这并没什么影响，全凭个人喜好。但如果此时选择的是家庭文件夹，那么以后孩子运动的照片都要放入其中，必须保持一致，决不能将两个文件夹混杂着使用。

第4步：

事实上，把所有照片从硬盘转入到文件夹里用不了多长时间，几小时足矣。怎么操作呢？首先，即使你不在计算机前，也应该能明确地说出每张照片所在的位置。例如，如果我问：“你意大利之行的照片在哪？”你立刻能说出它位于Lightroom Photos文件夹，旅游的子文件夹Italy中。如果你曾多次游览过意大利，可能会看到三个文件夹：Italy Winter 2014，Italy Spring 2012和Italy Christmas 2011，显然你去过三次意大利，但我最初不会问你去过几次，即便问了，你也知道答案。

第5步：

如果你想要更深入地整理照片（有些人需要），那么可以在创建完Lightroom照片主文件夹后再加一步：不用照片的主题如旅行、运动、家庭等命名文件夹，而是用年份如2015、2014、2013等你需要的年份来命名。然后在年份文件夹中创建主题文件夹（在每个年份文件夹中再创建旅行、运动、家庭等子文件夹）。这样你的照片就是按其拍摄年份存储的了。来试一下：如果你2012年去过伦敦，先把伦敦文件夹拖入2012文件夹的旅行文件夹中，这就完成了。如果你2014年又去了伦敦，就要把它放入2014文件夹的旅行文件夹中。所以，我为何要多此一举呢？对我来说，这只是多了个步骤而已，而且我也记不住每年发生过什么事儿（我记不清自己是2012年还是2013年去的意大利），所以没法准确地找到照片位置。

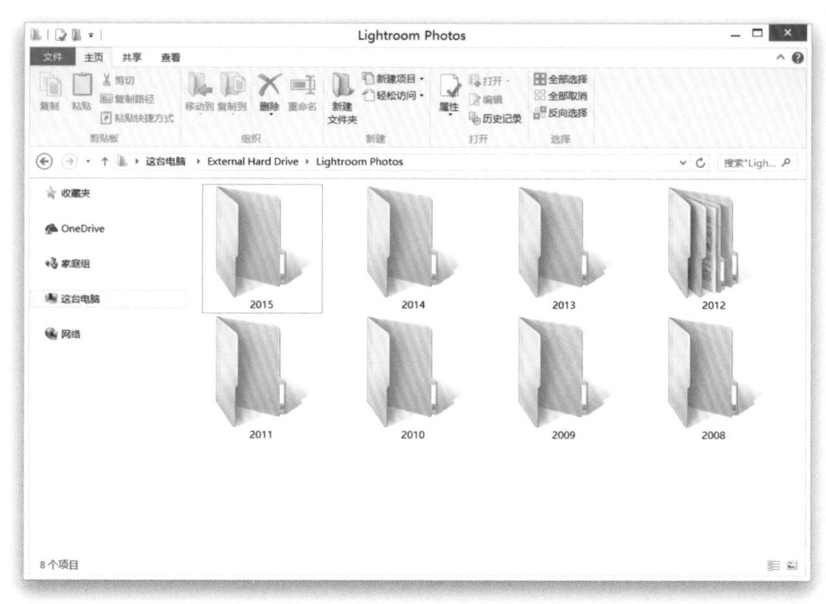

图 1-8

第6步：

假如你拍过许多音乐会的照片，我会问："Eric Clapton音乐会的照片在哪？"你答："在我的外接硬盘，Lightroom Photos-2013-Concert Shots文件夹中。"就是这么简单，因为那个文件夹中存放着所有你在2013年音乐会上拍摄的照片，并以字母顺序排列。事实上，文件夹的名称越简单直白，如"Travis Tritt""Rome"或"Family Reunion"，接下来的工作就越简便顺利。顺便问一下，你2012年家庭聚会的照片在哪？它们当然在Lightroom Photos-2012-Family-Family Reunion文件夹中。完成，就这么简单。现在就着手整理吧（只要一个小时左右），你将受益终生。

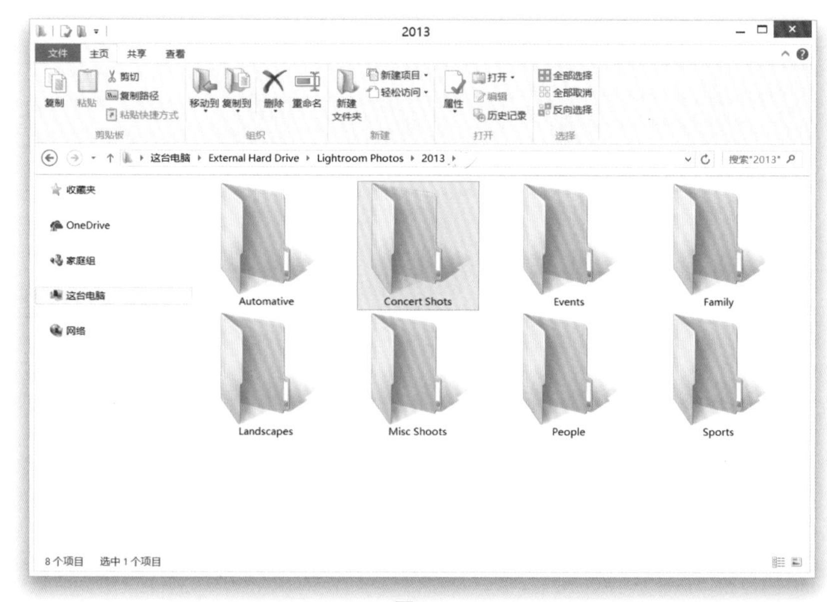

图 1-9

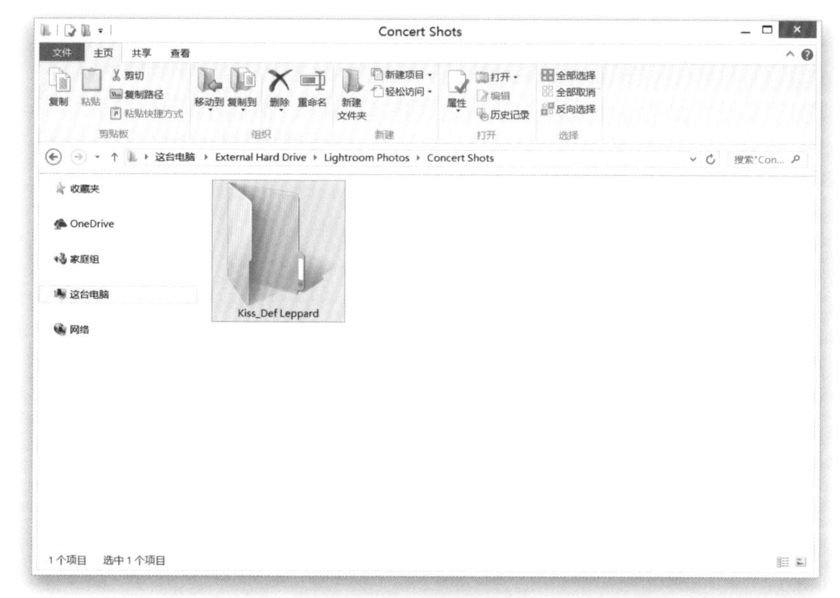

图 1-10

第7步：

如果从相机存储卡导入新照片该怎么办呢？步骤一样：把它们直接导入到正确的主题文件夹中（稍后再做详细介绍），并在其中创建一个切合照片主题、名字简单的新文件夹。比如你在KISS和Def Leppard音乐会上拍下照片（他们在做巡回演出，很棒的演出），那么它们会被存储在Lightroom Photos-Concert Shots-Kiss_Def Leppard文件夹中

注意：如果你是一位严谨的纪实摄影师，你需要一个名为“Events”[纪实]的独立文件夹，该文件夹中还会包含如音乐会、名人演讲、颁奖典礼和政治事件等整齐有序的照片。

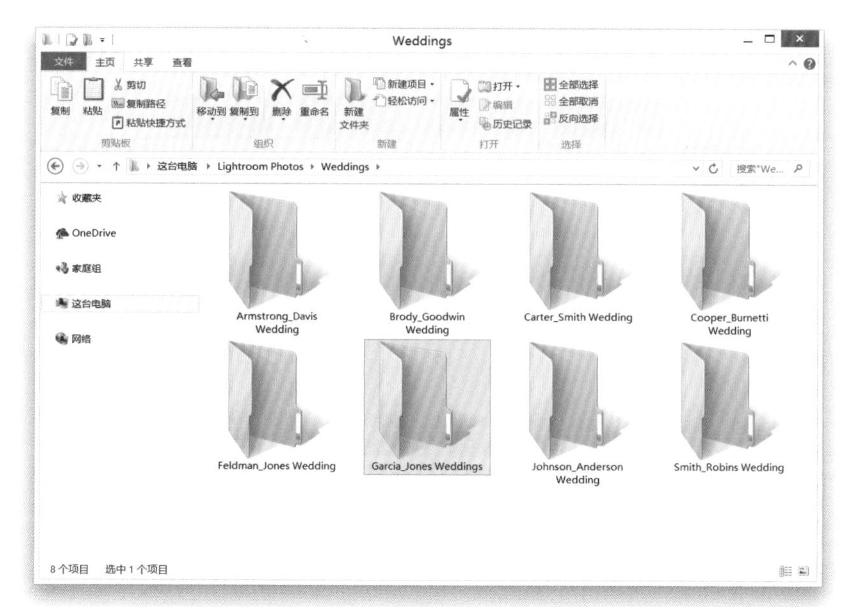

图 1-11

第8步：

重申一次，我进行照片分类时喜欢跳过年份文件夹。所以如果你是婚礼摄影师，你需要有婚礼文件夹，里边要创建名为诸如Johnson_Anderson Wedding、Smith_ Robins Wedding等简单的名称。如果Garcia女士对你说：“我想多要一份我们的婚礼照片。”你需要知道其确切位置：在你的Lightroom Photos-Weddings-Garcia_Jones婚礼文件夹中。简单至极（其实Lightroom可以让操作更简单，不过你需要在打开Lightroom前把照片全都整理好）。如果你遵循以上步骤，就能以简便的方式将照片整理得井井有序。

1.4 把照片从相机导入到 Lightroom（适用于新用户）

在本书中，我把相机存储卡中的照片导入方法进行了重大改变，使之服务Lightroom新用户（如果是老用户，请跳转至1.5节）。事实上，我了解到许多摄影师都很担心，不知道照片的实际存储位置，因此我完全改变了这个操作过程的讲解。它能够解决那些受困于Lightroom存储问题的用户的困扰，一旦使用，立即受益。

第1步：

许多人都会绕过Lightroom的这个功能，认为其很困难（如上所述）：把装有存储卡的读卡器插入计算机中，暂时跳过Lightroom。就是这样——按照上述步骤，把照片从存储卡直接拖入到外接硬盘的恰当位置中。比如这些布拉格的照片位于外接硬盘的Lightroom Photos中，然后在Travel文件夹中有一个名为Prague 2014的新建文件夹，我把它们从存储卡直接拖动到文件夹里。现在就不用担心照片到底在哪了，因为你有条理地存储了它们。

图 1-12

第2步：

现在把这些照片导入Lightroom中（我们不是真的移动它们。只是需要告知Lightroom它们的位置，以便下一步操作）。幸运的是，由于照片已经存储在你的外接硬盘中，这一步会相当快！打开Lightroom，在图库模块的左下角单击导入按钮（如图中红色圆圈所示），或者使用快捷键Ctrl-Shift-I（Mac：Command-Shift-I）。

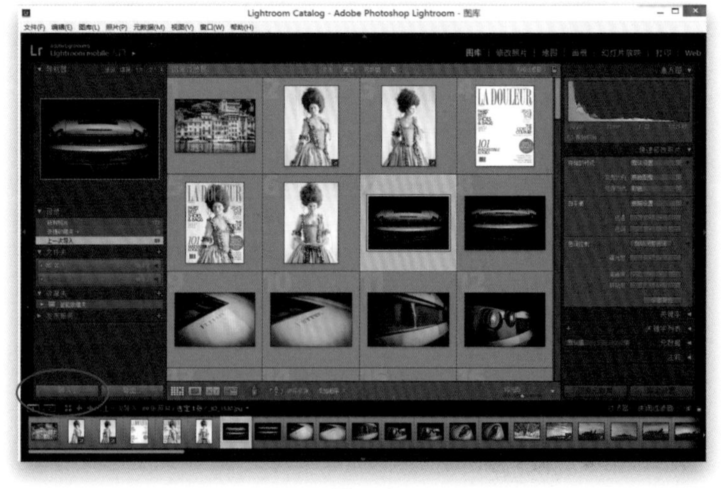

图 1-13

图 1-14

图 1-15

第3步:

这时会打开导入窗口，如图1-14所示。根据存储的位置不同，我们操作的方式也有所不同。把照片直接存放在计算机里的操作方式与存放在外接硬盘中的方式稍有不同（若想了解详情，请直接跳到第5步）。如果打算把所有照片都存在计算机里，那么在源面板中，单击硬盘的左箭头以查看它的列表。始终单击这些小箭头可以导航到Lightroom Photos文件夹，然后单击Travel的左箭头查看其列表，再单击你创建的Prague 2014文件夹，并把照片复制到计算机中。现在可以看到所有导入就绪的布拉格照片的缩览图（如果由于某种原因，你看到的窗口比较小，只需单击左下角的显示更多选项按钮[下箭头]，展开为如图所示的完整的缩览图）。

提示：查看导入照片的数量和所占空间

你可以在导入窗口的左上角查看导入照片的总数量，以及它们在硬盘中所占的空间。

第4步:

单击并拖动预览区域下方的缩览图滑块，更改缩览图大小（如图1-15所示）。默认情况下会导入该文件夹中的所有照片，如果有些照片你不想导入，只需取消勾选其左上方的复选框即可。

第5步：

如果你把照片存在外接硬盘中（强烈建议你这么做，详情见1.1节），那么必须让Lightroom知道照片来源于此。该操作需要在导入窗口完成。外接硬盘会出现在源面板中硬盘的下方，找到Lightroom Photos-Travel-Prague 2014文件夹，然后点击进入该文件夹，现在就能看到所有布拉格照片的缩览图了（单击并拖动预览区域下方的缩览图滑块来改变缩览图的大小）。默认时，该文件夹中的所有照片都将被导入，但如果有些照片你不想导入，只需取消勾选它们左上角的复选框即可。

图 1-16

第6步：

由于照片已经位于你的外接硬盘（或计算机）中，所以不必再在导入窗口进行过多操作，不过还需做出一些决定。首先要决定照片在Lightroom中的显示速度和缩放比例，该操作需要在文件处理面板中完成。在1.5节的第11步中，我详细介绍了如图1-17所示的这4个构建预览选项，以及如何正确地选择它们。

图 1-17

图 1-18

第7步：

构建预览下拉菜单的下边是构建智能预览复选框。只有当你在修改照片模块下，并且外接硬盘没有连接计算机时，才需打开此选项（用以调整曝光度、鲜艳度等设置）（智能预览仅限笔记本计算机用户使用。如果不是，你需要转到1.6节，查看更多智能预览的内容）编辑照片。此外，我建议勾选不导入可能重复的照片复选框，以防把照片导入两次（当你多次导入同一个存储卡时可能会出现该问题）。这时重复照片的缩览图会显示为灰色。如果所有照片都是重复的，导入按钮也会变灰。如果想把照片导入到收藏夹里（这会省掉之后的一些步骤），可以勾选添加到收藏夹复选框。这会打开当前的收藏夹列表，只需单击想要导入照片的收藏夹，或单击复选框右侧的＋图标来创建新收藏夹，Lightroom就能完成其余操作。如果你是Lightroom新手，那么请跳过添加至收藏夹这一步吧，我将在第2章中为你详细讲解。

在导入时应用
修改照片设置 无
元数据 无
关键字

图 1-19

第8步：

还有一些需要了解的设置——在导入时应用面板。我在1.5节的第14步开始对此进行介绍，你可以跳到这部分查阅、学习。现在，你可以单击导入按钮，把这些拍摄于布拉格的照片放到Lightroom中操作了。

1.5 把照片从相机导入到Lightroom（适用于老用户）

如果你已经使用过一段时间Lightroom，熟悉了照片的存储位置，在查找照片时毫无压力，那么这一节会非常适合你。我将为你介绍大师级的导入流程，以及在导入窗口需要进行的设置。不过，如果你是Lightroom的新用户，或者硬盘中已经存有照片，那么这套流程不适合你，请转到1.4节吧。

第1步：

如果Lightroom 已经打开，则可以把相机或读卡器连接到计算机，这就会看到在Lightroom窗口中弹出导入对话框。导入窗口的顶部非常重要，因为它显示将要执行的操作。图1-20中的数字编号从左到右依次代表的含义是：（1）显示照片来自哪里（这个例子中，照片来自相机）；（2）将对这些照片执行哪些操作（这个例子中，将从相机上复制它们）；（3）要把它们放到哪里（在这个例子中，要把它们从外接硬盘中复制到Lightroom的照片文件夹中）。如果不想立即导入相机或存储卡上的照片，只需单击取消按钮，该窗口就会关闭。关闭之后，再次单击导入按钮（位于图库模块左侧面板的底部），即可随时打开导入窗口。

图 1-20

第2步：

如果相机或者读卡器仍连接到计算机，Lightroom 则会认为我们想要从这些卡上导入照片，我们会看到导入窗口左上角的从下拉列表（如图1-21中圆圈所示）。如果需要从其他存储卡导入（我们可能将两个读卡器连接到计算机），则请单击从按钮，从弹出菜单（如图1-21所示）中选择其他读卡器，或者可以选择从其他地方导入，如桌面或者Pictures文件夹，或者最近导入过的其他任何文件夹。

图 1-21

图 1-22

第3步：

中间预览区域右下角的下方有一个缩览图大小滑块，它可以控制缩览图预览的尺寸。如果想看到更大的缩览图，则可以向右拖动该滑块。

提示：以更大尺寸查看照片

如果想以全屏大尺寸查看将要导入的照片，只要在照片上双击或者按字母键E即可，再次双击照片或者按字母键G可缩回原来的尺寸。按键盘上的+键可以查看大缩览图，按-键则会使其变小。该功能在导入窗口和图库模块的网格视图时都适用。

图 1-23

第4步：

预览即将导入照片的缩览图的一大优点是可以选择实际需要导入哪些照片，毕竟，如果在步行时意外拍摄到地面照片，这样的照片没有任何理由需要导入，而我几乎每次外出拍摄时都会遇到这种情况。默认时，所有照片旁边都有一个选取标记，意味着它们全部被标记为导入。如果看到不想导入的照片，只要不勾选该复选框即可。

第5步：

现在，如果存储卡上有300多幅照片，而我们只想导入其中的少数照片该怎么办？只需单击预览区域左下角的取消全选按钮，再按Ctrl（Mac：Command）键并单击我们要导入的照片。之后勾选所有被选中照片缩览图左上方的复选框，让它们处于选取状态。此外，如果从排序依据下拉列表（预览区域下方）内选择选中状态，则所有被选取的图像将依次显示在预览区域的顶部。

提示：选择多幅照片

如果想要选取的照片是连续的，则可以单击第一幅照片，然后按住Shift键并保持，向下滚动到最后一幅照片，单击它，就可以选择二者之间的所有照片。

图 1-24

第6步：

在导入窗口顶部中央位置，可以选择是原样复制文件（复制），还是复制为DNG，在导入照片时将它们转换为Adobe公司的DNG 格式（如果你不了解Abobe DNG[数码负片]文件格式的优点的话，可以查看1.13节）。其实选择哪一种都可以，所以如果此时我们不确定该怎样做，只需选择默认设置复制即可，此设置能够将图像从存储卡中复制到计算机或外接硬盘，并将它导入到Lightroom。无论是选择复制还是复制为DNG都不会将原始图像从存储卡中移除，因此即使在导入期间不小心发生了严重错误，我们在存储卡上仍然保留有原始照片。

图 1-25

图 1-26

第7步：

在复制为DNG和复制按钮下方有三个视图选项。默认时，预览区域显示存储卡上的所有照片，但是，如果下一次导入使用该存储卡新拍摄的照片时，预览区域只显示出存储卡中还未导入的新照片。此外，还有一个目标文件夹视图，在该视图模式下，预览区域将会隐藏与导入到文件夹内的现有照片名称相同的所有照片。后面这两个视图选项只是为了避免混乱，使我们在移动文件位置时更容易观察所执行的操作，因此如果不需要它们的话，则完全可以不用它们。

图 1-27

图 1-28

第8步：

接下来我们要介绍Lightroom把导入的照片存储到了哪里。观察导入窗口的右上角，即可看到到部分，它显示照片将要存储在计算机上的位置（在这个例子中，左图中把照片存储在我硬盘上的Lightroom Photos文件夹内）。单击到按钮，从弹出菜单（如图1-28所示）中可以选择默认图片收藏文件夹，或者可以选择其他位置，也可以选择最近存储图像使用过的文件夹。无论选择哪个选项，只要观察目标位置面板中显示的该文件夹在计算机上的路径，就可以知道照片将来的存储位置。

第9步：

现在，如果选择之前创建的Lightroom Photos文件夹作为存储照片的位置，我们可以把照片放置到按日期命名的文件夹内，或者你也可以选择创建新文件夹，并把它命名为你喜欢的名称。请转到该窗口右侧的目标位置面板，勾选至子文件夹复选框，之后在其右边显示出的文本字段框内输入你喜欢的文件夹名称。在我这个例子中，我要把照片导入到Lightroom Photos文件夹下的Weddings 2014子文件夹内。在我看来，用拍摄对象的内容来命名文件夹便于我找到这些照片，但有些人喜欢按年或者按月排序所有图像，这样也很不错。

图 1-29

第10步：

如果想让Lightroom 按日期组织照片文件夹，首先一定要取消勾选至子文件夹复选框，之后从组织选项下拉菜单中选择按日期，然后单击日期格式下拉列表，从中选择你喜欢的日期格式。因此，如果我选择图1-30中所示的日期格式，则我的照片将存储在Lightroom Photos 文件夹下的2014文件夹内，该文件夹下还有另一个7月文件夹，表示该文件夹中的照片是我在2014年7月拍摄的。所以，真正从这个下拉列表内所选择的是位于年份文件夹内的子文件夹名称。顺便提一下，如果选择日期格式下拉列表中不含斜杠（/）的选项，则该文件夹下方将不会另外创建一个子文件夹。

图 1-30

图 1-31

第 11 步：

我们现在知道了文件来自哪里，将保存到哪里。接下来在文件处理面板内选择文件导入过程中的几个重要选项。在构建预览下拉列表内有 4 个选项，这 4 个选项可以决定 Lightroom 中较大尺寸预览的显示速度，下面我们来一一了解它们。

图 1-32

（1）最小

最小选项不关心图像的渲染预览，它只是尽可能快的把照片放到 Lightroom 中，如果双击照片，放大到按屏幕大小的缩放视图，这时它立即构建预览，这就是为什么这种较大尺寸、较高品质预览显示在屏幕上之前我们必须等待一会儿的原因（在屏幕上会显示“载入”消息）。如果放大到更大尺寸，达到 100% 视图（也称作 1:1 视图），则需要等待更长时间（这时会再次显示“载入”消息）。这是因为在我们放大照片之前没有创建较高品质的预览。

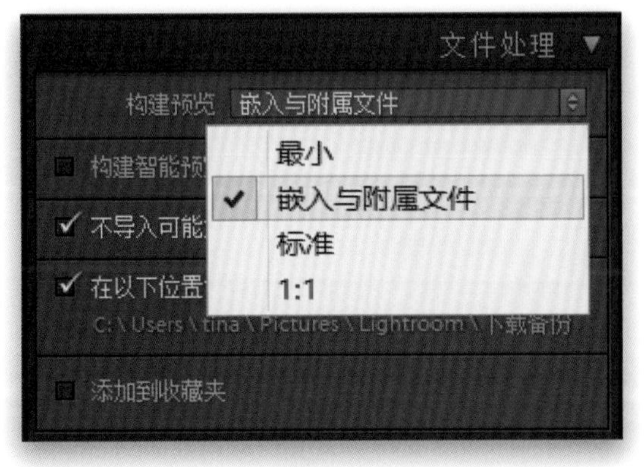

图 1-33

（2）嵌入与附属文件

使用嵌入与附属文件这种方法可以读取导入时嵌入在文件中的低分辨率 JPEG 缩览图（与在相机 LCD 屏幕上看到的相同），一旦装载之后，再载入较高分辨率的缩览图，它们看起来更像较高品质的放大视图的效果（但预览仍然很小）。

（3）标准

标准预览花费更长时间，因为它在导入低分辨率 JPEG 预览之后立即渲染较高分辨率预览，因此我们不必等待它渲染适合窗口大小的预览（如果在网格视图内双击一个预览，它会放大到适合窗口大小，而不必等待渲染）。然而，如果进一步放大到 1:1 视图或者更高，也将会得到同样的渲染消息，我们必须等待几秒钟。

（4）1:1

1:1 预览显示低分辨率缩览图，然后它开始渲染最高品质预览，这样你就可以随心所欲地放大而不用等待。然而，它有两个缺点：①速度太慢。基本上，你需要单击导入按钮，然后去喝杯咖啡（可能是两杯），但你可以放大任意照片，而绝不会看到正在渲染这一消息；②这些高品质的大预览存储在Lightroom数据库中，因此数据库文件会变得非常巨大，使得在一段时间后（长达30天）后，Lightroom 会自动删除这些 1:1 的预览。因此，如果连续 30 天没有查看某组特定的照片，你很可能不再需要高分辨率预览，可以删除它们。要在 Lightroom 中对此进行设置，请在编辑菜单（Mac：Lightroom 菜单）下选择目录设置，然后单击文件处理选项卡，并选择何时删除它们（如图 1-36 所示）。

注意：我使用的是哪个选项？最小。在放大图像时，我不介意等待几秒钟。除此之外，它只绘制我双击的那些缩览图的预览，我只双击那些我认为好的图像（对于那些想立刻获得满意结果的人来说，这是个理想的工作方式）。然而，如果你按时间收费，则请选择1:1 预览，它会增加收费时间（开个玩笑）。

图 1-34

图 1-35

图 1-36

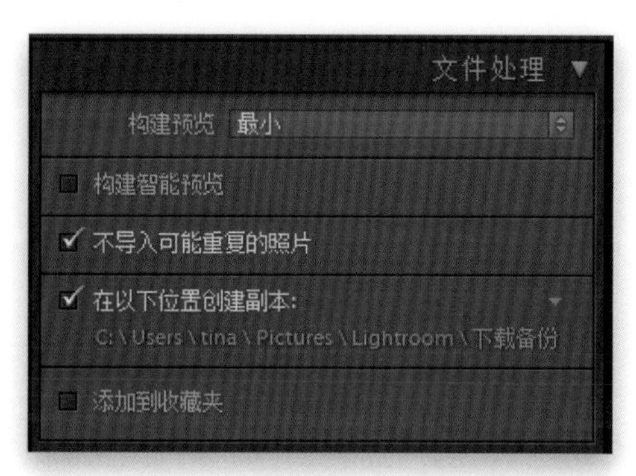

图 1-37

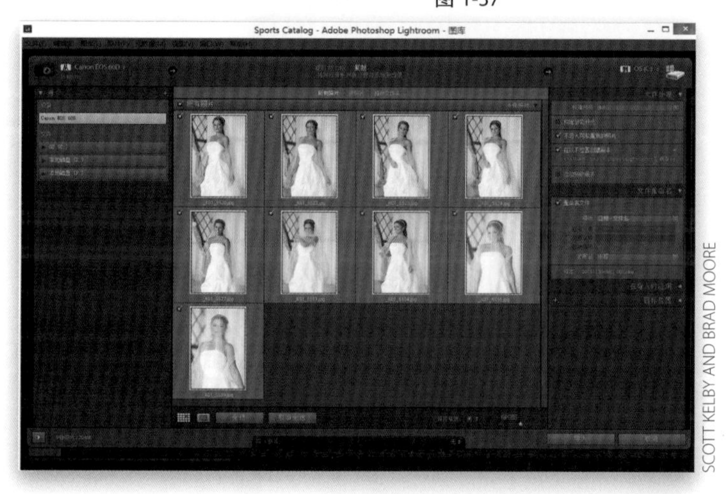

SCOTT KELBY AND BRAD MOORE

图 1-38

图 1-39

第 12 步：

我们应该勾选位于构建预览下拉列表下方的不导入可能重复的照片（在构建智能预览下方：关于此功能，稍后将详细介绍）复选框，这样可以避免意外导入重复的照片（具有相同名称的文件），但我觉得最重要的是位于其下方的：在以下位置创建副本复选框，它可以在单独的硬盘上为所导入的照片创建备份副本。这样一来，在计算机（或外接硬盘）上拥有一套工作照片，可以用它们来进行编辑，同时在独立硬盘上还拥有一套未被改变过的原始照片（数码负片）备份。拥有一套以上的照片副本非常重要。事实上，只有在拥有照片的两套副本之后（一个在我的计算机或外接硬盘上，另一个在我的备份硬盘上），我才会删除我相机存储卡上的照片。打开该复选框之后，在其下方选择备份副本的存储位置（或者单击其右边朝下的箭头，选择最近使用过的位置）。

第 13 步：

在导入时自动重命名照片则需要使用文件重命名面板。我总是会给文件重命名。一个更有意义的名字（在这个例子中，使用 Andrews Wedding 这样的名字总比_DSC0399.NEF 更有意义，尤其是在搜索它们时）。如果勾选重命名文件复选框，会展开一个有多个不同选项的下拉列表。我喜欢文件名后跟数字序号（如 Andrews Wedding 001、Andrews Wedding 002 等），因此我选择自定名称 - 序列编号（如图 1-39 所示）。这个列表给出了一些重命名文件的基本形式，你可以选择最喜欢的命名方法，或者选择模块下拉列表底部的编辑，创建自己的命名方法（我将在 1.11 节对此过程进行详细地讲解）。

第14步：

接下来的面板是在导入时应用面板，使用它可以在导入时把3种处理内容应用到图像。单击修改照片设置下拉列表可以看到Lightroom的内置预设列表，如果选择其中任意一个，这种预设的效果就会在图像导入时应用到图像（后面将具体介绍怎样创建自定修改照片预设，因此现在仍保持修改照片设置预设为无，但至少你知道了它的作用）。例如，我们可以让出现在Lightroom内的所有照片都转化为黑白，或者把它们调整为更红、更蓝或者其他任何颜色。

图 1-40

第15步：

在元数据下拉列表中你可以把自己的个人版权信息、联系信息、使用权限、说明以及其他信息添加到导入的每幅照片内。要做到这一点，首先要把所有信息输入到模板内（叫做元数据模板），在保存模板后，它就会显示在元数据下拉列表中（如图1-41所示）。模板不局限于一个——可以因不同的原因拥有不同的模板（如用一个模板保存版权信息，用另一个模板保存所有联系信息等）。本书的1.14节将向你逐步展示如何创建元数据模板，所以现在可以跳到那里，创建第一个元数据模板，之后再回到这里，从该下拉列表内选择版权模板。去吧！我会在这儿等你。真的，它一点都不麻烦（注意：在导入时，我用像这样的元数据模板在每幅照片[至少是我实际拍摄的照片]内嵌入我的版权信息）。

图 1-41

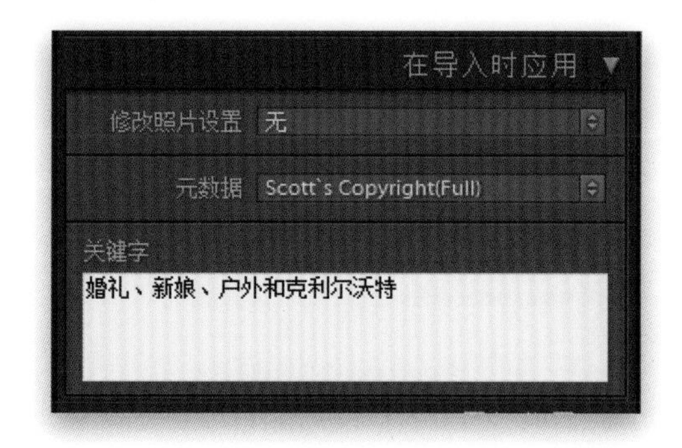

图 1-42

第16步：

在导入时应用面板底部的字段内可以输入关键字，关键字就是搜索术语名称（以后搜索时可以使用导入时输入的关键字）。Lightroom 在导入照片时把这些关键字直接添加到照片中，因此以后可以通过利用这些关键字中的任意一个进行搜索和查找照片。到了这个阶段，大家通常希望使用非常通用的关键字——可应用到每幅被导入照片中。例如，对这些婚礼照片，我在关键字字段内输入像婚礼、新娘、户外和克利尔沃特（婚礼的举办地）之类的通用关键字。每搜索词或短语之间用一个顿号分隔，只要确保所选择的词语足够通用，能够覆盖所有照片即可（换句话说，不要使用微笑这类词语，因为不是在每幅照片中她都在微笑）。

图 1-43

第17步：

我在前面提到过这一点，在位于导入窗口右下角的是目标位置面板，它只是再次准确显示照片从存储卡上导入后的存储位置。该面板左上角有一个+（加号）按钮，单击它将展开一个下拉列表（如图1-43所示），从中可以选择新建文件夹选项，这实际上在计算机上我们选择的位置处创建一个新文件夹（可以单击任一个文件夹跳转到那里）。请试试该弹出菜单内的仅受影响的文件夹命令，以简化所选文件夹的路径视图（图1-43所示的是我使用的路径视图，因为我总是把照片存储在Lightroom Photos 文件夹内。我不喜欢看到所有其他文件夹，所以在不选时会隐藏它们）。

按日期组织多次拍摄的照片：

如果你像我一样，在同一张存储卡可能有多次拍摄的照片（例如，我常常在一次拍摄后，过几天再用相机内的同一张存储卡进行拍摄）。如果是这种情况，使用导入窗口内目标位置面板中的按日期组织功能则有一个优点，那就是存储卡上每次拍摄的照片会按日期显示。文件夹略有不同，这取决于所选择的日期格式，但是，每天拍摄的照片都有一个文件夹。只有那些旁边有选取标记的照片才会被导入到Lightroom，因此，如果只想导入某一天的照片，则可以关闭不想导入的那些照片边上的选取框。

图 1-44

第18步：

现在设置好了——选择了图像的源位置和目标位置，以及在Lightroom 内显示较大预览时的速度。我们向图像添加了自己的自定名称，嵌入了版权信息，添加了一些搜索关键字。剩下要做的是单击导入窗口右下角的导入按钮（如图1-45所示），将图像导入到Lightroom。如果觉得该操作太复杂，别着急，前面创建过自定义文件名称和元数据预设（模板），还记得吗（在Lightroom 内可以创建大量的预设，使我们的工作变得更快捷、更有效。稍后会看到这一点。事实上，在单击导入按钮之前，你可以翻到本书的1.7节，学习如何将其保存为导入预设）？

图 1-45

在使用笔记本计算机时，你可能（希望）把照片存在内置硬盘中，但如果没有连接硬盘，你就无法修改诸如曝光值或白平衡之类的属性，因为你没有使用原始的高分辨文件（未连接外接硬盘）。现在可以使用的是便于排序的缩览图，但是却无法在修改照片模块中编辑它们。构建智能预览能改变这一切。

1.6 使用智能预览功能在未连接外置硬盘时工作

图 1-46

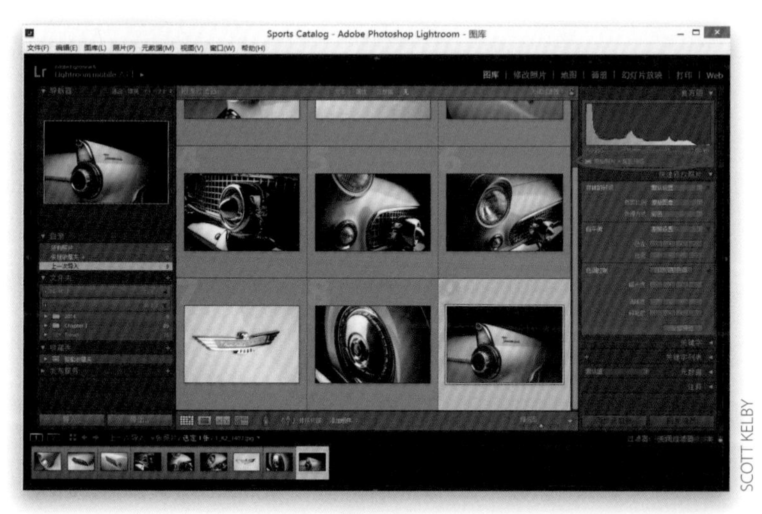

图 1-47

第1步：

若想在“离线”状态（存储有图像的外接硬盘时没有连接到笔记本计算机）下仍可以编辑图像，你需要在导入窗口中将此功能打开。只需勾选右上角的构建智能预览复选框（在文件处理面板，如图1-46中红色圆圈所示），这样Lightroom就会显示出更大的预览，以供你在修改照片模块下编辑，当笔记本计算机与外接硬盘重新连接后，该编辑会应用到你的高分辨率照片中。非常方便。

第2步：

当图像导入后，单击其中一张，在右上部的直方图正下方，你会看到原始照片+智能预览的文字，这是在告诉你现在看到的是真实的原始图像（因为存储有真实的原始文件的硬盘处于与计算机连接的状态——在图1-47中左侧面板区域，你会看到“本地磁盘（F）”在连接好的硬盘列表中），但是它同时拥有了智能预览。

提示：导入后的智能预览

如果你忘记在导入时打开构建智能预览复选框，不必担心。在网格中，选中希望构建智能预览的照片，然后在图库菜单下的预览中选择“构建智能预览”。

第3步：

现在，我们开始使用智能预览功能。首先拔出存储照片的外接硬盘，你会注意到，在文件夹面板，外接硬盘现在变成灰色（因为已经被拔出，不可用了）。然后你会看到每张缩览图的右上方都出现一个灰色的长方形（此处显示的并非照片不可用时的问号图标。虽然没有创建智能预览，但现在显示的也是感叹号图标）。长方形图标让你知道现在所看到的是智能预览。在直方图的下方。因为原始图像已经被移除了，现在显示的是“智能预览”。

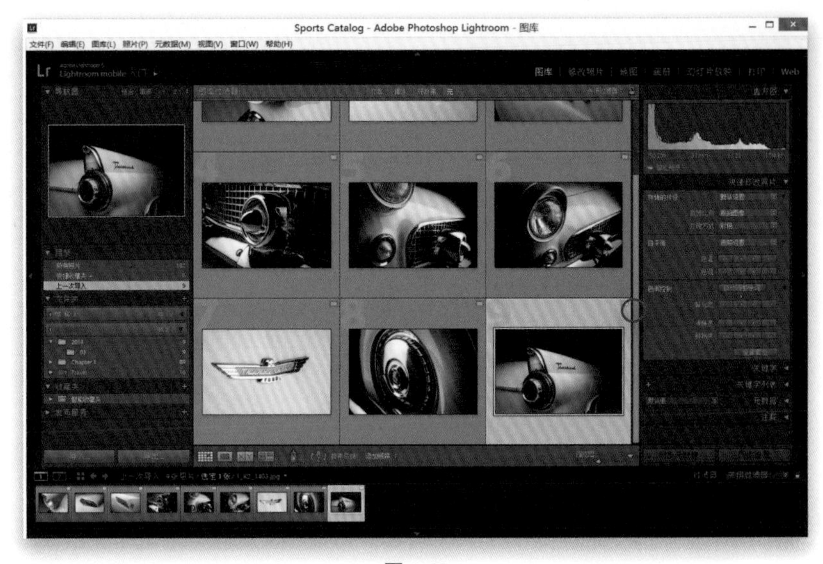

图 1-48

第4步：

按D键转入修改照片模块，现在你可以以任何喜欢的方式来编辑照片，调整曝光、白平衡，使用调整画笔——你说了算，就好像原始照片处在被连接状态一样（很便捷吧！）。不用在路上背着一大堆硬盘了。当你将外接硬盘再次接入计算机时，它可以将你做的修改自动更新到真实文件中。那缺点是什么呢？为什么不一直构建智能预览呢？它会将这些预览储存在目录中，所以目录文件将大幅膨胀。举例来说，当导入这9张构建了智能预览的照片后，我的目录文件增加了4MB（硬盘增加了4MB）。听起来不算多，但是请记住——这只是12张照片而已。

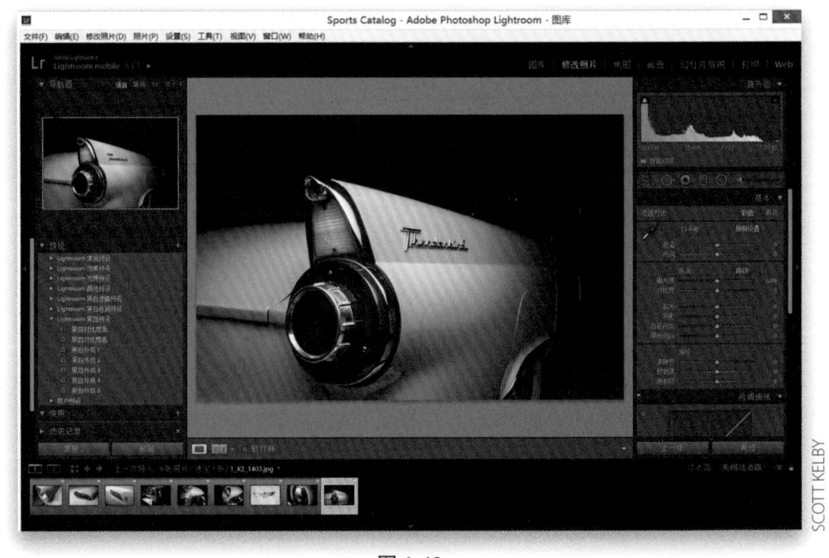

图 1-49

提示：删除智能预览

如果不再需要某组照片的智能预览，只需要选中它们，然后前往图库模块，在预览下选择“放弃智能预览”。

1.7 使用导入预设（和紧凑视图）节省导入时间

如果发现自己在导入图像时使用相同的设置，很可能想知道“为什么我导入图像时每次都要输入这些相同的信息？”幸运的是，不需要这样做。你可以只输入一次，之后把这些设置转换为导入预设，它能记住所有这些设置。之后，我们可以选择预设，添加几个关键字，可以再为保存图像的子文件夹选择不同的名称，这样就设置好了。事实上，一旦创建了几个预设，就可以完全跳过全尺寸的导入窗口，而使用其紧凑版本，以节省时间。以下是操作步骤。

SCOTT KELBY

图 1-50

第1步：

我们将像通常那样先配置导入设置。在这个例子中，我们假设要从存储卡中（存储卡已连接到计算机）导入图像，把它们复制到Pictures 文件夹下的子文件夹内，之后在外置硬盘上为这些图像创建一份备份副本（顺便提一下，这是很常用的导入设置）。我们要在导入图像时添加一些版权信息，并选择最小渲染预览，这样会快速显示缩览图。请按下面所述进行设置（或者按照你自己的实际工作流程进行设置）。

图 1-51

第2步：

现在转到导入窗口的底部中央位置，从中看到一条细黑条，在其最左端显示导入预设。在最右端的无上单击，从弹出菜单中选择将当前设置存储为新预设选项（如图 1-51 所示）。我们可能还需要在计算机上为导入图像保存另一个预设。这是难点所在，现在我们对此进行设置。

第3步：

单击导入窗口左下角显示更少选项按钮（朝上的箭头），切换回紧凑视图（如图1-52所示）。这个较小窗口的优点是：不需要看到那些面板、网格和所有其他内容，因为我们已经把导入照片所需的大多数信息存储为预设。因此，从现在开始，导入窗口将像这样显示（处于紧凑视图），我们所要做的只是从底部的下拉列表内选择预设（如图1-52所示，这里我选择从移动硬盘导入预设），之后再输入几项导入新照片时需要修改的信息（见下一步）。随时单击左下角的显示更多选项按钮（朝下的箭头），即可返回到全尺寸导出窗口。

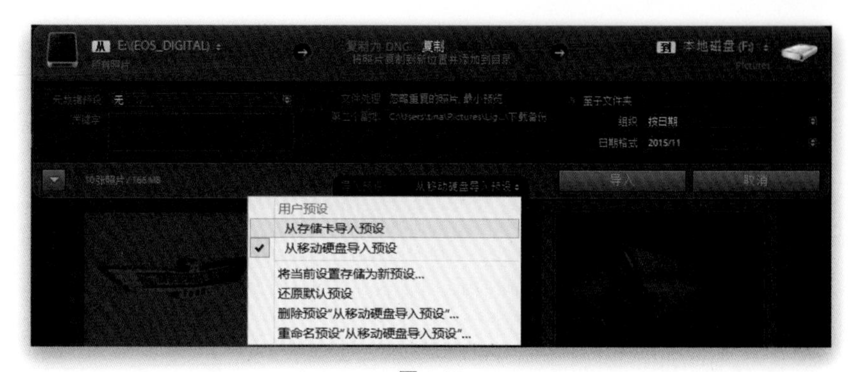

图 1-52

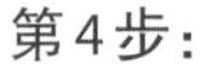

第4步：

沿着最小导入窗口的顶部可以看到与1.5节中全尺寸导入窗口中相同的操作步骤：图像来自哪里，对它们执行什么操作，以及把它们导入到哪里，这些步骤由箭头从左向右引导完成。这里的图像是：（1）来自读卡器；（2）之后复制它们；（3）这些副本存储在硬盘上的文件夹内。在中间部分，可以添加只属于这些图像的关键字（这就是在保存我的导入预设时保留该字段为空的原因。不然的话，我在这里会看到以前导入时的关键字）。之后，它显示文件处理和备份图像另一个副本首选项。在右侧可以对这些图像将要保存到的子文件夹命名。那么，这怎样节省时间？现在我们只需要输入几个关键字，为子文件夹命名，并单击导入按钮，非常简单快捷！

图 1-53

1.8 从DSLR导入视频

当今，很难找到不具备高清视频拍摄功能的DSLR（单反相机）了，幸运的是，Lightroom 具备导入视频的功能。除了添加元数据，在收藏夹中对它们进行排序、添加评级、标签、选取标记等之外，我们实际上不能做任何视频编辑工作，但现在这些视频至少在我们的工作流程中不再是不可见的文件（可以很容易地预览它们）。以下是操作步骤。

SCOTT KELBY

图 1-54

第1步：

在导入窗口内，我们知道哪些文件是视频文件，因为它们缩览图的左下角有一个小摄像机图标（如图1-54中红色圆圈所示）。单击导入按钮时，这些视频剪辑将导入到Lightroom中，并与静态图像一起显示出来（当然，如果不想看到这些导入的视频，可以取消勾选它们缩览图单元左上角的复选框）。

图 1-55

第2步：

视频剪辑导入到Lightroom 之后，在网格视图内将不会再看到摄像机图标，但在其左下角可以看到剪辑的长度。选择视频后按计算机上的空格键，或者单击时间戳（视频时间长度的数字）可以看到以较大的视图显示的第一帧画面。

第3步:

如果需要预览视频，只需在放大视图下单击视频下方的播放按钮（单击后按钮变成暂停按钮），此时视频就会播放。此外，还可以从Lightroom导出视频剪辑（一定要勾选导出对话框视频部分的包含视频文件复选框）。

提示：DSLR视频编辑软件

Adobe最新的Premiere Pro版本内置了DSLR视频编辑功能。因此，如果你对这方面感兴趣，则可以从Adobe官网下载其30天免费试用版本。

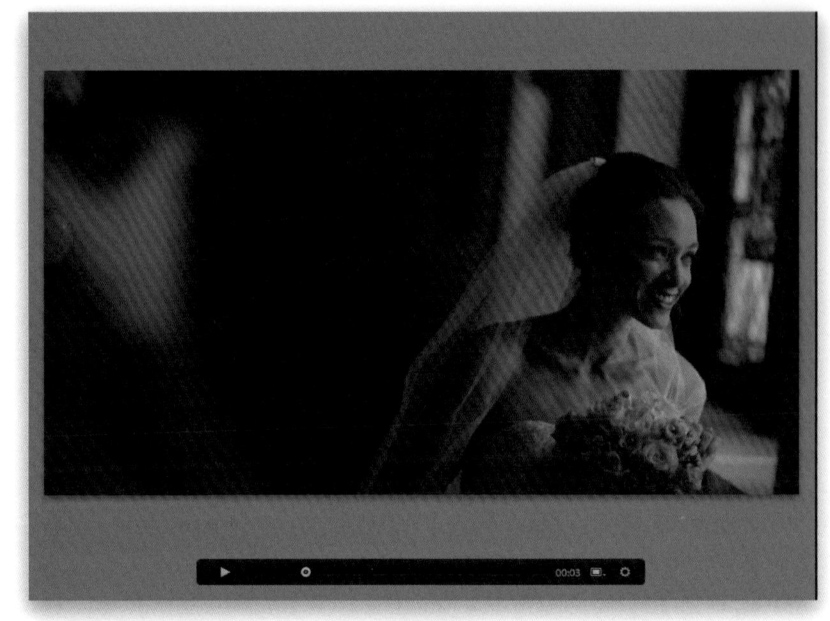

图 1-56

第4步:

如果想把所有视频剪辑集中组织到一个位置，则请创建智能收藏夹。在创建智能收藏夹面板内，单击该面板标题右侧的+（加号）按钮，从弹出菜单中选择创建智能收藏夹。该对话框打开后，从左侧的第一个下拉列表中的文件名称/文件类型中选择文件类型，从第二个下拉列表中选择是，从第三个下拉列表中选择视频。命名该智能收藏夹，再单击创建按钮，它就会搜集所有视频剪辑，并把它们放在智能收藏夹内，最重要的是，这个收藏夹可以实时更新，任何时候当你导入视频后，也会把它添加到视频剪辑的新智能收藏夹内。

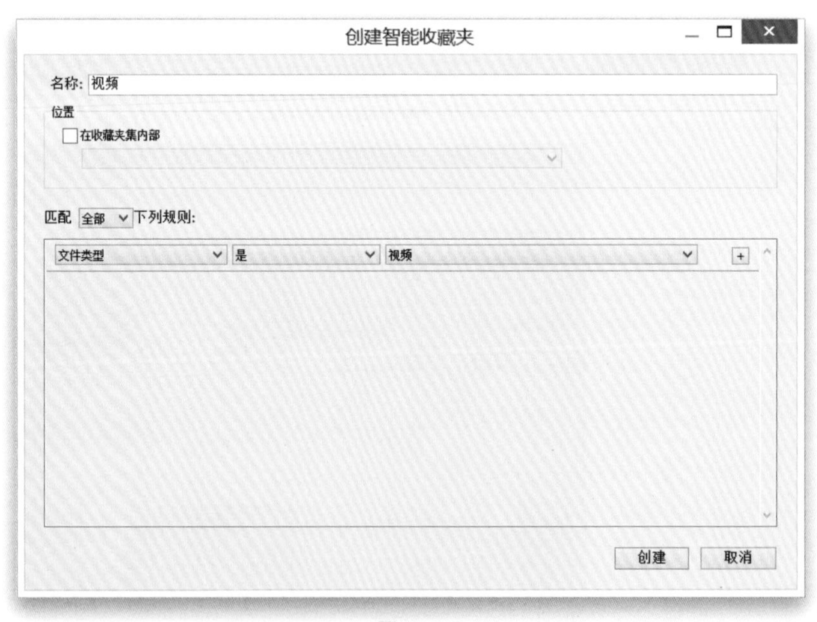

图 1-57

1.9 联机拍摄（直接从相机到 Lightroom）

Lightroom 中我最喜欢的功能之一是其内置的联机拍摄功能，可以直接从相机拍摄照片到Lightroom，而不需要使用第三方软件，而在此之前必须使用第三方软件。联机拍摄的优点是：（1）现在，在计算机屏幕上看到的图像比在相机后背微小的LCD 上看到的图像更大，因此可以更好地拍摄图像；（2）不必在拍摄后导入图像，因为它们已经位于Lightroom 内了。警告：一旦试过这种方法，你就不会再想用其他任何方式拍摄。

SCOTT KELBY AND BRAD MOORE

图 1-58

第 1 步：

第一步是使用相机所带的USB 电缆把相机连接到计算机（电缆与相机手册、其他电缆等一起放在数码相机的包装盒内）。现在请连接好相机。在影室内和现场，我使用如图 1-58 所示的联机设置（这是我从世界著名摄影师Joe McNally那里学来的）。横杆是Manfrotto 131DDB 三角架横杆配件，其上连接着TetherTools Aero Traveler 系列联机平台。

图 1-59

第 2 步：

现在转到Lightroom 的文件菜单，从联机拍摄子菜单中选择开始联机拍摄。这将打开如图 1-59 所示的联机拍摄设置对话框，在这里输入和导入窗口中几乎相同的那些信息（在顶部的工作阶段名称字段内输入名称，选择是否要自定图像名称，以及这些图像在硬盘上的存储位置，是否添加元数据和关键字等）。然而，这里有一项不同的功能——按拍摄分类照片复选框（图中红色圆圈所示），这在联机拍摄时是一项非常有用的功能（稍后就会看到）。

第3步：

按拍摄分类照片功能使我们能够在联机拍摄时组织照片。例如，假若要拍摄时装表演，你正在使用两套不同的照明设置，一种是让背景呈现灰色，另一种是白色。我们单击拍摄名称就能够把每组不同外观的照片放置到不同的文件夹内（稍后将看到这一点非常有用）。请打开按拍摄分类照片复选框，然后单击确定按钮来试一试这项功能。单击之后，会打开初始拍摄名称对话框（如图1-60所示），从中可以为这一阶段的第一次拍摄输入一个描述性的名字。

图 1-60

第4步：

单击确定按钮之后，联机拍摄窗口随即出现（如图1-61所示），如果Lightroom检测到相机，就会在左侧上方显示出相机型号名称（如果连接了多台相机，则可以单击相机名称，从下拉列表内选择使用哪台相机）。如果Lightroom没有找到相机，它则显示未检测到相机。在这种情况下，要检查USB电缆是否正确连接，以及Lightroom是否支持相机制造商和型号。从相机型号的右侧可以看到相机的当前设置，其中包括快门速度、光圈、ISO和白平衡设置。从该显示窗口的右边可以选择应用修改照片设置预设。

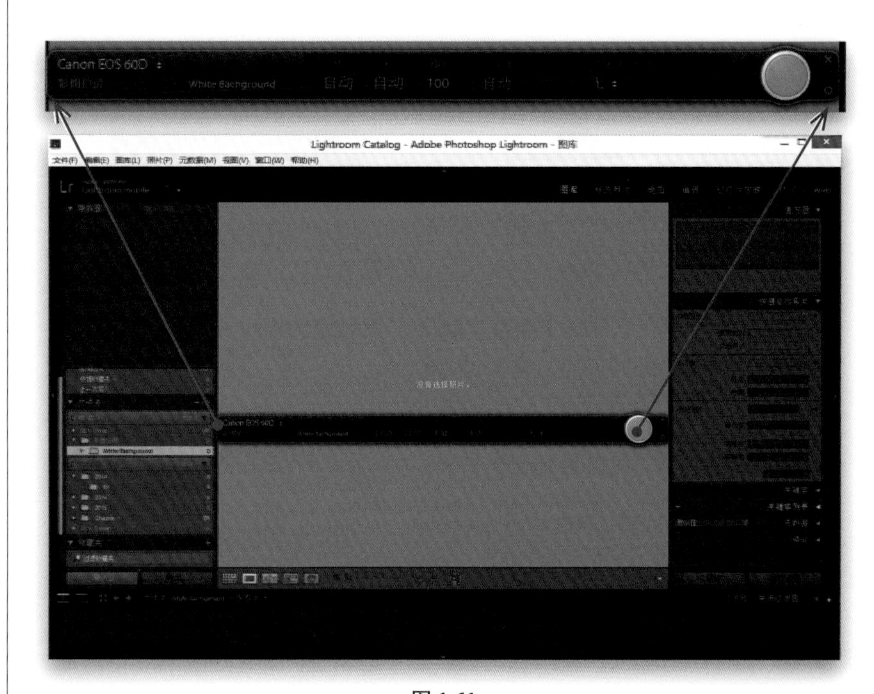

图 1-61

提示：隐藏或缩小联机拍摄条

按Ctrl−T（Mac：Command−T）键可以显示/隐藏联机拍摄窗口。如果想显示拍摄窗口，但是希望稍小一些（这样就可以将其拖到屏幕一侧），请按住Alt（Mac：Option）键，窗口右上角用来关闭视窗的×号变成了−号（减号），单击这个减号，窗口会缩小为快门按钮大小。若想还原窗口尺寸，按住Alt（Mac：Option ）键同时再次单击右上角按钮即可。

图 1-62

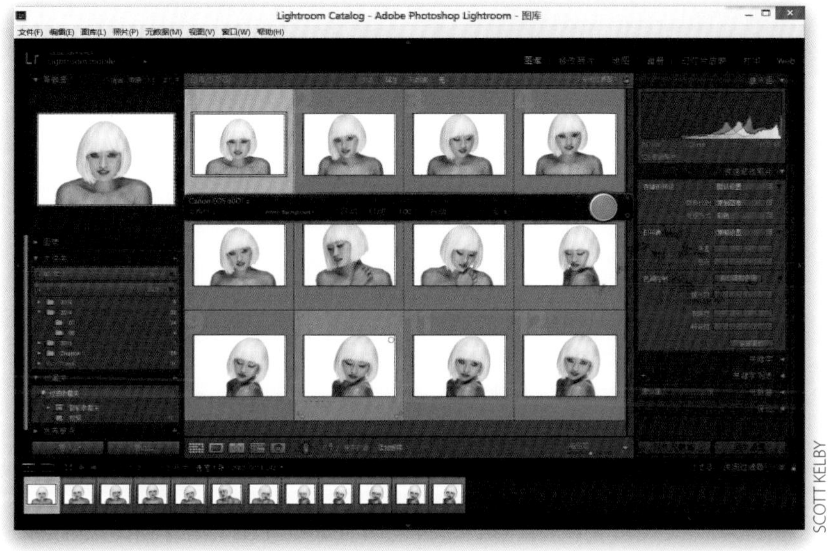

图 1-63

图 1-64

第5步：

联机拍摄窗口右侧的圆形按钮（实际上是快门按钮），单击它，就会像我们按相机上的快门一样拍摄出一幅照片，非常方便。拍摄照片后稍等片刻，图像就显示在Lightroom内。图像在Lightroom内的显示速度不会像在相机显示屏上显示那么快，这是因为它实际上把图像的整个文件通过USB电缆（或者无线传输，如果相机连接了无线传输装置的话）从相机传输到计算机，因此会花费一两秒钟。此外，如果以JPEG模式拍摄，文件大小会更小，因此在Lightroom内显示该种图像的速度远比RAW图像快。如图1-63所示的是一组联机拍摄的图像，但问题是：如果像这样在图库模块的网格视图内观看它们，它们不比在相机后背的LCD上大多少。

注意：佳能和尼康对联机拍摄的响应方式不同。例如，用佳能相机拍摄，联机拍摄时如果相机中有存储卡，则会把图像写入到硬盘和存储卡，但尼康相机只把图像写入到硬盘。

第6步：

当然，联机拍摄的一大优点是能够以很大的尺寸查看图像（以较大尺寸查看时更容易检查光照、聚焦和总体效果，如果客户在摄影棚内，他们会喜欢联机拍摄，因为这样他们不必越过你的肩膀斜视微小的相机屏幕，就能够看到图像效果）。因此，请双击任一幅图像，跳转到放大视图（如图1-64所示），当图像显示在Lightroom内后可以得到更大的视图。

注意：如果确实想在网格视图下拍摄，则只要使缩览图变大一点，之后再转到工具栏，单击排序依据左边的A~Z按钮，这样，最后拍摄的照片会始终显示在网格的顶部。

第7步：

我们现在来使用按拍摄分类照片这一功能。假若在第一套光照设置（背景是白色的）下的拍摄完成了，现在转到第二套。只要在联机拍摄窗口内的文字白色背景上单击（或者按Ctrl-Shift-T [Mac：Command-Shift-T]），就会打开拍摄名称对话框。请给这套照片起一个新名称（我将它命名为Gray Bachground），之后再回去拍摄。这些图像现在显示在它们自己独立的文件夹内，但全部位于我的主文件夹影棚拍摄内。

提示：触发联机拍摄的快捷键

这是Lightroom 5的新功能，作为一个经常使用联机拍摄的人，我非常高兴地看到现在我们可以通过计算机键盘的F12键来触发联机拍摄了。

图 1-65

图 1-66

第8步：

联机拍摄时（我在影棚时总这样拍摄，在现场也常这样做），我不用观察图库模块的放大视图，而是切换到修改照片模块，这样，如果需要快速调整任何图像，就已经身处正确的地方了。此外，在联机拍摄时，我的目标是在屏幕上以尽可能大的尺寸显示图像，因此，我按Shift-Tab键隐藏Lightroom的面板，这会放大图像尺寸，使其几乎占据整个屏幕。最后，我按L键两次，进入关闭背景光模式，这样所看到的只是全屏尺寸的图像位于黑色背景的中央，没有任何其他杂乱内容（如图1-67所示）。如果需要进行调整，再按两次L 键，之后按Shift-Tab键即可显示出面板。

图 1-67

这是一款让你用过就爱上它的功能，因为它的存在，你可以在某个具体的项目拍摄（比如杂志封面、小册子封面、内页排版、婚礼影集等）中选出最合适的一幅照片，使其符合你的设计理念，因为你可以看到作品与联机拍摄的照片叠加时的效果。它非常省时，而且操作十分简单（你只需要在Photoshop中处理一下图片）。

1.10 使用图像叠加功能调整图片的排版效果

图 1-68

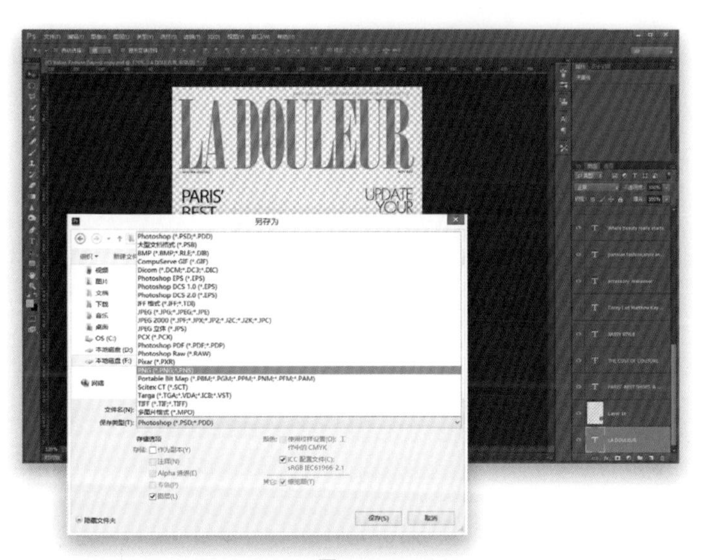

图 1-69

第1步：

如果想将封面（或其他艺术作品）在Lightroom里叠加处理，你需要首先在Photoshop中打开它的多图层版本。因为你需要将整个文件的背景处理成透明的，只保留文字和图片可见。在如图1-68所示的封面模型中，封面文件有一个不透明的白色背景（当然，如果在Photoshop中把一张照片拖到这里，就会覆盖该白色背景）。我们需要处理这个图片文件，以便在Lightroom中使用，这意味着：（1）保证所有图层完好无损；（2）去除不透明的白色背景。

第2步：

很幸运的是，为Lightroom处理照片做准备工作是一件相当简单的事情：（1）前往背景图层（在这个例子中，是不透明的白色图层），将背景图层拖曳到图层面板底部的垃圾桶图标处，将其删除（如图1-69所示）；（2）现在，你需要做的事情就是前往文件菜单，选择存储为，当存储为对话框出现后，在保存类型下拉列表中选择PNG，它可以保证各图层维持原状，并且，由于你已经删除了原先不透明的白色背景图层，此操作可以让背景变成透明的（如图1-69所示）。顺便说一下，在存储为对话框中，软件会告知你，如果想存储为PNG模式，必须同时保存一个副本，对于我们来说，这挺好的，不必为此担心。

第3步:

前面两步是所有Photoshop中的操作，现在回到Lightroom，进入图库模块。单击视图菜单按钮，在放大叠加选项中选择选取布局图像（如图1-70所示）。然后找到刚才在Photoshop中处理过的多图层PNG文件，并选择它。

SCOTT KELBY

图 1-70

第4步:

选择选取布局图像之后，你的封面图片出现在当前软件中显示的图片之上（如图1-71所示）。若想隐藏封面图片，请前往放大叠加菜单，你会看到布局图像旁边有一个对号，这是为了让你知道图像现在是可见的。选择布局图像，将其从视图中隐藏，若想再次看到它，只需再次选择，或者按Ctrl-Alt-O（Mac：Command-Option-O）键来显示或者隐藏它。记住，如果之前没有删除背景图层，现在你看到的就是白色背景和上面的一堆文字（此时图像被隐藏了）。这就是为什么我们在前期操作中要将背景图层删除，并将文件存储为PNG格式。好，让我们继续，下面还有几个你感兴趣的功能。

图 1-71

SCOTT KELBY

图 1-72

第 5 步：

现在，图像叠加功能已经启用，你可以使用键盘上的左右方向键来尝试在封面模型（或者其他任何文件）上使用不同的图片。图 1-72 中显示的是使用了另一张照片的封面的效果。

图 1-73

第 6 步：

当查看上一步中的图片时，你是否注意到人物的位置有点太高了？幸运的是，你可以重新安排封面的位置，查看模特位置低一点儿时图片的效果。你只需按住 Ctrl（Mac：Command）键，此时鼠标光标变成抓手形状（如图 1-73 所示）。现在，只需点住并拖动封面，就能使其上下左右移动。有点奇怪的是，封面中的图像并不移动，实际移动的是封面。这需要花一点时间来适应，但是很快就会习惯。

第7步：

你还可以控制叠加图像的不透明度（现在我切换到另一张图像）。当你保持按住Ctrl（Mac：Command）键时，叠加图像的位置便出现两个小控件。左边的是不透明度，你只需要单击并向左拖动不透明度这个词，就可以降低参数（如图1-74所示，我将封面图片的不透明度降到60%）。若想重新提升不透明度，向右拖动即可。

图1-74

第8步：

另一个控件在我看来更加重要，就是亚光纸控件。在上一步中，你看到封面周围的区域是不透明的黑色。如果降低了亚光纸参数，你就可以透过黑色背景，看到没有出现在叠加部分的其余图像。现在请看这张图片，你可以看到并未出现在重叠区域的图像的剩余部分。看一看这张图片，封面外边的背景也能看到吧。现在我知道，图片中仍有足够空间使我向左或向右移动模特，并且模特隐藏的部分仍然存在。这个功能非常便捷，并且操作方式和“不透明度”控件相同——保持按下Ctrl（Mac：Command）键，单击并向右拖动亚光纸这三个字。

图1-75

有数千幅照片时，要把它们组织得井井有条是关键所在，因为数码相机反复生成一套又一套名称相同的照片，重要的是我们要在导入期间把照片重命名为唯一的名称。一种流行的方法是在重命名时把拍摄日期作为名称的一部分。遗憾的是，只有一种Lightroom导入命名预设包含日期，它使我们可以在文件名中还包含相机的原始文件名。幸运的是，我们可以创建自己的自定文件命名模板。以下是操作步骤。

1.11 创建自定文件命名模板

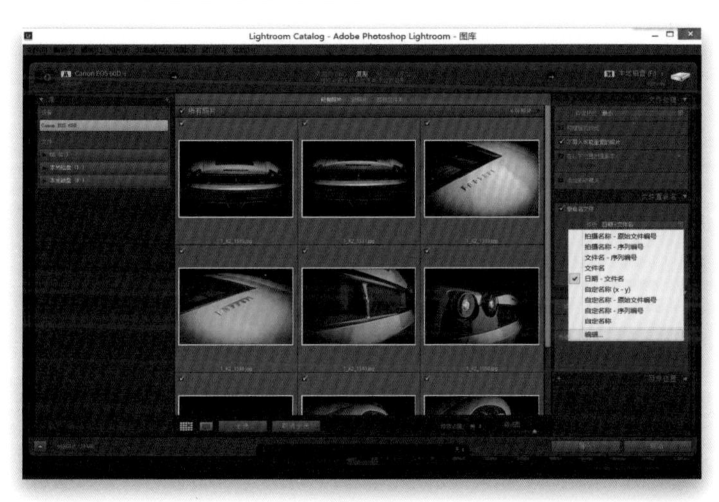

图 1-76

第1步：

首先单击图库模块窗口左下方的导入按钮（或使用键盘快捷键Ctrl-Shift-I（Mac：Command-Shift-I）。当导入窗口打开后，单击顶部中央的复制为DNG或者复制，文件重命名面板会显示在右侧。在该面板内，勾选重命名文件复选框，之后单击模板下拉列表选择编辑（如图1-76所示），打开文件名模板编辑器（如第2步中的图片所示）。

图 1-77

第2步：

在该对话框的顶部有一个预设下拉列表，从中可以选择任一种内置的命名预设作为起点。例如，如果选择自定名称——序列编号，则其下方的字段将在括号内显示该信息：第一个记号代表自定文本，第二个代表序列编号。要删除这两个记号，请单击它，之后按键盘上的Backspace（Mac：Delete）键。如果想要从零开始（就像我做的这样），请删除这两个记号，从下方的下拉列表内选择想要的选项，然后单击插入按钮将它们添加到该字段。

第3步：

下面我将向你演示怎样配置摄影师流行使用的文件命名方案，但这只是一个例子，你以后可以创建适合自己的自定模板。我们先从添加年份开始（这有助于按名称排序时文件名相同的排列到一起）。为了避免文件名过长，我建议只使用年份的后两位数字。因此，请转到该对话框的其它选项卡，单击第一个下拉列表，选择日期（YY），如图1-78所示（Y让我们知道这是年份，YY说明它将只显示两位数字）。日期（YY）记号会显示在命名字段内，如果观察该字段的左上方，就会看到我们所创建的命名模板例子。这时，新的文件名是15.RAW，如图1-78所示。

图 1-78

第4步：

我们在两位年之后添加两位月份，这是照片拍摄的月份，我们从同样的下拉列表内选择，但这次选择的是日期（MM），如图1-79所示（这两部分日期自动从拍摄时数码相机在照片内嵌入的元数据中提取）。顺便提一下，如果选择日期（Month），它将显示完整的月份名称，因此文件名可能像这样：15 十一月，但这跟我们想要的日期名称——1511不太一样。

图 1-79

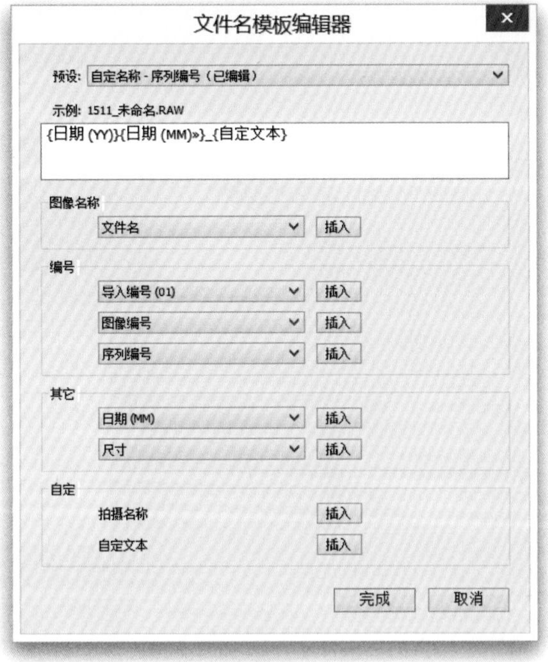

图 1-80

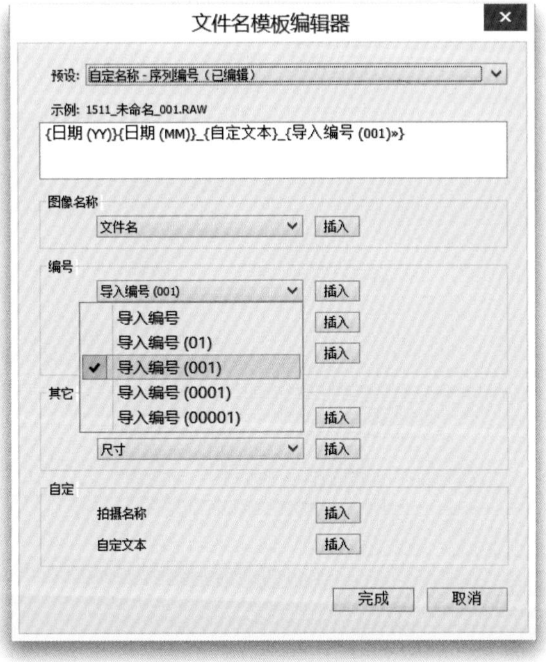

图 1-81

第5步：

在进一步设置之前，应该知道文件命名有一个规则，这就是在字之间不能有空格。然而，如果所有字母都紧凑排列到一起，这又不便于阅读。因此，在日期之后，我们将添加分隔符——下划线。要添加下划线，只要在日期（MM）记号之后单击，之后按Shift 键和连字符键（如图1-80所示）。现在，我们所做的将与其他命名习惯有所不同：在日期之后，我包含描述每幅照片的自定名称。一些人喜欢在这里包含相机所赋予的原始文件名（我个人喜欢在这里包含有意义的名称，这样不必打开照片就了解了其内容）。因此，要实现这一操作，请转到该对话框的自定部分，单击自定文本右边的插入按钮（如图1-80所示），在下划线之后添加自定文本记号（这让我们以后可以输入一个字的文字描述），之后添加另一个下划线（它看起来像_{自定文本}_ 这样。但在上方的命名例子中，在添加自定文本之前，它显示为“未命名”）。

第6步：

现在我们将让Lightroom 自动为这些照片按顺序编号。为此，请转到编号部分，从下方的第三个下拉列表内选择编号选项卡。我这里选择导入编号（001）（如图1-81所示），它将向文件名尾部添加三位自动编号（在命名字段上方可以看到其例子）。

第7步：

文件命名例子符合我们的要求后，请转到预设下拉列表，选择将当前设置存储为新预设。我们可以在弹出的对话框内命名预设，请输入一个描述性的名称（这样我们在下次想应用它时就知道其执行的操作。我选择的名称是年，月，输入名称，自动编号），再单击创建按钮，然后单击文件名模板编辑器对话框中的完成按钮。现在，当转到导入照片对话框时，勾选重命名文件复选框，单击模板下拉列表，你会看到自定模板作为一种预设选项显示在其中（如图1-82所示）。

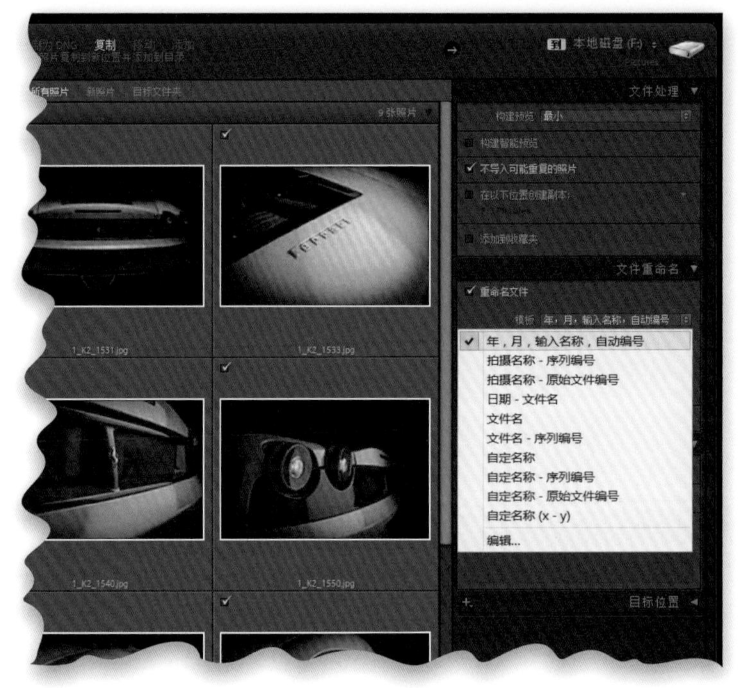

图 1-82

第8步：

现在，在我们从模板下拉列表选择这个新命名模板之后，请单击其下方的自定文本字段（我们前面添加的自定文本记号现在该发挥作用了），输入描述性的名称部分（在这个例子中，我输入法拉利照片，文字之间不能留空格）。这个自定文本将显示在两个下划线之间，产生直观的分隔，以免名称中的所有字符都连着显示到一起（瞧，现在一切都有意义）。输入之后，如果观察一下文件重命名面板底部的样本，就可以预览到照片重命名样式。选择该对话框底部在导入时应用和目标面板内的所有设置之后，就可以单击导入按钮。

图 1-83

1.12
为导入照片选择首选项

我把导入首选项放到导入这一章快结束的时候来介绍，这是因为我认为你现在已经导入了一些照片，对导入过程有了充分的了解，知道自己希望有什么不同之处。这正是首选项所要扮演的角色（Lightroom有一些首选项控制，它为我们的操作提供了大量的可操纵空间）。

第1步：

导入照片首选项位于两个不同的位置。首先，若要打开首选项对话框，请转到编辑菜单选择首选项（如图1-84所示）。

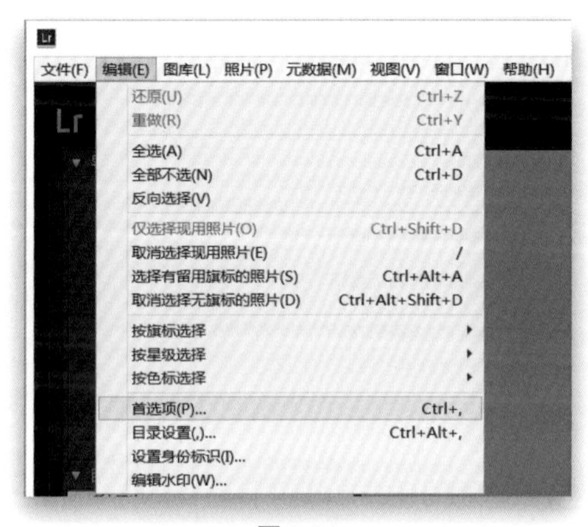

图 1-84

第2步：

首选项对话框弹出后，首先单击顶部的常规选项卡（如图1-85所示）。在中间的导入选项下方，第一个首选项让我们告诉Lightroom，在相机存储卡连接到计算机时它的响应方式。默认时，它打开导入窗口。然而，如果你想让它不要在每次插入相机或读卡器时自动打开该窗口，只要关闭这个复选框即可（如图1-85所示）。第二个首选项是Lightroom 5中添加的设置。在所有之前的版本中，如果在另一个模块中使用键盘快捷键开启导入照片，那Lightroom会丢下当前工作的照片不管，继而跳转到图库模块中显示当前正在导入的照片（基本来讲，Lightroom会假设你想要停止当前的工作，开始处理正在导入的这些图像）。现在，你可以通过勾选在导入期间选择“当前/上次导入”收藏夹复选框，以停留在当前所在的文件夹或收藏夹，而使照片在后台导入。

图 1-85

第3步：

这里我还想提到另外两个导入首选项设置，它们也位于常规选项卡内。在结束声音部分，不仅可以选择当照片导入完成时Lightroom是否要播放声音，还可以选择哪种声音（从计算机上已有的警告声音列表中选择，如图1-86所示）。

图 1-86

第4步：

在此处，紧挨着完成照片导入后播放声音列表的下方还有另外两个下拉列表，用来选择联机传输完成后播放和完成照片导出后播放的声音。我知道第二个首选项不重要，但是既然我们正好到了这里，我想……管它呢。在本书的后面我将讨论其他一些首选项，但是因为本章是关于导入方面的，所以我想在此最好还是先处理完它好了。

图 1-87

图 1-88

图 1-89

第5步：

现在，单击常规选项卡底部的转到目录设置按钮（同样也可以在Lightroom编辑菜单下找到它）。在目录设置对话框中，单击元数据选项卡。在此可以决定是否要读取添加到RAW照片中的元数据（版权、关键字等），并将它写入到一个完全独立的文件中，这样每幅照片将有两个文件——一个包含照片本身，另一个独立的文件（称为XMP附属文件）包含照片的元数据。要完成这一操作，请打开将更改自动写入XMP 中复选框，但我们为什么要这样做呢？通常，Lightroom把添加的所有元数据记录在其数据库文件内——在照片离开Lightroom之前（向Photoshop导出副本，或把文件导出为JPEG、TIFF或PSD文件——所有这些格式都支持将元数据嵌入到照片本身中），Lightroom实际上不会嵌入信息。然而，一些软件不能读取嵌入的元数据，因此它们需要一个单独的XMP附属文件。

第6步：

尽管我向你演示了将更改自动写入XMP中复选框，但实际上我并不建议你打开它，因为写入所有这些XMP 附属文件要花费一些时间，这会减慢Lightroom的速度。如果要将文件发送给朋友或客户，并且想把元数据写入到一个XMP附属文件，则请首先转到图库模板，并单击图像以选择它，然后按Ctrl-S（Mac：Command-S）键，这是将元数据存储到文件命令的快捷键（该命令位于元数据菜单下）。这会将所有现有的元数据写入到一个单独的XMP文件中（这样就需要把照片和XMP附属文件一起发送）。

1.13 Adobe DNG 文件格式的优点

我曾提及有一个选项可在导入时将照片转换成DNG（Digital Negative，数码负片）格式。因为今天每个相机制造商都拥有它自己专用的RAW文件格式，Adobe公司担心有一天某个或多个制造商可能会为某种新东西抛弃旧有的格式，所以Adobe公司创造了DNG格式。DNG不是私有的——Adobe让它成为一种开放格式，因此任何人都可以写入该规范。尽管确保负片在将来能够打开是DNG格式的主要目标，但DNG同样也还带来了其他一些优点。

设置DNG首选项：

按Ctrl-,（Mac：Command-,）键打开Lightroom的首选项对话框，接着单击文件处理选项卡（如图1-90所示）。在顶部的DNG导入选项选项卡中可以看到我在DNG转换时使用的一些设置。尽管可以嵌入原来专用的RAW文件，但我却不这样做（它增加了文件大小，大大丧失了下面要讲到的“优点1”）。顺便提一下，在导入照片窗口顶部中央可以选择复制为DNG（如图1-90所示）。

优点1：DNG文件更小

RAW文件尺寸通常比较大，因此它们对硬盘空间的消耗非常快，但是当把文件转换成DNG后，通常可以减小大约20%。

优点2：DNG文件不需要单独的附属文件

编辑RAW文件时，元数据实际上保存在一个称为XMP附属文件的单独文件中。如果想向某人提供RAW文件，并想让它包含元数据和你在Lightroom中所应用的更改，就必须向他提供两个文件——RAW文件本身和XMP附属文件，它保存了元数据和编辑信息。但在使用DNG文件时，如果按Ctrl-S（Mac：Command-S）键，该信息就立即嵌入到DNG文件自身内。因此，在向他人传递DNG文件之前，只需记住使用该快捷键，使它先把元数据写入文件夹内。

图 1-90

图 1-91

1.14 创建自定元数据（版权）模板

在本章的开始，我曾提及构建我们自己的自定元数据模板，这样我们就可以在照片导入到Lightroom的时候，轻松且自动地将自己的版权和联系信息嵌入到照片中。这里介绍怎样做到这一点。请记住我们可以创建多个模板，这样，如果我们创建了一个带有完整联系信息（包括你的电话号码）的模板，那么我们可能还会想创建一个只带有基本信息的模板，或者是创建一个只用于导出图像以发送给图库代理机构的模板，等等。

第1步：

可以在导入窗口内创建元数据模板，因此请按Ctrl-Shift-I（Mac：Command-Shift-I）键，打开导入窗口，在在导入时应用面板的元数据下拉列表内选择新建（如图1-92所示）。

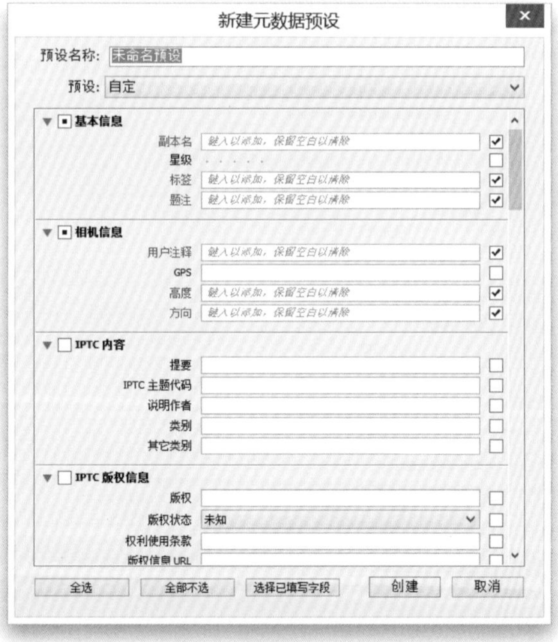

图 1-92

第2步：

此时会出现一个空白的新建元数据预设对话框。首先，单击该对话框底部的全部不选按钮（如图1-93所示，这样在Lightroom内查看该元数据时就不会有空白字段，只显示出有数据的字段）。

图 1-93

第3步：

在IPTC版权信息选项卡中，输入版权信息（如图1-94所示）。接下来转到IPTC拍摄者选项卡，输入联系信息（毕竟，如果有人访问你的网站，下载了一些图像，你可能希望他们能够与你联系，安排照片的使用许可事宜）。现在，你可能觉得前一步中添加的版权信息URL（Web地址）中包含了足够的联系信息，如果是这样的话，则可以跳过填写IPTC拍摄者信息这一步（毕竟，整个元数据预设是为了帮助潜在客户意识到你的作品具有版权保护，告诉他们如何与你联系）。全部输入需要嵌入到照片内的所有元数据信息之后，请转到该对话框的顶部，命名预设（我将其命名为Scott’s Copyright（Full）），之后单击创建按钮。

图 1-94

第4步：

创建一个元数据模板十分简单，删除它也不会困难。回到在导入时应用面板，从元数据下拉列表内选择编辑预设，这将打开编辑元数据预设对话框（它看起来像新建元数据预设一样）。从顶部的预设下拉列表内选择想要删除的预设。当所有元数据显示在该对话框内之后，再次回到预设下拉列表，这次选择删除预设“预设名称”。这时弹出一个警告对话框，询问是否确认删除该预设。单击删除按钮，它就永远消失了。

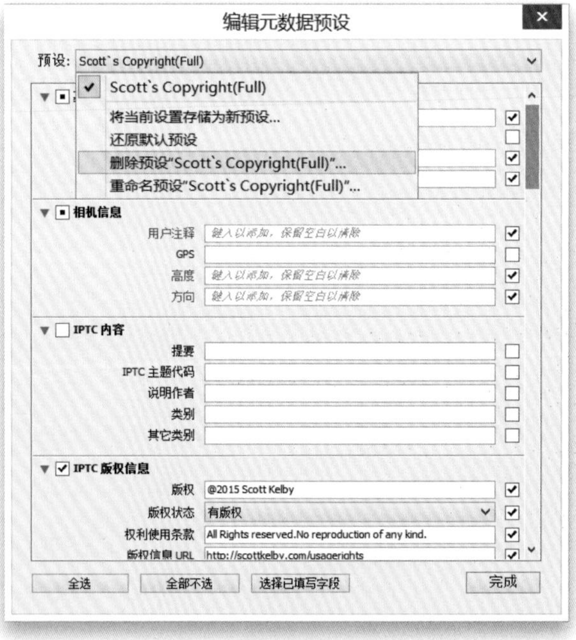

图 1-95

1.15 使用 Lightroom 要了解的 4 件事

图像导入之后，还需要了解 Lightroom 界面使用方面的一些提示，以便更好地使用它。

图 1-96

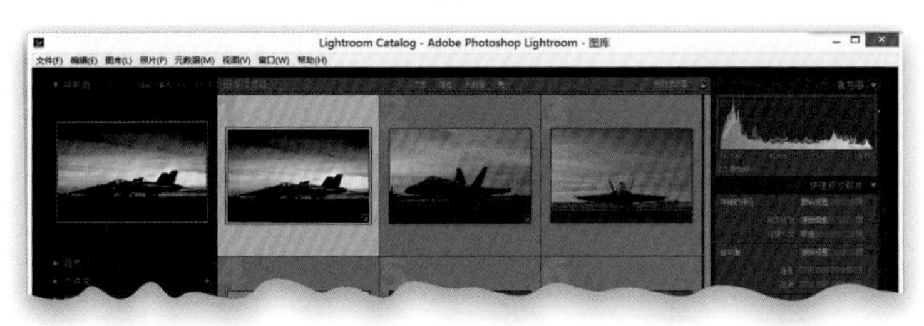

图 1-97

图 1-98

第 1 步：

Lightroom 有 7 个模块，每个完成不同的任务。当导入的照片显示在 Lightroom 内之后，它们总是显示在图库模块的中央，我们在该模块内实现排序、搜索、添加关键字等操作。修改照片模块让我们实现照片编辑（如改变曝光、白平衡、调整颜色等），其他 5 个模块的作用显而易见。单击顶部任务栏中任意一个的模块名称，即可从一个模块切换到另一个模块，或者也可以使用快捷键 Ctrl-Alt-1 选择图库，Ctrl-Alt-2 选择修改照片，等等（在 Mac 上，这些快捷键应该是 Command-Option-1、Command-Option-2，以此类推）。

第 2 步：

Lightroom 界面内总共有 5 个区域：顶部的任务栏、左侧和右侧的面板区域，以及底部的胶片显示窗格，照片总是显示在中央预览区域内。单击面板边缘中央的灰色小三角形，可以隐藏任一个面板（使显示照片的预览区域变得更大）。例如，单击界面顶部中央的小灰色三角形，可以看到任务栏隐藏起来，再次单击，它又显示出来。

第3步：

Lightroom用户对其面板使用方面抱怨最多的是其自动隐藏和显示功能（该功能默认时是打开的）。其背后真实的设计理念听起来很好：如果隐藏了面板，在做调整时需要它再次显示出来时，只需要把光标移动到面板原来所在位置，面板就弹出来。调整完成后，光标移离该位置，面板自动退出视野。这听起来很棒，对吗？但是当光标移动到屏幕最右端、最左端、顶部或底部时，面板随时都会弹出来。我被它们折腾疯了，我在这里演示怎样关闭它。右击任一个面板的灰色三角形，从弹出菜单（如图1-99所示）中选择手动，这样就可以关闭该功能。该操作是基于每个面板的，因此你必须对4个面板中的每一个执行该操作。

图 1-99

第4步：

我使用手动模式，因此可以在我需要的时候打开和关闭面板。也可以使用键盘快捷键F5键关闭或打开顶部任务栏、F6键隐藏胶片显示窗格、F7键隐藏左侧面板区域、F8键隐藏右侧面板区域。按Tab键可以隐藏两侧面板区域，但我可能最常用的一个快捷键是Shift-Tab，因为它隐藏所有面板，只留下照片可见（如图1-100所示）。此外，这里介绍一下两侧面板的主要用途：左侧面板区域主要用于应用预设和模板，显示照片预览、预设或正在使用的模板；其他所有调整位于右侧面板区域。下一页将介绍怎样查看图像。

图 1-100

1.16 查看导入的照片

在我们开始排序和挑选照片（将在下一章介绍）之前，先花一分钟时间学习在Lightroom 怎样查看导入的照片，这一点很重要。现在学习这些查看选项有助于我们正确判断照片的好坏。

第1步：

导入的照片显示在Lightroom 中时，它们在中央预览区域内显示为小缩览图（如图1-101所示）。使用工具栏（显示在中央预览区域正下方的深灰色水平栏）内的缩览图滑块可以改变这些缩览图的大小。向右拖动滑块，缩览图变大；向左拖动滑块，缩览图变小。

SCOTT KELBY

图 1-101

第2步：

要以更大尺寸查看任一个缩览图，只需在其上单击，按键盘上的E键，（实际操作行不通）或者按空格键。这种较大的尺寸被称作放大视图（好像我们通过放大镜观看照片一样），默认时，照片按照预览区域的大小进行放大，使我们可以看到整幅照片。这被称作适合窗口视图，但是，如果喜欢把照片进一步放大，则可以转到左上角的导航器面板，单击选择不同的尺寸，如填满，然后再双击缩览图时，它就会把照片放大到填满整个预览区域为止。选择1:1后再双击缩览图时，则会把照片放大到100% 实际尺寸视图，但我必须告诉你的是，照片不适合从微小的缩览图放大到巨大的尺寸。

图 1-102

第3步：

我让导航器面板设置保持为适合，这样在我双击时可以在中央预览区域看到整幅照片。但是，如果你想仔细观察锐度，则会发现在放大视图下，光标已经变为放大镜。如果在照片上再次单击，单击区域会变为1:2视图。要缩小回来，再次单击即可。要回到缩览图视图（称作网格视图），只需按键盘上的G键。这是最重要的键盘快捷键之一，一定要记住（到目前为止，真正需要了解的快捷键是：Shift-Tab隐藏所有面板、G键回到网格视图），这是一个非常方便的快捷键，因为当处在任何其他模块时，只要按G键就可以回到图库模块和缩览图网格视图。

图 1-103

第4步：

缩览图周围的区域称作单元格，每个单元格显示照片的相关信息，如文件名、文件格式、文件大小等，在第3章中将介绍怎样自定义这些信息的显示，以及它们的显示方式。但这里介绍另一个需要了解的快捷键——J键。每按一次这个快捷键，它就会在三种不同的单元格视图之间依次切换，每种视图显示不同的信息组，扩展单元格显示大量的信息，紧凑单元格只显示少量的信息，最后一种视图完全隐藏所有杂乱的信息（适合于向客户展示缩览图）。此外，按T键可以隐藏（或显示）中央预览区域下方的深灰色工具栏。如果按T键并保持，那么它只在按下T键期间隐藏工具栏。

默认单元格视图表均称作扩展单元格，它显示的信息最多

按字母键J切换紧凑视图，可以缩小单元格尺寸；隐藏所有信息，只显示照片

再次按字母键，将添加回部分信息，并对每个单元格进行编号

图 1-104

1.17 使用背景光变暗、关闭背景光和其他视图模式

我最喜欢Lightroom 的地方之一是它可以把照片显示为焦点，这就是我喜欢用Shift-Tab 快捷键隐藏所有面板的原因。但是，如果想更进一步，在隐藏这些面板之后，可以使照片周围的所有内容变暗，或者完全“关闭灯光”，这样照片之外的一切都变为黑色。下面介绍其实现方法。

第1步：

按键盘上的L键，进入背景光变暗模式。在这种模式下，中央预览区域内照片之外的所有内容全变暗（有点像调暗了灯光）。这种变暗模式最酷的一点就是面板区域、任务栏和胶片显示窗格都能进行正常操作，我们仍可以调整、修改照片等，就像“灯光”全开着一样。

SCOTT KELBY

图 1-105

第2步：

下一个视图模式是关闭背景光（再次按L键进入关闭背景光模式），这种模式使照片真正成为展示的焦点，因为其他所有内容都完全变为黑色，因此屏幕上除了照片之外没有显示其他任何内容（要回到常规打开背景光模式，再次按L键即可）。要让图像在屏幕上以尽可能大的尺寸显示，在进入关闭背景光模式之前，按Shift-Tab键隐藏两侧、顶部和底部的所有面板，这样就可以看到如图1-106所示的大图像视图。不按Shift-Tab键时，看到的图像尺寸将像第1步中那样小，在它周围有大量的黑色空间。

SCOTT KELBY

图 1-106

提示：控制关闭背景光模式

对Lightroom关闭背景光模式的控制方式可能超出我们的想象。请转到Lightroom的首选项（Mac上的Lightroom菜单，或者PC上的编辑菜单），单击界面选项卡，就可以看到一些下拉列表，它们控制关闭背景光模式下的变暗级别和屏幕颜色。

图 1-107

第3步：

如果想在Lightroom窗口内观察照片网格，而不看到其他杂乱对象，则请按两次键盘上的F键。第一次按F键使Lightroom窗口填满屏幕，隐藏该窗口的标题栏（位于Lightroom界面内任务栏的正上方）；第二次按F键实际上隐藏屏幕窗口顶部的菜单栏。因此，如果将此与Shift-Tab键组合，将隐藏面板、任务栏和胶片显示窗格，按T键隐藏工具栏（如果过滤器栏显示，按\[反斜线号]隐藏），这样在从上到下灰色背景上只看到照片。我知道你可能在想："我不知道顶部的这两个细条是否真的分散注意力。"因此，不妨尝试隐藏它们一次，看看是什么效果。幸运的是，按Ctrl-Shift-F（Mac：Command-Shift-F）键后再按"T"键可以简单快捷地跳转到这一"超整洁、无杂乱视图"。要回到常规视图，请使用相同的快捷键。右侧图片中的上图是灰色版面，而在下图中，我按两次L键，进入关闭背景光模式。

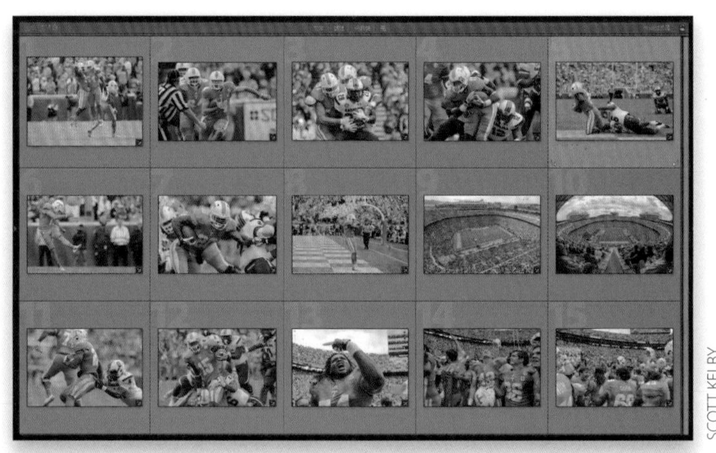

SCOTT KELBY

图 1-108

1.18 查看真正的全屏视图

在之前的Lightroom版本中，可以实现所谓的“全屏视图”，但是遗憾的是，图像从来没有真正填充满屏幕——只是填充了大部分，但是图像四个边缘都有黑色的栏。毫无疑问此功能是引人注目的，但是它缺乏真正的全屏视图所带来的那种冲击力（并且需要单击4次才能实现“基本全屏”视图效果，再单击4次复原）。不过，现在我们终于拥有了货真价实的效果，并且只需一步。

图 1-109

第1步：

回到之前的Lightroom版本中，达到“基本全屏”视图是一个痛苦过程。你必须先按下Shift-Tab键隐藏所有的面板，然后按F键转到全屏模式，最后按两次L键进入关闭背景光模式。当工作完成后，你还需要一步一步地取消这些操作，所以总的来说需要8步。现在，若想全屏查看当前图像，只需要按下键盘上的F键。

图 1-110

第2步：

如果观察上一步中的图像，会看到它从上到下填满了屏幕，但是在图像的左侧和右侧都留有细小的黑边。虽然非常细小，但是确实存在。如果想放大一点，让图像填充那个区域（填满整个屏幕），只需要按下Ctrl-+（Mac：Command-+）键。若想回到常规视图模式，只需再次按下F键（或者Esc键）。也请注意，如果你使用了这项能填充两侧细小边条区域的技巧，Lightroom会在接下来的操作中保存这一全屏设置（直到重新启动Lightroom）。我其实真心希望它能成为首选项设置，因为我总是放大填充以达到全屏效果。

1.19 使用参考线和尺寸可调整的网格叠加

在Lightroom 5中，Adobe加入了可移动并且不会打印出来的参考线（就像Photoshop的参考线）。并且，他们还增加了在图像上添加尺寸可调整，并且不会打印出来的网格的功能（有助于对齐，或者调直图像的某一部分），但是它仅仅是静止的网格，也并不只是可调整尺寸。我们从参考线讲起。

第1步：

若想让不会打印出的参考线可见，请前往视图菜单，在放大叠加下选择参考线。两条白线将会出现在屏幕中央。若想移动水平线或者垂直线，请按住Ctrl（Mac：Command）键，然后将光标移动到任意一条线上，此时光标将会变成双向箭头光标。只需单击并拖动参考线到你期望的位置。若想一起移动两条线（就像它们是一个整体），按住Ctrl（Mac：Command）键，然后直接在两条线交汇处的黑圆圈上单击并拖动。若想清除参考线，请按Ctrl-Alt-O（Mac：Command-Option-O）键。

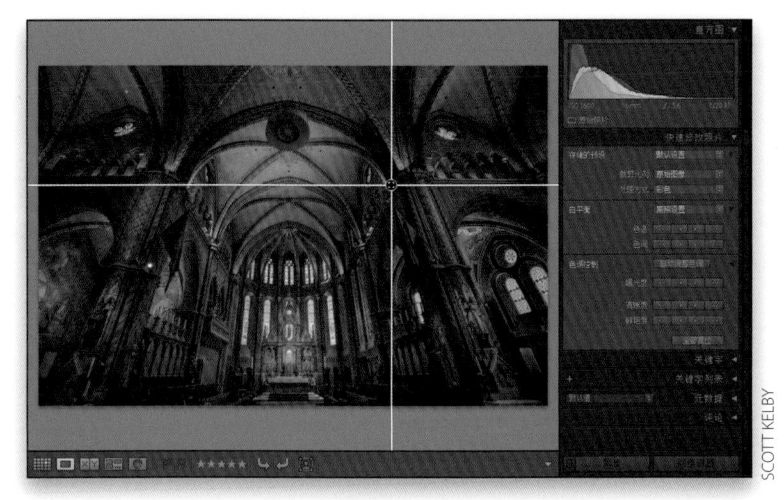

SCOTT KELBY

图 1-111

第2步：

网格的操作方法与此相似。进入视图菜单，在放大叠加下选择网格。这将在照片上添加不会打印出来的网格，可以用来对齐（或者其他你希望做的事）。如果按住Ctrl（Mac：Command）键，屏幕上方会出现一个控制条。在不透明度上单击，修改网格的可见度（在本例中，我将其提升为100%，这样的话线条是完全不透明的）。在大小上单击，修改网格方块的大小，向左拖动使方块变小，向右使其变大。若想清除网格，按Ctrl-Alt-O（Mac：Command-Option-O）键。

注意：可以同时拥有多个叠加，所以可以同时使参考线和网格可见。

图 1-112

Lightroom 快速提示

▼ 直接将照片拖放入Lightroom（智能程度超乎你的想象）

你可以将计算机桌面（或某个文件夹）中的一张图片（或者一组照片）直接拖到Lightroom图标上（如果是苹果计算机，就是Dock图标），这样不仅可以自动打开Lightroom的导入界面，还能自动选择照片当前所在的文件夹（或者桌面）。更加智能的是，如果计算机桌面上（或者文件夹内）有二三十张图片，在导入窗口中，只有拖到图标上的那些照片旁边会出现选取标记。这样的话，Lightroom会忽略桌面上（或文件夹中）的其他照片，只导入你选择的图片。

▼ 改变网格视图缩览图大小

在图库模块的网格视图下，若想改变缩览图尺寸，不必显示出中央预览区域底部的工具栏，只要用键盘上的+（加号）和-（减号）即可，这种方法在导入窗口内也可以使用。

▼ 使用单独的目录使Lightroom运行速度更快

虽然我把笔记本计算机上的所有照片保存在单个目录中，工作室的所有照片也只是放在三 个目录中，但我有一个朋友，他是全职婚礼摄影师，他使用不同的Lightroom目录策略，当我首次听说时，我对此大为惊讶，但这样真的很有意义（事实上，这可能恰好是你所需要的）。他为每个婚礼创建一个单独的Lightroom目录（从文件菜单中选择新建目录）。在每个婚礼上，他都要拍摄上千张照片，并且还经常有其他摄影师和他一起拍摄。因为每个目录中只有一千张左右的照片（对许多人来说，目录中有30000~40000个图像是很常见的，这会使Lightroom运行速度变慢），所以他的方法会让Lightroom加速。如果你是一个高产的摄影师，可以考虑一下这种方法。

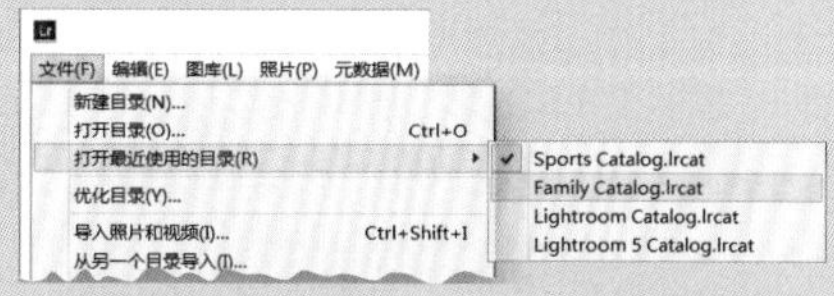

▼ 为什么可能要等以后再重命名文件

正如本章中所述，你可以在把文件导入到Lightroom 时重命名文件（我认为你一定会给文件一个描述性的名称）。但是，因为Lightroom 会对文件自动编号，所以你可能想等到对照片排序（删除所有虚焦的照片或没有闪光的照片，等等）以后再重命名。如果删除了部分文件，那么编号将会不连续（这时将会有缺少的号码）。虽然我一点也不在乎这个，但是我知道有些人会在意这个，因此这无疑是一件要考虑的事情。

▼ 找回上一次导入的图像

Lightroom记录上一次导入的那组图像，单击目录面板（位于图库模板的左侧面板区域）中的上一次导入，立即可以找到那些图像。然而，我认为更快速（更方便）的方法是转到下方的胶片显示窗格，在左边可以看到当前图像的名称，单击它并保持，从弹出的下拉列表中选择上一次导入。

▼ 一次拍摄多张卡

如果拍摄同一个对象时用了两到三张存储卡，则要在文件重命名面板的模板下拉列表中选择自定名称-序列编号，这将添加一个起始编号字段，在该字段内输入每张存储卡所导入照片的起始编号（而不是像自定名称模板那样总是从1开始编号）。例如，如果从第一张存储卡上导入236幅照片，第二张存储卡的起始编号应该是237，这样拍摄的同一个主体的这些照片编号保持连续。该存储卡导入之后（假若该存储卡上有244幅照片），第三张存储卡上的照片则应该从481开始编号（顺便提一下，我没有计算，而是查看导入的最后一张照片的编号，之后加一，把它输入到起始编号字段内）。

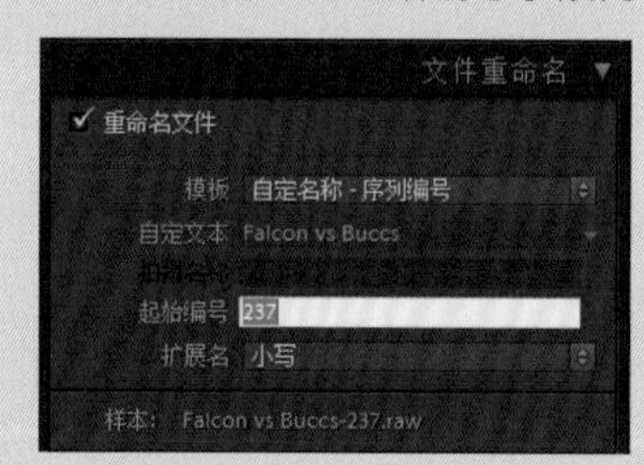

▼ 把照片转换为DNG格式

如果没有选择导入窗口顶部中央的复制为DNG，而想以这种格式存储导入的照片，则随时可以采用以下方法把已经导入的照片转换为DNG 格式。单击照片，转到Lightroom的图库菜单，选择

Lightroom 快速提示

将照片转换为DNG格式（虽然从技术上来说可以把JPEG和TIFF转换为DNG格式，但把它们转换为DNG没有任何好处，因此我只把RAW照片转换为DNG）。这些DNG格式图像将替换在Lightroom内看到的RAW文件，那些RAW文件仍保留在计算机上相同的文件夹内（但Lightroom提供一个选项，可以在转换时删除原来的RAW文件。我会选择该选项，因为DNG内可以包含RAW照片）。

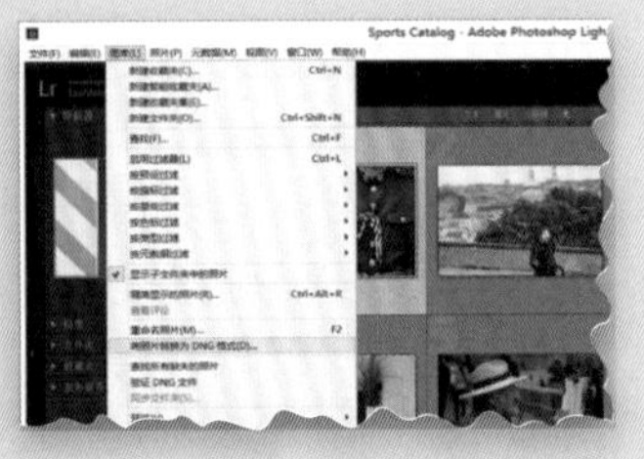

▼ 硬盘空间成问题吗？请在导入中转换为DNG

如果你是在笔记本计算机上工作，在导入RAW文件时，请单击导入窗口顶部中央的复制为DNG，这样可以节省15%~20%的硬盘空间（在大多数情况下）。

▼ 在文件夹内组织图像

在导入时，可以在目标位置面板内选择图像的组织方式。如果没有打开至子文件夹复选框，而从组织下拉列表内选择到一个文件夹中，Lightroom会把这些松散的照片放入到你在导入窗口右上角“到”部分内所选择的那个文件夹，不会把它们

组织到它们自己单独的文件夹内。因此，如果选择了到一个文件夹中选项，我建议勾选至子文件夹复选框，之后命名该文件夹。这样就会把照片导入到Pictures或Lightroom Photos文件夹内它们自己单独的文件夹中。否则，这些文件夹很快会变得非常混乱。

▼ 节省导入到现有文件夹的时间

如果打算把照片导入到已经创建的文件夹内，只要转到图库模块的文件夹面板，在该文件夹上右击，从弹出菜单中选择导入到此文件夹。这将打开导入窗口，该文件夹已经被选择为导入照片的目标位置。

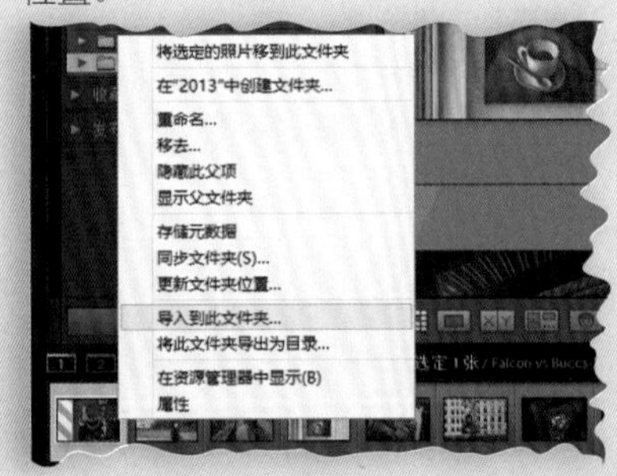

▼ 选择预览渲染

我进行过Lightroom预览测时赛，把存储卡上14幅RAW图像导入到笔记本计算机。导入和渲染它们的预览所占用的时间如下所示。

嵌入和附属文件：19秒。

最小：21秒。

标准：1分15秒。

1:1：2分14秒。

可以看到，1:1预览占用的时间是嵌入和附属文件的7倍。对于14幅图像来说这似乎还不算糟糕，但对于140或340幅照片来说会怎么样？因此，了解这一信息后，可以确定适合自己的工作流程。对于需要放大每幅照片以检查对焦和细节的摄影师来说，在处理图像之前等待1:1预览渲染可能是值得的。如果你像我一样需要快速浏览照片，而只放大那些最可能保留下来的照片（可能是一次导入中的15或20幅图像），那么选择嵌入和附属文件更有意义。如果大多时候在全屏视图下观察图像（但不常放大），则可以选择标准选项；如果只想要缩览图更接近地表达照片将来高品质渲染时的效果，则请选择最小。

▼ 现在可以导入和编辑PSD等更多格式

在Lightroom以前的版本中，我们只能导入和编辑RAW图像、TIFF和JPEG，但在Lightroom 3内，Adobe添加了导入PSD图像的功能（Photoshop本地文件格式），以及处于CMYK模式或灰度模式的图像。

▼ 如果丢失了原始文件，请使用智能预览

Lightroom创建的比原始图像小的智能预览通常也相当大（长边有2540像素），所以如果遇到麻烦，丢失了原始图像（这时常发生），至少可以将智能预

Lightroom快速提示

览导出为DNG文件，这样的话将拥有一个实体文件一只是没有原始文件的分辨率了。

▼ 弹出存储卡

如果觉得不再需要导入任何内容，而想弹出相机存储卡，则请直接在导入窗口源面板内的该存储卡上右击，之后从弹出菜单中选择弹出。如果插入新卡，则请单击该窗口左上角的“从”按钮，从弹出菜单中选择它。

▼ 只查看视频剪辑

首先从胶片显示窗格左上侧的路径下拉列表中选择所有照片。之后，在图库模块内，转到该窗口顶部的图库过滤器（如果看不到它，则请按\［反斜杠］键），单击属性。在右端类型的右侧，单击视频按钮（左数第三个看起来像胶片的图标），现在它只显示出Lightroom 内的视频剪辑（如果要创建只包含视频剪辑的收藏夹，这样很方便）。

▼ 前进与否

联机拍摄时，新图像一进来，我就可以在屏幕上看到全尺寸图像。但是，如果你喜欢控制哪幅图像显示在屏幕上，以及显示多长时间（请记住，如果在屏幕上看到你喜欢的图像，它只能在下一幅图像进来之前在屏幕上显示一会儿），转到文件菜单，关闭联机拍摄子菜单下的自动前进选择。现在，我们可以使用键盘上的左/右箭头键移动图像，而在屏幕上看到的不会总是刚拍摄的图像。

▼ 隐藏不需要的文件夹

如果导入的照片已经位于计算机上，源面板内的文件夹列表可能会变得很长、很杂乱，现在可以隐藏所有这些多余的文件夹。一旦找到需要导入的文件夹，只要在其上双击，其他所有文件夹就会隐藏起来，只留下这个文件夹可见。请试一试，你就会一直使用它。

▼ 尼康相机无法联机拍摄

如果你的尼康相机支持 Lightroom 联机拍摄（像目前的D90、D5200、D7000、D300、D300s、D600、D700、D3和D3x），但是却无法工作，可能是因为相机的USB设置没有配置为联机拍摄。请进入相机的设置菜单，单击USB，把该设置修改为MTP/PTP。（注意：更新的相机，比如Nikon D4和D7100在默认情况下已经被设置为该模式。）

▼ 联机到收藏夹

如之前的章节所述，现在你可以直接导入到收藏夹中。进行联机拍摄时，你还可以直接联机拍摄到收藏夹里。具体操作是：进入联机设置对话框的目标区域中，打开添加到收藏夹复选框，这样会显示出当前的所有收藏夹列表。选择你需要的选项，然后你的联机照片就能直接导入到该收藏夹中。如果需要，你还可以使用创建收藏夹按钮来创建新的收藏夹。

▼ 联机拍摄时的电量低警告

为了确保联机拍摄时不丢失照片，Lightroom一旦意识到相机电量较低，就会在不可挽回之前在屏幕上进行警告，给你时间更换电池，继续拍摄。

▼ 你的Elements图库

如果从Elements 5或更新版本转到Lightroom，你需要向Lightroom导入Elements目录。只需进入Lightroom的文件菜单，选择更新Photoshop Elements目录，然后从对话框的下拉菜单中选择你的Elements目录。你可能要更新Elements目录，只需根据提示单击更新即可。Lightroom会自动关闭，重启后Elements目录导入成功。

摄影师：Scott Kelby ┊ 曝光时间：1/50s ┊ 焦距：16mm ┊ 光圈：f/13

CHAPTER 2

第2章

组织照片

2.1 我为什么不用文件夹（非常重要）

导入照片时，必须选择在硬盘中的哪个文件夹下存储它们。我只有在这个时候才考虑文件夹问题，因为我认为它们是存储负片的地方，就像传统胶片负片一样，我要把它们存储到安全的位置，我不想再触摸它们。我在Lightroom 内以同样的逻辑思考这个问题。我实际上不使用文件夹面板（而使用一些更安全的位置——收藏夹，下一节将介绍它）。因此，我只在这里简要介绍一下文件夹，并用一个例子说明怎样使用它们。

第1步：

退出Lightroom 后查看一下计算机上图片文件夹中的内容，就会看到包含实际照片文件的所有子文件夹。当然，可以在文件夹间移动照片（如图2-1所示）、添加照片或者删除照片等，对吗？是的，但执行这些操作实际上不必离开Lightroom，可以在Lightroom的文件夹面板内完成。我们可以像在计算机上那样看到所有这些同样的文件夹，移动或删除实际文件。

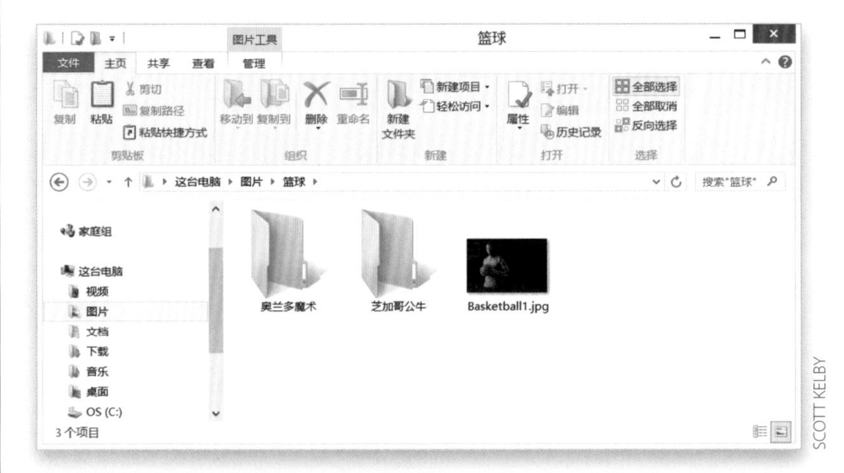

SCOTT KELBY

图 2-1

第2步：

请转到图库模块，文件夹面板位于左侧面板区域（如图2-2所示）。从这里所看到的是导入到Lightroom 内所有照片的文件夹（顺便提一下，它们实际上不位于Lightroom自身内，Lightroom 只是管理这些照片，这些照片仍位于从存储卡把它们导入到的文件夹内）。

图 2-2

图 2-3

图 2-4

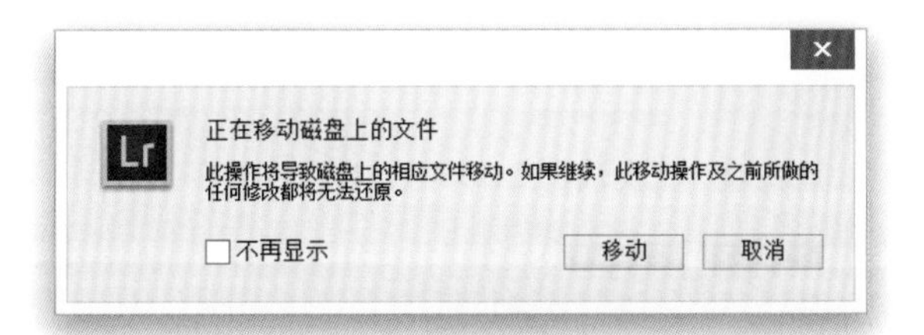

图 2-5

第3步：

每个文件夹名称左边有个小三角形，如果该三角形是纯灰色，意味着该文件夹内有子文件夹，在该三角形上单击即可看到它们。如果它不是纯灰色，则意味着该文件夹下没有子文件夹。

注意：这些小三角形的官方名称为“提示三角形（disclosure triangles）”，但很少有人使用这个术语，也有可能压根没有。

第4步：

单击文件夹时，显示出已经导入到Lightroom的该文件夹内的照片。如果单击缩览图，并把它拖放到另一个文件夹（如图2-4所示），这会把计算机上的该照片从一个文件夹移动到另一个文件夹，就像在Lightroom外移动计算机上的照片一样。因为这里实际上移动的是真正的文件，所以会在Lightroom内弹出移动文件警告对话框（如图2-5所示）。警告有点恐怖，尤其是“无法还原此操作”部分。这意思是说，如果你改变主意，按Ctrl-Z（Mac：Command-Z）键无法立即撤销移动操作。然而，你可以单击照片移动到的文件夹（这个例子中的Prague Book文件夹）找到刚移动的照片，把它拖回到原来的文件夹（这里，也就是Metro Shots文件夹），因此，该警告有点言过其实。

第5步：

如果文件夹面板内的文件夹图标变成灰色，是Lightroom在告诉我们它无法找到该文件夹（可能是把它们移动到了计算机上的其他某个位置，或者把它们存储到外置硬盘上，而该硬盘现在没有连接到计算机上）。因此，如果是外置硬盘问题，只要重新连接外置硬盘，就会找到该文件夹。如果是“移动到其他某个地方”的问题，则请在变为灰色的该文件夹上右击，从弹出菜单中选择查找丢失的文件夹。这将开启标准的打开对话框，在该对话框内指出让Lightroom到哪里查找移动的文件夹。单击被移动的文件夹后，它将重新连接其中的所有照片。

提示：移动多个文件夹

在Lightroom早期版本中，我们只能一次移动一个文件夹，但是如今在Lightroom CC中，我们可以按住Ctrl（Mac：Command）键并单击选中多个文件夹，一次性进行拖动。这项改进为我们节省了时间。

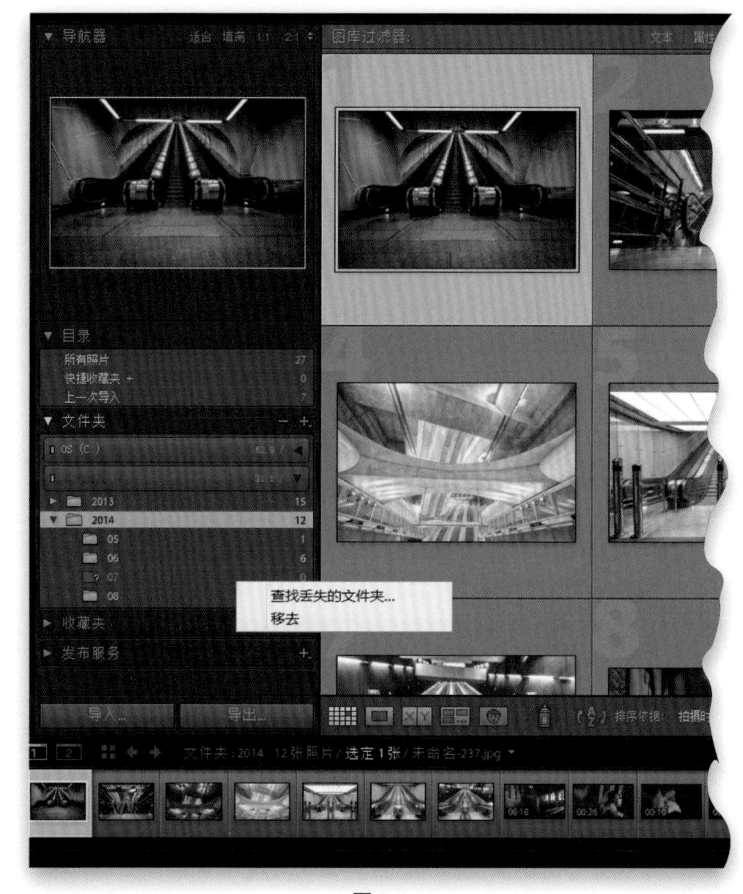

图 2-6

第6步：

文件夹面板内还有一项特殊的功能我经常用到，这就是在我导入照片后向计算机上的文件夹添加图像时。例如，假若我导入一些到布达佩斯旅游的照片，之后，我哥哥向我发送了一些他拍摄的照片。如果我把他的照片拖放到计算机上我的05文件夹内，Lightroom不会自动吸纳它们。此时，我转到文件夹面板，鼠标右键单击05文件夹，选择同步文件夹，Lightroom会更新文件夹内容。

图 2-7

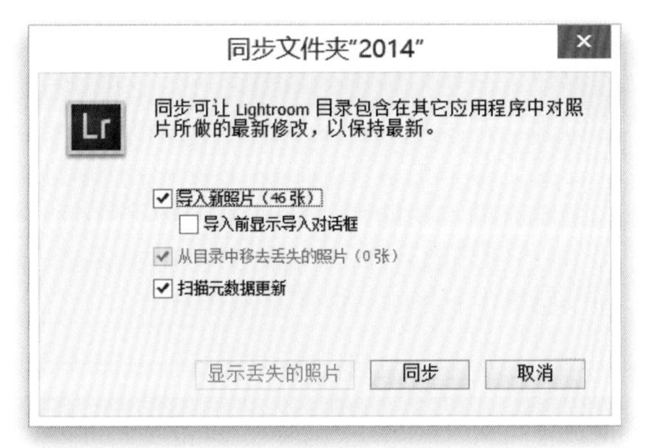

图 2-8

第7步：

单击同步文件夹选项后将会打开同步文件夹对话框。我已经把我哥哥发送给我的6幅新照片拖放到2014文件夹，这时可以看到它准备导入这6幅新照片。有一个复选框可以让Lightroom 在导入这些照片之前打开标准导入窗口（这样可以添加版权信息和元数据之类的内容），或者也可以单击同步按钮，只把这些照片导入到Lightroom，在它们导入后再添加版权信息和元数据之类的信息（如果你愿意的话。因为我哥哥拍摄了这些照片，所以我不想向它们添加我的版权信息）。我主要是在拖动照片到已经存在的文件夹时使用文件夹功能。除此之外，我一直关闭该面板，只使用收藏夹面板（在下一节中将介绍它）。

图 2-9

提示：其他文件夹选项

鼠标右键单击文件夹，弹出菜单列表后，可以选择执行其他操作，如重命名文件夹、创建子文件夹等。列表中还有一个移去选项，但在Lightroom 内选择移去只是把该照片文件夹从Lightroom 移去。然而，该文件夹（及其内的照片）仍然位于计算机上的图片文件夹内。

2.2 用收藏夹排序照片

给照片排序可能是图像编辑过程中最有趣的事情之一，也可能是最让人产生挫折感的事情之一，这取决于你是怎样着手进行这项工作的。对我来说，这是我最享受的部分之一，但是我必须承认我现在要比过去更享受它，这主要是因为我现在使用一种快速而高效的工作流程，帮助我达成排序的真正目标。从拍摄中找出最好的照片——“留用照片”，我们将向客户展示这些照片，或者把它们添加到作品集中、打印。以下是操作步骤。

第1步：

虽然我们的目的是从拍摄中找出最好的照片，但是我们也同样想找出最差的照片（这些照片不是主体完全虚焦，就是意外地按动了快门，或者是闪光灯没有闪光，等等），因为让这些永远也不会用到的照片占据硬盘空间毫无意义，对吗？Lightroom提供了三种方法来给照片评级（或者说排序），最常用的一种是从1到5星评级系统。要用星级来标记一幅照片，只需在其上单击并输入键盘上的数字即可。因此，要把照片标记为3 星，请按下数字键3，在照片的下面将出现3颗星（如图2-10所示）。要改变一个星级，键入一个新的数字即可。要完全移除它，请按数字键0。这样做的意义在于，标记5星级照片以后，就可以打开过滤器只显示5星级照片了。同样的，也可以使用过滤器只查看4星、3星等照片。除了星级之外，还可以用颜色标签，因此可以用红色标签标记最差的照片，用黄色标签标记稍好些的照片，等等。或者，可以组合使用星级和颜色标签，如用绿色标签标记最好的5星级照片（如图2-11所示）。

图 2-10

图 2-11

图 2-12

第2步：

虽然我已经提到了星级分级和标签，但我想劝你不要使用它们。因为这些方法太慢了。请想一想，5星级照片是最好的照片，对吗？只有它们才会展示给其他人看。因此虽然4星级照片还不错，但是还不够好，3星级马马虎虎（没有人会看到它们），2星级照片虽然差但没差到要删除的地步，1星级照片虚焦、模糊不清，这些是打算要删掉的照片。这样一来，你打算怎样处理你的2星和3星级的照片？什么也不做。4星级照片怎么办呢？什么也不做。5星级照片将留用，1星级照片要删除，其余的基本上不会做处理，对吗？因此，我们真正关心的是最好的和最坏的照片，其余照片将被我们忽略掉。

图 2-13

第3步：

因此，我希望你尝试一下旗标。将最好的照片标记为留用，非常差的照片标记为排除。将照片标记好以后，Lightroom将删除排除照片，只留下最好的照片和那些我们不关心的照片，而不用浪费时间来确定我们不关心的照片是3星级还是2星级。我数不清有多少次看到人们坐在那儿大声地叫道：“这幅照片划分为2星级还是3星级？”谁在乎呢？它又不是5星级。继续往前吧！要将一幅照片标记为留用，只需按下P键即可。要标记照片为排除，请按X键。屏幕上将显示出一小条消息，告诉我们为照片指派了哪一种旗标，并且在照片的单元格中将出现一个小旗标图标。白色标记表明它被标记为留用。黑色标记则表明它被标记为排除。

第4步：

因此，我的操作过程如下。照片导入到Lightroom中以后，就会显示在图库模块的网格视图中，我双击第一张照片以跳转到放大视图，这样可以看得更清楚。我观察照片，如果认为它是拍摄的较好的照片之一，则按P键把它标记为留用。如果照片太差，我想要删除它，那么就按字母键X。如果照片只是一般，那就什么也不做。然后按键盘上的右箭头键移动到下一幅照片。如果我标记错了一幅照片（例如，我不小心将一幅照片错标记为排除），那么只需按U键来取消标记。整个过程就这么简单，很快就能浏览数百幅照片，并标记出留用的照片和排除的照片。如果想更快一些，可以按快捷键Shift-P来将照片标记为留用，并打开下一幅照片。但在完成这一基本处理之后，仍然还有一些事情要做。

第5步：

当标记好留用和排除照片的旗标之后，就可以清除那些要排除的照片，将它们从硬盘中删除。请转到照片菜单，从中选择删除排除的照片。这将只显示出已标记为排除的照片，并弹出一个对话框询问是想要从磁盘中删除它们，这还是只从Lightroom中移去它们。我通常选择从磁盘删除，因为如果这些照片已经差到让我将它们标记为排除，为什么我还要保留它们呢？用它们能做什么呢？因此，如果你有同样的感觉，则请单击从磁盘删除按钮，它将返回到网格视图，显示出其余照片。

注意： 因为我们只是把照片导入到Lightroom，它们还没位于收藏夹内，因此会显示从磁盘删除图像这个选项。一旦照片位于收藏夹内，这样做只是从收藏夹删除照片，而不是从硬盘删除）。

图 2-14

图 2-15

图 2-16

图 2-17

第6步：

现在要想只查看留用的照片，请单击中央预览区域顶部图库过滤器栏内的属性（如果未看到它，则请按键盘上的反斜杠（\）键），这将在下面弹出属性栏。单击白色留用旗标（如图2-16中红色圆圈所示），现在就只有留用照片是可见的了。

提示：使用其他图库过滤器

从胶片显示窗格右上方还可以选择只查看有留用旗标的照片、排除旗标的照片或者没有旗标的照片。这里也有一个图库过滤器，但它只有旗标、星级的属性和一部分元数据。

第7步：

接下来我要将这些留用照片放置到收藏夹中。收藏夹是我们所使用的关键的组织工具，它不仅仅用于分类阶段，而且贯穿于整个Lightroom 的工作流程中。可以把收藏夹看成拍摄出的最喜爱照片所组成的相册，当把留用照片放入到它们自己的收藏夹中以后，任何时候只需单击一次就可以进入到这次拍摄的留用照片中。要把留用照片放入到收藏夹，请先按Ctrl-A（Mac：Command-A）键选择所有当前可见的照片（留用照片），之后转到收藏夹面板（位于左侧面板区域），单击该面板名称右侧的小+（加号）按钮。这将弹出一个下拉列表，从这个列表中选择创建收藏夹（如图2-17所示）。

第8步：

这将打开创建收藏夹对话框，在其中为这个收藏夹输入一个名称，在名称的下面可以将它指派给一个收藏夹集（我们还没有讨论过收藏夹集，也没有创建任何收藏夹集，甚至没有介绍过它们的存在。因此，目前请勿勾选该复选框，但是别担心，很快会提到它了）。在收藏夹选项部分，要让此收藏夹包含上一步骤中所选择的（留用）照片，因为先做出了选择，所以这个复选框已经打开了。现在，保留新建虚拟副本复选框为未勾选状态，然后单击创建按钮。

图 2-18

第9步：

现在所得到的收藏夹中只包含这次拍摄的保留照片，任何时候只要想看这些保留照片，只需转到收藏夹面板，单击名为Kristina Wedding Picks的收藏夹即可（如图2-19所示）。你可能想知道收藏夹会不会影响计算机上的实际照片，这些只是为了方便起见而建立的“工作收藏夹”，因此我们可以从收藏夹中删除照片，它不会影响到实际照片（它们仍位于计算机上的文件夹中，除了在创建这个收藏夹之前，我们在前面所删除的排除照片以外）。

图 2-19

注意：如果你是Apple iPod、iPad或iPhone用户，那应该熟悉Apple的iTunes软件，以及怎样为自己喜欢的歌曲创建播放列表（比如八十年代的爆炸头乐队、派对音乐、古典音乐，等等）。当从播放列表中移去一首歌曲时，它并不会把该歌曲从硬盘（或iTunes Music Library）中删除，只是把它从那个播放列表中删除，对吗？可以把Lightroom中的收藏夹看成是同样的事物，但它们是照片而不是歌曲。

图 2-20

第 10 步：

现在，从这一刻起，我们将只用收藏夹中的照片进行工作。我之前拍摄的 298 幅新娘照片中，只有 15 幅照片被标志为好照片，这就是我的 Picks 收藏夹中最终的照片数量。但是还有一些问题：要把所有这 15 幅保留照片全部打印出来吗？所有 15 幅照片要全部放置到作品集中，打算把它们全都通过电子邮件发送给新娘？也许不这样做，对吗？因此，在我们的保留照片收藏夹内，有一些照片非常突出——优中之优，想把它们发送给客户、打印或添加到作品集中。因此，我们需要进一步做排序处理，从这组保留照片中选出最好的照片——我们的“选择”。

图 2-21

第 11 步：

在这一阶段，有三种方法缩小查看照片范围。我们已经知道第一种方法，即标记留用旗标，现在可以在你的收藏夹中重复上一步中讲到的操作流程，但是首先你要移去已经存在的留用旗标（在 Lightroom 早期版本中，当你在收藏夹中添加新照片时，软件会自动移去旗标，但是在 Lightroom CC 中，已经标记的旗标会被保留）。要想移去旗标，请按 Ctrl-A（Mac：Command-A）键以选中收藏夹中的全部照片，然后按键盘上的 U 键来移去所有旗标，这样我们就能添加新旗标了。第二种有用的视图被称作筛选视图，在有大量非常相似的照片（比如大量同一姿势照片）时，我常使用这种视图来找出最佳照片。要进入这种视图，请先选择相似的照片（单击一幅照片，然后按住 Ctrl[Mac：Command] 键并保持，再单击其他照片）。

第12步：

现在按N键跳转到筛选视图（我不知道哪个更糟，是这种视图被命名为筛选，还是使用N键作为它的快捷键。别逼我说这个了）。它把所有选中的照片并排放置在屏幕上，因此可以很轻松地比较它们（如图2-22所示）。同样，每当进入这种视图时，我都会立即按Shift-Tab键隐藏所有面板，这会在屏幕上以尽可能大的尺寸显示照片。

提示：尝试关闭背景光模式

筛选视图适合使用关闭背景光，这种模式使照片之外的所有内容全变为黑色。只需按两次键盘上的L键即可进入关闭背景光模式，这时你就理解我的意思。要退出关闭背景光模式，返回到正常视图时，请再次按L键。

第13步：

现在我的照片已显示在筛选视图中，我开始进行移去处理，先查找这批照片中最差的照片并将它第一个删除，然后是下一幅最差的，再下一幅，直到只留下这个姿势照片中最好的两三幅照片为止。要移去照片，只需将光标移动到想要移去的照片（这批照片中最差的那幅）上，单击照片右下角的小×（如图2-23所示），此照片就会从视图中隐藏掉。它不会将照片从收藏夹中移去，只是隐藏照片，帮助我们做移去处理。当我移去一幅照片时，其他照片会自动重新调整大小以充满空出来的空间。当继续移去图像时，剩余图像会扩展以占据空余空间，它们变得越来越大。

提示：改变筛选顺序

位于筛选视图中时，只要将图像拖放到我们想要的顺序，就可以改变它们在屏幕上的显示顺序。

图 2-22

图 2-23

图 2-24

图 2-25

第14步：

一旦挑选出这个姿势中想要保留的那些照片，请按G键回到缩览图网格视图，这时它会自动只选中留在屏幕上的这些照片（请查看我最终在屏幕上留下的两幅照片，只有它们被选中）。现在，按P键把这些照片标记为留用照片，然后按Ctrl-D（Mac：Command-D）键取消选择这些照片，之后继续选择另一组类似的照片，按N键转到筛选视图，开始对这组照片做排除处理。我们可以根据需要多次执行该操作，直到从每组类似照片中获得最佳照片，并将它们标记为留用照片为止。

注意：请记住，在第一次为具有留用旗标的照片创建收藏夹时，我们应选中所有照片，然后按U键移去旗标。这就是这里能够再次使用它们的原因。

提示：从筛选视图删除照片

很少有人知道在筛选视图下删除选中的照片的快捷键：只需按下键盘上的 / （斜杠）键即可。

第15步：

现在已经遍历并标记出留用照片收藏夹中的最佳照片，让我们将这些“优中选优”的照片放入到它们自己单独的收藏夹中（稍后就会看到这样做更有意义）。单击中央预览区域顶部图库过滤器栏中的属性，当属性栏弹出时，单击白色留用旗标，以便只显示Picks收藏夹中的留用照片（如图2-25所示）。

第16步：

现在按Ctrl-A（Mac：Command-A）键选择屏幕上显示的所有留用照片，然后按Ctrl-N（Mac：Command-N）键，打开创建收藏夹对话框。这里要提示的是，在命名这个收藏夹时，请先使用留用照片收藏夹的名称，然后再添加文字Selects（因此在这个例子中，我将新收藏夹命名为Kristina Wedding Selects）。收藏夹按照字母顺序列出，因此如果用相同的名称作开头，这两个收藏夹最终会排列在一起，这样会使下一步操作更为轻松（此外，如果需要，可以随时在收藏夹面板下右击该收藏夹，在弹出菜单中选择改变名称）。

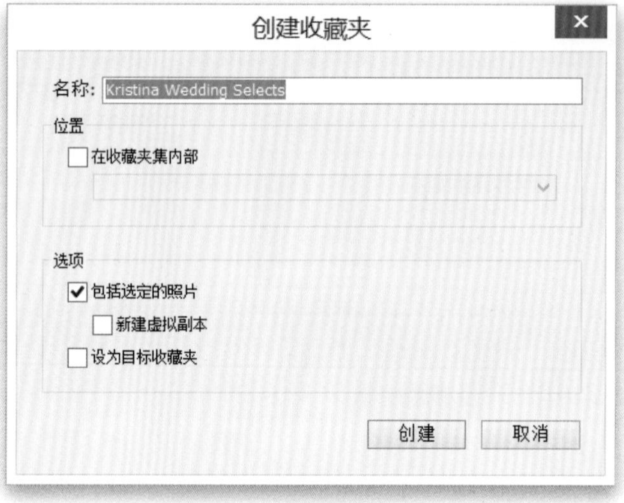

图 2-26

第17步：

让我们来总结一下。现在有两个收藏夹，一个包含这次拍摄的保留照片（Picks），Selects 收藏夹则只包含这次拍摄中的最佳图像。观察收藏夹面板就会发现保留照片（Picks）收藏夹的正下方就是Selects收藏夹（如图2-27所示）。

注意：关于缩小照片范围，还有一种方法需要介绍，但在此之后将介绍怎样使用收藏夹集，收藏夹集方便管理从同一次拍摄所产生的多个收藏夹，就像我们这里所创建的Picks 收藏夹和Selects 收藏夹。

图 2-27

图 2-28

第18步：

当需要从一次拍摄中找出单幅最佳照片时（例如，如果想从一次婚礼拍摄中找出单幅照片张贴在影室的博客上，则需要找出一幅完美的照片），这时我们可以使用比较视图——其设计就是让我们遍历照片，找出单幅最佳照片。其实现方法是：首先选择Selects收藏夹内的前两幅照片（单击第一幅照片，之后按Ctrl [Mac：Command]键并单击第二幅图像，这样两幅图像都被选中）。按C键进入比较视图，它把两幅照片并排显示（如图2-28所示），再按Shift-Tab键隐藏面板，使照片显示变得尽可能大。此外，如果喜欢，现在可以进入关闭背景光模式（按两次L键）。

图 2-29

第19步：

下面介绍其实现方法。这是一场只有一幅照片能赢的战争：左边的照片是当前的冠军（称作“选择”），右边的是其竞争者（称作“候选”）。我们要做的只是观察这两幅照片，然后决定右边的照片是否比左边的更好（也就是说，右边的照片是否“击败了当前的冠军”）。如果没有，那么请按键盘上的右箭头键，收藏夹中的下一幅照片（新的竞争者）将显示在右边，来挑战左边的当前冠军（如图2-29所示，新照片已经显示在右边）。

第 20 步：

按右箭头键打开新的候选时，如果右边的新照片确实看起来比左边的选择照片更好，那么请单击选择按钮（包含单个箭头的 X|Y 按钮，它位于中央预览区域下方工具栏的右边，如图中的红色圆圈所示）。这使得候选图像变为选择图像（它移动到左边），战争再次开始。简要总结一下该过程：选中两幅照片，按 C 键进入比较视图，然后问自己一个问题："右边的照片比左边的更好吗？" 如果不是更好，则按键盘上的右箭头键；如果更好，则单击选择按钮，并继续此过程。在浏览了 Selects 收藏夹中的所有照片后，无论是哪一幅照片（作为"选择"照片）保持在左边，它就是这次拍摄中的最佳照片。完成以后，单击工具栏右边的完成按钮。

图 2-30

第 21 步：

虽然在比较视图中我总是使用键盘上的箭头键"进行战斗"，但同样也可以使用工具栏内的选择上一张照片和选择下一张照片按钮。位于选择按钮左边的是互换按钮，它只是互换两幅照片（使候选照片变成选择照片，反之亦然），但是我还没有找到一个好的理由来使用互换按钮，只好坚持使用选择按钮。那么，这三种视图模式在什么时候选用呢？我的做法是：（1）在挑选留用照片时，主要使用放大视图；（2）只有在比较大量类似姿势或场景的照片时才使用筛选视图；（3）当试图找出单幅"最佳"图像时，才使用比较视图。

如果不想使用键盘上的左、右箭头键，则可以使用工具栏中的选择上一张照片和选择下一张照片按钮来转到下一张候选照片或回到上一张候选照片

图 2-31

互换按钮交换候选和选择图像。坦白地说，我没有发现这个按钮有多少用处

图 2-32

除了按字母键 C 进入到比较视图以外，也可以单击比较视图按钮。该按钮右边的按钮用来进入筛选视图

图 2-33

当用比较视图完成操作以后，既可以单击完成按钮转到放大视图，也可以单击比较视图按钮返回到常用的网格视图

图 2-34

图 2-35

第 22 步：

关于比较视图，要介绍的最后一点是：一旦确定了哪幅照片是这次拍摄中唯一的最佳照片（它应该是遍历过 Selects 收藏夹内的所有图像后位于左边的图像——即我口中的“坚持到最后的照片”）以后，我不会只为这一幅照片创建一个全新的 Selects 收藏夹。相反，我会按键盘上的数字键 6，把左边的这幅照片标记为获胜者。这会为这幅照片分配红色标签（如图 2-35 所示）。

图 2-36

第 23 步：

现在每当想从这次拍摄中找出单幅最佳照片时，我就会转到图库模块的网格视图（G），在图库过滤器栏中单击属性，然后在它下面的属性栏中，单击红色标签（如图 2-36 中红色圆圈所示），这样将显示这幅唯一的最佳照片。这一节介绍了组织处理的关键部分——创建收藏夹，以及用收藏夹保存每次拍摄中的“留用”照片和最佳照片。接下来，我们将介绍怎样组织有多个收藏夹的相关拍摄（如婚礼或度假）。

2.3 用收藏夹集组织多次拍摄的照片

如果你在纽约住了一周并且每天都外出拍摄，那么当把拍摄的所有照片导入到Lightroom 以后，可能会有一些收藏夹，它们的名称如Time Square、Central Park、5th Avenue、The Village 等。因为Lightroom 自动按字母顺序排列收藏夹，所有这些相关的拍摄（它们都是在同一次纽约之行中拍摄的）将会分散到收藏夹列表中的各个位置。此时收藏夹集就正好派得上用场了，它可以将所有拍摄的照片集中放入一个收藏夹——New York 。

第1步：

要创建收藏夹集（它就好像文件夹一样，把相关的收藏夹组织到一起），请单击收藏夹面板（在左侧面板区域内）标题右边的+（加号）按钮，在弹出的下拉列表中选择创建收藏夹集。接着将打开创建收藏夹集对话框，在此可以命名这个新的收藏夹集。在这个例子中，我们打算用它来整理婚礼中所有不同拍摄产生的照片，因此将它命名为Jones Wedding，然后单击创建按钮。

图 2-37

创建收藏夹集
名称：Jones Wedding
位置
在收藏夹集内部
创建 取消

图 2-38

第2步：

现在这个空收藏夹集显示在收藏夹面板中。要为这些婚礼照片创建新的收藏夹时，请按住Ctrl（Mac：Command）键并单击选中希望添加到收藏夹中的照片，然后从+（加号）按钮的下拉列表中选择创建收藏夹。在弹出的创建收藏夹对话框中命名这个新收藏夹，然后勾选在收藏夹集内部复选框，从弹出的菜单中选择Jones Wedding，并单击创建按钮。

创建收藏夹
名称：Rehearsal Dinner
位置
在收藏夹集内部
Jones Wedding
选项
设为目标收藏夹
创建 取消

图 2-39

展开收藏夹集，可以看到保存在其中的所有收藏夹

图 2-40

收藏夹集在这里被折叠了起来，可以看到这使得收藏夹列表缩短了许多

图 2-41

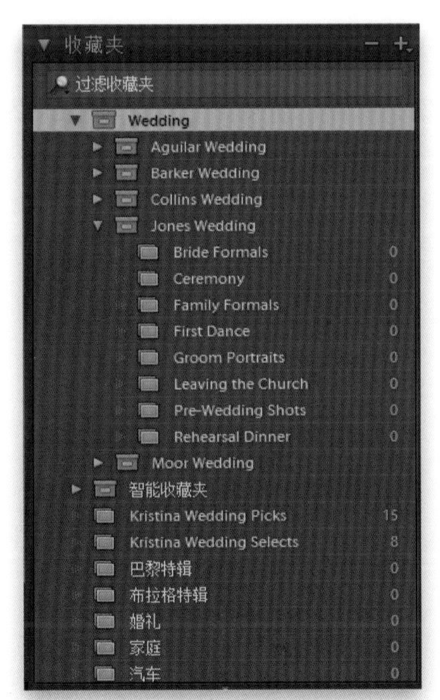

这里所有的婚礼照片被包含在 Weddings 主收藏夹集内。如果想要查看某个婚礼之内的各个收藏夹，那么请在它的名称之前的三角形上单击，以显示出所有内容

图 2-42

第3步：

仔细观察收藏夹面板就会发现，添加到Jones Wedding 收藏夹集中的收藏夹直接显示在它的下方。对于像婚礼这类大型的拍摄，最终可能要为婚礼的不同环节创建大量独立的收藏夹，因此像这样把所有照片组织在一个标题下是很有意义的。在此我们同样首先新建了一个收藏夹集，但不是一定非要这样做，也可以在任何有这个需要的时候新建收藏夹集，然后只需将现有的收藏夹拖放进收藏夹面板中的那个收藏夹集即可。

第4步：

如果想要更进一步，那么还可以在一个收藏夹集内部新建另一个收藏夹集（这就是为什么在第1步中创建第一个收藏夹集时，在弹出的创建收藏夹集对话框中出现在收藏夹集内部复选框的原因——这样就可以将新建的收藏夹集放入到现有收藏夹集中），这样就能够把所有婚礼照片都放到一起。因此，现在已经有一个名为Wedding的收藏夹集（如图2-42所示），然后在此收藏夹集的内部，各个婚礼也有其独立的收藏夹集，这样的话，每当想要查看或搜索所有婚礼的全部照片时，则单击收藏夹面板下的Wedding收藏夹集即可。

2.4 使用智能收藏夹自动组织照片

假设想创建一个收藏夹把过去三年拍摄到的5星级新娘照片放到一起。我们可以搜索所有收藏夹，或者用智能收藏夹找出这些照片，并自动把它们放到一个收藏夹内。我们只需选择好条件，Lightroom会执行这项搜集工作，并且数秒钟之后就可以完成。最重要的是，智能收藏夹还可以实时更新，因此，如果已经创建了一个只有红色标签图像的智能收藏夹，那么在任何时候将照片标记为红色标签时，它就会自动被添加到该智能收藏夹中。我们可以创建任意多个智能收藏夹。

第1步：

要理解智能收藏夹强大的功能，让我们先创建一个智能收藏夹，收集自己拍摄教堂的照片。在收藏夹面板内，单击该面板标题右边的+（加号）按钮，从弹出菜单中选择创建智能收藏夹，这将打开创建智能收藏夹对话框。在顶部的名称字段内命名该智能收藏夹，从匹配下拉列表内选择全部。然后，在下列规则下方的第一个下拉列表中选择关键字，在包含选项右边的文本框中输入Cathedral。现在，如果你只想在该收藏夹中包含最近拍摄的作品，请单击文本框右端的+（加号）按钮，创建另一组条件。从第一个下拉菜单中选择拍摄日期，从左边数第二个下拉菜单选择最近，下一个文本框中输入12，然后从最后一个下拉菜单中选择月。

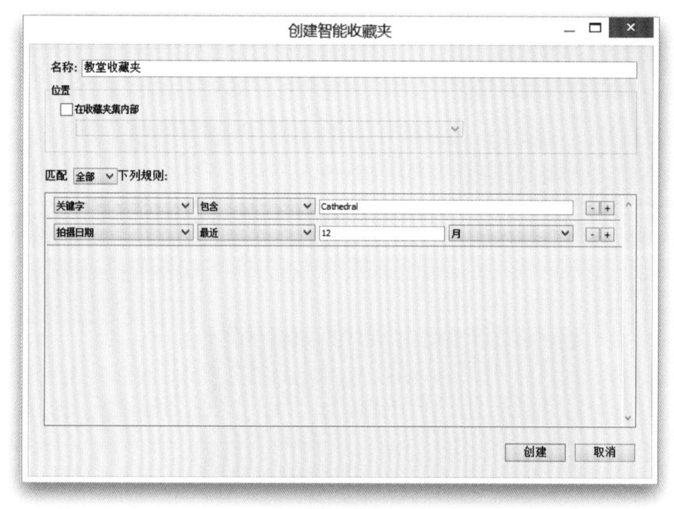

图 2-43

第2步：

现在，让我们先缩小范围。按住Alt（Mac：Option）键，此时+按钮变成#（数字符号）。单击最后一行条件尾部的#按钮，会看到另一组筛选条件选项。将第一个下拉菜单选为下列任一项符合，下方第一个下拉菜单中选择收藏夹，右边第二个下拉菜单选择包含，右边的文本框中输入Selects。因此现在创建的这个智能收藏夹收集了Lightroom中Selects收藏夹的所有照片。

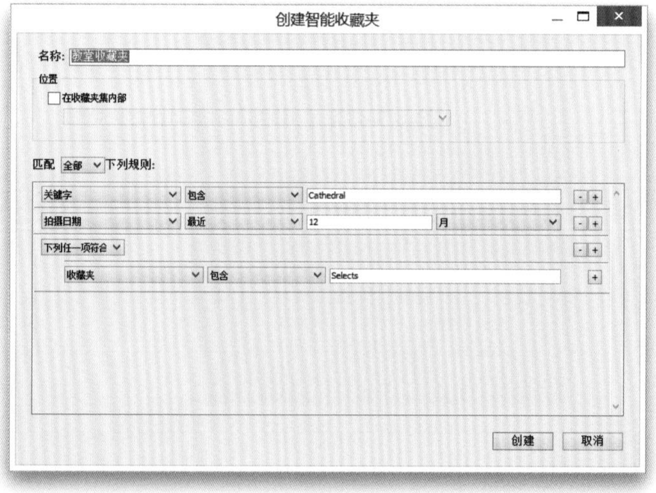

图 2-44

图 2-45

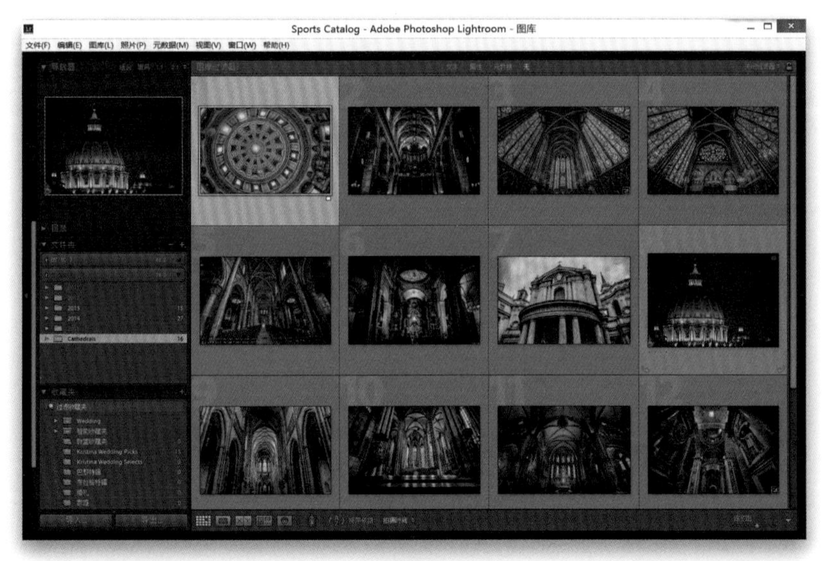

图 2-46

第 3 步：

现在让我们添加另一个条件，来将 Selects 收藏夹中的一幅照片标记为红色标签，而不仅仅只是将它放置到收藏夹内。添加一组筛选条件选项（见第 2 步），从第一个下拉列表中选择标签颜色，从第二个下拉列表内选择是，从第三个中选择红色。如果现在单击创建按钮，会创建一个智能收藏夹，这个收藏夹中包含了关键字为 Cathedral，拍摄于最近 12 个月，且位于 Selects 收藏夹中或标记为红色标签的所有照片。如果你使用的是留用旗标或者 1～5 星评级体系，同样也可以为它们创建筛选条件行，来选择标记为留用或者 5 星的照片。（提示：现在，你也可以创建基于图像尺寸、颜色配置文件、特定位深、通道位数、文件类型是否是 PNG，以及图像智能预览状态等条件的智能收藏夹。）

第 4 步：

当所有筛选条件都设置好之后，现在可以单击创建按钮了，被创建的智能收藏夹将汇编所有这些条件，最重要的是它会不断更新。任一 Selects 收藏夹中具有 Cathedral 关键字，或者标签颜色是红色或评级为 5 星级或者旗标为留用标记的新照片都会被自动添加到该收藏夹，超过 12 个月的旧图像会自动被移去。此外，假若将最近拍摄的一张不在 Selects 收藏夹中，或者没有留用旗标或星级评级的旅行照片上的红色标签移除，它会自动从该智能收藏夹中移去，我们不必进行任何操作，因为它不再与所有的筛选条件相匹配。随时在收藏夹内的现有智能收藏夹上双击，就可以编辑筛选条件。这将打开编辑智能收藏夹对话框，其中列出了当前收藏夹中的照片满足的所有条件，在该对话框内可以添加条件（单击 + 按钮）、删除条件（单击 -[减号] 按钮），或者修改下拉列表内的条件。

2.5 使用堆叠功能让照片井井有条

堆叠照片的功能（曾经是文件夹选项下的功能）最终进入收藏夹领域了。如今，我们可以使用堆叠功能将收藏夹中外观类似的照片放在一起，这样就减少了滚动鼠标搜寻照片的时间。它的工作原理类似于：假设我们有22张某位新娘同一个姿势的照片。你需要每时每刻都看到所有照片吗？或许不需要。利用堆叠功能，我们可以将这22张缩览图堆叠到一个缩览图下，而这个缩览图可以代表其他所有照片。这样的话，我们就不用浏览过这22张外观类似的缩览图之后才能看到其他照片。

第1步：

现在，我们已经导入一组模特照片，你会发现有不少照片中的人物都是保持同一个姿势的。所有这些照片全部呈现在一起会增加页面的无序感，使得寻找“保留照片”的过程更加困难。所以，我们打算将人物姿势相似的照片放到一个堆叠组内，并用其中一个缩览图来表示。剩下的照片都堆叠在这个缩览图后面。首先请选中姿势相同的一组照片中的第一张（图中选中的高亮照片），然后按住Shift键并单击本组照片的最后一张（如图2-47所示），选中本组中的所有照片（如果你愿意，也可以在胶片显示窗格内进行照片选择）。

图 2-47

第2步：

现在，请按住Ctrl-G（Mac：Command-G）键，将所有选中的照片放入到一个堆叠中（这个键盘快捷键很容易记，字母键G代表单词Group）。如果现在去看网格视图，就会发现只有一个此种姿势的缩览图。这样操作不会删除或者移走同组中的其他照片——它们只是被堆叠在这个缩览图之外（在计算机系统中，我们要做的只是信任这种机制）。当我们将这7张照片堆叠到一个组之后，页面看起来简洁多了，操作起来也非常方便。

图 2-48

图 2-49

第3步：

在放大视图中，你会在缩览图左上角的矩形方块中看到数字7。它提供了两个信息：（1）这不是一张照片，而是一组堆叠照片；（2）堆叠组中照片的数量为7。现在你看到的是堆叠视图（6张相似的照片堆叠在一张缩览图之后）。若想展开堆叠，查看堆叠组中的所有照片，只需要直接单击缩览图左上角的数字7（下一步中将提到如何展开视图），或按键盘上的字母键S，或单击缩览图两侧的细长条标志（若想折叠堆叠，只需要重复以上任何一种操作）。顺便提一下，如果想将某张照片添加到已经存在的堆叠组中，只需要将目标照片拖动到对应的堆叠组中。

图 2-50

第4步：

以下讲到的几点将会帮助你管理堆叠组。创建堆叠时，选中的第一张照片将会成为堆叠后显示的缩览图。如果你不想让它呈现在堆叠组上，你可以选择组中其他任何照片。首先展开堆叠，然后右击含有照片序号的小方框标志，在弹出的下拉菜单中选择移到堆叠顶部（如图2-50所示）。

第5步：

若想将某张照片从堆叠中移去，首先展开堆叠，然后右击照片的序号，从弹出的下拉菜单中选择从堆叠中移去（如图2-51所示）。此操作并不会删除照片，也不会将其从收藏夹中移除，只是将它从堆叠组中移去。所以，举个例子，如果你只移去一张照片，那当你再次折叠堆叠时，将会在网格视图中看到两个缩览图——一个代表仍堆叠在一起的三张照片，另一个则代表刚刚从堆叠组中移出的单独照片。

注意： 如果你想从堆叠组中一次性移出多张照片，则需按住Ctrl（Mac：Command）键并单击选中你想移去的照片，用鼠标右键单击其中一张照片的照片序号，然后在弹出的下拉菜单中选择从堆叠中移去。

图 2-51

第6步：

在我们继续介绍之前，还有一件事情与从堆叠中移去照片有关。如果你想删除堆叠组中的某张照片（而不是只把它从堆叠组中移出），只需要展开堆叠，然后单击照片，按下键盘上的Backspace（Mac：Delete）键。还有一点建议：如果想一次性展开所有堆叠（让所有照片的缩览图全部可见），只需要用鼠标右键单击任何一个缩览图（不只是堆叠组，任何缩览图都可以），在弹出的下拉菜单中选择堆叠，然后选择展开全部堆叠（或者用鼠标右键单击任何堆叠的照片序号方框，在弹出的下拉菜单中选择展开全部堆叠。如果你想折叠所有堆叠，同理，选择折叠所有堆叠即可，这样，每一组相同姿势照片中只有一张可见。

SCOTT KELBY

图 2-52

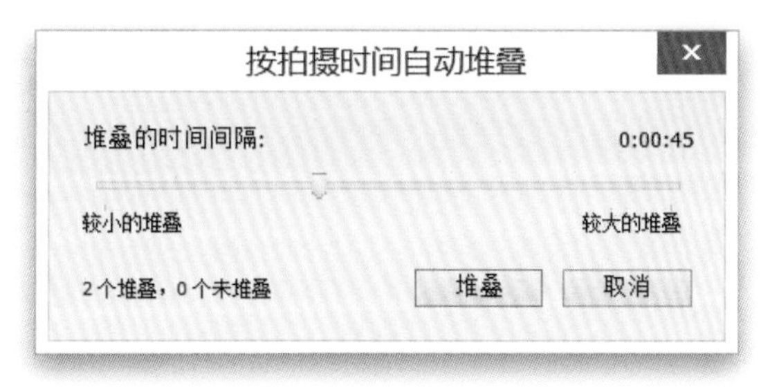

图 2-53

第7步：

Lightroom可以根据照片拍摄的时间间隔来自动堆叠相似照片。例如，当你在工作室中拍照时，通常会按部就班地拍，但是当模特需要更换服装（或者拍摄者需要改变灯光条件）时，这一过程可能会花费至少5分钟时间。此时将自动堆叠功能设置为5分钟，这样的话，当5分钟或更长时间没有拍照时，计算机会自动将之前拍摄的照片堆叠（这项功能相当出色）。若想开启自动堆叠功能，只需用鼠标右键单击任意一个缩览图，从弹出菜单的**堆叠**选项下选择**按拍摄时间自动堆叠**。如图2-53所示的对话框就会出现，当向左或向右拖动滑块时，你会发现照片开始进行实时堆叠。这项功能的效果相当出色。

图 2-54

第8步：

顺便提一下，如果开启了自动堆叠功能，Lightroom可能会将并不相似的照片堆叠在一起。即使是这样，你也可以很轻松地拆分堆叠，将这些照片移动到它们本来的位置。若想拆分堆叠，先要展开堆叠，然后选择希望从堆叠组中移去的照片，用鼠标右键单击其中任何一张照片的序号方框，选择**拆分堆叠**（如图2-54所示）。现在，你有两个堆叠——在左侧的例子中，一个堆叠含有8张照片，另一个含有4张。关于堆叠的最后一件事情：一旦照片进行了堆叠操作，当堆叠折叠时，任何对堆叠实施的操作只作用于堆叠顶部的照片，对其他照片没有效用。在更改设置或者增加关键字之前，如果你展开堆叠，并选中所有照片，此时，快速修改照片设置、关键字和其他任何编辑都会应用于整个堆叠组。

2.6 何时使用快捷收藏夹

创建收藏夹是一种把照片组织到独立相册的更长久的方法（这里所说的长久，我的意思是指当数月后重新启动Lightroom 时，收藏夹仍然存在。当然，也可以选择删除收藏夹，使它们不再永久存在）。然而，我们有时只想临时对照片分组，而不想长期保存这些分组。这时快捷收藏夹就派上用场了。

第1步：

有许多理由可能会让你想要使用临时收藏夹，但我使用快捷收藏夹大多数是在需要快速组成一组幻灯片情况下，特别是在需要使用来自许多不同收藏夹中的图像时。例如，假设我接到一个潜在客户的电话，他们想看看我拍摄的橄榄球赛照片。我找出最近拍摄的橄榄球比赛照片，单击打开Selects 收藏夹，然后双击图像在放大视图中查看它们。当看到一幅想放到幻灯片中的照片时，按字母键B将它添加到快捷收藏夹（屏幕上会显示出一条消息，提示照片已被添加到快捷收藏夹）。

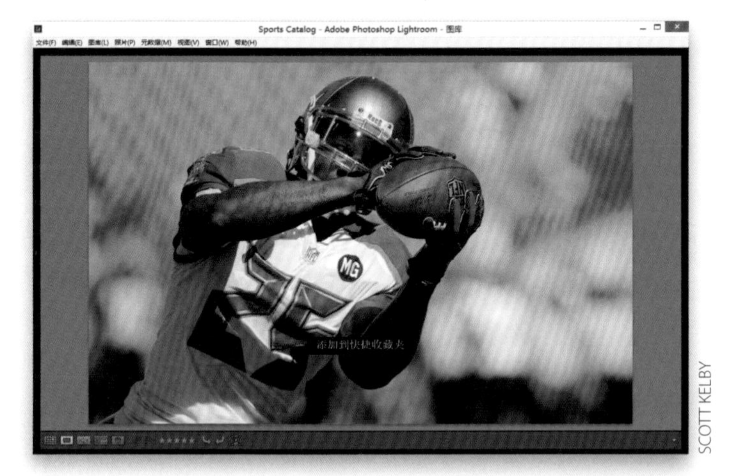

图 2-55

第2步：

现在，我转到另一个包含橄榄球赛照片的收藏夹，并进行同样的操作，每当看到想要放到幻灯片放映中的图像，就按字母键B将它添加到快捷键收藏夹，因此很快就可以浏览完10个或15个较好的收藏夹，并同时标记出那些我想用于幻灯片放映中的照片（在网格视图中，当把光标移动到缩览图上时，每个缩览图的右上角会显示出一个小圆圈，单击它时变为灰色，也可以把照片添加到快捷收藏夹。要隐藏该灰点，请按Ctrl-J [Mac：Command-J] 键，单击顶部的网格视图选项卡，之后取消勾选快捷收藏夹标记复选框，如图2-56所示）。

图 2-56

图 2-57

第3步：

要查看放到快捷收藏夹内的照片，请转到目录面板（位于左侧面板区域内），单击快捷收藏夹（如图2-57所示）。现在只有这些照片可见。要把照片从快捷收藏夹中删除，只要单击照片，再按键盘上的Backspace（Mac：Delete）键即可（不会删除原始照片，只是把它从这个临时快捷收藏夹中移去）。

图 2-58

第4步：

现在来自于所有不同收藏夹的照片已被放入快捷收藏夹中，这时可以按Ctrl-Enter（Mac：Command-Return）键启动Lightroom的即兴幻灯片放映功能，它使用Lightroom 幻灯片放映模块中的当前设置，全屏放映快捷收藏夹中的照片。要停止幻灯片放映，只需按Esc键即可。

提示：保存快捷收藏夹

如果想要把快捷收藏夹保存为常规收藏夹，请转到目录面板，用鼠标右键单击快捷收藏夹，从弹出菜单中选择存储快捷收藏夹，这时将弹出一个对话框，在此可以给新收藏夹命名。

2.7 使用目标收藏夹

我们刚才讨论了如何建立快捷收藏夹将图像临时组织在一起，以制作即兴幻灯片放映，或者考虑要不要将它们创建为实际的收藏夹，但是可能会发现更有用的一项功能，就是用一个目标收藏夹来替代快捷收藏夹。我们使用相同的键盘快捷键，但是并不将图像发送到快捷收藏夹，而是进入到一个已经存在的收藏夹。但是，为什么我们要这样做？读完本节，你会发现为什么它如此便捷（马上就能解决它）。

第1步：

比方说今年拍摄了许多汽车照片。如果将所有喜欢的汽车照片放入一个收藏夹中岂不是很好，这样就能非常便捷地查看照片了。只需创建一个全新的收藏夹，将其命名为汽车。待汽车收藏夹出现在面板中后，用鼠标右键单击它，从弹出菜单中选择设为目标收藏夹（如图2-59所示）。这将在收藏夹名称末端添加一个+（加号）标志，所以看一眼就知道它是你的目标收藏夹（如图2-59所示）。

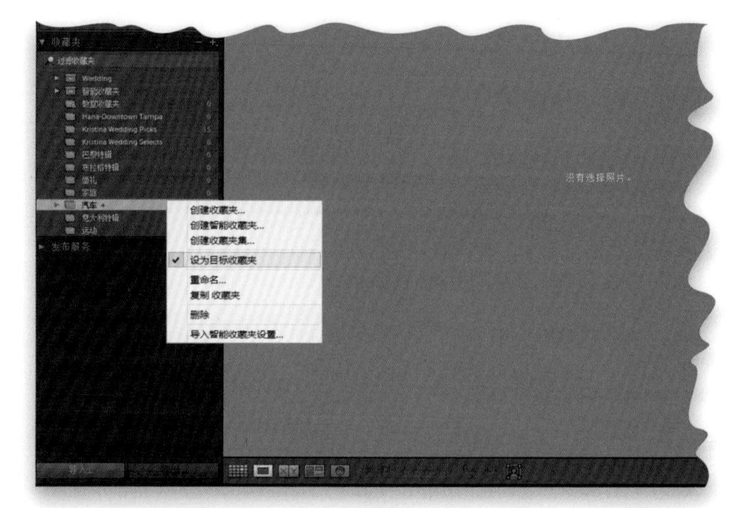

图 2-59

第2步：

创建目标收藏夹后，添加图像就很简单了，只需要在任意图像上单击，然后按键盘上的字母键B（与快捷收藏夹的快捷键相同），照片就会被添加入汽车目标收藏夹。例如，在Thunderbird Finals常规收藏夹中，有一系列在福特雷鸟影棚拍摄的最终照片，我希望添加一些最终照片到我的汽车目标收藏夹中，所以我将它们全部选中，然后按键盘上的字母键B就可以了，屏幕上会出现添加到目标收藏夹“汽车”的确认信息，此时已经添加完毕。但这并没有将照片从Thunderbird Finals收藏夹中移去，只是将它们同时添加到汽车目标收藏夹中。

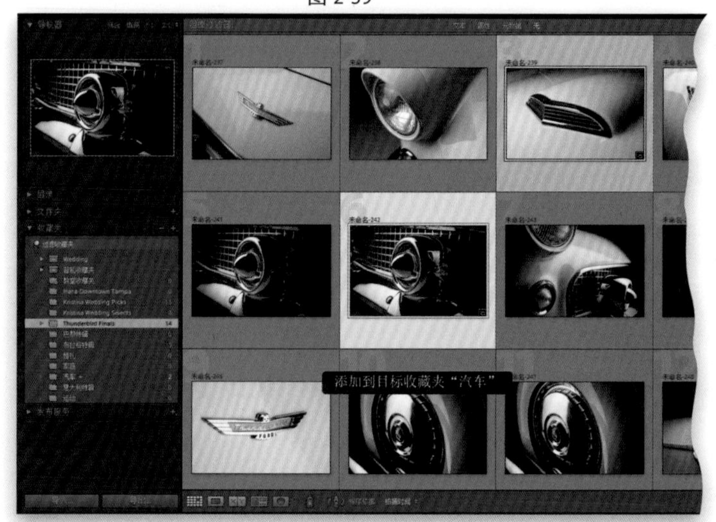

图 2-60

第3步：

现在，如果单击汽车目标收藏夹，就能看到这些雷鸟和其他汽车的照片，这是因为我将所有汽车的最终照片都放到了同一个地方。

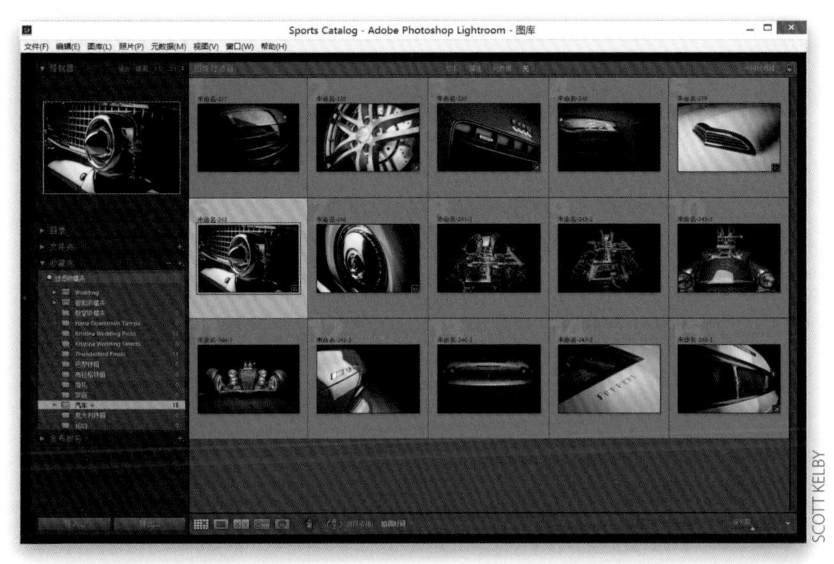

图 2-61

第4步：

在Lightroom 5中，Adobe使创建目标收藏夹的过程方便了一些，因为现在，当你要创建收藏夹时，在创建收藏夹对话框中勾选设为目标收藏夹复选框，这个新收藏夹就创建成了新的目标收藏夹）。顺便提一下，一次只能拥有一个目标收藏夹，所以当你选择将不同的收藏夹创建为目标收藏夹后，上次选择的收藏夹将不再是目标收藏夹（该收藏夹依然存在，但是，按键盘上的字母键B，照片将不会被发送到该收藏夹，而是被发送到最新被指定的目标收藏夹）。如果想回头创建一个快捷收藏夹（使用快捷键B），你需要使用鼠标右键单击，并在弹出菜单中选择设为目标收藏夹选项来关闭目标收藏夹。

图 2-62

2.8 针对高级搜索添加具体关键字

大多时候，在Lightroom中查找图像会很简单。想要查看在纽约度假的照片吗？只需单击New York收藏夹即可。如果要查看纽约旅行中的所有照片，则需按关键字New York进行搜索。但是，如果只想要帝国大厦的夜景照片该怎么办？如果你对此感到不知所措，那么这一节就是为你而写的。

第1步：

在介绍这一节内容之前，我想要说的是，大多数人不需要添加关键字。但是，如果你是商业摄影师或者图库照片代理者，给所有的图像添加关键字则是你必须要做的工作。幸运的是，在Lightroom 内实现该操作非常容易。添加关键字有多种方法，我们从右侧面板区域中的关键字面板开始。单击照片后，会在关键字面板顶部附近列出已经指定给该照片的关键字（如图2-63所示）。顺便提一下，我们实际上不应该使用“指定”一词，而应该说用关键字“标记”照片，如“用关键字NFL标记它”。

图 2-63

第2步：

我在导入所有照片时用8个关键字标记它，如UF、UT、Vols和Gators等。若想添加其他关键字，在该关键字字段下方有一个文本框，框中写着单击此处添加关键字。因此只需在此框中单击，并输入想要添加的关键字即可（如果需要添加多个关键字，请用逗号分隔它们），之后按键盘上的Enter（Mac：Return）键。如图2-64所示，对于第1步中选中的照片，我添加的关键字是Jonathon Johnson，非常简单。

关键字
关键字标记 键入关键字
college football, Gators, Jonathon Johnson, UF, University of Florida, University of Tennessee, UT, Vols, Volunteers
Jonathon Johnson
建议关键字
ZNFL, National;... Bengals Green Bay Tampa
zcontract phot... Packers Atlanta
New Orleans Saints Tampa
关键字集 最近使用过的关键字
Jonathon Johnson UF UT
Vols Gators University of Fl...
University of T... Volunteers college football

图 2-64

图 2-65

第3步：

如果打算一次性为一组照片添加相同的关键字，那么比较理想的方法是使用关键字面板。例如，比赛第一节中共拍了71幅照片，我们要首先选择这71幅照片（单击第一幅照片，按住Shift键并保持，然后单击最后一幅照片，这样就会选中所有照片），之后在关键字面板的关键字标记文本字段内添加关键字。例如，我在这里输入First Quarter，它就会把关键字First Quarter添加到选中的71幅照片。因此，当需要用同样的关键字标记大量照片时，关键字面板是我的首选。

提示：选择关键字

接下来介绍如何选择我的关键字。我问自己——如果几个月之后，我要找出这些照片，最可能在搜索栏内输入什么词语呢？然后我就使用了上面提到的这些词，它的效果比想象得要好。

图 2-66

第4步：

假若我们只想向某些照片添加一些关键字，如某个队员的照片，如果这些照片是相邻的，则可以使用我刚才介绍的关键字面板的操作方法。但是，如果这些照片是一次拍摄中分散的20或30幅照片，则可以使用喷涂工具（它位于下方的工具栏内，图标看起来像一个喷漆罐）在浏览图像时“喷涂”关键字。首先，单击喷涂工具（或按Ctrl-Alt-K [Mac：Command-Option-K]）键，然后，确保喷涂标志右侧显示的是关键字，再在其右侧的字段内输入Justin Worley或者与这些照片相关的其他关键字。

第5步：

浏览这些照片，任何时候当你看到Justin Worley的照片时，只要在缩览图上单击一次，就会把这些关键字“喷涂”到照片上（可以添加任意多的关键字，只需在它们之间添加逗号）。单击喷涂工具时，标记过的照片周围会用白色边框突出显示，并在照片右下角用深色矩形框显示刚指定的关键字（如图2-67所示）。如果想标记在一行中看到的多幅照片，只需按住鼠标左键并保持，依次在它们之间喷涂，就可以全部标记它们。喷涂工具使用完毕之后，在工具栏内它原来的位置单击即可。

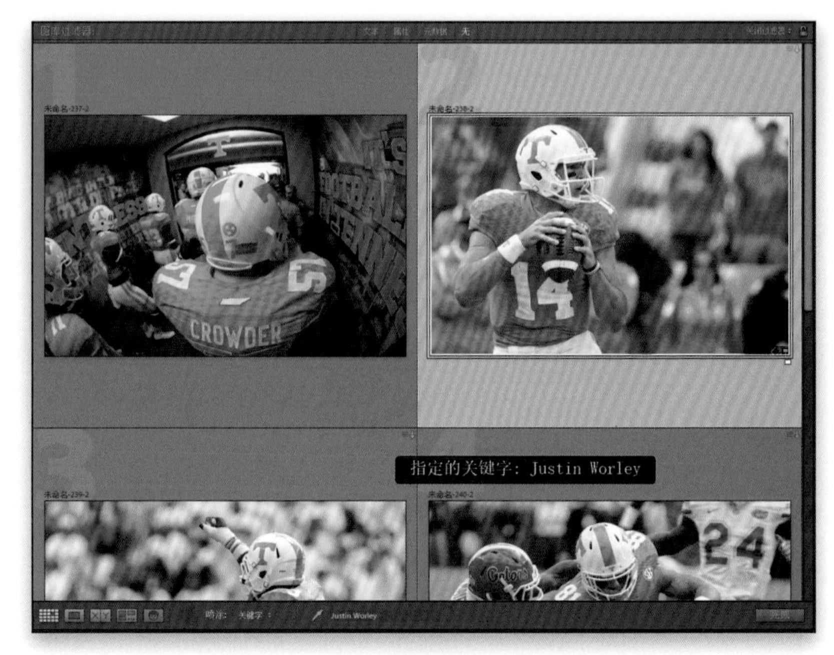

图 2-67

提示：创建关键字集

如果常常使用相同的关键字，则可以把它们保存为关键字集，方便以后使用。要创建关键字集，需要在关键字标记文本字段内输入关键字，之后单击该面板底部的关键字集下拉列表，选择“将当前设置存储为新预设”，它们就会像内置关键字集（如婚礼摄影、人像摄影等）一样被添加到该列表内。

第6步：

展开关键字列表面板，它列出了我们已经创建或嵌入在所导入照片中的所有关键字。每个关键字右边的数字代表用该关键字标记了多少幅照片。如果把鼠标悬停在该列表中的关键字上，在其最右端会显示出一个白色的小箭头。单击这个箭头将只显示出具有该关键字的照片（在图2-68所示的例子中，我单击了Matt Jones关键字的箭头，它只显示出整个目录库中用该关键字标记过的两幅照片）。这也是具体关键字功能强大的地方。

SCOTT KELBY

图 2-68

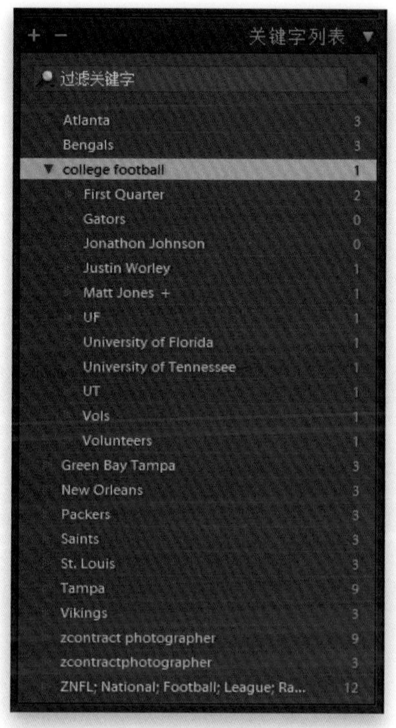

图 2-69

图 2-70

第7步:

这样，不久关键字列表就会变得非常长。因此，要保持该列表组织有序，可以创建具有子关键字的关键字（如College Football作为主关键字，UF、UT、Vols等位于其内）。除了可以缩短关键字列表的长度之外，还可以更好地排序。例如，如果单击关键字列表面板内的College Football（顶级关键字），则会显示出目录后用UF、UT等标记过的每个文件。但是，如果单击UF，则只会显示出用UF标记的照片。这可以节省大量的时间，下一步将介绍怎样配置这一点。

提示：拖放和删除关键字

把关键字列表面板内的关键字放到照片上可以标记它们，反之，也可以把照片拖放到关键字上。要删除照片内的关键字，只要在关键字面板，把它们从关键字标记字段内删除即可。要彻底删除关键字（从所有照片和关键字列表面板自身内删除），找到下方的关键字列表面板，单击关键字，之后单击该面板标题左侧的–（减号）按钮。

第8步:

要将一个关键字设为顶级关键字，只要把其他关键字直接拖到其中即可。如果还没有添加想要成为它子关键字的关键字，则可以这样做：右击想要成为它顶级关键字的关键字，之后从弹出菜单中选择在“College football”中创建关键字标记…，在打开的对话框内创建新的子关键字（如图2-70所示）。单击创建按钮，这个新的关键字就会显示在主关键字下方。要隐藏子关键字，请单击主关键字左侧的三角形。

2.9 重命名Lightroom中的照片

在第1章中，我们已经学习了在从相机存储卡上导入照片时怎样重命名它们，但是，如果导入计算机上现有的照片，它们将保留现有名称（因为只是把它们添加到Lightroom）。因此，如果这些照片仍然是数码相机指定的名称，如“_DSC0035.jpg”，下面介绍的重命名方法就很有意义。

第1步：

单击想要重命名的照片收藏夹，按Ctrl-A（Mac：Command-A）键选择该收藏夹内的所有照片。转到图库菜单，选择重命名照片，或者按键盘上的F2键，打开重命名照片对话框（如图2-71所示）。该对话框提供与导入窗口相同的文件命名预设，请选择你想要使用的文件名预设。在这个例子中，我选择自定名称–序列编号预设，可以输入自定义名称，之后它将自动从1开始编号。

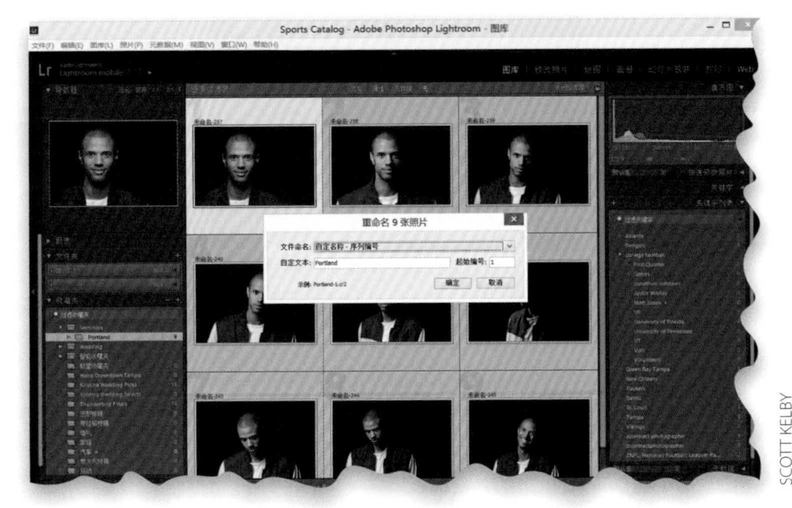

图 2-71

第2步：

单击确定按钮，所有照片立即被重新命名。整个过程虽然只需要几秒钟时间，但对照片搜索操作所产生的影响却是巨大的，不仅是在Lightroom内搜索，在Lightroom之外，在文件夹、电子邮件等之中的搜索更是这样。此外，当把照片发送给客户审核时，这样也更方便他们查找照片。

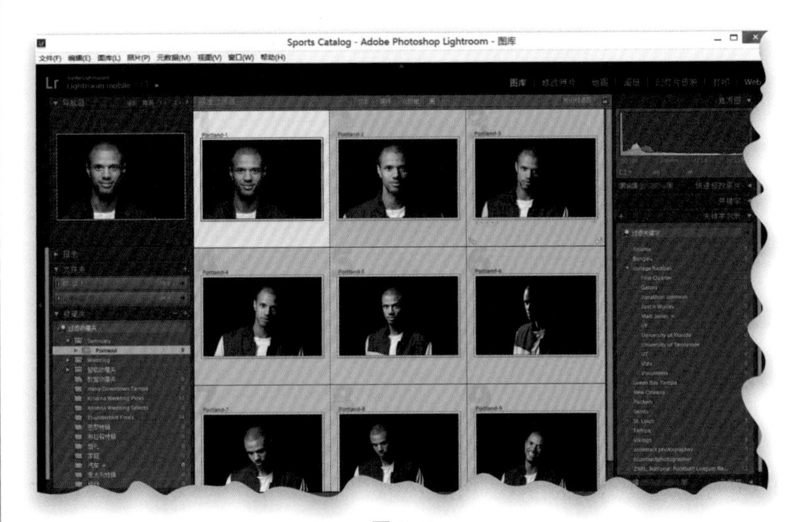

图 2-72

2.10 添加版权信息、标题和其他元数据

数码相机自动在照片内嵌入各种信息，包括拍摄所用相机的制造商和型号、使用的镜头类型，以及是否触发闪光灯等。在Lightroom中可以基于这些嵌入的信息（被称作EXIF 数据）搜索照片。除此之外，我们可以把自己的信息嵌入到文件中，如版权信息或照片标题，以便上传给通信社。

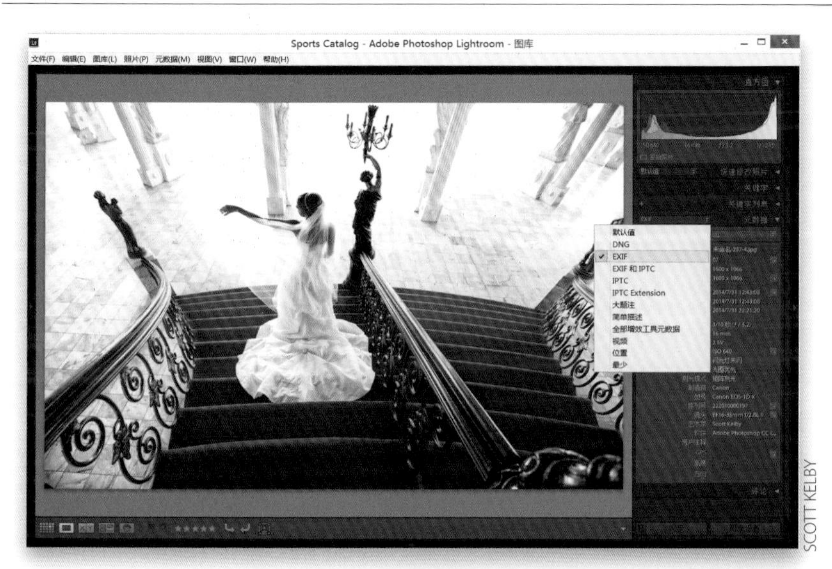

图 2-73

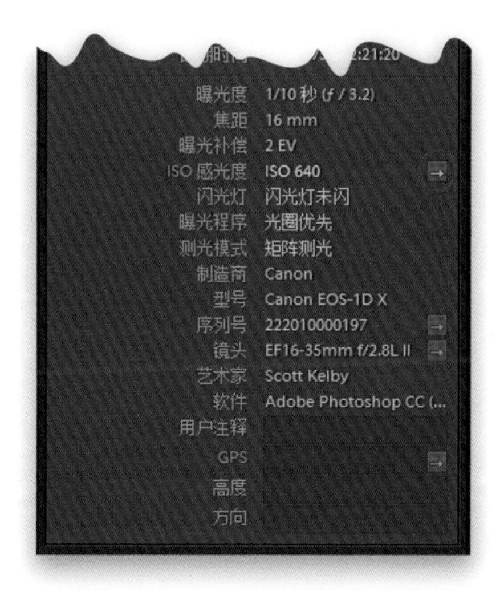

图 2-74

第 1 步：

要查看照片中嵌入的信息（称作元数据），请转到图库模块右侧面板区域内的元数据面板。在默认情况下，它会显示嵌入在照片内的各种信息，因此可以看到嵌入的相机信息（称作EXIF 数据，如拍摄照片所使用的相机制造商和型号，以及镜头种类等），以及照片尺寸、在Lightroom 内添加的所有评级和标签等，但这只是其中的一部分信息。要查看相机嵌入在照片内的所有信息，请从该面板标题左侧的下拉列表内选择EXIF（如图2-73 所示）。如果需要查看所有元数据字段（包括添加标题和版权信息的字段），则请选择EXIF 和IPTC。

提示：获取更多信息或搜索

在网格视图内，如果元数据字段右边出现箭头，这是转到更多的照片信息或者快速搜索的链接。例如，向下滚动EXIF元数据（相机嵌入的信息），把光标悬停在ISO感光度右侧的箭头上方几秒钟，就会显示出一条消息说明该箭头的作用（在这个例子中，单击该箭头将显示出目录内以 ISO 640拍摄的所有照片）。

第2步：

虽然我们不能修改相机嵌入的EXIF数据，但可以在一些字段内添加自己的信息。例如，如果需要添加标题（可能需要把照片上传到通信社），只需转到IPTC元数据中的标题字段，在该字段内单击，再开始输入（如图2-75所示）。输入完成后，只需要按Enter（Mac：Return）键即可完成标题添加。也可以在元数据面板内添加星级评级或者标签（但我通常不在这里添加）。

图 2-75

第3步：

如果已经创建了版权元数据预设，而在导入这些照片时没有应用它，现在则可以在元数据面板顶部的预设下拉列表中应用它。如果还没有创建版权模板，则可以在元数据面板底部的版权部分，添加版权信息（一定要从版权状态下拉列表内选择有版权）。并且一次还可以为多张照片添加版权信息。按住Ctrl（Mac：Command）键并单击选择需要添加该版权信息的所有照片，之后，在元数据面板内添加信息时，就会立即添加给被选中的所有照片。

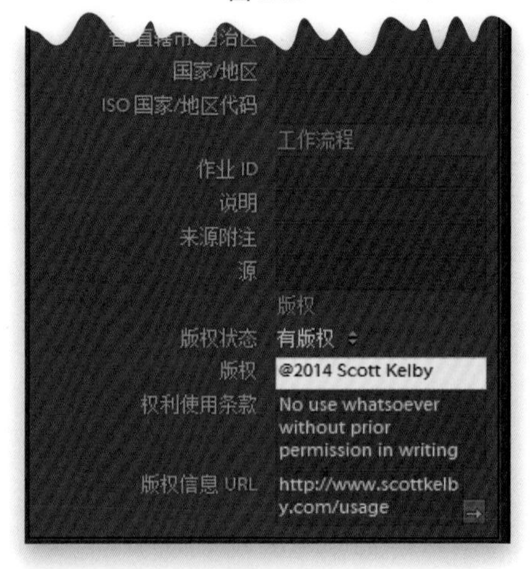

图 2-76

注意：这里所添加的元数据存储在Lightroom的数据库内，在Lightroom内把照片导出为JPEG、PSD或TIFF格式时，该元数据（以及所有颜色校正和图像编辑）才被嵌入到文件中。然而，在处理RAW格式的照片时则不同（下一步操作中将会介绍）。

图 2-77

图 2-78

第 4 步：

如果打算把原始 RAW 文件传给他人，或者想在能够处理 RAW 图像的其他应用程序中使用原始 RAW 文件，在 Lightroom 内添加的元数据（包括版权信息、关键字，甚至对照片所做的颜色校正编辑）则看不到，因为不能直接在 RAW 照片内嵌入信息。要解决这个问题，所有这些信息要被写入一个单独的文件内，这个文件被称作 XMP 附属文件。这些 XMP 附属文件不是自动创建的，要在向他人发送 RAW 文件之前按 Ctrl-S（Mac：Command-S）键进行创建。创建完成之后，就会发现 RAW 文件旁边出现了一个具有相同名称的 XMP 附属文件，但该文件的扩展名是 .xmp（这两个文件如图 2-77 中的红色圆圈所示）。这两个文件要保存在一起，如果要移动或者把 RAW 文件发送给同事或客户，则一定要同时对这两个文件进行操作。

第 5 步：

现在，如果在导入时把 RAW 文件转换为 DNG 文件，那么按 Ctrl-S（Mac：Command-S ）键，即可把信息嵌入到单个 DNG 文件内，因此不会产生单独的 XMP 文件。实际上有一个 Lightroom 目录首选项（如果使用的是 Mac，从 Lightroom 菜单之后单击元数据选项卡；如果使用的是 PC，从 Lightroon 的编辑菜单中选择目录设置，再单击元数据选项卡，如图 2-78 所示），它自动把对 RAW 文件所做的所有修改写入到 XMP 附属文件。但其缺点是速度问题，每次修改 RAW 文件时，Lightroom 就必须把修改写入 XMP，这会降低速度，因此我总是不勾选将更改自动写入 XMP 中复选框。

2.11 内置 GPS 功能

这是一项很酷的功能，如果你的相机具有内置GPS功能（它可以自动在照片内嵌入照片拍摄地的经度和纬度），或者你购买了可以支持数码相机的GPS器件，那么请把朋友聚集到Lightroom 前，他们一定会惊讶得目瞪口呆，因为在Lightroom中不仅能够显示照片的GPS信息，而且还可以打开地图，定位到拍摄地点。

第1步：

把用具有内置或附加GPS功能数码相机拍摄的照片导入到Lightroom。如Ricoh、Canon和 Nikon这样的相机公司生产的带GPS功能的数码相机，很多Nikon和Canon的数码单反相机都具有GPS兼容的连接端口，它们可以使用像Nikon GP-1A或Canon’s GPE2这样的单元增效工具。

SCOTT KELBY

图 2-79

第2步：

在图库模块内，转到右侧面板区域的元数据面板。在接近EXIF部分的底部位置，如果照片记录了GPS信息，就可以看到标签为GPS的元数据字段，它记录了准确的拍摄坐标（如图2-80所示）。

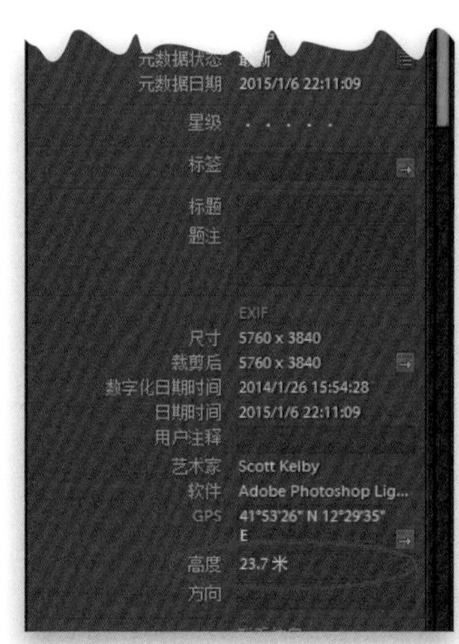

图 2-80

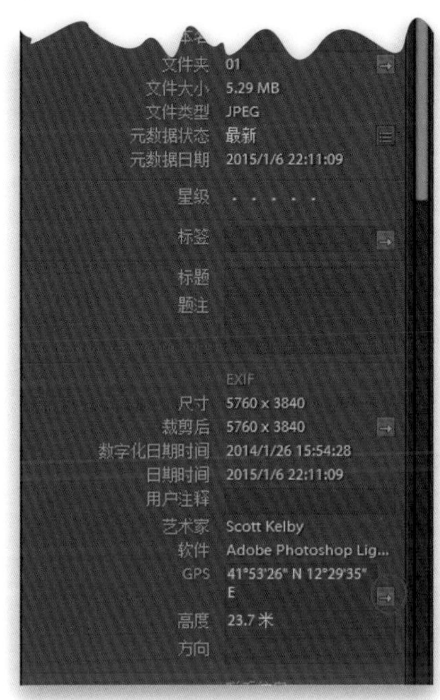

图 2-81

第3步：

元数据面板下显示的详细的GPS信息令人感到非常吃惊，但更令人吃惊的还在后面，请单击GPS字段右侧的小箭头（如图2-81所示）。

图 2-82

第4步：

单击该箭头后，如果计算机已经连接到Internet，则Lightroom将自动启动地图模块，显示彩色卫星图像，并在地图上准确定位出拍摄位置（如图2-82所示）。

2.12 快速查找照片

为了更容易查找照片，我们在导入照片时应用了一些关键字把它们命名为更有意义的名字，现在我们可以在很短的时间内找出我们所需的照片。这样对于整个照片收藏夹，我们就拥有了一个快速、有组织、合理的目录，使我们的工作更加轻松自如。

第1步：

在查找照片之前，首先需要明确我们想要在哪里搜索。如果只在某个收藏夹内搜索，请转到收藏夹面板，单击该收藏夹。如果想要搜索整个照片目录，则从胶片显示窗格左上方可以看到目前所观察照片的路径。单击该路径，从弹出的下拉菜单中选择所有照片（这里的其他选项是搜索快捷收藏夹，上一次导入或者最近使用过的文件夹或收藏夹）。

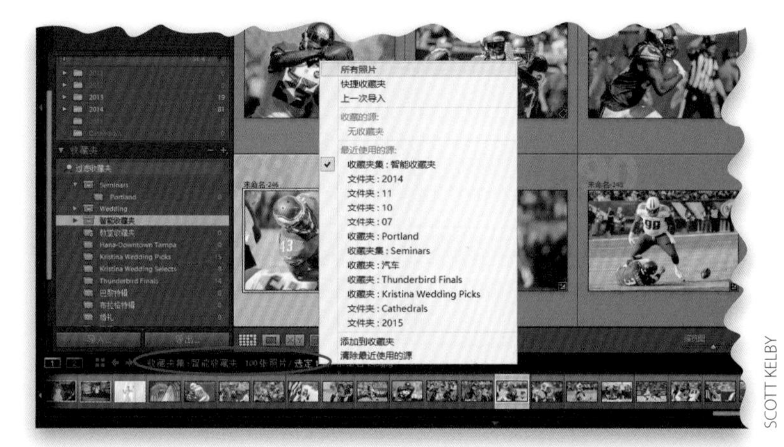

SCOTT KELBY

图 2-83

第2步：

现在已经选择搜索位置，使用键盘上的Ctrl-F（Mac：Command-F）键。打开图库网格视图顶部的图库过滤器。如果需要按文本搜索，请在搜索字段内输入需要搜索的文字，默认时它将搜索所有能够搜索的字段——文件名、所有关键字、标题、内嵌的EXIF数据。来找到匹配的照片（在本例中搜索文字Blue Angels）。使用搜索字段左侧的两个下拉列表还可以缩小搜索范围。例如，要把搜索范围限制为标题或关键字，则从第一个下拉列表内选择它们即可。

SCOTT KELBY

图 2-84

图 2-85

第3步:

另一种搜索方法是按属性搜索，因此请单击图库过滤器中的属性，显示出如图2-84所示的界面。我们在本章前面使用过属性选项缩小所显示的照片范围，只显示留用照片（单击白色留用旗标），所以你可能已经熟悉它们，但是这里要注意几点：至于星级，如果单击4星，它会过滤掉4星以下的照片，只显示出评为4星及其以上星级的照片。如果想只查看4星级的图像，则请单击星级右侧的≥（大于等于）符号并保持，从弹出的下拉列表中选择星级等于，如图2-85所示。

图 2-86

第4步:

除了按文本和属性搜索之外，还可以按照片中嵌入的元数据进行查找，因此可以基于所用镜头类型、设置的ISO、所用光圈或者其他设置搜索照片。单击图库过滤器内的元数据，就会显示出一系列内容，从中可以按日期、相机制造商和型号、镜头或者标签进行搜索（如图2-86所示）。

第5步：

使用元数据选项查找照片有4种默认的搜索方法。

日期

如果记得所查找的照片是哪一年拍摄的，则在日期栏内单击这一年，就会看到这些照片显示出来。如果想进一步缩小查找范围，单击年份左边朝右的箭头，可以将查找范围精确到哪个月的哪天（如图2-87所示）。

相机

如果不记得照片的拍摄日期，但知道拍摄时所使用的机身，则请转到相机栏，直接在该相机上单击（相机右边的数字代表有多少幅照片是用该相机拍摄的）。单击所有机型，就会显示出这些照片。

镜头

如果照片是用广角拍摄的，则请直接转到镜头栏，单击照片拍摄所用镜头，就会显示出这些图像。这在搜索用特殊镜头拍摄的照片时非常有用，如在鱼眼镜头上单击（如图2-88所示），则在短时间内就能够找到所要的照片。查找照片时不必先从日期栏开始，之后相机栏，再到镜头栏，可以以任意顺序单击你喜欢的任意一栏，因为所有这些栏都是“实时”变化的。

标签

最后一栏标签栏与属性搜索选项中的相同，似乎有点多余，但它实际上是有用的。例如，要查找用鱼眼镜头拍摄的47幅照片，如果将最好的照片用标签标记过，将进一步缩小查找范围。

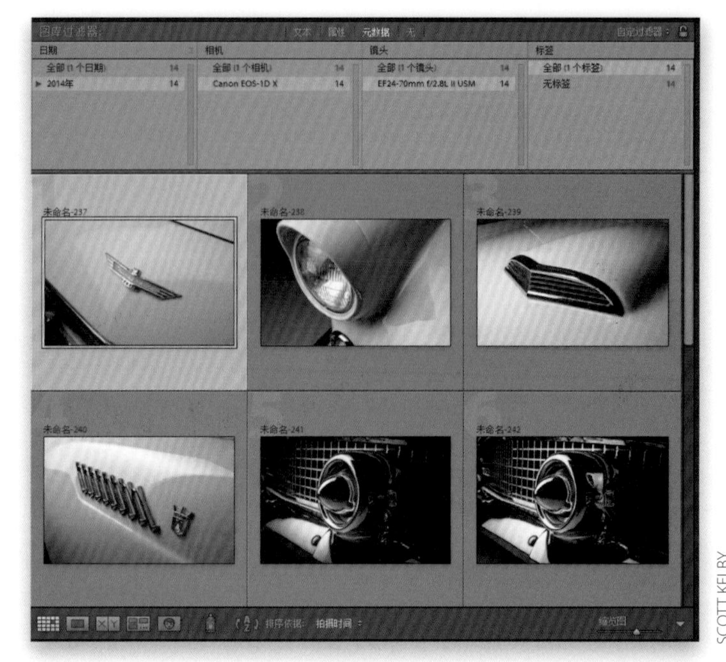

图 2-87

图 2-88

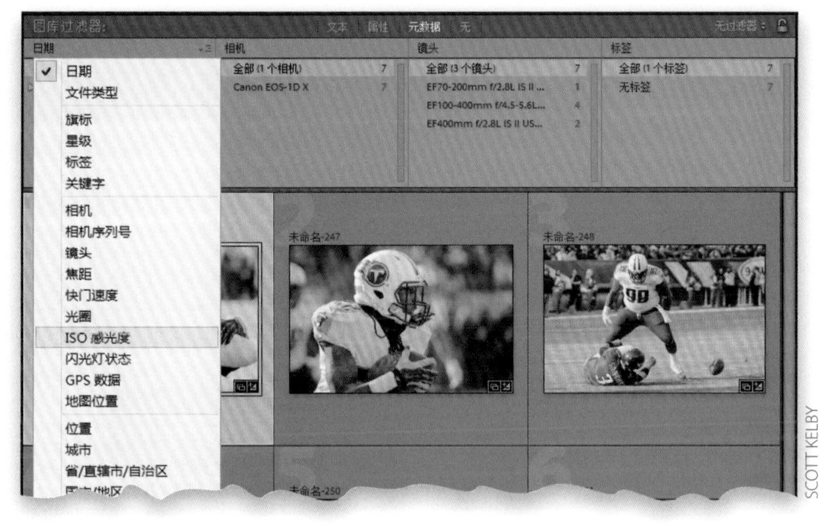

图 2-89

第6步：

假如我们确实不需要按日期搜索，而在低光照条件下拍摄了大量的照片，那么按ISO搜索可能很有用。幸运的是，每栏都可以自定义，因此，在栏标题上单击，从弹出菜单中选择新的选项，它就可以搜索我们想要的元数据类型（我在图中为第一栏选择ISO感光度）。现在，所有的ISO都列出在第一栏内，因此我知道单击800、1600或更高的感光度，以查找低光照照片。另一种有用的选择是把栏设置为拍摄者或版权信息，这样只要单击一次，就可以在目录中快速查找其他人拍摄的照片。

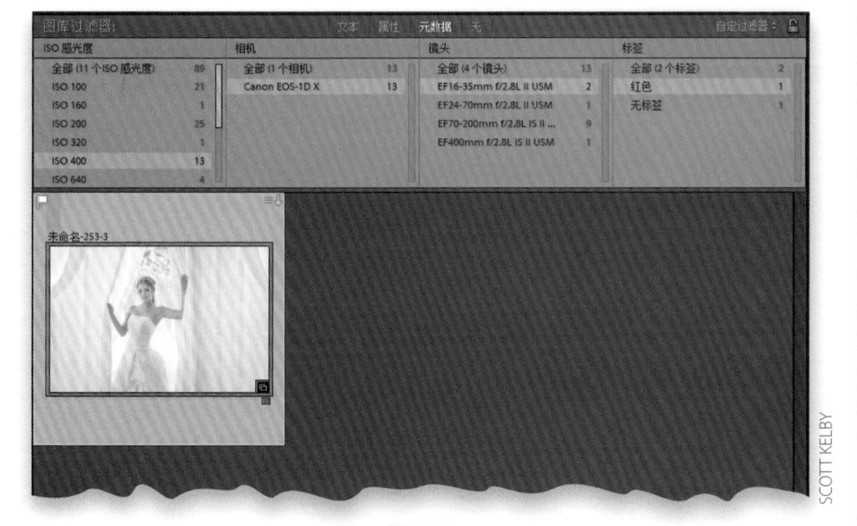

图 2-90

第7步：

如果想进一步限制搜索条件，请按Ctrl（Mac：Command）键并单击图库过滤器内三个搜索选项中的多个选项，则它们是累加的，并将依次列出。现在可以搜索具有指定关键字（本例中用Vols）、标记为留用、带有红色标签、用Canon EOS 1-DX和16–35mm镜头以ISO 400 拍摄的横向照片（搜索结果如图2-90所示），而且还可以把这些条件存储为预设，虽然实际中可能不会使用这种元数据搜索，但其强大的功能确实令人感到惊讶。

2.13 创建和使用多个目录

Lightroom 可以管理由数万幅图像组成的图库，然而目录很大时，Lightroom 的性能会打折扣，因此，我们可能需要创建多个目录，并随时在它们之间切换，这样能够保证目录大小的可管理性，并让 Lightroom 全速运行。

第 1 步：

迄今为止，我们一直使用的照片目录是在 Lightroom 第一次启动时创建的。然而，如果你想为所有的旅游照片、家庭照片或运动照片创建单独的目录，那么请转到 Lightroom 的文件菜单下，选择新建目录（如图 2-91 所示），这将打开创建包含新目录的文件夹对话框。为该目录起一个简单的名字，如 Wedding Catalog，婚礼目录，并为它选择一个存储位置（为了简单起见，我把所有目录存储在 Lightroom 文件夹内，这样我始终知道它们的位置）。

图 2-91

第 2 步：

单击保存按钮以后，Lightroom 将关闭数据库，然后 Lightroom 自动并退出重新启动，以载入这个全新的空目录，该目录下没有任何照片（如图 2-92 所示）。因此，请单击导入按钮（靠近左下角），导入一些婚礼照片，让此目录利用起来。

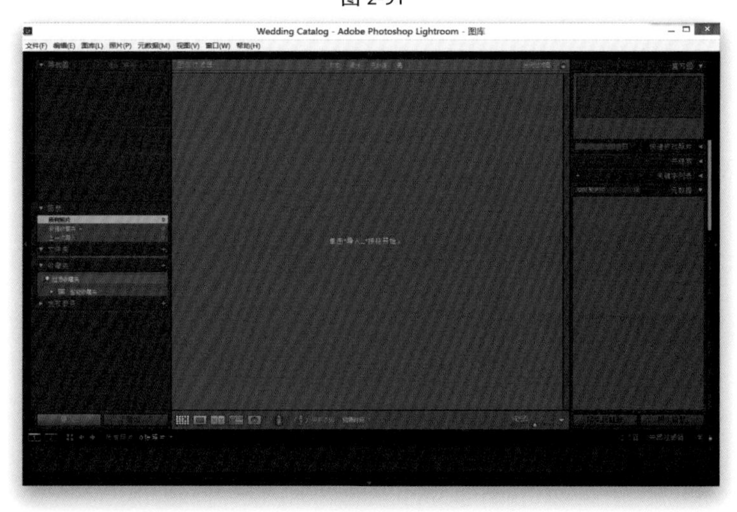

图 2-92

图 2-93

第3步：

当处理过这个新的Wedding catalog目录后，如果想要返回到原来的主目录，只需转到文件菜单，从打开最近使用的目录子菜单中选择原目录即可（如图2-93所示）。Lightroom将保存婚礼照片目录，然后再次退出，并用主目录重新启动。

图 2-94

第4步：

我们在启动Lightroom时实际上可以选择想要使用哪个目录。只要在启动Lightroom时按下Alt（Mac：Option）键并保持，在启动它时就会打开选择目录对话框（如图2-94所示），从中可以选择想要打开哪个目录。注意：如果想要打开已经创建的Lightroom目录，但是它又没有显示在选择打开最近使用的目录中时（可能在创建它时没有将它保存到Lightroom文件夹中，或者最近没有打开过它），则可以单击该对话框左下角的选择其他目录按钮，用标准Open对话框指定目录位置。此外，如果想要创建一个崭新的空目录，则请单击新建目录按钮。

提示：总是启动同一个目录

如果想在启动Lightroom时始终使用某个目录，则请单击选择目录对话框中的目录，然后勾选目录列表下方的启动时总是载入此目录复选框。

2.14 从笔记本到桌面：同步两台计算机上的目录

如果在现场拍摄期间在笔记本计算机上运行Lightroom，那么可能要将照片本身及其全部的编辑、关键字、元数据添加到工作室计算机上的Lightroom 目录中。该操作并不难，基本上来说就是先选择笔记本计算机要导出的目录，然后把它创建的这个文件夹传送到工作室计算机上并导入它，所有辛苦的工作由Lightroom完成，我们只需要对Lightroom 怎样处理做出选择即可。

第1步：

使用上面所描述的方案，我们将从笔记本计算机上开始。第一步决定是导出文件夹（这次拍摄的所有导入照片）还是收藏夹（只是这次拍摄的留用照片）。在本例中，我们将使用收藏夹，因此转到收藏夹面板，单击想要与工作室中的主目录合并的收藏夹（如果选择了文件夹，其唯一的差别是转到文件夹面板，并单击这次拍摄的文件夹。对这两种方法来说，添加的所有元数据和在Lightroom 中所做的所有编辑都将被传送到另一台机器上）。

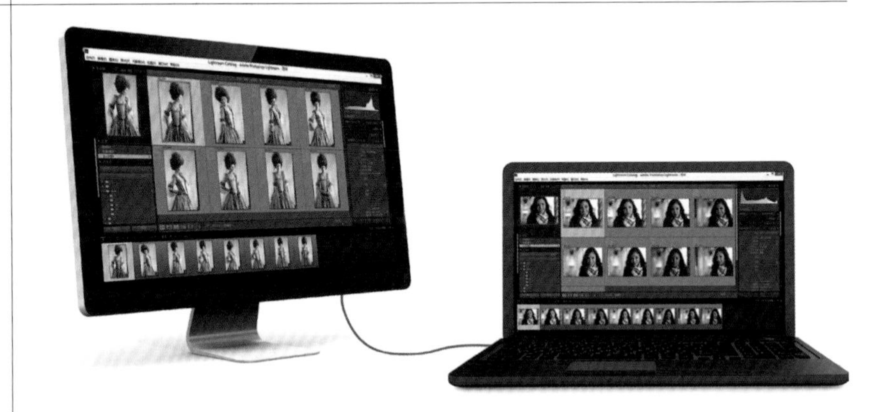

图 2-95

第2步：

现在转到Lightroom的文件菜单，选择导出为目录（如图2-96所示）。

图 2-96

图 2-97

第 3 步：

选择导出为目录时，它会打开导出为目录对话框（如图 2-97 所示），在顶部文件名字段内为要导出目录输入名称，但该对话框底部还有一些很重要的选项需要选择。默认时，它认为需要包括在 Lightroom 导入照片时所创建的预览，我总是保留这个选项为打开状态（在把它们导入到工作室的计算机时，我不想等它们重新渲染一遍）。你也可以选择构建/包括智能预览。如果勾选顶部的仅导出选定照片复选框，那么它将只导出我们在选择导出为目录之前选定的文件夹中的照片。但是，也许最重要的选项是中间的复选框：导出负片文件。当不勾选这个选项时，它只导出预览和元数据，而不会真正导出照片本身，因此，如果确实想要导出真正的照片，那么请勾选中间的这个复选框。

图 2-98

第 4 步：

单击保存按钮时，它导出目录（这通常不会花很长的时间，但是，如果收藏夹或文件夹中的照片越多，它花的时间当然就越长）。完成导出以后，在计算机上就可以看到导出的文件夹（如图 2-98 所示）。我通常将这个文件夹保存到桌面上，因为下一步就是将它复制到外接硬盘上，这样可以将这个存有图像的文件夹传送到工作室的计算机上。

第5步：

将硬盘连接到工作室的计算机上，把Ybor Selects文件夹复制到存储所有照片的位置（在第1章中创建的Lightroom Photos文件夹）。现在，在工作室的计算机上，转到Lightroom的文件菜单，并选择从另一个目录导入，这会打开图2-99所示的对话框。导航到刚复制到工作室计算机上的那个文件夹，然后在文件夹内，单击文件扩展名为lrcat 的文件（如图2-99所示），单击选择按钮。顺便说一下，从截图中可以看出Lightroom 在此文件夹内创建了4个项目：（1）包含预览的文件；（2）包含自能预览的文件；（3）目录文件本身；（4）包含实际照片的文件夹。

图 2-99

第6步：

单击选择按钮时，会弹出从目录导入对话框（如图2-100所示）。在右边预览区域中，一旁的复选框被选中的照片均将被导入（我总是将保持所有这些复选框为选中状态）。位于左边新照片部分的是一个文件处理下拉列表。因为我们已经把照片复制到工作室计算机上，所以我就使用默认设置——将新照片添加到目录而不移动（如图2-100所示），但是，如果想把它们从硬盘直接复制到计算机上的文件夹中，则应该选择复制选项。这里还有第三个选项，但是我不明白为什么这时会选择不导入照片。只要单击导入按钮，这些照片将作为一个收藏夹出现，它们包含了在笔记本计算机上所应用的所有编辑、关键字等。

图 2-100

在Lightroom中向照片添加的所有更改、编辑、关键字等内容均存储在Lightroom的目录文件中，因此，正如我们所想象的，这是一个至关重要的文件。这也是我们需要定期备份这个目录的原因，如果由于这样或那样的原因导致目录数据库崩溃，那么之前对照片的修改就全完了，当然，如果备份了目录，那就安全无恙。本节就将介绍备份目录的操作步骤。

2.15 备份目录

图 2-101

第1步：

首先请转到编辑菜单，选择目录设置。当目录设置对话框弹出后，单击顶部的常规选项卡，备份目录位于这个对话框的底部，备份目录下拉列表列出的选项使Lightroom自动备份当前目录。在此选择备份的频率，但我建议选择每天第一次退出Lightroom时。在每次使用过Lightroom时它都进行备份，这样，即使由于某种原因导致目录数据库崩溃，也最多损失这一天内所做的编辑。

图 2-102

第2步：

下次退出Lightroom时会弹出一个对话框，提醒我们备份目录数据库。单击备份按钮（如图2-102所示），它就开始进行备份。备份所花的时间不长，因此不要单击略过今天或本次略过。默认时，这些目录备份存储在Backup文件夹内单独的子文件夹中，Backup文件夹位于Lightroom文件夹内。为了安全起见，以防止计算机崩溃，应该把备份存储到外接硬盘上，因此请单击选择按钮，导航到外接硬盘，之后单击备份按钮。

第3步：

现在已经备份了目录，当目录损坏或计算机崩溃时，会发生什么呢？我们应该怎样恢复目录？首先，启动Lightroom，然后转到文件菜单，选择打开目录。在打开目录对话框中，定位到Backups 文件夹（第2步中选择的存储位置），将看到该文件夹内按日期和时间顺序列出的所有备份。针对想要的日期，单击该文件夹，然后在其内部单击扩展名为lract文件（这就是备份文件），单击打开按钮，就可以重新打开了。

图 2-103

提示：系统变慢时优化目录

Lightroom 内累积了大量的图像（我指的是数万幅照片）之后，会导致它运行速度变慢。如果出现这种情况，则请转到文件菜单，选择优化目录。这将优化当前打开目录的性能，虽然优化过程可能要花几分钟，但性能的提高很快就能把这点时间弥补回来。即使Lightroom 内没有数万幅图像，过几个月优化一次目录也能使运行速度保持在最佳状态。另外，也可以在备份目录时打开备份后优化目录复选框进行优化。

图 2-104

2.16
重新链接丢失的照片

多次使用Lightroom 后，有时会在缩览图的右上角出现小感叹号图标，这意味着Lightroom 无法找到原来的照片。这时我们仍能看到照片缩览图，甚至可以在放大视图内放大它，但不能做任何重要编辑（如颜色校正、修改白平衡等），因为Lightroom 执行这些操作需要原来的照片文件，因此我们需要了解怎样把照片重新链接到原来的照片。

第1步：

在图中所示的缩览图内，可以看到一幅缩览图的右上角出现了小感叹号图标，这告诉我们它失去了与原来照片的链接。出现这种情况的主要原因可能有两种：一种是原来照片存储在外接硬盘上，而该硬盘现在没有连接到计算机，所以Lightroom 找不到它。因此只要重新连接硬盘，就可以立即重新链接照片，一切就恢复正常了；但是，如果没有把照片存储到外接硬盘上，这就是另外一种情况了，你可能移动或删除了原来的照片，而现在你必须查找到它。

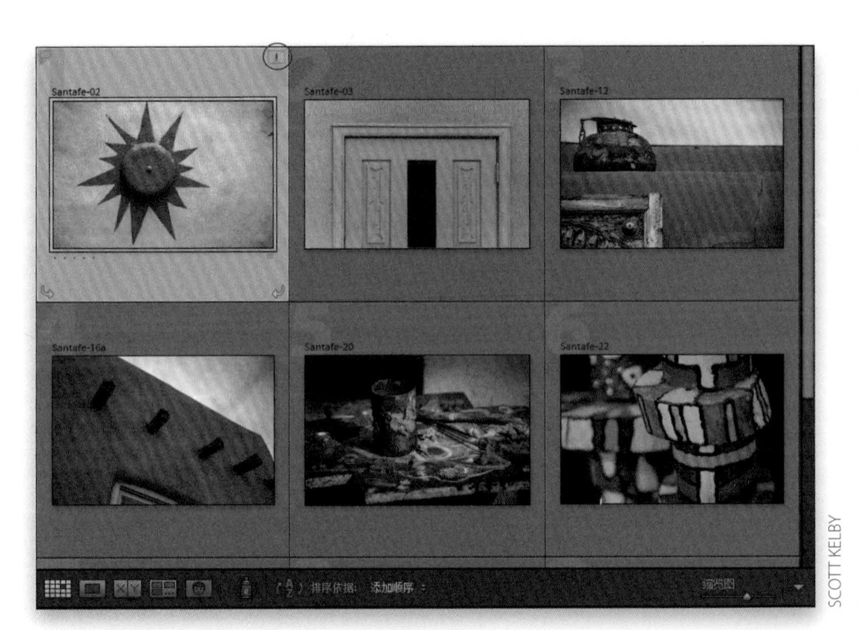

图 2-105

第2步：

要找出最后一次查看该照片的位置，请单击小感叹号图标，弹出对话框告诉我们找不到原始文件，但更重要的是，在警告的下面它还显示出了照片以前的位置，可以立即了解它是否真的位于移动硬盘、闪存盘上，等等。因此，如果移动了文件或整个文件夹，则必须把照片的移动位置"告诉"Lightroom，这将在下一步中介绍。

图 2-106

第3步：

单击查找按钮，当查找对话框弹出后（如图2-107所示），导航到那幅照片现在所处的位置（我知道你可能会想：“我压根没移动它呀！”但文件总不会自己跑进你的硬盘里。你可能只是忘了移动过它而已，这才是最棘手的）。找到它以后，单击该照片，再单击选择按钮，它就会重链接这幅照片。如果移动了整个文件夹，则一定要勾选查找邻近的丢失照片复选框。这样一来，当找到一幅丢失的照片之后，它将立即自动重新链接那个文件夹中所有丢失的照片。

第4步：

如果整个文件夹丢失（文件夹将显示为灰色并有问号图表），只需右击文件夹面板，选择查找缺失的文件夹。然后如同第3步中寻找单张照片的步骤一样，系统将导航到文件夹现在所处的位置，选择它即可。

提示：保持所有照片正常链接

如果要确保所有照片都链接到实际文件，不会看到小感叹号图标，则请转到图库模块，在图库菜单下，选择查找所有缺失的照片，在网格视图内将打开断开链接的所有照片，这时就可以使用我们刚学到的方法重新链接它们。

图 2-107

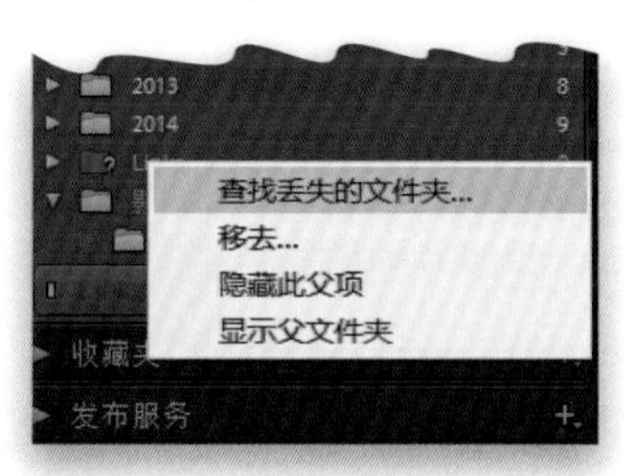

图 2-108

图 2-109

Lightroom快速提示

▼ 删除收藏夹

如果想删除收藏夹，只需在收藏夹面板选中它，然后单击该面板标题右边的-（减号）按钮即可。这样只删除收藏夹，不会删除真正的照片本身。

▼ 向现有收藏夹添加照片

只要从网格（或胶片显示窗格）中将照片拖放到收藏夹面板上的收藏夹中，就可以将照片添加到现有收藏夹。

▼ 过滤收藏夹面板

如果你有一大堆收藏夹，并且想清理它们让Lightroom运行更快，则请前往顶部的收藏夹面板，点击面板上方的“+”（加号）按钮，选择“显示收藏夹过滤器”，在面板顶部添加过滤区域。若想要转到指定的收藏夹处，只需在此处输入它的名称，Lightroom就能隐藏其他文件夹，直接显示出你所需要的收藏夹。

▼ 向被选中的照片快速应用关键字

当把鼠标悬停在关键字列表面板中的某个关键字上时，将出现一个复选框，用它可以把该关键字指定给选中的照片。

▼ 怎样分享智能收藏夹设置

如果右击智能收藏夹，从弹出的菜单中选择导出智能收藏夹设置，以保存该智能收藏夹条件，这样就可以与朋友共享它了。在把它发送给朋友之后，他们可以从同一弹出菜单中使用导入智能收藏夹设置命令来导入它。

▼ 在画图工具中使用关键字集

在Lightroom CC中，你可以从你创建的任何关键字集中下载关键字，而无需再在画图工具的关键字字段中输入。进入工具并长按Shift键，鼠标位置会弹出关键字集面板，以供选择你需要的关键字集和关键字。还可以选择该面板中的全选按钮，同时下载所有的关键字。

▼ 快速创建子关键字

如果用鼠标右键单击在关键字列表面板中的关键字，会看到“将新关键字置入到该关键字中”菜单选项，那么在关闭它之前（从该弹出菜单中再次选择它），创建的所有关键字都将作为该关键字的子关键字。

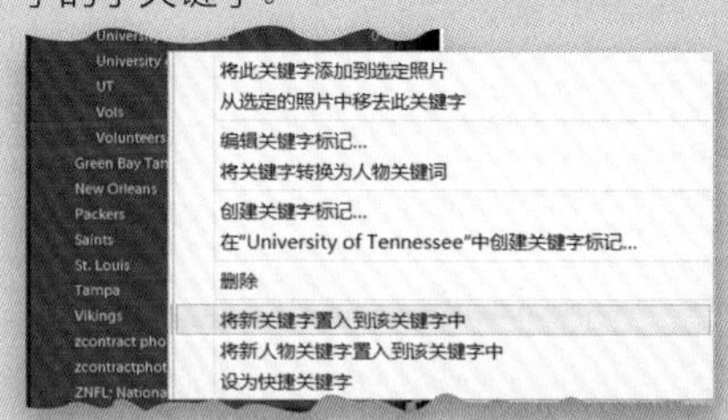

▼ 分享关键字

如果想要在不同计算机上使用Lightroom副本内的关键字，或者与朋友和同事分享这些关键字，则请转到元数据菜单，选择“导出关键字”命令，创建出具有所有关键字的文本文件。若要把它们导入到另一个用户的Lightroom副本中，则请从元数据菜单中选择“导入关键字”命令，之后找到前面导出的关键字文件。除此之外，还可以把文本文件中的关键字直接复制和粘贴到关键字面板。

▼ 删除未使用的关键字

关键字列表面板中变灰的关键字没有用在Lightroom中的任何照片上，因此可以删除这些孤立的关键字，这可以使关键字列表更加精简。要删除它们，请转到元数据菜单，选择清除未使用的关键字。

▼ 自动隐藏顶部的任务栏

如同我曾提到的，我做的第一件事就

Lightroom 快速提示

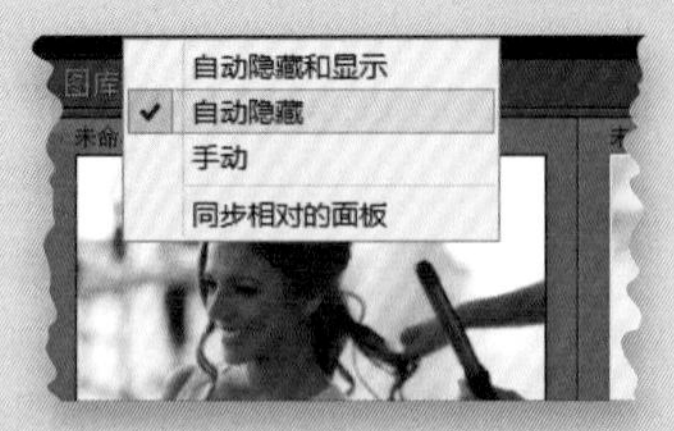

是关闭自动隐藏功能（这样面板就不会再整天都弹进/弹出），而改用在需要时手动显示/隐藏它们。但是，你可能仅为了顶部的任务栏，考虑打开自动隐藏功能。它是用得最少的一个面板，但大家似乎喜欢通过单击来从一个模块跳到另一个模块，而不是使用键盘快捷键。当自动隐藏打开后，它保持在收拢状态看不到，只有单击中间的灰色三角形它才显露出来。之后可以单击想要跳转到的模块，只要从顶端的任务栏中移开，它就会收拢。请试一次吧，我相信你会喜欢它。

▼ 工具栏内的更多选项

默认时，Lightroom 在中央预览区域下面的工具栏上会显示许多不同的工具和选项，但通过单击工具栏最右边的小三角形，弹出的菜单显示出一个工具栏列表可以选择想要的工具和选项（包括一些我们一直认为没有用的工具）。那些左侧打勾的项目表示它是可见的，要添加一个项目，只需选择它即可。

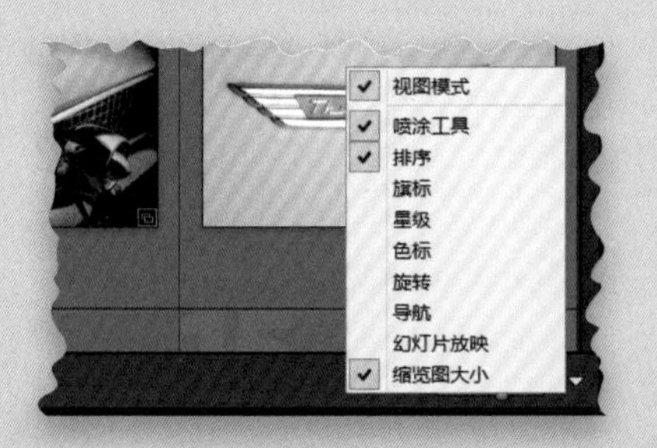

▼ 放大/缩小

在放大视图下，我们可以使用与 Photoshop 相同的键盘快捷键来放大或缩小图像。按下 Ctrl- +（Mac：Command- +）键放大，按下 Ctrl- –（Mac：Command- – ）键缩小。

▼ 找出指定照片所在的收藏夹

如果滚动查看 Lightroom 整个目录（已经单击目录面板中的所有照片），看到一幅照片并想知道它位于哪个收藏夹中，那么只需用鼠标右键单击照片，然后从弹出菜单中选择转到收藏夹。如果它没有位于任何收藏夹中，它会在子菜单中这样告诉你不在任何收藏夹中。

▼ 使面板变得更大

如果想要面板变得更宽（或更细长），只需将光标移动到中央预览区域的边缘上，光标将会变成一个双头光标。现在单击并向外拖动，面板就会变宽（或者向内拖动使面板变得更细长）。这个方法也能用在底部的胶片显示窗口上。

▼ 打开/关闭过滤器

只要按 Ctrl- L（Mac：Command-L）键，就可以打开/关闭过滤器（包括图库过滤器栏内的旗标、分级、元数据等）。

▼ 在胶片显示窗口中过滤出留用照片

在 Lightroom 原先的版本中，其顶部没有图库过滤器栏，而是要通过单击胶片显示窗口右边的小旗标来显示留用和排除照片。如果你怀念那种方式，Adobe 在这里保留了那些过滤器。因此，可以自由选择是从顶部（除了过滤功能，还有旗标、星级和颜色等更多功能）还是在胶片显示窗口中过滤照片。无论如何，这里有一个技巧中的技巧：可以直接用鼠标右键单击胶片显示窗口上的旗标，从弹出的菜单中选择，这种做法要好于在旗标上直接单击，因为它们来回切换，这可能会对你实际查看的内容造成混乱，并且比较慢。

▼ 硬盘上还剩下多少空间来容纳更多的照片

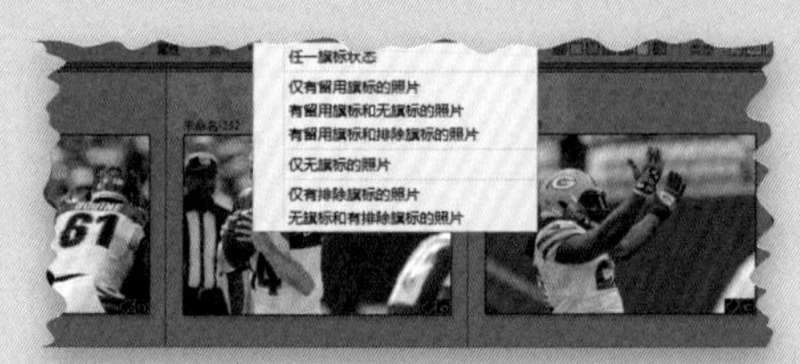

如果用一个或多个外接硬盘来存储 Lightroom 照片，那么在没有离开 Lightroom 的情况下就可以快速精确地查出磁盘剩下的存储空间容量。只要转到文件夹面板（在左侧面板区域中），在卷浏览器中可以看到 Lightroom 管理照片所在的每个磁盘的容量（包括内置硬盘），除了各自的名称以外，它还显示磁盘剩有多少可用空间，后面跟着它的总空间大小。如果将鼠标光标悬停在一个

Lightroom 快速提示

卷上，将会弹出一条消息，说明在那个被Lightroom管理的磁盘上所存储的照片的精确数量。

▼ 一次向多幅照片添加元数据

如果于动为照片输入一些IPTC元数据，并且想把同样的元数据应用到其他照片上，则不必再次输入它们，而可以复制该元数据，再把它们粘贴到其他照片上。在具有我们想要的元数据的照片上单击，之后按Ctrl（Mac：Command）键并单击选择想要添加该元数据的其他照片。现在单击“同步元数据”按钮（位于右侧面板区域的底部），这将打开同步元数据对话框。然后单击“同步”按钮，即可用该元数据更新其他这些照片。

▼ 添加到收藏夹

如果频繁地使用某一特定收藏夹（或许是你的作品集收藏夹，或者客户样本收藏夹），你可以将其保存，以便一键打开。首先，单击收藏夹面板中的该收藏夹，然后从胶片显示窗口左上侧弹出菜单中选择“添加到收藏夹”。从现在开始，此收藏夹一直出现在此弹出菜单中。若想移去收藏，单击此收藏夹，然后从弹出菜单中选择“从收藏夹中移去”。

▼ 锁定过滤器

在Lightroom以前的版本中，当打开图库过滤器栏内的过滤器时（如打开

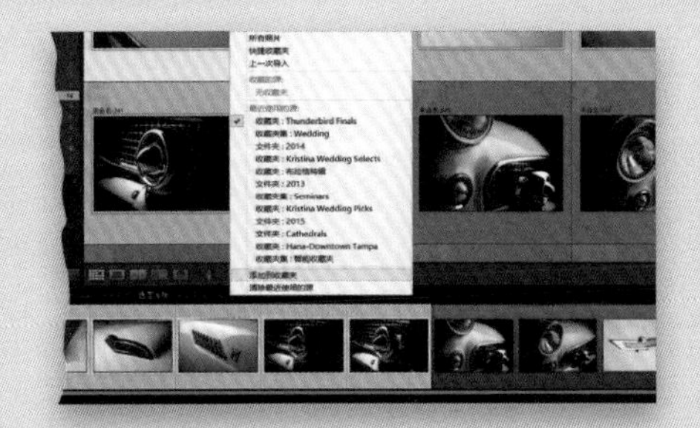

该过滤器，只显示出5星评级的照片），该过滤器只为我们当前所在的收藏夹或文件夹打开这个过滤器，当进入其他收藏夹或文件夹后，它不再过滤。现在，如果想在切换收藏夹后仍然只看到5星图像，只需在图库过滤器右端的锁图标（位于网格视图的顶部。如果不想显示出图库过滤器，按/［反斜杠键］即可）上单击。

▼ 备份预设

创建自己的预设（从导入预设到修改照片或者打印模块预设）后，有时也需要备份。如果硬盘崩溃，或者笔记本计算机丢失，则必须从零开始重新创建它们（如果你还记得所有设置的话）。要找出所有这些预设在计算机上所处文件夹位置，请转到Lightroom编辑菜单下的首选项，单击预设选项卡，之后单击位于该对话框中部的“显示Lightroom预设文件夹”按钮。现在，把这一整个文件夹拖放到独立的硬盘（或者DVD）上进行备份。这样，如果出现糟糕状况，只需把备份文件夹的内容拖放到新的预设文件夹即可。

▼ 自动前进功能的优点

向照片添加留用旗标或星级评级时，可以让Lightroom自动前进到下一幅图像，只需转到照片菜单，选择“自动前进”即可。

▼ 在收藏夹集中创建收藏夹

在现有收藏夹集中创建收藏夹最快捷的方法是用鼠标右键单击该集（位于收藏夹面板内），选择“创建收藏夹”。当你在创建收藏夹对话框内勾选“在收藏夹集内部”复选框后，它将自动选择该收藏夹集，我们要做的只是命名新收藏夹，并单击“创建”按钮。

▼ 使用建议关键字

在照片上单击时，Lightroom看到我们标记该照片所使用的关键字，之后它立即查看是否用该关键字标记过其他照片。如果标记过，它就把应用到那些照片的其他关键字列出为建议关键字（在关键字面板的中部），它认为我们很可能要在当前这幅照片上应用这些相同的关键字。要添加这些建议关键字，只需单击它们即可（它甚至会自动添加逗号）。

▼ 创建搜索预设

图库过滤器最右端的下拉列表内有一些过滤预设。如果经常使用某种搜索，则可以把自定义的搜索预设也保存在这里，从该下拉列表内选择“将当前设置存储为新预设”即可。

摄影师：Scott Kelby ┆ 曝光时间：1/400s ┆ 焦距：168mm ┆ 光圈：f/5.6

第3章

自定设置

3.1 选择放大视图内所看到的内容

在照片的放大视图下，除了放大显示了照片之外，还能够以文本叠加方式在预览区域的左上角显示照片的相关信息，且显示的信息量由你决定。我们大部分时间都会在放大视图内工作，因此，让我们来配置适合自己的定制放大视图。

第1步：

在图库模块的网格视图内，单击某张照片的缩览图，然后按键盘上的字母键E进入放大视图。在图3-1中所示的例子中，我隐藏了除右侧面板区域外的所有区域，因此照片能以更大的尺寸显示在放大视图内。

图 3-1

第2步：

按Ctrl-J（Mac：Command-J）键打开图库视图选项对话框，之后单击放大视图选项卡。在该对话框的顶部，勾选显示叠加信息复选框，在其右侧的下拉列表让你选择两种不同的叠加信息：信息1在预览区域左上角叠加照片的文件名（以大号字体显示，如图3-2所示），在文件名下方，以较小的字号显示照片的拍摄日期和时间，及其裁剪后尺寸；信息2也显示文件名，但在其下方显示曝光度、ISO和镜头设置。

图 3-2

图 3-3

图 3-4

第 3 步：

在该对话框内的下拉列表中可以选择这两种信息叠加显示哪些信息。例如，如果不想以大号字体显示文件名，这里对放大视图信息 2，则可以从下拉列表内选择通用照片设置选项（如图 3-3 所示）。选择该选项后，将不会以大号字体显示文件名，而显示与直方图下方相同的信息（如右侧面板区域顶部面板内的快门速度、光圈、ISO 和镜头设置）。从这些下拉列表中可以独立选择定制两种信息叠加（每个部分顶部的下拉列表项将以大号字体显示）。

第 4 步：

需要重新开始设置时，只要单击右侧的使用默认设置按钮，就会显示出默认的放大视图信息设置。我个人觉得文本显示在照片上大多数时间非常分散注意力。这里的关键部分是“大多数时间”。其他时间则很方便。因此，如果你也认为这很方便，我建议：（1）取消勾选显示叠加信息复选框，打开放大视图信息下拉列表下方的更换照片时短暂显示复选框，这将暂时叠加信息——当第一次打开照片时，它显示 4 秒左右，之后隐藏；或者（2）保留该选项关闭状态，当你想看到叠加信息时，按字母键 I 在信息 1、信息 2 和显示叠加信息关闭之间切换。在该对话框的底部还有一个复选框，它可以关闭显示在屏幕上的简短提示，如“正在载入”或者“指定关键字”等，另外还有一些视频选项复选框。

3.2 选择网格视图内所显示的内容

网格视图内缩览图周围的小单元格有一些很有用的信息，当然，在第1章我们学习过按键盘上的字母键J可以切换单元格信息显示的开/关状态，而在本节中将介绍如何选择在网格视图内显示的信息，我们不仅可以完全自定信息的显示量，而且在某些情况下还可以准确定制显示哪些类型的信息。

第1步：

请按字母键G跳转到图库模块的网格视图，之后按Ctrl-J（Mac：Command-J）键打开图库视图选项对话框（如图3-5所示），单击顶部的网格视图选项卡（如图3-5中突出显示部分所示）。在该对话框顶部下拉列表中的选项可以选择在扩展单元格视图或紧凑单元格视图下显示哪些内容。二者的区别是，在扩展单元格视图下可以看到更多信息。

第2步：

我们先从顶部的选项部分开始。我们可以向单元格添加留用标记以及左/右旋转箭头，如果勾选仅显示鼠标指向时可单击的项目复选框，这意味着它们将一直隐藏，直到把鼠标移动到单元格上方时才显示出来，这样就能够单击它们。如果不选取该复选框，将会一直看到它们。只有在向照片应用了颜色标签后才会显示出对网格单元格应用标签颜色复选框。如果你应用了颜色标签，打开该复选框将把照片缩览图周围的灰色区域着色为与标签相同的颜色，并且可以在下拉列表中选择着色的深度。如果勾选显示图像信息工具提示复选框，当你将鼠标悬停在单元格内某个图标上时（如留用旗标或徽章），该图标的描述将会出现。当将鼠标悬停在某个照片的缩览图上时，该照片的EXIF数据将会快速出现。

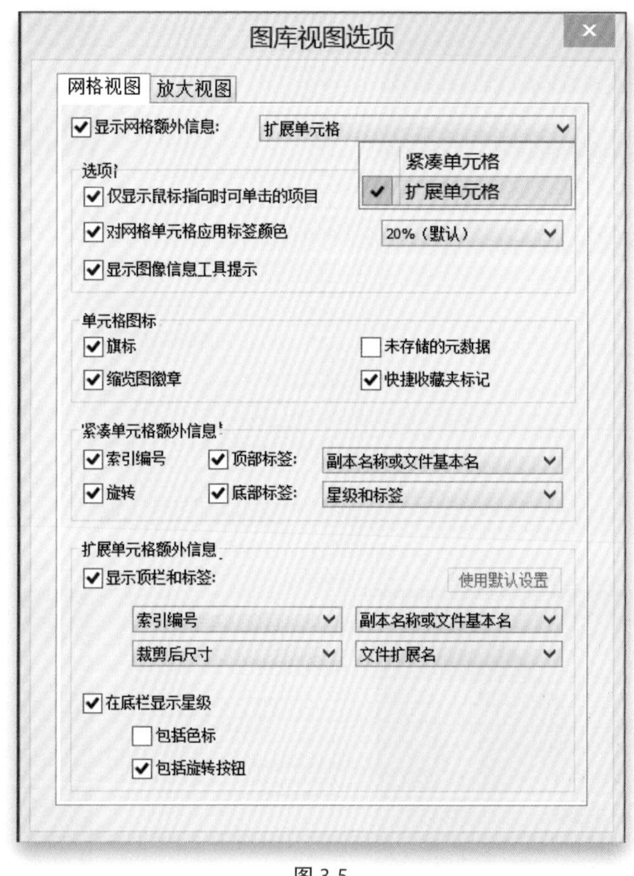

图 3-5

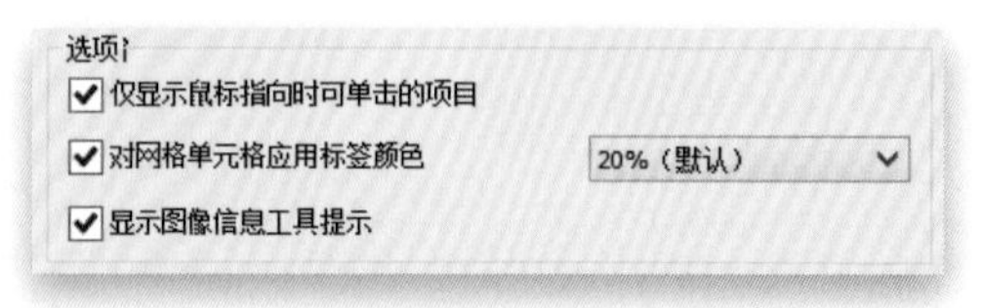

图 3-6

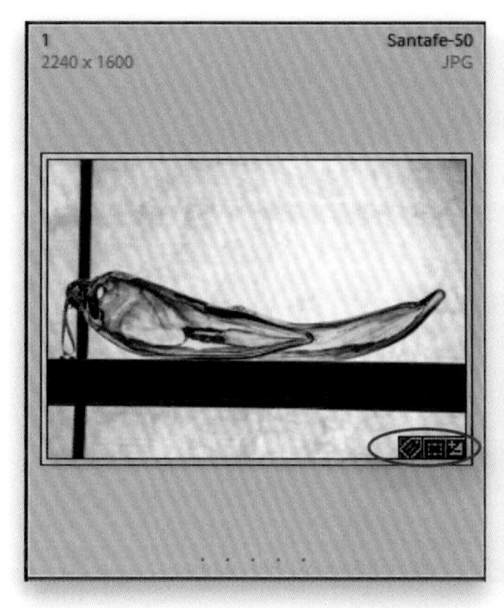

缩览图箭标显示（从左到右）照片应用了关键字，已经具有 GPS 信息，已经被添加到某个收藏夹，照片被裁剪过，被编辑过

图 3-7

右上角的黑色圆圈实际上是一个按钮，单击它可以把这幅照片添加到快捷键收藏夹

图 3-8

单击旗标图标，将图像标记为留用

图 3-9

单击未存储的元数据图标保存修改

图 3-10

图 3-11

第3步：

下一部分的单元格图标有两个选项控制着照片缩览图图像上显示的内容，还有两个选项控制在单元格内显示的内容。缩览图徽章显示在缩览图自身的右下角，它包含的信息有：（a）照片是否嵌有GPS 信息；（b）照片是否添加了关键字；（c）照片是否被裁剪过；（d）照片是否被添加到收藏夹；（e）照片是否在Lightroom内被编辑过（包括色彩校正、锐化等）。这些小徽标实际上是可单击的快捷方式。例如，如果想添加关键字，则可以单击关键字徽标（这个图标看起来像个标签）打开关键字面板，并突出显示关键字字段，因此可以输入新的关键字。缩览图上的另一个选项是快捷收藏夹标记，当把鼠标移动到单元格上时，它在照片的右上角会显示出一个黑色圆圈按钮，单击这个按钮将把照片添加到快捷收藏夹或者从收藏夹中删除，此时按钮变成灰色。

第4步：

另外两个选项不会在缩览图上添加任何内容——它们在单元格自身区域上添加图标。单击旗标图标将向单元格的左上侧添加留用标记（如图3-9所示）。这部分中的最后一个复选框是未存储的元数据，它在单元格的右上角添加小图标（如图3-10所示），但只有当照片的元数据在Lightroom内被更新之后（从照片上次保存时间开始），并且这些修改还没有保存到文件自身中时才会显示这个图标（如果导入的照片，如JPEG图片，已经应用了关键字、分级等，之后你在Lightroom内添加关键字或者修改分级时，有时会显示这个图标）。如果看到这个图标，则可以单击它，打开一个对话框，询问是否保存图像的修改（如图3-11所示）。

第5步：

接下来我们将介绍该对话框底部的扩展单元格额外信息部分，从中选择在扩展单元格视图内每个单元格顶部的区域显示哪些信息。默认情况下，该区域将显示4种不同的信息（如图3-12所示）：它将在左上角显示索引编号（单元格的编号。因此，如果导入了63幅照片，第一幅照片的索引号是1，之后依次是2、3、4……一直到63），然后，在其下方将显示照片的像素尺寸（如果照片被裁剪过，它将显示裁剪后的最终尺寸）。在右上角显示文件名，在其下方显示文件类型（如JPEG、RAW、TIFF等）。要修改其中任何一个信息标签，只需在要修改的标签下拉列表上单击，这会显示出一个长长的信息列表，从中可以选择（下一步中可以看到）。如果不必显示全部4种信息标签，只要从其下拉列表内选择无即可。

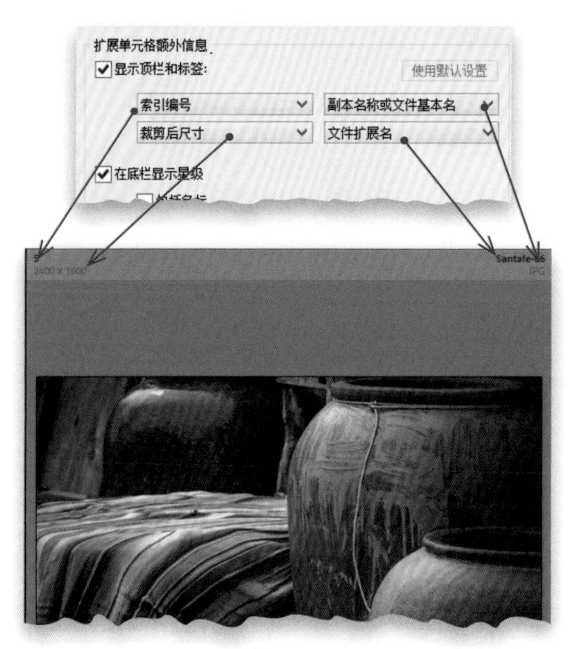

图3-12

第6步：

虽然可以使用图库视图选项对话框内的这些下拉列表选择显示哪种类型的信息，但请注意这一点：实际上在单元格内可以完成同样的操作。只要单击单元格内任一个现有的信息标签，就会显示出与该对话框内完全相同的下拉列表。只要从该列表中选择想要的标签（这里选择ISO感光度），之后它就会显示在这个位置上（如图3-13所示，从中可以看到该照片是以ISO 400拍摄的）。

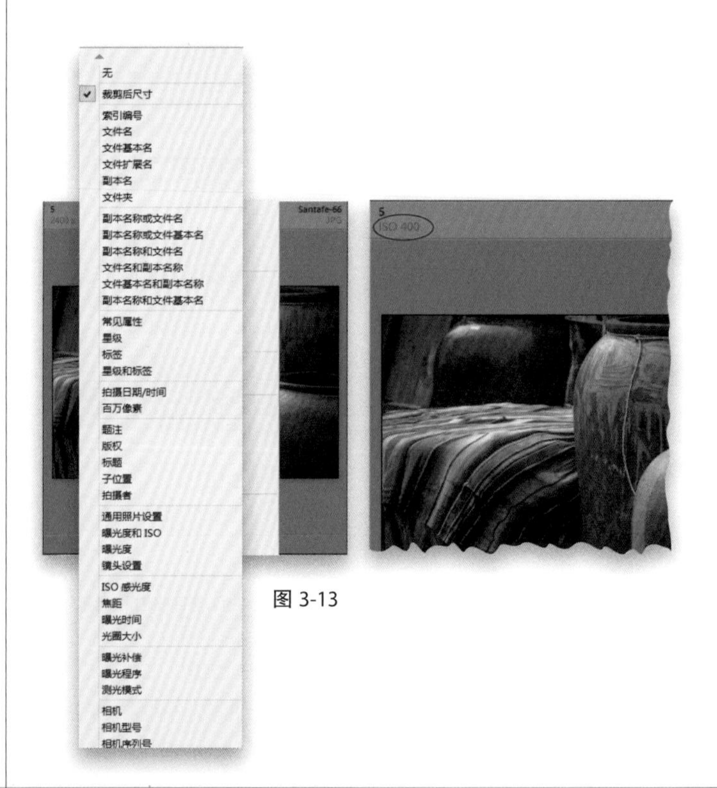

图3-13

图 3-14

第7步：

扩展单元格额外信息部分底部的复选框默认时是勾选的。这个选项在单元格底部添加一个区域，这个区域称作底栏星级区域，它显示照片的星级，如果在在底栏显示星级下方的两个复选框全保持选取状态，它还会显示颜色标签和旋转按钮（它们是可以单击的）。

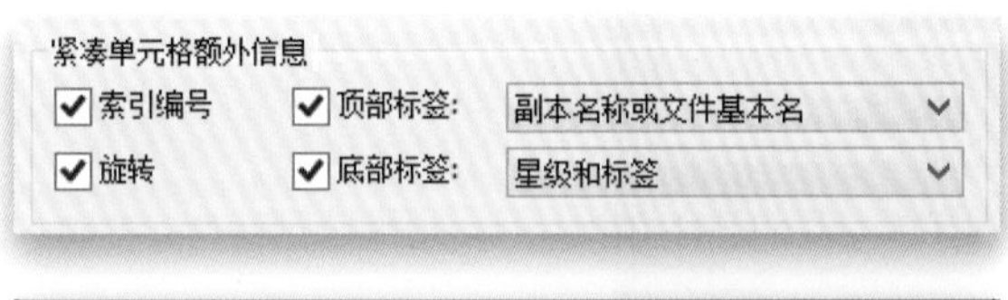

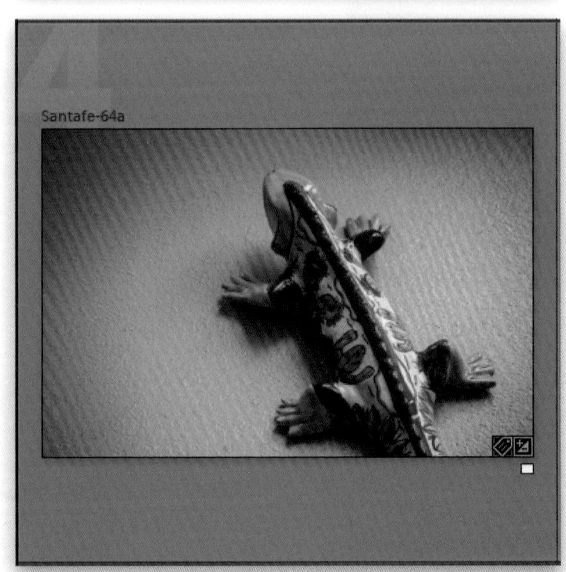

图 3-15

第8步：

紧凑单元格额外信息部分中一些选项的作用和扩展单元格额外信息极其相似，但在紧凑单元格额外信息部分只有两个字段可以自定（而不像在扩展单元格额外信息部分中那样有4个），即文件名（显示在缩览图的左上角）和评级（显示在缩览图的左下角）。要更改那里显示的信息，请单击相应标签的下拉列表进行选择。左边的其他两个复选框隐藏/显示索引号（在本例中，它是显示在单元格左上侧的那个巨大的灰色数字）和单元格底部的旋转箭头（把光标移动到单元格上方时就会看到它）。最后一点要介绍的是：取消勾选该对话框顶部的显示网格额外信息复选框，我们可以永久关闭所有这些额外信息的显示。

3.3 使面板操作变得更简单、更快捷

Lightroom 具有大量的面板，要找到相关操作所需的面板，需要在这些面板内来回查找，这样会浪费很多时间，尤其是当你在之前从未用过的面板中浏览时。在Lightroom 研讨班上我曾做出如下建议：（a）隐藏不使用的面板；（b）打开单独模式，这样在单击面板时，它只显示一个面板，而折叠其余面板。接下来将介绍如何使用这些隐藏功能。

第1步：

首先转到任一侧面板，之后用鼠标右键单击面板标题，打开的弹出菜单中将列出这一侧的所有面板。每个旁边有选取标记的面板是可见的，因此，如果想在视图中隐藏面板，只需要从该列表中选择它，它就会取消选择。例如，修改照片模块的右侧面板区域（如图3-16所示），我隐藏了相机校准面板。接下来，如在本节介绍中所提到的，我建议激活单独模式（从同一个弹出菜单中选择它，如图3-16所示）。

图 3-16

第2步：

请观察图3-17、图3-18所示的两个面板。图3-17中所示的是修改照片模块中面板通常显示的效果。我想在分离色调面板内进行调整，但由于其他所有面板都展开了，所以必须向下拖动滑动条才能找到我想要的面板。然而，请观察图3-18，这是激活单独模式后同一套面板的显示效果：所有其他面板都折叠起来，因此我可以将注意力集中到分离色调面板。如果要在不同的面板内对照片进行处理，只要在分离色调面板其名称上单击，面板就会自动折叠起来。

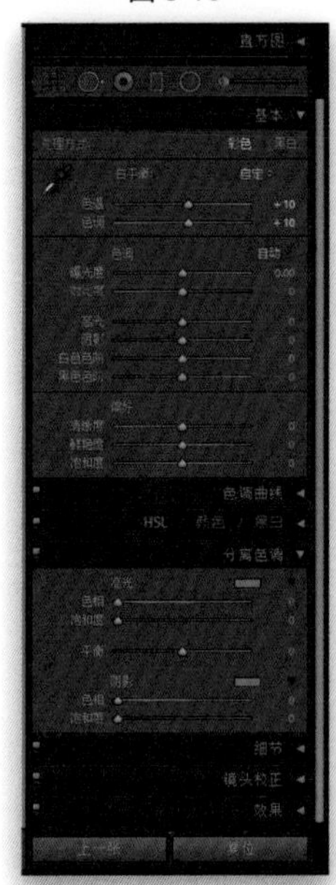

图 3-17

修改照片模块的右侧面板区域，单独模式被关闭

图 3-18

修改照片模块的右侧面板区域，单独模式被打开

3.4 在Lightroom中使用双显示器

Lightroom支持使用双显示器，因此可以在一个显示器上处理照片，在另一个显示器上观察该照片的全屏版本。但Adobe的双显示器功能远不只这些，一旦配置完成后，它还有一些很酷的功能（下面介绍怎样配置它）。

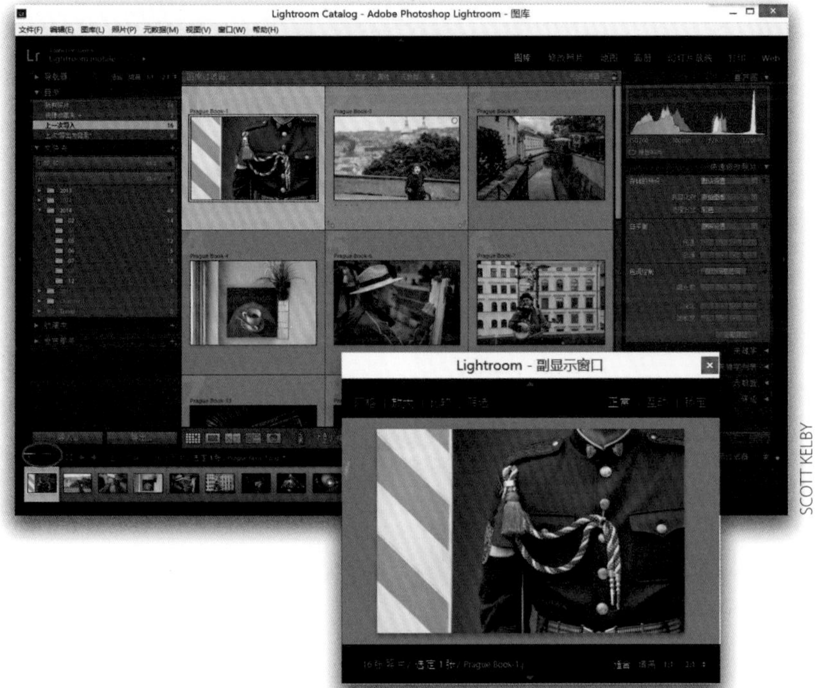

第1步：

双显示器控件位于胶片显示窗格的左上角（如图3-19中红色圆圈所示），从中可以看到两个按钮：一个标记为1，代表主窗口，一个标记为2，代表副窗口。如果你没有连接副显示器，单击副窗口按钮会将本该在副显示器内显示的内容显示在一个独立的浮动窗口内（如图3-19所示）。

SCOTT KELBY

图 3-19

第2步：

如果计算机连接了另一个显示器，则当单击副窗口按钮时，独立的浮动窗口会以全屏模式（当设置为放大视图显示时）显示在副显示器内（如图3-21所示）。这是默认设置，该设置便于我们在一台显示器上看到Lightroom的界面和控件，在副显示器上看到照片的放大视图。

图 3-20

图 3-21

第3步：

使用副窗口弹出菜单可以控制副显示器的显示内容（只要单击副窗口按钮并保持，就会打开它），如图3-22所示。例如，可以让筛选视图显示在副显示器上，然后放大，并在主显示器上用放大视图观察这些筛选图像中的一幅（如图3-23、图3-24所示）。顺便提一下，副显示器上筛选视图、比较视图、网格视图和放大视图的快捷键是在这些视图模式快捷键上加Shift键（因此，按Shift-N 键可以使副显示器进入筛选视图，其他的以此类推）。

图 3-22

图 3-23

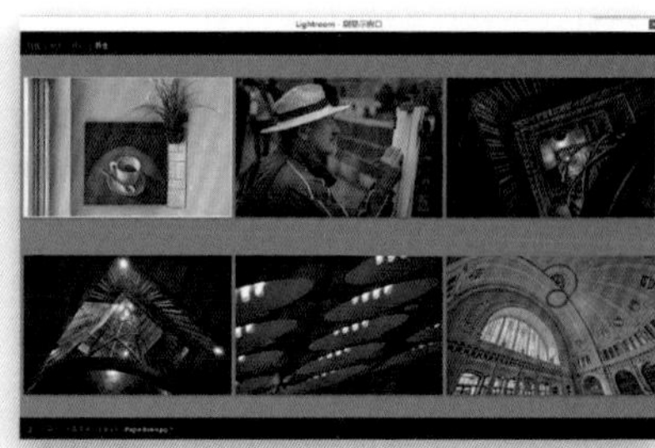

图 3-24

第4步：

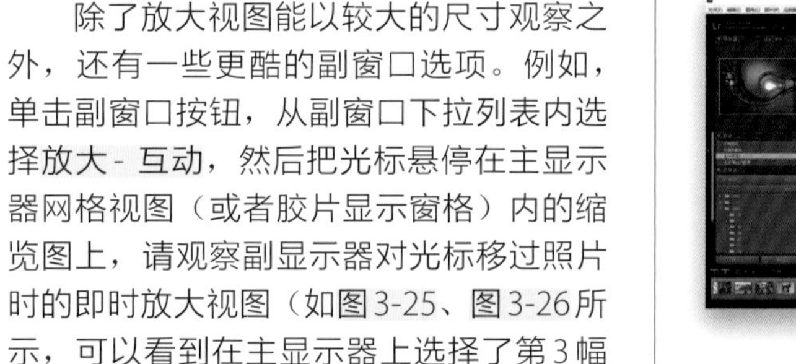

除了放大视图能以较大的尺寸观察之外，还有一些更酷的副窗口选项。例如，单击副窗口按钮，从副窗口下拉列表内选择放大 - 互动，然后把光标悬停在主显示器网格视图（或者胶片显示窗格）内的缩览图上，请观察副显示器对光标移过照片时的即时放大视图（如图3-25、图3-26所示，可以看到在主显示器上选择了第3幅照片，而在副显示器上看到的却是光标当前悬停的第5幅照片）。

图 3-25

图 3-26

图 3-27

图 3-28

第5步：

另一个副窗口放大视图选项是放大-锁定，从副窗口下拉列表内选择该选项后，它将锁定副显示器上放大视图内当前显示的图像，因此可以在主显示器内观察并编辑其他图像（当想返回之前的编辑状态，只需关闭放大-锁定选项）。

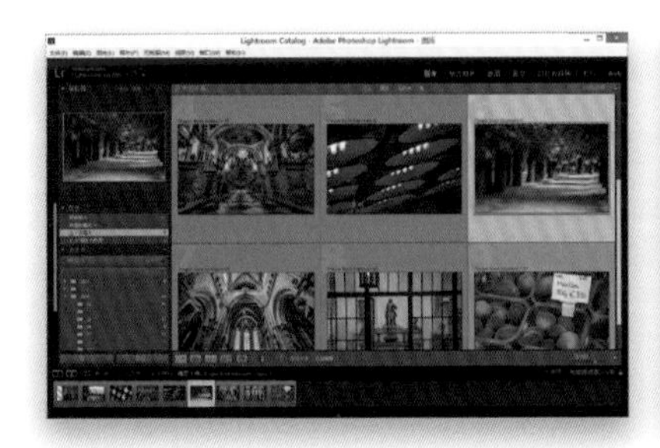

图 3-29

这是副显示器的默认视图，它显示出顶部和底部的导航栏

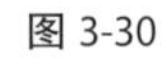

图 3-30

第6步：

副显示器上图像区域顶部和底部将显示导航栏。如果想隐藏它们，请单击屏幕顶部和底部的灰色小箭头隐藏它们，使屏幕上只显示图像。

图 3-31

副显示器的导航栏隐藏之后，为视图腾出更大的空间

图 3-32

提示：显示副显示器预览

副窗口下拉菜单中还有一项称作“显示副显示器预览”的功能，它会在主显示器上显示一个小的副显示器浮动窗口，显示我们在副显示器上所看到的内容。这非常适合于演示，这时副显示器实际上是一台投影仪，我们可以面对观众，则作品被投影到身后或远处的屏幕上，或者即时在副显示器上向客户展示作品，而该屏幕又朝向远离我们的位置（这样，他们将不会看到所有控件、面板，以及其他可能分散他们注意力的东西）。

图 3-33

3.5 选择胶片显示窗格的显示内容

就像在网格和放大视图内可以选择显示哪些照片信息一样，我们也可以在胶片显示窗格内选择显示哪些信息。因为胶片显示窗格空间很小，所以我认为控制里面所显示的内容显得尤为重要，否则它看起来会很混乱。尽管接下来我将演示怎样打开/关闭每个信息行，但我建议将胶片显示窗格内的所有信息保持关闭状态，以免“信息过载”，使本已拥挤的界面显得更加混乱。但是以防万一，接下来还是演示一下如何选择要显示的内容。

图 3-34

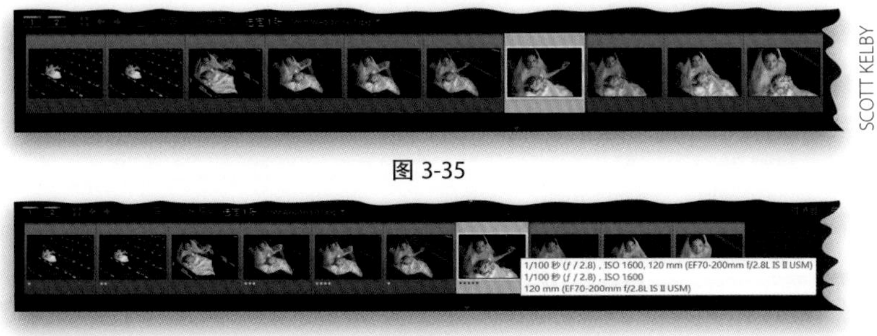

图 3-35

图 3-36

第1步：

鼠标右键单击胶片显示窗格内的任一个缩览图将弹出一个菜单（如图3-34所示）。位于弹出菜单底部的是胶片显示窗格的视图选项。其中有4个选项：（1）显示星级和旗标状态选项，会向胶片显示窗格的单元格添加小的旗标和评级；（2）显示徽章选项，将添加我们在网格视图中所看到的缩小版徽章（显示照片是否已经被添加到收藏夹，是否应用了关键字，照片是否被裁剪，或者是否在Lightroom内被调整过等）；（3）显示堆叠数选项将添加堆叠图标，显示堆叠内图像的数量；（4）最后一个选项是显示图像信息工具提示，它将在我们把光标悬停在胶片显示窗格内的图像上方时弹出一个小窗口，显示我们在视图选项对话框的叠加信息1中选择的信息内容。如果你厌烦了在胶片显示窗格中因不小心点到徽章而触发某功能的话，可以保持徽章可见，关闭它的“触发功能”，只需选择忽略徽章单击即可。

第2步：

当这些选项全部关闭（图3-35）和全部打开（图3-36）时胶片显示窗格的显示效果如图所示。从中可以看到留用标记、星级和缩览图徽章（以及元数据未保存警告）。将光标悬停在一个缩览图上，便可以看到弹出显示照片信息的小窗口。

3.6 添加影室名称或徽标，创建自定效果

我第一次看到Lightroom 时，其中震撼我的功能之一便是可以用自己工作室的名称或者徽标替换Lightroom 徽标（显示在Lightroom 的左上角）。我必须说的是，在向客户演示时，它确实为程序增加了很好的自定显示效果（就像Adobe 专为你设计了Lightroom 一样），除此之外，还能够创建身份识别，这项功能比为Lightroom 添加自定显示效果更强大（但我们将从自定显示效果开始介绍）。

第1步：

首先，为了能够有一个参考画面，这里给出Lightroom 操作界面左上角的放大视图，以便能够清晰地看到我们在第2步中将要开始替换的徽标。现在可以用文字替换Lightroom的徽标（甚至可以使文字与右上方任务栏中的模块名相匹配），也可以用徽标图形替换该徽标（我们将分别介绍二者的实现方法）。

图 3-37

第2步：

请转到Lightroom 中的编辑菜单，选择设置身份标识，打开身份标识编辑器对话框（如图3-38所示）。默认情况下，身份标识弹出菜单的设置为Lightroom Mobile，此处需要更改为自定。要用你的名字替换上面的Lightroom徽标，就在对话框中部的黑色文本字段内进行输入。如果不想用名字作为身份识别，则请输入任何你喜欢的内容（如公司、摄影工作室等的名称），然后在该文字仍然突出显示时，从下拉列表（位于该文本字段的正下方）中选择字体、字体样式（粗体、斜体、粗斜体等）以及字号。

图 3-38

图 3-39

第3步：

如果你只想改变部分文字的字体、字号或颜色等，只要在修改之前突出显示你要修改的文字。要改变颜色，请在字号下拉列表右侧的小正方形色板（如图3-39中圆圈所示）上单击，打开颜色面板（图3-40所示的是Windows的颜色面板；Macintosh的颜色面板稍有不同，但也不难调整）。为指定文本选好颜色后，单击确定按钮，然后关闭颜色面板。

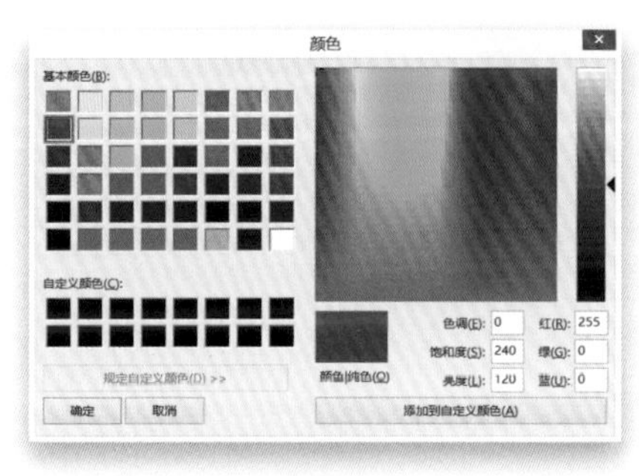

图 3-40

第4步：

如果对自定身份识别的显示效果感到满意，则应该保存它，因为创建身份识别不只是替换当前的Lightroom徽标——通过在幻灯片放映、Web 画廊或者最后打印模块的身份识别下拉列表中选择，可以向这三个模块添加新定制的身份识别文本或徽标（瞧，刚才还以为它是任务栏呢，这是项不错的功能）。要保存自定身份识别，请从身份识别下拉列表中选择储存为（如图3-41所示）。为我们的身份识别赋予一个描述性的名称，单击存储为，就可以保存它。从现在开始，它就会显示在身份识别下拉列表内，只需一次单击，就可以从中选择同样的自定文字、字体和颜色。

图 3-41

第5步：

单击确定按钮后，新的身份识别文字就会替换原来显示在左上角的Lightroom徽标（如图3-42所示）。

图 3-42

第6步：

如果想使用图形标识（类似公司徽标），则请再次转到身份标识编辑器对话框，选择使用图形身份标识单选框（如图3-43所示），而不是使用样式文本身份标识。接下来，单击查找文件按钮（位于左下角隐藏/显示细节按钮上方），查找徽标文件。可以将徽标放在黑色背景上，使其与Lightroom背景协调一致，也可以在Photoshop中制作透明背景，并以PNG格式保存文件（以保持透明度）。现在单击确定按钮，使该图形成为身份标识。

图 3-43

注意：为了避免图形的顶部或底部被裁切，一定要将图形高度限制在57像素以内。

图 3-44

第7步：

单击**确定**按钮后，Lightroom徽标（或者自定文字——就是最后显示在上面的那个）被新的徽标图形文件所代替（如图3-44所示）。如果你喜欢Lightroom内这个新的图形徽标文件，别忘了从该对话框顶部的**身份识别**下拉列表中选择**存储为**，保存这个自定身份标识。

图 3-45

第8步：

如果将来某个时刻你又喜欢原来的Lightroom 徽标，只要回到**身份标识编辑器**，在身份识别下拉菜单中取消选择**已个性化**即可（如图3-45所示）。请记住：本书稍后介绍相关模块时，会进一步处理其中一个新的身份识别。

Lightroom快速提示

▼ 放大视图空格键技巧

如果想让当前所选照片放大显示在放大视图内，只要按空格键即可。通过这种方式放大之后，再次按空格键，它就缩回导航器面板标题栏内所选择的缩放级别（放大倍率）（默认情况下，放大到1:1，但是，如果单击不同的放大倍率，则会在第一次所处视图和所单击放大倍率之间来回切换）。放大之后，通过单击并拖动，就可以来回移动图像。

▼ 隐藏渲染消息

如果在导入窗口的渲染预览下拉列表中选择最小或嵌入与附属文件，则只有在观察较大视图时Lightroom才渲染较高分辨率预览。渲染较高分辨率预览时，会显示消息“正在载入”。我们会看到很多

这样的消息，如果不喜欢看到它们，可以用以下方式关闭它们：按Ctrl-J（Mac：Command-J）键，在弹出的图库视图选项对话框内，单击放大视图选项卡（位于顶部），然后在该部分关闭载入或渲染照片时显示消息复选框。

▼ 命名色标

可以更改Lightroom色标功能的默认名称，它们的标准名称为红色、蓝色、绿色等（例如，我们可能想把绿色标签命名为“审核通过”，黄色标签命名为“待客

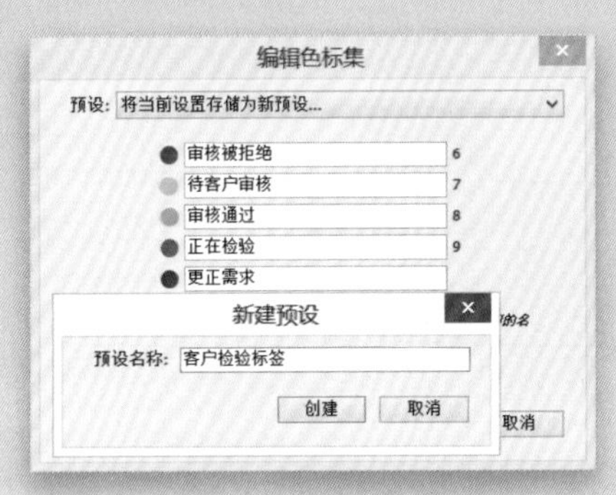

户审核”，等等）。要命名色标，请转到元数据菜单，在色标集下选择编辑，打开编辑色标集对话框。现在，只需键入新的名称（覆盖旧名称）。前4个色标右边的数字是应用相应色标的键盘快捷键（紫色没有快捷键）。输入完成后，从对话框顶部预设下拉列表中选择将当前设置存储为新预设，并对预设进行命名。现在，当应用色标后，将在屏幕上看到“审核通过”或“审核中”，或者你选择的任意名称（此外，照片菜单下的设置色标子菜单将更新，它显示的是我们设置的新名称）。

▼ 一次打开所有面板

如果想展开某一侧内的所有面板，只需右键单击任一面板标题，然后从弹出菜单中选择“全部展开”。

▼ 怎样链接面板，使它们能同时关闭

如果把侧面板设置为手动（通过单击灰色的小三角形来显示和隐藏它们），则可

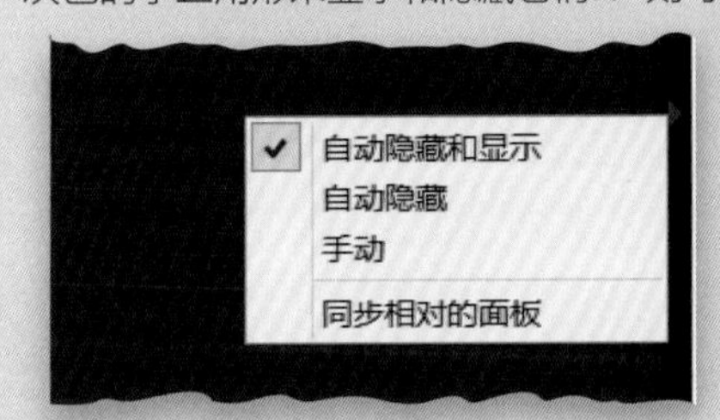

以把它们配置为我们在关闭一侧的面板时，另一侧的也随之关闭（或者在关闭上方的面板时，下方的也关闭）。要实现这一点，请右键单击其中的一个灰色的小三角形，从弹出菜单中选择同步相对的面板。

▼ 调整为100%视图

随时想以100%全尺寸视图快速查看图像时，只需按键盘上的字母键Z即可。

▼ 修改Lightroom缩放位置

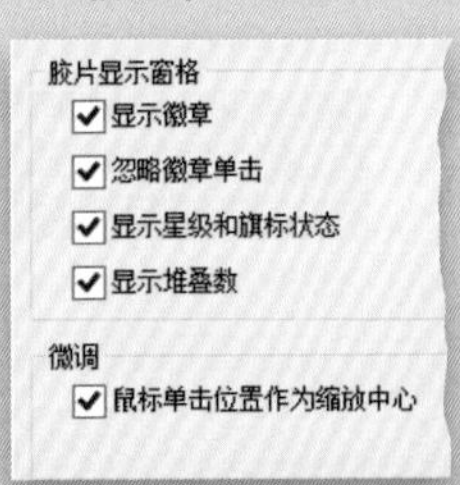

在照片单击进行放大时，Lightroom放大照片，但是，如果想让单击区域显示在屏幕中央，则请按Ctrl-,（Mac：Command-,）键，打开Lightroom的首选项对话框，然后单击界面选项卡，在其底部，请勾选鼠标单击位置作为缩放中心复选框。

Lightroom快速提示

▼ 隐藏不用的模块

如果有一些你不使用的模块（你可能不用Web或幻灯片放映模块），则可以将它们从视线中隐藏（毕竟，如果不用，为什么要每天看到它们呢？）。直接在任意一个模块名称（如修改照片）上右键单击，会显示一个弹出菜单。默认状态下，所有选项都被选中，因为它们都是可见的。所以，只需要选择任意一个你希望隐藏的栏目，然后它就隐藏了。想要隐藏另一个模块？重复上述操作即可。

▼ 查看常见属性

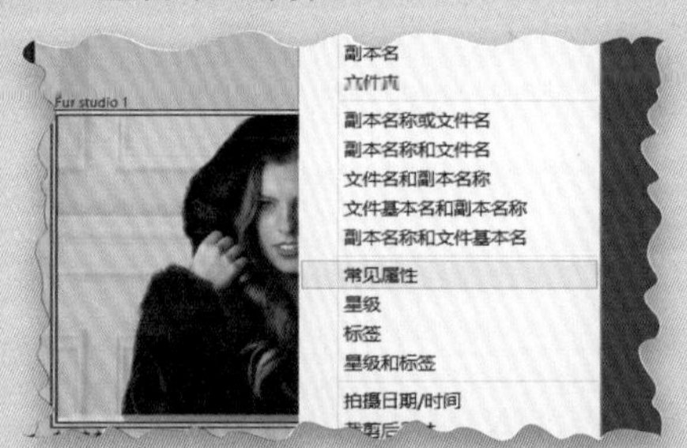

如果想查看照片是否添加了旗标或星级评级，在视图弹出菜单（只需右键单击缩览图单元格顶部即可弹出）中有一项常见属性功能，如果选取该项作为视图条件之一，则将在图像单元格的顶部显示这些信息。

▼ 删除旧的备份，以节省空间

我每天备份一次Lightroom 目录（通常是在我每天完成工作，关闭Lightroom时备份，关于这方面的更多信息，请参阅第2章）。可是问题是，不久之后就会产生大量的备份副本，过时的旧副本会占满硬盘空间。因此，要时常转到Lightroom文件夹，删除那些过时的备份。

▼ 改变Lightroom的背景颜色

要改变照片后面的中灰色背景，只需右键单击这些灰色区域中的任意点，并从弹出菜单中选择不同的背景色和背景

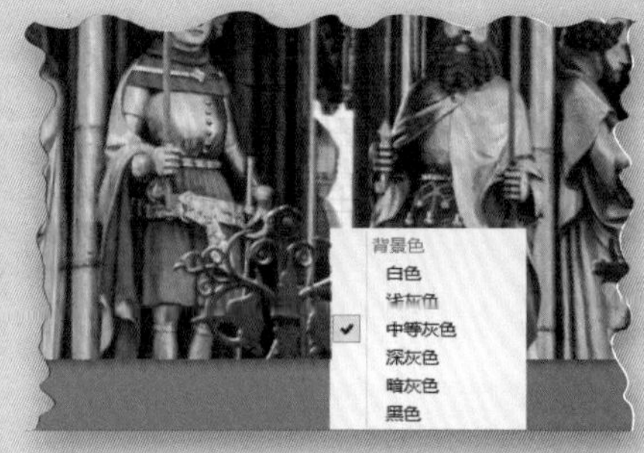

纹理即可。

▼ 新的收藏夹徽标

Lightroom中有一个缩览图徽标（它看起来像两个重叠的矩形），如果在缩览图的右下角看到它，则表明该图像位于某个收藏夹内。单击它将显示出该照片

所在的收藏夹列表，单击任一个即可直接跳转到该收藏夹。

▼ 身份标识文字格式化技巧

在身份标识编辑器窗口内格式化文本非常困难，当需要多行文字时尤其如此（当然，采用多行文字的身份标识本身也是一项技巧）。但是，有一种更好的方法：在其他能够更好控制版面的软件内创建文本，然后选择文本，并把它们复制到内存中，再回到身份标识编辑器，并将已经格式化的文本粘贴到其中，它会保持字体和版面属性。

▼ 可以在最后一个面板下方添加小装饰

Lightroom之前在左侧和右侧面板区域最后一个面板底部有一个小装饰图形（被称为结尾标记），它告诉我们这是最后一个面板。现在已经没有了，但是你可以添加内置图形或自己的图形。要添加内置结尾标记，按下Ctrl-,（Mac：Command-,）键，打开首选项对话框，单击界面选项卡，然后从弹出菜单的面板结尾标记子菜单中选择花饰（小）。你也可以创建自己的自定结尾标记（一定要采用透明背景，并以PNG格式保存），然后勾选转到面板结尾标记文件夹复选框。我们把图形放置在这个文件夹内，并从中选择它们。

摄影师：Scott Kelby ┊ 曝光时间：1/60s ┊ 焦距：70mm ┊ 光圈：f/5.6

第4章

编辑基础

4.1 使RAW照片效果看起来更像JPEG照片

为何要让RAW照片效果看起来更像JPEG照片？因为从相机导出的JPEG照片效果更好——更清晰，对比度增加，杂色减少，等等。用RAW格式拍摄就是让相机关闭这些功能，回归原始、无雕琢的照片，这也是RAW照片外观平实的原因。我常听人抱怨："RAW 照片第一次显示在Lightroom 中时效果很好，但随后就变得很难看。"因为我们需要先用JPEG格式预览，再通过RAW观看真实照片。以下是得到更近似JPEG效果的方法。

第1步：

首先观察一下照片在屏幕上的效果，并且清楚自己需要的效果是什么。首次把照片导入Lightroom，双击缩览图查看更大照片时，会在照片的下方或附近位置出现"正在载入"字样（如图4-1中红色圆圈所示）。这是在提示你：（1）屏幕显示的是JPEG的预览效果（更清晰，对比度增加等）；（2）正在载入RAW照片，只需等一会儿。观看JPEG的预览照片时你可能会想："这和我在用相机拍摄时看到的照片效果一样。"

图 4-1

第2步：

导入RAW照片后（只需一两秒），现在看见的是真实的原始照片（如图4-2所示），你可能会想："这和我在相机中看到的一点儿都不一样！它太平淡了，对比度小，清晰度也不够。"这是因为即便你使用RAW模式拍照，相机背后的显示屏呈现的依旧是优秀、清晰、对比度好的JPEG照片，因此我常会听到用户说："照片刚导出时看起来还不错，但现在看上去糟透了。"因为刚导出时是以JPEG格式呈现的，几秒后（导出为真正的RAW照片）就会看到如图所示的平淡照片。如果想让被编辑的照片效果更像JPEG，不妨进入下个步骤。

图 4-2

图 4-3

图 4-4

第3步：

为了让RAW图像获得JPEG般的效果，请转到修改照片模块的相机校准面板。靠近该面板顶部附近有一个配置文件下拉列表，其中列出的配置文件是基于我们的相机制造商和型号（通过读取图像文件的嵌入EXIF数据进行查找。只支持部分相机品牌或型号，包括最新的Nikon和Canon单反相机，以及Pentax、Sony、Olympus、Leica和Kodak相机的部分型号）。这些配置文件模拟我们在相机内应用到JPEG图像的预设（而当以RAW格式拍摄时，这些预设将被忽略）。默认配置文件是Adobe Standard，其效果看起来很一般（起码我这么认为）。此处我选择Camera Standard，图像看起来颜色更鲜艳，对比度更强。

第4步：

另一个我认为看起来更像JPEG效果的预设是Camera Landscape（对Canon或Nikon用户而言）或Camera Vivid（对Nikon用户而言），二者的色彩效果都很鲜艳，对比度高，选择你最喜爱的即可。这些配置文件对不同的照片会带来不同的效果，因此建议你尝试不同的配置文件，然后为照片选择最合适的那个。修改前和修改后的效果如图4-4所示：左图为RAW格式照片，右图是使用了Camera Standard的照片效果。

注意：只有以RAW格式拍摄时才有机会选择这些相机配置文件。如果以JPEG格式拍摄，则将只看到一种配置文件——嵌入。

提示：自动应用配置文件

如果找到自己喜欢的某个配置文件，并且总想把它自动应用到RAW图像时，则可以转到修改照片模块，选择该配置文件（在修改照片模块内不做任何其他操作），并用其名称创建修改照片预设。现在，从Lightroom导入窗口的修改照片设置下拉列表内选择该预设，即可让导入的所有照片自动应用这种效果（关于创建预设方面的内容，请查阅第6章）。

4.2 设置白平衡

编辑照片时我总是首先设置白平衡，因为如果白平衡设置正确，颜色就正确，颜色校正问题就会大大减少。在基本面板内调整白平衡，这是Lightroom 内取名最不恰当的一个面板。它应该叫做“必需”面板，因为它包含了整个修改照片模块内最重要、最常用的控件。

第1步：

在图库模块中，单击你想要编辑的照片，然后按下键盘上的字母键D，跳到修改照片模块。顺便说一句，你可能正在想，既然按字母键D可以跳到修改照片模块，那按字母键S肯定转能转到幻灯片放映（Slideshow）模块，转字母键P转到打印（Print）模块，转字母键W转到Web模块，以此类推，对吧？遗憾的是，答案是否定的——这样会让工作变得很简单啊。不，只有跳转到修改照片模块的快捷键用的是首字母。先不管那些，当你进入修改照片模块后，所有的编辑控件都在右侧面板区域中，照片按照拍摄时数码相机中设定的白平衡值显示在软件中（这也是称白平衡为“原照设置”的原因。它能还原拍摄时的场景，本例的问题是画面太蓝了）。

SCOTT KELBY

图 4-5

第2步：

设置白平衡的方法有三种，先从不同的内置白平衡预设开始说起（如果是RAW照片，Lightroom为其提供与相机相同的白平衡设置；但在JPEG格式只能使用自动预设，因为白平衡设置已经嵌入文件中。不过我们依旧能改变JPEG照片的白平衡，但是除了自动预设外，其他预设都无法通过该下拉菜单更改）。单击原照设置，就会出现如图4-6所示的白平衡预设下拉菜单。

图 4-6

图 4-7

第3步：

第1步中出现的照片整体色调偏蓝色（让人不太满意），所以这张照片肯定需要进行白平衡调整。我们希望让照片的色调更暖一些，所以从白平衡下拉菜单中选择自动模式，看看效果如何（如图4-7所示，整体有了改进，但不意味着它是最合适的，因此需要尝试其他几个，找到最贴近现实生活的预设）。日光、阴天、阴影这三个白平衡预设值色调更暖一些（更偏黄），且阴天和阴影模式比日光模式要暖很多。现在请直接选择阴天模式，可以看到整幅照片的色调变暖很多。

图 4-8

第4步：

钨丝灯和荧光灯这两个预设值都是非常极端的蓝色调，所以你应该不会选择任何一个。在本例中，我使用闪光灯照明，使用闪光灯预设（如图4-8所示）的效果非常好。它比自动模式更温暖，而人像通常会因温暖的肌肤色调显得更好看一些，因此我坚持选择它。顺便提一句，最后一种预设模式——自定模式其实根本不是真正的预设，它仅仅表示你可以通过调整下拉菜单下面的两个滑块来手动创建白平衡值。现在我建议你这样处理自己的照片：快速使用所有预设模式，看是否有一种模式正合你的心意，并把它作为起点进入第二种方法（见下一页）。

第5步：

重复一下，第二种方法是从一个相对合适的预设模式开始的，然后使用白平衡预设下方的色温和色调滑块进行调整。在这里我放大了基本面版的图片，这样你就能近距离地观察这些滑块的效果，因为Adobe 在这里进行了巧妙的设计——给滑块条着色，这样我们可以知道滑块朝哪个方向拖动时，照片会出现哪种效果。你注意到色温滑块的左侧是蓝色，向右逐渐变为黄色了吗？这准确地说明滑块的调色效果。因此，不用进一步的解释，你就能知道朝哪个方向拖动色温滑块能使照片变得更蓝一当然是向左。那么朝哪个方向拖动色调滑块才能使照片呈洋红色呢？看，这只是个小细节，但对我们很有帮助。

注意： 如果想把色温或色调滑块重置为原始设置，只需双击白平衡三个字即可。

这是闪光灯预设下的白平衡色温设置

图 4-9

第6步：

现在开始应用它。我使用的依旧是闪光灯模式，但它看起来有点太温暖了（淡黄色），因此把色温滑块轻轻地往左端拖动，让皮肤色调显得不太黄。在本例中，我将色温设置为5150（闪光灯预设下的色温设置为5500。数值越高，颜色越黄），仅此而已——把白平衡预设当做起点，然后用色温或色调滑块将照片调整至满意的效果（此处显示的是修改前和修改后照片的对比图）。以上就是第一、二种方法，但我最喜欢第三种方法，这种方法通常会得到最佳、最精确的效果，这就是使用白平衡选择器工具（白平衡部分左上方那个大吸管，或者按W键）。

图 4-10

图 4-11

图 4-12

图 4-13

图 4-14

第7步：

首先，在白平衡下拉列表中选择原照设置，让我们从零开始调整。现在单击切换到白平衡选择器工具，之后用它在照片内的浅灰色位置单击（是的，不要在白色对象上单击，找出浅灰色对象。数码摄像机的白平衡是对准纯白色，而静态数码相机的白平衡调整需要对准浅灰色）。针对这张照片我们要做的就是用白平衡选择器在他的夹克上单击（我在他的夹克衣领的右侧单击），这样白平衡就设置好了（如图4-12所示）。

提示：关闭白平衡选择器工具

在工具栏内，有一个“自动关闭”复选框，如果勾选它，意味着用“白平衡选择器”工具单击照片一次后，它会自动回到其在基本面板中的位置。

第8步：

与其说是操作步骤，不如说是提示，但它相当有效。在使用白平衡选择器工具时，请转到左侧面板区域顶部的导航器面板。当把白平衡选择器工具悬停在照片的不同部分时，可以在导航器中实时预览（如图4-14所示）用该工具单击这个区域时的白平衡效果。这很有用，免得我们在寻找白平衡点时到处单击，为我们节约了大量时间。接下来，在使用白平衡选择器工具时，你很可能已经注意到了一个像素化网格。它能放大光标悬停的区域，有助于我们找出中性灰色，但如果它很碍事，你可以通过取消勾选下方工具栏内的显示放大视图复选框来消除它（如图4-14中红色圆圈所示）。

4.3 联机拍摄时实时设置白平衡

使用相机联机拍摄可以将照片直接拍摄到Lightroom，这是Lightroom中我最喜欢的功能之一，但当我学会在图像首次进入Lightroom时自动应用正确的白平衡这一技巧后，我真是高兴极了。

第1步：

我们先使用USB电缆将相机连接到计算机（或笔记本计算机），然后转到Lightroom的文件菜单，在联机拍摄下选择开始联机拍摄（如图4-15所示）。这将打开联机拍摄设置对话框，在该对话框中可以为图像导入Lightroom时的处理方式选择首选项（关于该对话框更详细介绍，以及对话框中需提交的内容请查看第1章）。

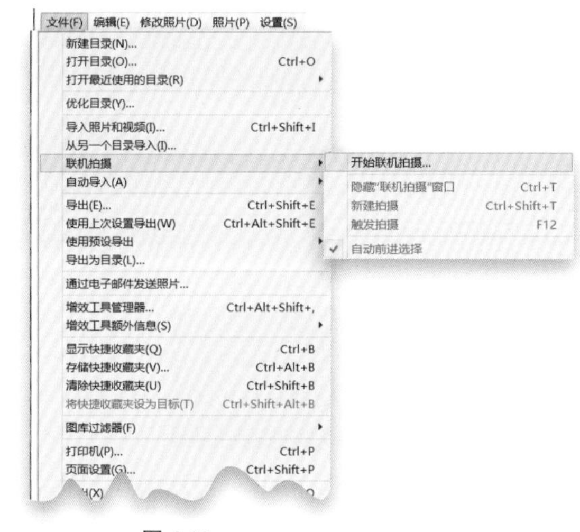

图 4-15

第2步：

一旦按自己的想法布置好灯光（或者在自然光下拍摄），请将拍摄对象摆放到画面的合适位置，然后找到一张18%灰卡。把灰卡拿给拍摄对象，让她们拿着灰卡拍摄一幅测试照片（如果拍摄的是产品，则请将灰卡斜靠在产品上，或者放置在产品附近光线相同的位置）。现在拍摄一幅测试照片，把灰卡放在照片内清晰可见的位置（如图4-16所示）。

SCOTT KELBY

图 4-16

图 4-17

第3步：

当带灰卡的照片显示在Lightroom时，从修改照片模块的基本面板顶部选择白平衡选择器工具（快捷键W），并在照片内的灰卡上单击一次（如图4-17所示）。这样就正确设置了这幅照片的白平衡。现在，我们将使用该白平衡设置，并在导入其余照片时用此设置自动校正它们。

图 4-18

第4步：

回到联机拍摄窗口（如果它已关闭，则请按Ctrl-T（Mac：Command-T）键，在窗口右侧，从修改照片设置下拉列表中选择与先前相同选项。这样就完成了——现在可以将灰卡从拍摄场景中拿开（或者将它从拍摄对象那儿拿回，她现在可能举得有点儿累了），并返回拍摄。当我们接下来拍摄的照片进入Lightroom 时，刚才为第一幅图像设置的自定白平衡将自动应用到其余图像。因此，我们现在看到其余照片也已经正确设置了白平衡，免得在以后的后期制作过程中进行调整。

4.4 查看修改前/后照片

在本章的第一个白平衡调整案例中，我在最后展示了修改前、后的图像，但没有机会演示应该如何操作。我喜欢Lightroom 对修改前、后效果的处理方式，因为它为我们的查看方式提供了极大的灵活性。下面将介绍其操作方法。

第1步：

在修改照片模块中，想要查看照片调整前的效果时（也就是修改前图像），只要按键盘上的\（反斜杠）键，就会看到在图像的右上角显示出修改前的字样（如图4-19所示）。在我的工作流程中最常用到的可能就是修改前视图。如果要返回到修改后的图像，请再次按\键（右上角处不会显示修改后，但文字修改前消失了）。

图 4-19

第2步：

如果要并列显示修改前和修改后视图（如图4-20所示），请按键盘上的字母键Y。如果你喜欢分屏视图，请单击预览图下方工具栏左侧的切换各种修改前和修改后视图按钮（如图4-21所示，如果由于某种原因无法看到工具栏，请按字母键T显示它）。再次单击该按钮，将以上下排列的方式显示修改前和修改后视图。再次单击该按钮，将以上下分屏方式显示修改前和修改后视图。在修改前与修改后右侧的三个按钮不是用来更改视图的，而是更改设置的。例如，第一个按钮的用途是把修改前图片的设置复制到修改后，第二个是把修改后图片的设置复制到修改前，第三个则是将二者的设置互换。要返回到放大视图，只需按键盘上的字母键D即可。

图 4-20

图 4-21

4.5 图片编辑表单

接下来我们将介绍基本面板中的滑块。顺便说一下，尽管Adobe将其命名为“基本面板”，但我认为这是Lightroom 内取名最不恰当的一个面板，它应该叫做“必需”面板，因为大部分时间内你都会在该面板内编辑照片。还有，你需要知道一些快捷功能，例如，向右拖动滑块可以突出或增强其效果，向左拖动则暗化或减弱其效果。

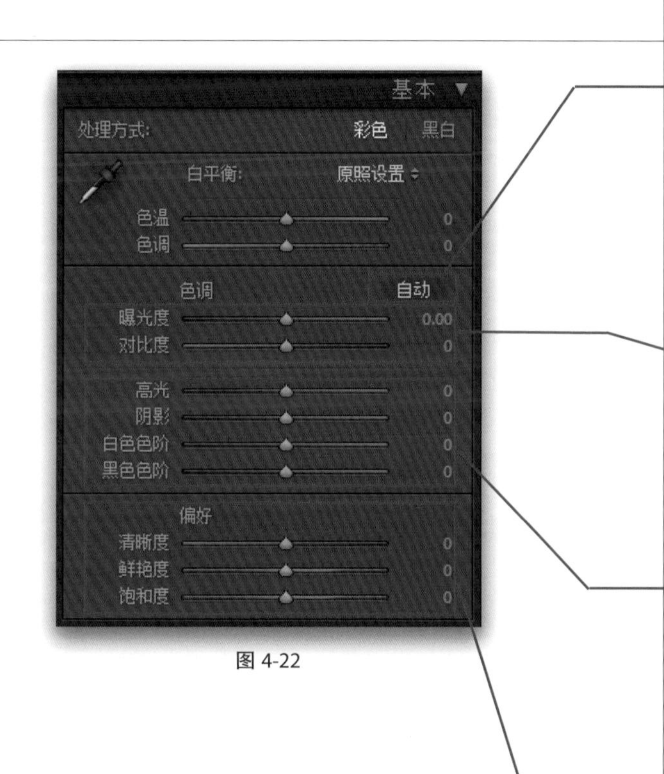

图 4-22

自动调整色调

点击自动按钮，Lightroom会自动尝试平衡照片。有时候其效果很好，但其他时候，并不是很好。如果不知道如何开始调整，请单击这个按钮，看一下效果。如果不是自己想要的效果，只需单击复位按钮（在右侧面板区域底部）。

总体曝光

曝光度和对比度两个滑块度，在编辑照片时起到最大作用。曝光度控制了照片的总体量度，以后你会经常用到它。一旦按照你希望的方式设置好曝光度后，请增加对比度数值（我很少降低对比度）。

问题

当调整过程中出现问题时，我会使用这4个滑块。当照片的亮部过亮时（或天空太亮）我使用高光滑块。阴影滑块可以提亮照片最暗的部分，使得隐藏在阴影中的物体突然出现——非常适合修复背光物体。白色色阶和黑色色阶滑块则是为那些习惯在Photoshop的色阶功能中使用白点和黑点的人准备的。如果说的不是你，那可以跳过这两个滑块。

最终效果

这些特效滑块可以增加照片的色调对比，使色彩更加鲜艳（或消除色彩）。

4.6
用曝光度滑块控制整体亮度

曝光度滑块是Lightroom中主要用于控制照片整体亮度（根据拖动滑块的方向来决定更暗还是更亮）的滑块。当然，还有其他滑块可以控制照片的特定区域（如高光和阴影滑块），但是每当我编辑照片时（在设置了正确的白平衡后），通常会在调整其他设置前先保证整体曝光是正确的，因为它是相当重要的调整。

第1步：

此处我们要用到的所有编辑图像的设置都位于右侧面板中，因此我建议收起左侧面板区域（按键盘上的F7键，或者直接单击面板最左侧的灰色小三角形上如图4-23中红色圆圈所示，以收起左侧面板，从视线中隐藏）。这样，屏幕上的图像会呈现得更大，更便于查看照片编辑的进度。现在，在Lightroom的修改照片模块中打开照片，大家可以看到这张照片曝光过度了（我在室内使用高感光度拍摄，可随后到室外拍摄时忘记把它调整回来了）。

图 4-23

第2步：

若想使照片整体变暗，只需要向左拖动曝光度滑块，直到曝光看起来合适即可。此处我将曝光度滑块大幅向左拖动至-2.25，因此照片过曝了两挡。一个整数约等于一挡。查看直方图（位于右侧面板区域的顶部）便可以知道第1步中照片的曝光问题，其中显示的高光裁剪警告（我称之为“白色死亡三角”）提示你照片的某部分太亮了而丢失了细节。有时只需降低曝光度值就能解决这个问题。但如果不奏效的话，请参考4.8节了解如何矫正高光，与曝光度滑块配合使用效果更佳。

图 4-24

图 4-25

第 3 步：

当然，曝光度滑块不仅能使照片变暗，还能变亮，对这张照片来说是个好消息，因为它太暗了（曝光不足）。顺便说一下，基本面板中的所有滑块都从零开始，通过向不同方向拖动来增减调整。例如，把饱和度滑块向右拖动会使图像的色彩更鲜艳，向左拖动则会使颜色更暗淡（往左拖动的幅度越大，颜色越暗淡，直至成为黑白照片）。总之，一起来看看如何修复这张曝光严重不足的照片吧（这张照片欠曝没什么原因，我只是搞砸了）。

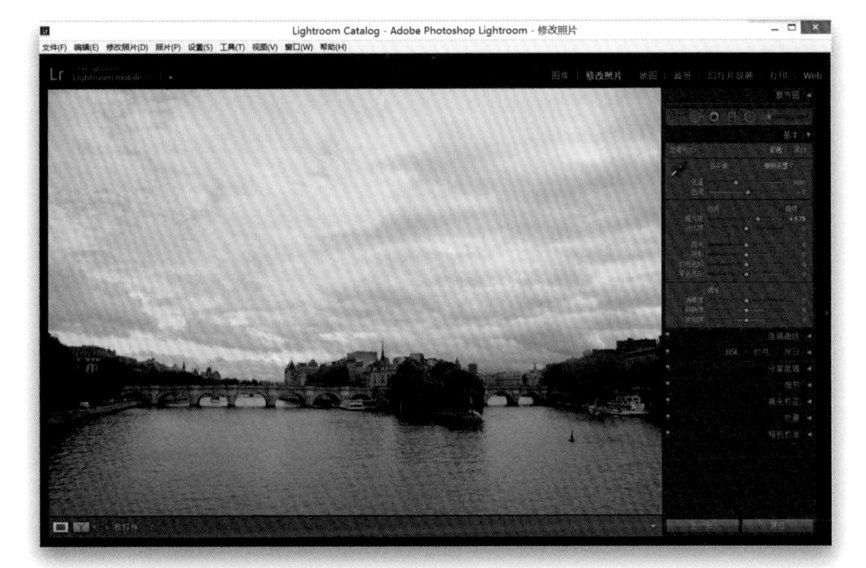

图 4-26

第 4 步：

想让图像更亮，只需向右拖动曝光度滑块，直到对整体亮度都很满意即可。在本例中，我把它设置为 +1.75（因此照片欠曝了 1 $^3/_4$ 挡）。当然，如果想让这张照片达到满意的效果还需做许多调整，不过由于我们首先考虑的是照片整体的明亮度，因此已经为对比度、高光、阴影、白色色阶、黑色色阶等调整做出了良好的开端（本章随后将会介绍）。

4.7 自动统一曝光度

如果你的一些照片曝光或整体色调有问题，Lightroom通常能自动修复它。当你拍摄风景，曝光随着光线变化而变化时，或是拍摄人像，曝光随着拍摄而改变时，又或者是拍摄一系列照片需要统一的色调和曝光时，这个功能都可以发挥良好的作用。

第1步：

查看这一组使用窗户光拍摄的照片。第一张照片太亮了，第二张太暗了，第三张比较正常（对我来说是的），而第4、5张看起来曝光不足。这些照片的曝光乱七八糟，一张太亮，三张太暗，只有一张还算正常。

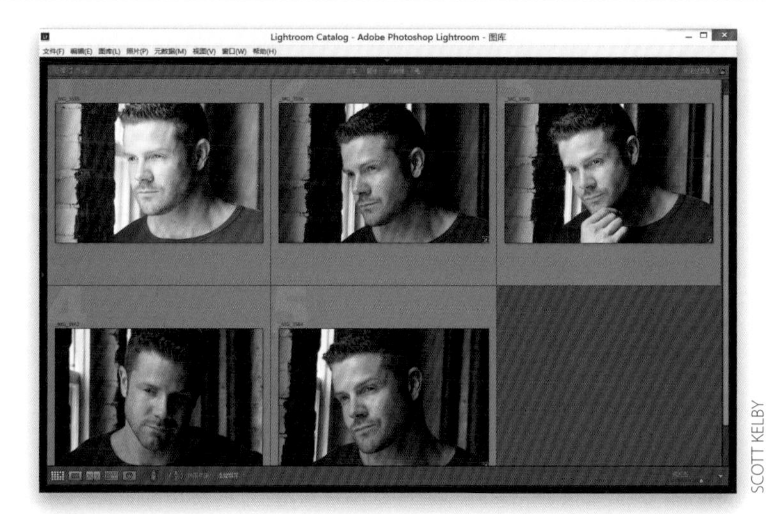

图 4-27

第2步：

单击你认为整体曝光优秀的照片（使其成为“首选照片”），然后按住Ctrl（Mac：Command）键并单击其他照片以选中它们。现在，按键盘上的字母键D返回修改照片模块。

图 4-28

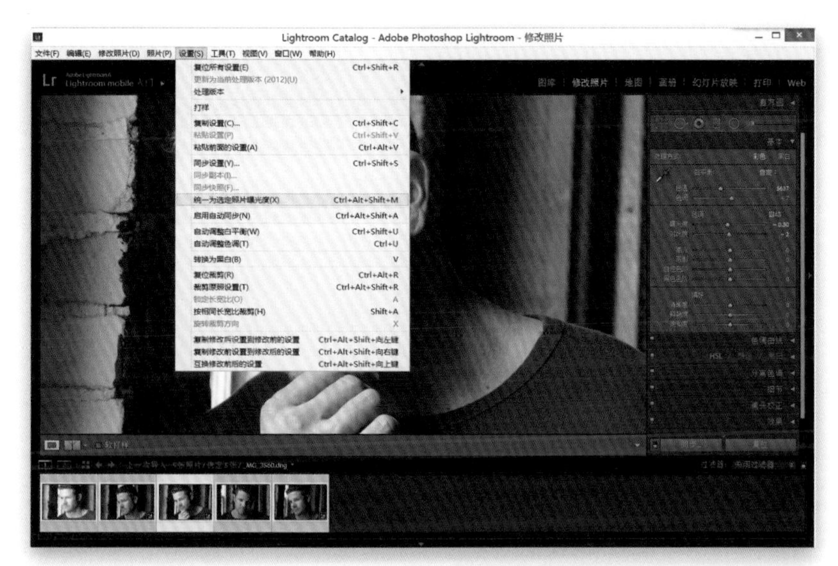

图 4-29

图 4-30

第3步：

转到设置菜单，选择统一为选定照片曝光度（如图4-29所示）。就是它，没有其他设置、对话框和窗口，只是物尽其用。

第4步：

现在按字母键G回到网格视图，把现在的图像与第1步中的照片进行对比，你会发现它们曝光一致。这个功能在大多数情况下的效果都很好，而且操作相当简单。

4.8
60秒讲解直方图（哪个滑块控制哪个部分）

直方图位于右侧面板区域的顶部，它表示的是当你将照片的曝光度绘制在一张图上时的样子。读懂直方图很容易——照片中最暗的部分（阴影）显示在图的左侧，中间色调显示在中间，而最亮的部分（高光）显示在右侧。如果图的某一部分是平的，说明在照片中没有位于该范围的图像部分（所以如果最右边是平的，说明照片没有任何高光。至少现在还没有）。

曝光度滑块：中间色调

将光标移动到曝光度滑块上，一片淡灰色区域会出现在直方图中，这片区域是受曝光度滑块影响的部分。在本例中，大部分是中间色调（所以灰色区域位于直方图中间），但是它也影响部分低高光区域。

高光滑块：高光

高光滑块涵盖了比中间色调更亮的区域。观察如图4-32所示的直方图，最右侧的区域是平的，说明照片中并没有范围齐全的色调——最亮的部分缺失了。将高光滑块向右滑动可以帮助填补这个空缺，但是实际上还有另一个不同的滑块可以涵盖这一部分。

阴影滑块：阴影

阴影滑块控制阴影区域。从图4-33中可以看到它仅仅控制了很小的区域（但是是很重要的区域，因为阴影中的细节会丢失）。它下面的区域是平的，意味着该图像最暗的部分缺失了色调。

黑色色阶和白色色阶

这两个滑块控制图像中最亮（白色色阶）和最暗（黑色色阶）的部分。如果照片看起来曝光过度，请将黑色色阶滑块向左拖动，以增加更多黑色（你会看到直方图中黑色向左扩展）。如果需要更多非常亮的区域，请将白色色阶滑块向右拖动（在图中会看到直方图中丢失的部分正在被填补）。

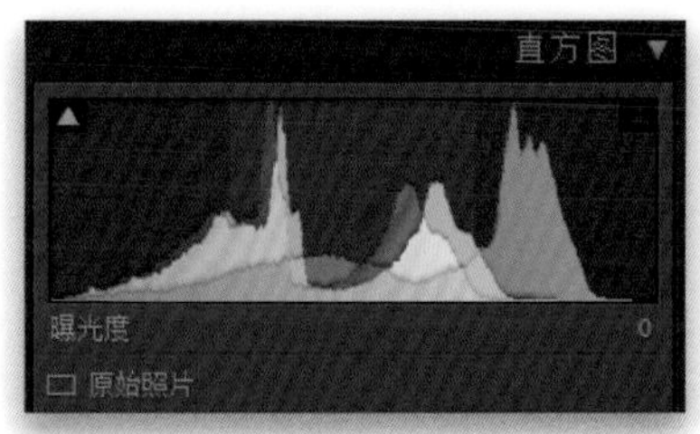

图 4-31

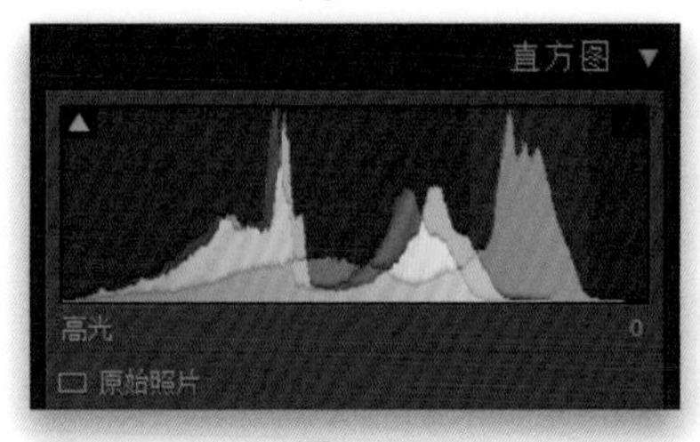

图 4-32

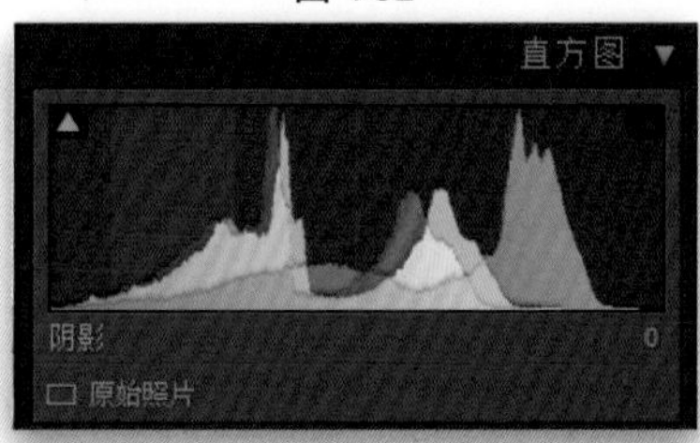

图 4-33

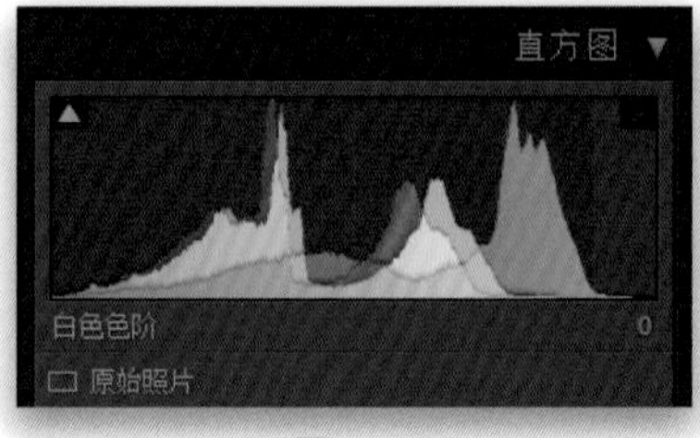

图 4-34

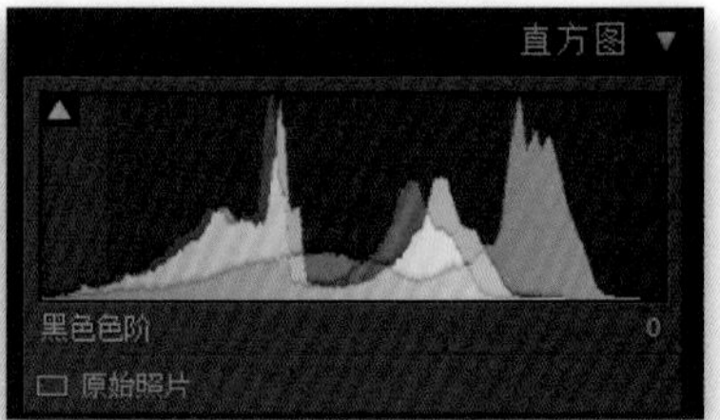

图 4-35

4.9 自动调整色调（让 Lightroom 替你工作）

正如我在本章稍早前的“图片编辑表单”里提到的那样，自动调整色调功能让Lightroom尝试编辑你的照片（基本来说，它会根据直方图中看到的内容来评估图像），它尝试平衡照片。有时候其效果很好，但是如果效果不好，也不用担心，只需按Ctrl-Z（Mac：Command-Z）键撤销操作即可。

图 4-36

第1步：

这张图片有点曝光过度，颜色偏白，整体单调（照片拍摄于布拉格的中央火车站）。如果你不确定该从何处着手修改，可以单击自动按钮（位于基本面板中的色调区域），随后Lightroom会分析照片，为照片应用其认为合适的修正。Lightroom只移动它认为有必要调整的滑块，并且仅限于基本面板色调区域内的滑块（所以不包括其他面板中的鲜艳度、饱和度、清晰度等滑块）。

图 4-37

第2步：

现在，如果单击自动按钮后，照片的调整效果不太好，你可以：（1）以它作为起点，自行调整其他滑块；（2）按Ctrl-Z（Mac：Command-Z）键取消自动调整，然后手动编辑照片。自动调整值得一试，因为有时候它能获得不错的效果，但是得根据照片而定。以我的经验来看，它对非常亮的照片有很好的修正效果（例如本例），但往往会把非常暗的照片调整为曝光过度，不过你可以通过降低曝光值来修复这个问题。

4.10 解决高光（剪切）问题

我们需要对高光剪切这一潜在问题保持警惕。当一张照片中的高光区域过于明亮（无论是在拍摄时，还是在Lightroom中使其过于明亮）时，这些区域就会丢失细节，没有像素，空空如也。剪切问题在运动员的白色球衣，阳光明媚，万里无云的天空等位置时有发生。一旦发生，就需要通过修复来还原照片的细节。别担心，这其实很简单。

第1步：

这是一张在室内拍摄的照片，模特身上穿了一件白色上衣，而且照片还曝光过度了。这不一定意味着照片被剪切了（阅读上述内容了解剪切的含义），但一旦剪切，Lightroom会予以警告。它会出现在直方图面板的右上角，三角形的白色高光警示（如图4-38中圆圈所示）。该三角形通常是黑色的，意味着一切正常，没有剪切。一旦它变为红色、黄色或蓝色，就代表某个特定的色彩通道被剪切，我一般对此不予理会。但如果变为纯白色（如图4-38所示），便需要对此修复。

SCOTT KELBY

图 4-38

第2步：

现在我们知道这张照片的某些部分有问题，但具体是哪呢？若想找到准确的被剪切位置，需要直接单击白色三角形（或按键盘上的字母键K）。现在高光剪切区域会呈现为红色（如图4-39所示，模特的手臂、手和她夹克衫左侧的一些区域剪切得很严重）。如果不加以修复，这些区域将毫无细节。

图 4-39

图 4-40

第3步：

有时只需降低曝光度值就能解决剪切问题，但本例中，经过调整后的照片依旧有点曝光过度，所以还要进行后续操作。我把曝光度滑块向左拖动来暗化整体曝光，虽然看起来好多了，但剪切仍不容忽视。现在，由于照片很亮，暗化曝光能让照片有所好转，但是如果曝光度本来就正常呢？这时拖动曝光度滑块来暗化照片会使照片更暗（曝光不足），所以我们要换种方法——只影响高光而不会影响整体曝光的操作。我们想解决剪切问题，同时也不想照片太暗。

图 4-41

第4步：

这时高光滑块就派上用场了。当你遇到本例中的剪切问题时，高光滑块将会是你的第一道防线。只需稍微向左拖动它，看到屏幕上的红色剪切警告消失即可（如图4-41所示）。此时警告是开启的，向左拖动高光滑块修复了剪切问题，还原了丢失的细节。我在处理多云、明媚天空的照片时经常使用高光滑块。

提示：适用于风光照片

下次编辑有大片蓝天的风光照片或旅行照片时，记得把高光滑块向左拖动，可以让天空和云朵的效果更好，还原更多的细节和清晰度。这是相当简单有效的办法。

4.11 使用阴影滑块（相当于补光）

当拍摄主体逆光（看起来像剪影）或照片的一部分很暗，细节被阴影所覆盖时，只需一个滑块就能解决。阴影滑块在亮化阴影区域，为拍摄主体补光（就好比使用闪光灯补光）等方面表现出众。

第1步：

通过原始照片可以看出，拍摄对象处于逆光状态。由于我们的眼睛拥有比较广阔的色调范围，能够调整这种场景的色彩，但当拍下照片后会发现主体处于逆光的阴影中（如图4-42所示）。即便当今如此先进的相机依旧无法比拟人眼能识别的超广阔色调范围。因此，即便拍出这样的逆光照片也不用沮丧，修复起来简单得很。

图 4-42

第2步：

只需向右拖动阴影滑块，这将只影响到照片的阴影区域。如此处所示，阴影滑块能够极好地亮化阴影区域，还原隐匿在阴影之中的细节。

注意： 有时候，如果把滑块拖动得太靠右，可能会使照片显得有些平淡。这时只需增加对比度数值（向右拖动），直到恢复照片的对比度为止。这项操作不常使用，但你需要知道的是，增加对比度能够平衡照片。

图 4-43

4.12 设置白点和黑点

若想充分发挥图像编辑，可以通过设置白点和黑点来扩展照片的色调范围（Photoshop用户使用Photoshop的色阶工具完成这个操作）。在Lightroom中我们使用白色色阶和黑色色阶完成这个操作。在不剪切高光的情况下尽可能提高白色色阶，在不剪切最暗阴影的情况下尽可能提升黑色色阶（尽管如此，我个人并不介意阴影有点剪切），最大程度地扩展色调范围。

SCOTT KELBY

图 4-44

第1步：

原图看起来较为平淡，这时，最好通过设置白色色阶和黑色色阶值来扩展色调范围（位于基本面板中，高光和阴影滑块的下方）。

图 4-45

第2步：

拖动白色色阶滑块，直到直方图面板右上角的高光剪切警告三角形变白为止（位于右侧面板区域的上方），然后将滑块往回拖动一点直到三角形变黑。稍微多一点可能就会损坏（剪切）高光（参见4.10节，了解更多高光剪切的问题）。在黑色色阶滑块上进行相同的操作，但若增加高光（扩展范围），那就向左拖动直到看到阴影剪切警告三角形（位于直方图面板的左上角）变白为止。我认为照片中的某些区域应该是纯黑的，因此如果稍微剪切阴影能让效果更好的话，我会这么做。在本例中我稍微剪切了阴影，效果还不错。

第3步：

在拖动白色色阶或黑色色阶滑块前按Alt（Mac：Option）键，可以查看剪切预览。按住该键并拖动白色色阶滑块时，屏幕会变成黑色（如图4-46所示）。向右拖动时，剪切了某个色彩通道的区域会呈现为该色彩。因此，如果剪切了红色通道，该区域会显现为红色；如果显现为黄色或蓝色，则证明剪切了这些通道。我通常对此不予干涉，但如果它们显现为白色（三个通道都被剪切），证明我拖动得太靠右了，需要稍微向左一些。按住Alt（Mac：Option）键并拖动黑色色阶滑块，效果相反——照片变为纯白色。如果向左拖动黑色色阶滑块，那么无论被剪切的是某个通道还是三个通道，该区域都会变成纯黑色。

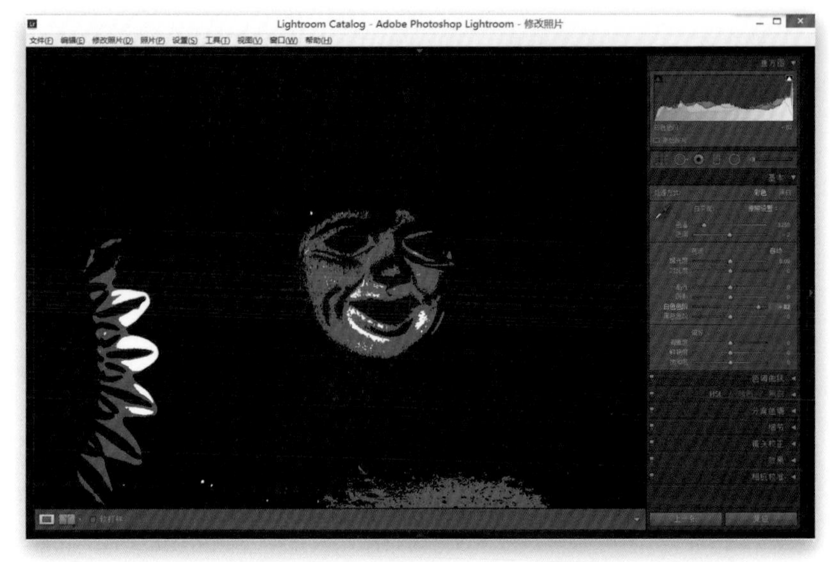

图 4-46

第4步：

现在已经介绍完手动设置完白点和黑点，以及如何通过Alt（Mac：Option）键来防止剪切高光或阴影，而我的实际工作流程是：让Lightroom自动设置。是的，它可以为你自动设置这两项，而且对滑块的远近把握得也很到位（不过有时也会稍微剪切一点阴影，可以接受）。自动设置的方法如下（相当简单）：只需按住Shift键，然后双击白色色阶滑块并设置白点；双击黑色色阶滑块并设置黑点。就是这么简单，我通常会这么操作。顺便说一下，如果按住Shift键双击任一个滑块却没有动时，那么意味着它已经设置完毕。

图 4-47

4.13
调整清晰度使图像更具“冲击力”

Adobe开发清晰度控件时，他们实际上考虑过把该滑块称作“冲击力”滑块，因为它不仅能够增加照片中间调的对比度，使照片更有视觉冲击力，还能将细节和质感很好地补充进来。如果之前经常使用清晰度滑块，会发现它会使拍摄对象的边缘部分出现微小的暗光晕，但是现在，你可以增加清晰度的数值，把丰富的细节补充进来，而不会出现难看的光晕。此外，如今在Lightroom中，仅应用中等数值的清晰度，得到的画面效果也非常好。

图 4-48

第1步：

图4-48中所示的是原始照片，没有应用任何清晰度调整（这张照片非常适合应用中间调的清晰度，但需要增加细节效果）。因此，当照片需要添加许多质感和细节时，我会选择使用清晰度滑块。清晰度滑块通常适合调整木质建筑（从教堂到乡村谷仓）、风景（细节丰富）、都市风光（建筑物需要拍摄得很清晰，玻璃或金属也是），或拥有复杂细节物品（甚至能把老人皱纹纵横的脸部表现得更好）之类的照片。我不会给不想强调细节或质感的照片增加清晰度（比如母子的肖像照，或是女人的近照）。

图 4-49

第2步：

若想给这张照片增加冲击力和中间调对比度，请将清晰度滑块大幅向右拖动到+76，可以明显看到它的效果。观察一些岩石和地面新增的细节。如果拖动的幅度太大，有些拍摄对象的边缘会出现黑色光晕。这时，只需稍微往回拖动滑块，直至光晕消失即可。

注意： 清晰度滑块有一个副作用，它在增强某个区域细节的同时，也会使其变亮。

4.14 使颜色变得更明快

色彩丰富、明快的照片肯定引人注目（这也是专业风景摄影师痴迷于富士Velvia 胶卷和其色彩饱满的商标的原因）。虽然Lightroom的饱和度滑块用于提高照片的色彩饱和度，但问题是：它均匀地提升照片内的各种颜色，使平淡的颜色变饱和的同时，本来就饱和的颜色也变得更加饱和，以致矫枉过正。这就是Lightroom 的鲜艳度控件可以成为你的Velvia的原因。

第1步：

在位于基本面板底部的偏好区域有两个控件影响色彩饱和度。我避免使用饱和度滑块，以免使所有颜色的饱和度增加相同强度（这是一种很粗糙的调整）。事实上，我只会用饱和度滑块来去除色彩，如果向右拖动饱和度滑块，照片颜色确实会变得更丰富，但得到的画面效果滑稽、不够真实。图4-50所示的是调整色彩前的原始照片（我的房子），天空看起来平淡无奇（色彩方面），教堂的屋顶也有褪色感，但至少树木看起来还算正常。

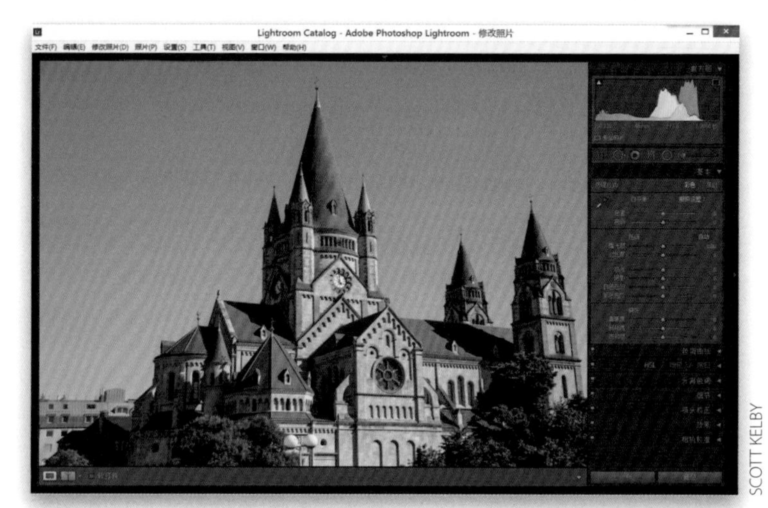

图 4-50

第2步：

当你看到单调的天空，褪色的屋顶，死气沉沉、色彩单调的照片时，就该使用鲜艳度滑块了。它的作用大体是：充分提升照片单调色彩的鲜艳度。如果照片的饱和度正常，它就不会过分提升，让画面不会显得过分鲜艳。而且，如果照片中有人物，它也能通过数学算法避免影响肤色，因此人物的皮肤不会过于鲜艳（当然，该效果没有体现在这张特定的照片中）。不管怎么说，调整鲜艳度都能为你带来比调整饱和度更为逼真的色彩提升效果。虽然此处我拖动的幅度较大，但在我的工作流中通常会将鲜艳度数值控制在10~25，只有在特殊情况下才会超出这个范围。

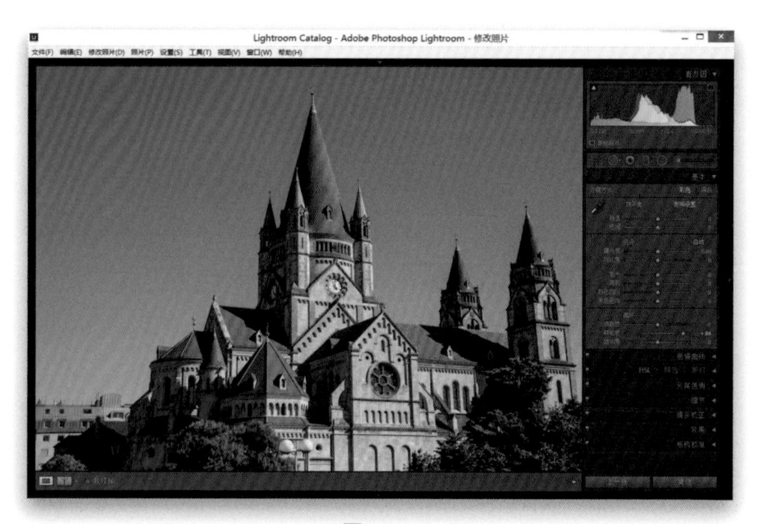

图 4-51

4.15 增强对比度（以及如何使用色调曲线）——这很重要！

如果必须要指出大部分照片中存在的最大问题，那我不想提白平衡或是曝光问题，而是照片看起来太平淡了（大多数都缺乏对比度）。它是最大的问题，但也是最容易被修复的（也可能比较复杂，取决于你的具体要求）。在本节中我会为你介绍这两种简单和复杂的调修方法。

图 4-52

第1步：

这是一张平淡无奇的照片，在实际调整它的对比度前（让明亮的区域更亮，阴暗的区域更暗），让我们先了解一下对比度的重要性：（a）颜色更鲜艳；（b）扩展色调范围；（c）让照片更加清晰、锐利。这个滑块集许多功能于一身，可见其强大（我认为它可能是Lightroom中最被低估的滑块）。如果你的Lightroom是早期版本，那么对比度滑块的效果可能没这么好，只能使用色调曲线来创造对比度效果。但Adobe 在Lightroom 4中便已修复这个功能，现在它已相当优秀。

图 4-53

第2步：

向右拖动对比度滑块，可以看到上述的所有效果都在照片中显现了出来：颜色更鲜艳，色调范围更广，整个画面更加清晰、充满生机。这真是巨大的改善，尤其是用RAW模式拍照时会关闭相机的对比度设置（JPEG模式的照片能使用该功能），导致导出相机后的RAW格式照片的对比度更低，这时只需调整一个滑块，就能把失去的对比度添加回来。顺便说一下，我绝不会把滑块向左拖动减小照片的对比度，只会向右拖动来增加。

第3步：

现在，可以使用色调曲线面板中增加对比度的更高级的方法（在Adobe修复对比度滑块前我们使用的是这种方法。但在介绍前，我想告诉你我本人已经不用这种方法了，使用对比度滑块得到的效果已经满足了我的照片编辑需求，不过我还是在这里介绍一下，以便需要的人学习）。从基本面板向下滚动，就会看到色调曲线面板（如图4-54所示）。从该面板底部的点曲线中可以设置线性（如图中红色圆圈所示），这意味着曲线是平滑的，未曾应用过对比度调整（当然，除非你已经使用过对比度滑块，但本例我没应用，基本面板中的对比度数值设置为零）。

图 4-54

第4步：

应用对比度最快捷、最简单的方法是从点曲线下拉菜单中选择一种预设。例如，请选择强对比度，之后观察照片所产生的变化，发现照片的阴影区域变得更强，高光更亮，我们要做的只是从下拉菜单中选择预设而已。现在，可以看到曲线有轻微的弯曲，就像一个小S形，而且曲线中添加了调节点。线段的上三分之一点向上凸起表明增加了高光，下端稍微下沉表明增加了阴影。

注意：如果在曲线图下面能看到滑块，那么它所在的面板区域不太对，则在曲线上看不到调节点。单击点曲线下拉列表右侧的点曲线按钮来隐藏滑块，就可以看到点。

图 4-55

图 4-56

第5步：

如果认为对比度不够强，则可以将点曲线设置为自定，自己编辑该曲线，但了解以下规则对你会有所帮助：S形曲线越陡，对比度越强。而要使曲线变陡（即使照片对比度更强），需要向上移动曲线的顶部（高光），向下移动曲线的底部（暗调和阴影）。若想把曲线上移至最高点，只要把光标移动到最高点，就会看到曲线上出现双向箭头的光标。单击并向上拖动此标志（如图4-56所示），图像高光部分的对比度增强。对底部进行相同的操作可以增加阴影的对比度。顺便提一下，如果最初选择的是线性曲线，就需要自己添加几个点：在从下往上大概3/4的位置增加几个高光点，并且将其向上拖动。在从下往上大概1/4的位置增加一个阴影调整点，并将其向下拖动，最终使她成为陡峭的S形曲线（如图4-56所示）。

图 4-57

第6步：

还有另一种方法可以使用色调曲线调整对比度，但是在介绍这个方法之前，请单击点曲线按钮（如图4-57中圆圈所示），来重新恢复曲线滑块。每一个滑块都代表曲线的一部分，向右拖动增加色调区域的陡峭度，向左拖动使色调曲线更平滑。高光滑块用于移动曲线的右上部分，影响照片中的最亮区域。亮色调滑块影响次明亮区域（1/4色调）。暗色调滑块控制中间阴影区域（3/4色调）。阴影滑块控制照片中的最暗区域。移动滑块查看曲线的变化。

注意：如果之前你创建了对比度的S形曲线，那么移动这些滑块能为曲线的上端增加更多对比度。

第7步：

除了使用滑块外，你还可以使用目标调整工具（Targeted Adjustment tool，TAT）。TAT 是一个圆形的靶状小图标，位于色调曲线面板的左上角（如图4-58中红色圆圈所示）。它允许你直接在图像上单击拖动（向上或向下），来调整你单击部分的曲线。十字准线部分是工具实际所处的位置（如图4-59所示），带三角形的靶部分提醒你朝哪个方向拖动该工具，即朝上或朝下（可以从三角形看出来）。

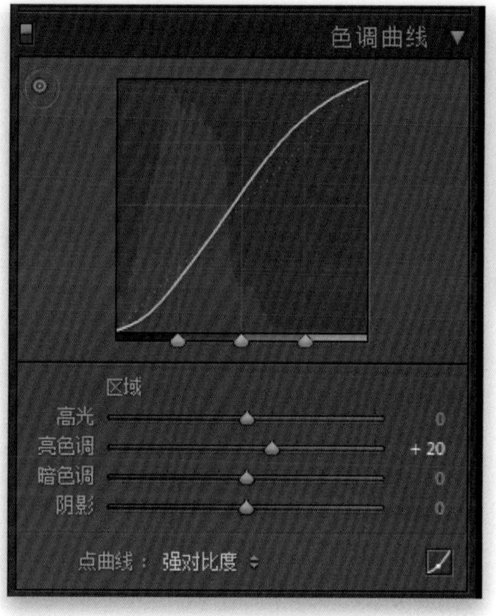

图 4-58

图 4-59

第8步：

你还可以使用图形底部的三个范围滑块来控制曲线，它们可以帮你选择色调曲线将要调整的黑色、白色和中间调范围从哪里开始（通过移动它们的位置确定哪里是阴影，哪里是中间调，哪里是高光）。例如，左侧的范围滑块（如图4-60中红色圆圈所示）表示阴影区域，显示在该滑块左侧的区域将受阴影滑块的影响。如果想扩展阴影滑块的控制范围，请单击并向右拖动左侧的范围滑块（如图4-60所示）。现在，阴影滑块调整对照片的影响范围更大了。中间的范围滑块覆盖中间调，单击并向右拖动中间调范围滑块减小中间调和高光区域之间的间距，这样亮色调滑块现在控制的范围更少，暗色调滑块控制的范围更大。要把这些滑块复位到它们的默认位置，在需要复位的滑块上直接双击即可。

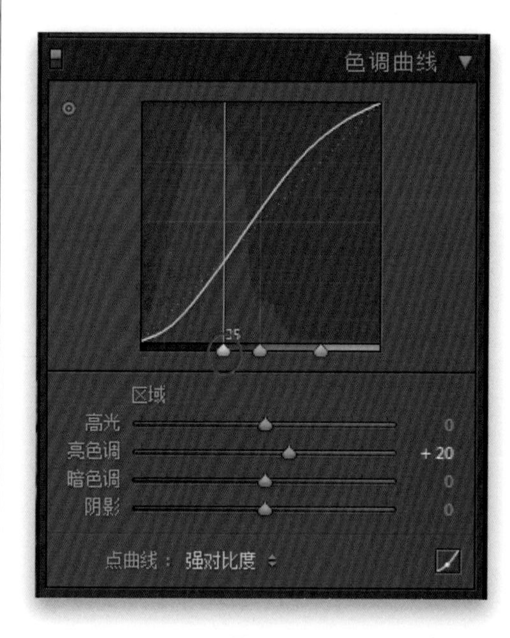

图 4-60

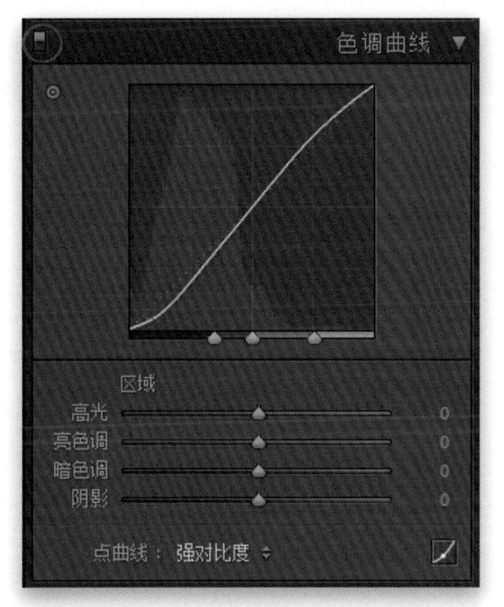

图 4-61

第9步：

需要知道的第二点是怎样复位色调曲线，从初始状态开始编辑。在区域文字上双击，下面的4个滑块会全部复位到零。最后，使用该面板标题左侧上的小开关切换色调曲线调整的开/关状态（如图4-61中红色圆圈所示），可以查看色调曲线面板添加的对比度的修改前/后视图。只要单击它切换开或关的状态即可。

提示：添加超强对比

如果你已经在基本面板里应用了对比度控件，现在使用色调曲线，实际上就是在先前对比度的基础上再次添加对比，所以你现在获得了超强对比。

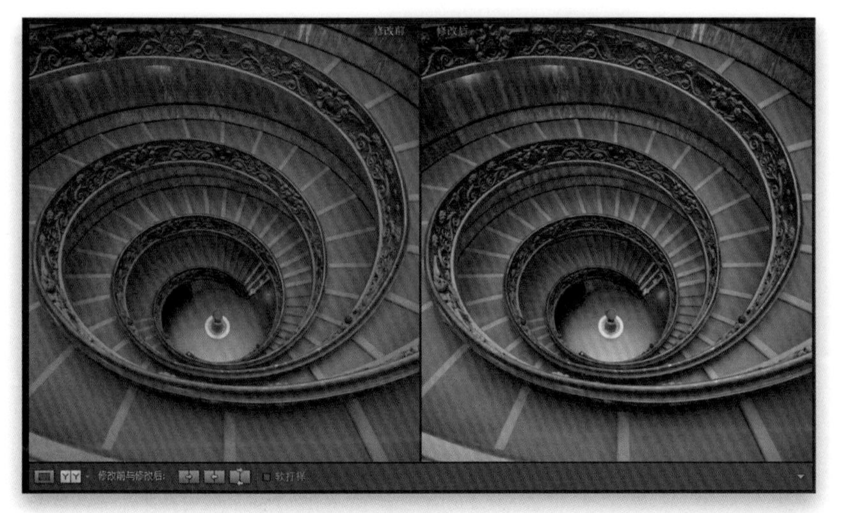

图 4-62

第10步：

作为本节的结尾，图4-62中所示效果为只做色调曲线调整的修改前/后视图，可以看到调整对比度后的图像更富表现力。

4.16 把对一幅照片所做的修改应用到其他照片

这可以加快我们的工作进程，因为一旦编辑过一幅照片，就可以把这些完全相同的编辑应用到其他照片。例如，在本章开始时，我们校正了一张照片的白平衡。但如果在一次拍摄中总共拍摄了260幅照片，该怎样处理呢？现在我们可以对其中的一幅照片进行调整（编辑），之后把这些相同的调整应用到其他照片。一旦选择哪些照片需要这些调整，其余工作在相当程度上都是自动完成的。

第1步：

我们先来修正这张写真照片的曝光度和白平衡。在图库模块中，单击这张照片，然后按字母键D，转到修改照片模块。在基本面板中，拖动曝光度滑块和阴影滑块，直到照片看上去没问题为止（可以在堆叠中看到我所做的调整。还可以按下字母键Y查看修改前/修改后效果分屏视图，如图4-63所示）。这是第一步——校正曝光度、白平衡和其他设置，然后按字母键D转入转回放大视图。

第2步：

现在单击左侧面板区域底部的复制按钮，然后弹出复制设置对话框（如图4-64所示），从中可以选择要从刚才编辑过的照片中复制哪些设置。默认时，它会复制许多项设置（许多项复选框都被勾选），但因为我们只想复制几项调整，所以请单击位于该对话框底部的全部不选按钮，然后只勾选白平衡和基础色调复选框（该区域内的所有复选框也将被勾选），并单击复制按钮。

注意：如果复制涉及使用过旧处理版本的图片时，也请确保勾选处理版本复选框。

图4-63

复制设置

☑白平衡
☑基础色调
☑曝光度
☑对比度
☑高光
☑阴影
☑白色色阶剪切
☑黑色色阶剪切
☐色调曲线
☐清晰度
☐锐化
☐处理方式（彩色）
☐颜色
☐饱和度
☐鲜艳度
☐颜色调整
☐分离色调
☐局部调整
☐画笔
☐渐变滤镜
☐径向滤镜
☐减少杂色
☐明亮度
☐颜色
☐镜头校正
☐镜头配置文件校正
☐色差
☐Upright 模式
☐Upright 变换
☐变换
☐镜头暗角
☐效果
☐裁剪后暗角
☐颗粒
☑处理版本
☐校准
☐污点去除
☐裁剪
☐角度校正
☐长宽比

全选　全部不选　复制　取消

图4-64

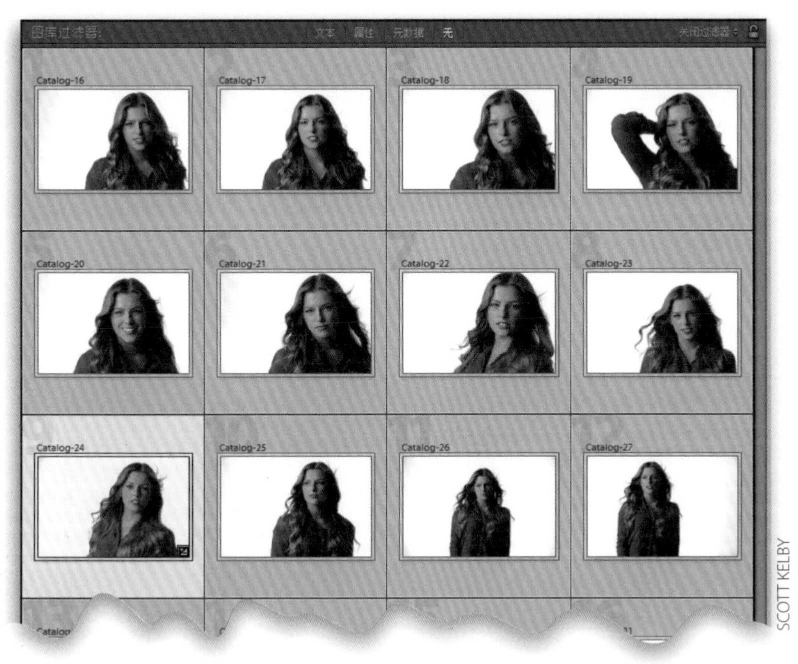

图 4-65

第3步：

现在按字母键G回到网格视图，选择想要应用修改的所有照片。如果想一次性对拍摄的所有照片应用校正，只需按Ctrl-A（Mac：Command-A）键全选所有照片（如图4-65所示）。如果原来的照片被再次选择也没关系。如果观察网格视图最下面一行，可以发现最后一张照片是被校正的那张。

图 4-66

第4步：

现在移动到照片菜单，从修改照片设置子菜单中选择粘贴设置，或者使用Ctrl-Shift-V（Mac：Command-Shift-V）键，前面复制的白平衡设置现在就会立即应用到所有被选择的照片上（如图4-66所示，所有被选择的照片的白平衡和曝光等已经得到校正）。

提示：只校正一两幅照片

如果在修改照片模块内只需要校正一两幅照片。我先校正第一幅照片，之后在胶片显示窗格内，移动到需要具有相同编辑的另一幅照片，并单击右侧面板区域底部的上一个按钮，对以前所选照片进行的所有修改现在全部应用到这幅照片。

4.17 自动同步功能：一次性编辑一批照片

前面介绍了怎样编辑一幅照片，复制这些编辑，之后把这些编辑粘贴到其他照片，但有一种称为自动同步的“实时批编辑”功能，你可能会更喜欢它。其功能为：选择一组类似的照片，之后对一幅照片所做的任何编辑将自动实时应用到其他被选择的照片（不必复制和粘贴）。每次移动滑块，或者进行调整，所有其他照片都随之自动更新。

第1步：

在修改照片模块内，转向胶片显示窗格，单击第一幅你想要编辑的照片，然后按Ctrl（Mac：Command）键并单击需要具有与第一幅照片完全相同调整的所有其他照片（如图4-67所示，我选中一批需要添加阴影和清晰度的照片）。单击的第一幅照片将显现在屏幕中，在胶片显示窗格中，该选图比其他选中的照片更亮。现在，看向右侧面板区域底部的两个按钮。左侧为上一张按钮，但是当你选中多张照片时，按钮现在变为同步（如图中红色圆圈所示）。

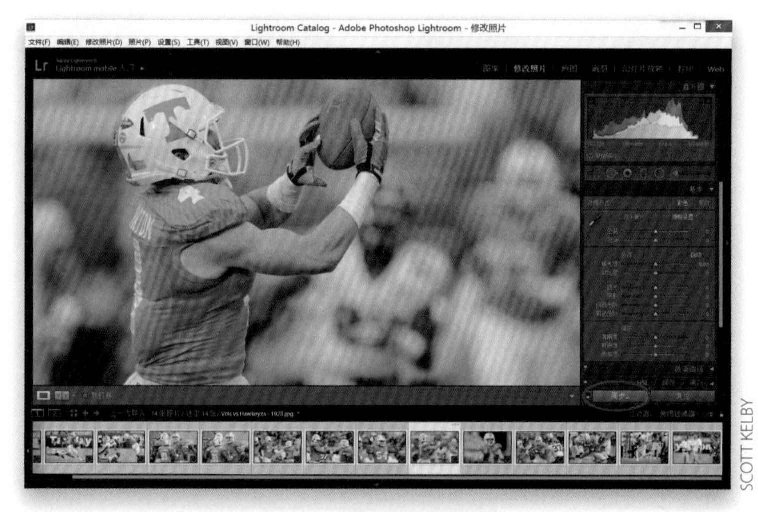

图 4-67

第2步：

若想开启自动同步功能，请单击同步按钮左侧的小开关。当它开启后，你对第一幅照片所做的所有调整都会同时自动应用到其他已选照片当中。例如，我把阴影增加到+22，在细节面板中，把锐化调整在35（如图4-68所示）。做这些修改时，请注意观察胶片显示窗格内被选择的照片，它们都得到完全相同的调整，但没有执行任何复制和粘贴，或者处理对话框等之类的操作。顺便提一下，自动同步在关闭该按钮左侧的小开关之前，一直保持打开状态。如果是临时使用这一功能，请按住Ctrl（Mac：Command）键，同步按钮变为自动同步。

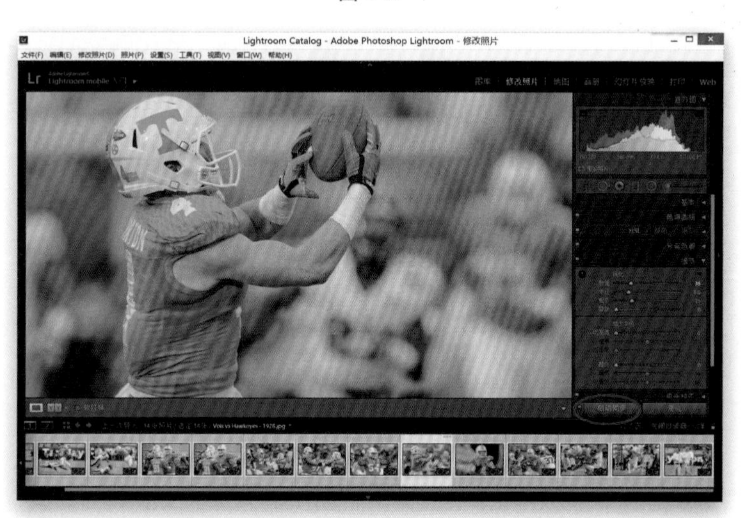

图 4-68

注意：只有选择了多幅照片后才会看到同步或自动同步按钮。

4.18 使用图库模块的快速修改照片面板

图库模块内有一个修改照片模块的基本面板版本，它就是快速修改照片面板，之所以在这里放置该面板，是为了让你能够在图库模块内快速完成一些简单的编辑，而不必跳转到修改照片模块。但快速修改照片面板在使用上还存在一些问题，因为其中没有任何滑块，只有一些按钮，这使它难以设置到合适的量，不过对于快速编辑而言，这已经足够了。

图 4-69

图 4-70

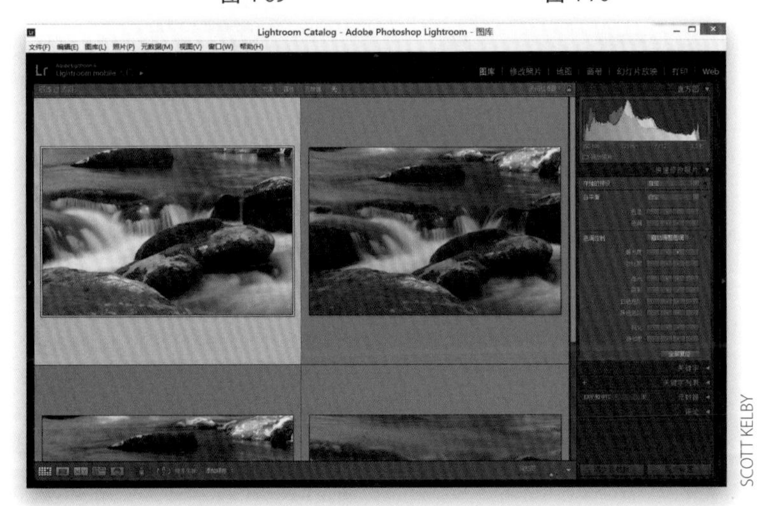

图 4-71

第 1 步：

快速修改照片面板（如图 4-69 所示）位于图库模块内右侧面板区域顶部的直方图面板下方。虽然它没有白平衡选择工具，但除此之外，它具有的控件与修改照片模块的基本面板基本相同（包括高光、阴影、清晰度等控件，如果没能看到所有控件，请单击自动调整色调按钮右侧的倒三角形）。此外，如果按住 Alt（Mac：Option）键并保持，清晰度和鲜艳度控件会变为锐化和饱和度控件（如右图 4-70 所示）。如果单击单个箭头按钮，它把该控件稍移动一点。如果单击双箭头按钮，则移动多一点。例如，如果单击曝光度右侧的单个箭头，将增加 1/3 挡曝光，单击双箭头则将增加 1 挡曝光。

第 2 步：

在两种情况下：

当我需要快速查看一幅照片是否值得编辑，而且不在修改照片模块下真正编辑时，我会使用快速修改照片面板。例如，这些溪流照片存在白平衡（照片太绿）和其他问题，若想快速查看编辑后的效果，只需单击第一幅照片（或其他的任意照片），然后单击色温控件的左侧单个箭头，将色温调至 -5，然后双击色调控件的右侧双箭头，把色调增至 +40（每单击一次右侧的双箭头，数值移动为 +20）。

第3步：

我使用快速修改照片面板的另一种情况是在比较或筛选视图中时（如图4-72所示），因为可以在多幅照片视图内应用这些编辑（一定要首先单击想要编辑的照片，并确保快速修改照片面板底部的自动同步已关闭）。例如，我在此处选取了4幅照片，然后按下字母键N进入筛选视图。单击左上角的照片进行编辑，其他不变，以便对其进行比较。单击曝光度的右侧单个箭头，为照片增加1/3挡曝光，单击对比度的右侧双箭头，增加+20。接着双击阴影的右侧双箭头，单击清晰度的右侧双箭头，然后把它与其他照片进行比较。

图 4-72

提示：在快速修改照片面板中进行更精确地调整

现在，可以通过单击右侧的单个箭头来小幅调整。如果按住Shift键并单击右侧的单个箭头，将增加/降低1/6挡，而不是1/3挡（因此不是移动了+33，按住Shift键并单击单箭头将只移动+17）。

第4步：

在快速修改照片面板中还可以进行以下操作：从面板上方存储的预设弹出菜单中，可以把已存储的修改照片模块预设应用到照片中，如果展开右侧的黑色喇叭状三角形，将会出现更多功能，例如裁剪比例和转换为黑白照片。这里有一个自动调整色调按钮（见4.9节），如果调整得一团糟的话，可以按全部复位按钮。你还可以使用右侧面板底部的同步设置按钮，把单个调整同步到已选照片中。在弹出的如图4-73所示的同步设置对话框中，你可以选择把哪些设置应用到其余的照片中。只要勾选你想应用的那些设置旁边的复选框，然后单击同步按钮即可。

图 4-73

4.19 “上一张”按钮（和它的威力）

假如你花些时间编辑了一张照片，获得的效果你很满意。在不使用复制粘贴的情况下，你可以把相同的设置应用到任一张照片照片中。可以是胶片显示窗格中的下一张照片，也能是下方的20幅缩览图之一。一旦你使用几次这个功能后就会爱上它，它能大幅加快你的工作流程。事实上只需单击照片，选择上一张按钮，那么上一张选中照片的所有设置都会应用在你当前的照片中。

图 4-74

第1步：

我们的原图需要进行一些调整，只需稍微调整曝光，增加清晰度，裁剪照片使其更紧凑。这些都是很基础的操作。

图 4-75

第2步：

在修改照片模块中，使用裁剪叠加工具（快捷键R）来裁剪照片，使照片更加集中到拍摄对象上面，然后稍微调整曝光度滑块，将其向右拖动至+0.30，再把清晰度滑块增加至+18（还原模特皮肤的更多细节），最后，把饱和度滑块向左拖动至–23来降低肌肤的饱和度。没什么复杂操作，这些都是最基础的微调，但是我也想将这张照片的效果应用到其他照片。

第3步：

现在前往胶片显示窗格，单击下一张你希望应用相同修改的照片。如果它正好位于你修改完成的照片的右侧，只需按键盘的右箭头键转到下一张照片。如果不是，需要单击胶片显示窗格的其他照片，像我一样：第一张是修改后照片，并且单击第4张需要相同修改的照片。

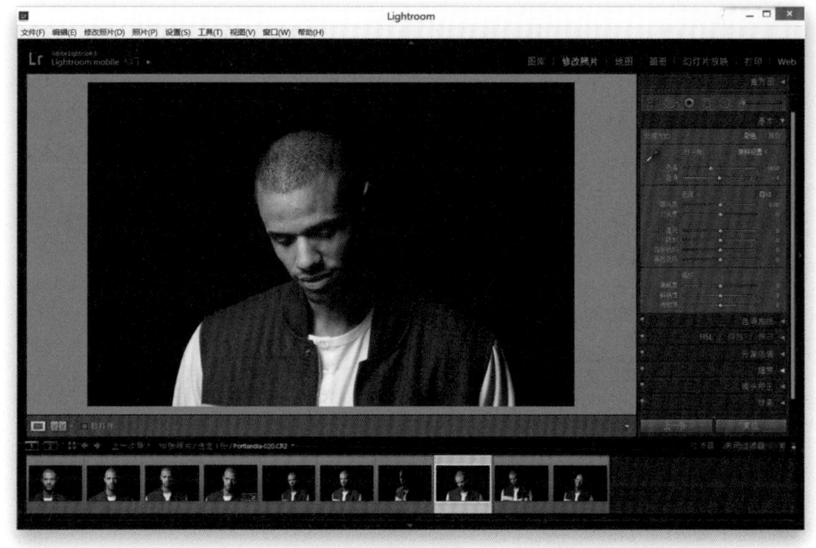

图 4-76

第4步：

接下来只需按下上一张按钮（位于右侧面板区域的下方），照片就会应用上一张照片中所有的修改设置。现在，你可以对胶片显示窗格中其他任意单张照片执行相同的操作。

注意：记住，要修改的照片应用的是你最终单击的照片设置。如果单击了某张照片，并且没按上一张按钮，那么它就成为了你的“上一张照片”，因为它是你最后单击的。所以若想使用上一张按钮，需要单击你已经修改完的照片，这样上一张按钮才能将你的编辑操作复制到下一张照片。

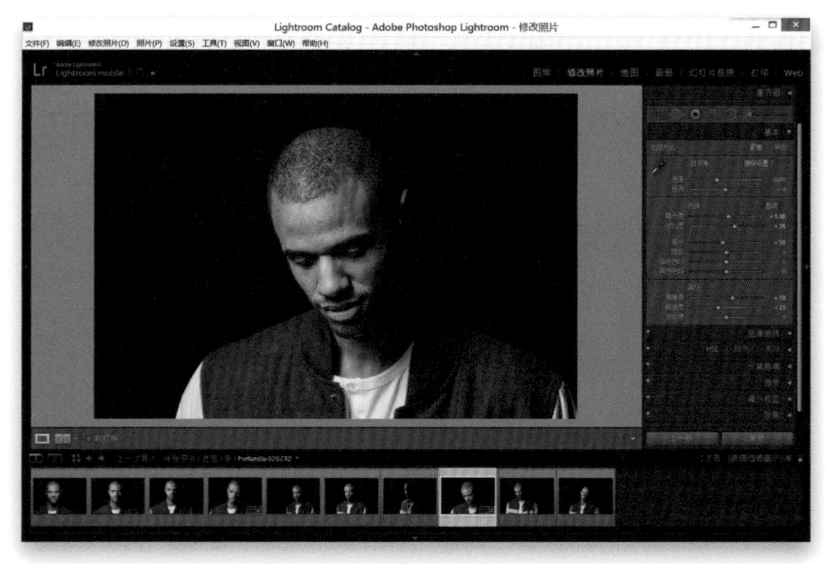

图 4-77

4.20 对照片进行全面调整

我们大体上已经介绍完了如何在Lightroom中编辑照片，但在进行下一章的调整前，我认为最好再温习一遍基本面板中所有滑块的使用，这样能帮助你更清楚地认识到各项调整的效果。

SCOTT KELBY

图 4-78

第1步：

本例使用的这张照片在4.6节中出现过。现在再次使用它，不过要对其进行更多修复，而不仅仅是提亮整体的亮度。接下来我将介绍一些对你编辑照片有所帮助的操作，每步操作时都问自己，“我想对这张照片做什么样与众不同的调整呢”？一旦清楚了答案，Lightroom的所有功能都将为你所用，所以这部分很简单。困难的是要冷静下来分析照片，在每步过后再次询问自己这个问题。此处我想进行的操作是，希望照片不太暗，因此从此处开始。

图 4-79

第2步：

首先，向右拖动曝光度滑块，直到照片看起来整体变亮。我没有向之前章节中所做的把它拖动得很远（此处设置为+1.7），因为现在对于特定的区域我将使用不同的滑块进行调整。其次，照片看起来过于平淡，因此可以通过稍微向右拖动对比度滑块来增加对比度（此处设置为+24）。然后使用4.10节中提到的高光技巧，把高光滑块向右拖动至–100来改善多云的天空。现在，天空看起来不太明亮，云朵也拥有了更多细节。

第3步：

现在回到第2步所示的照片，河边的桥、树木和建筑物中的细节丰富，但是却缺乏阴影。因此我需要稍微向右拖动阴影滑块来还原这些区域的细节（此处设置为+76）。我知道，当我起初查看照片时肯定想量化这些阴影（我经常使用阴影滑块），这也是我没大幅拖动曝光度滑块的原因。使用白色色阶和黑色色阶滑块设置白点和黑点，可以直接按住Shift键并双击白色色阶或黑色色阶滑块，让Lightroom自动设置它们。到目前为止调整的效果都不错，但最后的一些润色工作能提亮照片的色彩，增强照片的整体细节和纹理。

图 4-80

第4步：

通过稍微增加清晰度（本例这样的城市风光适合使用清晰度滑块，如图4-81所示，我将清晰度数值设为+13，事实上即使设置为+30或者更高，效果依旧是不错的。拥有大量精细细节的照片适合使用清晰度和锐化滑块，不过本例中我们不用进行锐化）来细化建筑物、树木和河流的细节。最后，照片的颜色较柔和，我虽然不想多云的天空下出现很鲜亮的色彩，但也想找片更鲜艳。因此，我把鲜艳度滑块拖动至+22。整个流程只需花费几分钟。思考部分的时间远多于调整滑块的时间。在下一章，我还要对照片进行一些其他的润色，在这里先留个悬念！

图 4-81

Lightroom 快速提示

▼ 在细节面板内选择缩放比例

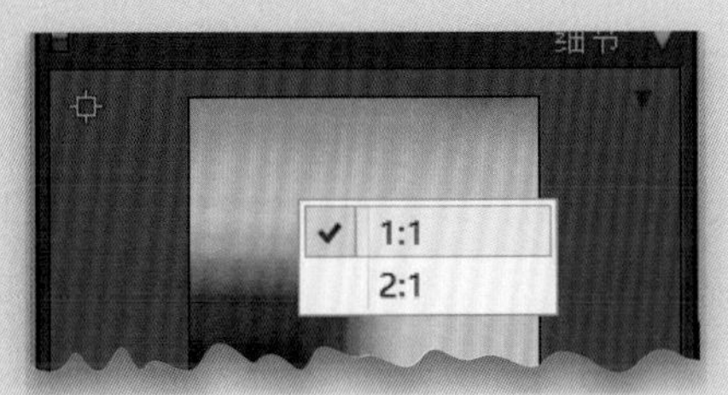

如果用鼠标右键单击在细节面板中的小预览窗口，从弹出菜单中可以选择视图的两种缩放比例——1:1 或 2:1，然后在预览区域内单击任意一处即可将图像放大到该比例。

▼ 隐藏修剪警告三角形

如果不使用直方图顶角的两个修剪警

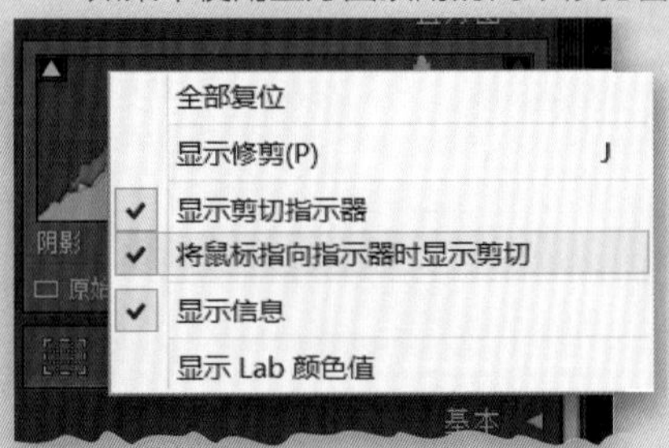

告三角形或者想在不使用这两个三角形的时候关闭它们，只需用鼠标右键单击直方图上的任意地方，从弹出菜单中选择显示剪切指示器，它们就会消失。如果想再显示它们，则跟关闭显示时的操作一样，只需再次选择显示剪切指示器。

▼ 区分真假图像

若只想浏览虚拟副本，请转到图库模块内的过滤器栏（如果它没有显示出来，

请按\（反斜杠）键，之后单击属性。属性选项列出后，单击该栏最右端的卷页图标，只显示出虚拟副本。要查看原来真正的“主体”照片，请单击其左边的胶片图标；要再次看到所有图像（包括虚拟副本和原来的主体图像），请单击“无”按钮。

▼ 快速使曲线变得更平缓

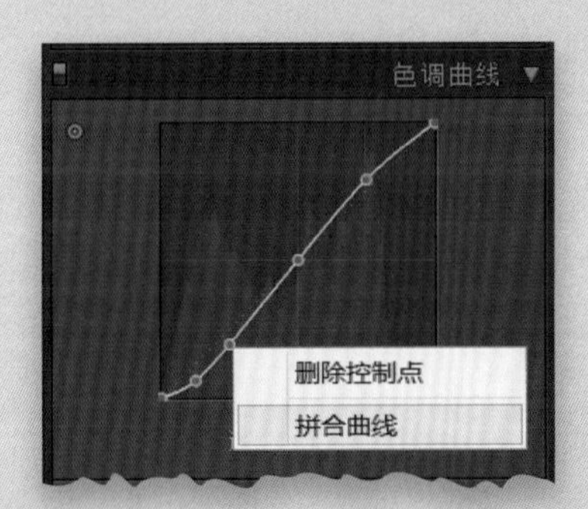

在修改照片模块中已经创建了色调曲线调整后，如果想快速将曲线复位至平缓（线性）状态，只需用鼠标右键单击曲线网格内的任意位置，在弹出菜单中选择拼合曲线。

▼ 目标调整工具（TAT）使用提示

在使用HSL/颜色/黑白面板的TAT调整黑白图像时，如果在图像内单击并拖动TAT时，会看到它的移动会控制其下方色彩滑块数值的变化。而另一种更简单的调整方法是：把TAT移动到想要调整的区域上，不是用鼠标上、下拖动TAT，而是使用键盘上的上、下方向键，它就能控制滑块的移动。如果在使用上、下方向键时按住Shift键，滑块会以更大的增量移动。

▼ 复制最后复制的内容

单击位于修改照片模块左侧面板区域底部的复制按钮时，将打开复制设置对话框，然而，如果知道想要复制与以前完全相同的编辑，则可以按住Alt（Mac：Option）键（“复制……”将变为“复制”），然后单击复制按钮，完全跳过复制设置对话框。

▼ 让Lightroom运行得更快

Lightroom当前版本最重要的新功能之一是提升了修改照片模块的处理速度，这全靠Adobe将一些运行压力转移到了你计算机的图形处理器（Graphics Processing Unit，GPU）上。这种提速

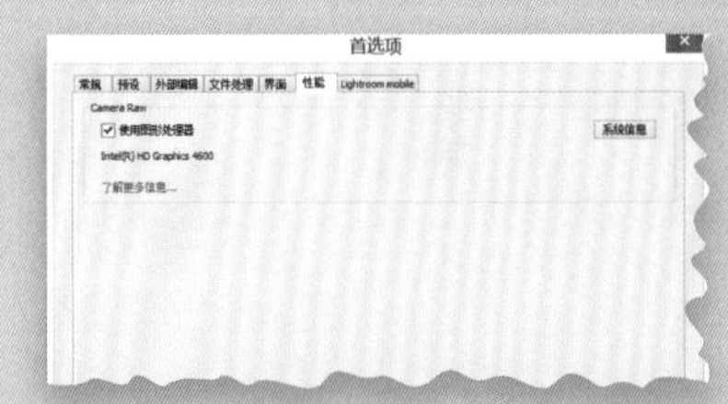

是默认打开的，但是为了确保它工作正常，请按Ctrl-,（Mac：Command -,）键，打开首选项后单击性能选项卡，然后勾选使用图形处理器复选框。如果你的计算机支持该功能，显卡的名称将会出现在这个复选框的右下方。如果你看到的是出错信息，那么表示你的计算机的GPU无法进行提速。

摄影师：Scott Kelby ┊ 曝光时间：1/100s ┊ 焦距：24mm ┊ 光圈：$f/20$

CHAPTER 5

第5章

局部调整

5.1 减淡、加深和调整照片的各个区域

到目前为止，我们在修改照片模块内所作的调整都是针对整幅图像的（Adobe 称之为“全局调整”）。而如果想要调整某个特定区域（“局部调整”）该怎么办？可以使用调整画笔，它可以让我们仅在希望调整的区域上进行修改，因此可以执行诸如减淡和加深（使照片的不同区域变亮或变暗）之类的处理，但Adobe 所添加的功能远不止这些。

第1步：

图5-1 中所示的原始照片是位于意大利梵蒂冈圣彼得大教堂中令人叹为观止的穹顶之一。但仔细观察，照片需要多处调整。进入圆顶的明亮阳光误导了相机的测光系统（显然，拍照的人也没注意），照片大部分区域严重曝光不足，有些地方过于明亮，有些地方却又过暗亟待调亮。这时就需要用调整画笔来进行局部减淡（让特定区域更亮）和加深（让特定区域更暗）处理。先从此项调整开始，让照片的曝光变得准确。进入修改照片模块的基本面板进行大面积调整。

图 5-1

第2步：

由于照片曝光不足，那么请先向右拖动曝光度滑块来改善整体曝光。由于来自圆顶和窗户的光线非常明亮，因此请向左拖动高光滑块来稍微降低该区域的亮度。最后我想看到阴影部分的更多细节，因此也稍微增加了阴影数值（如图5-2所示）。现在照片看起来好多了，但圆顶附近的区域及其两侧的柱子依旧比较暗，而左侧金色天花板区域和顶部中心的天花板及其周围的柱子又过于明亮了。有些区域需要加亮，而有些则需要减淡，这是常有的事。

图 5-2

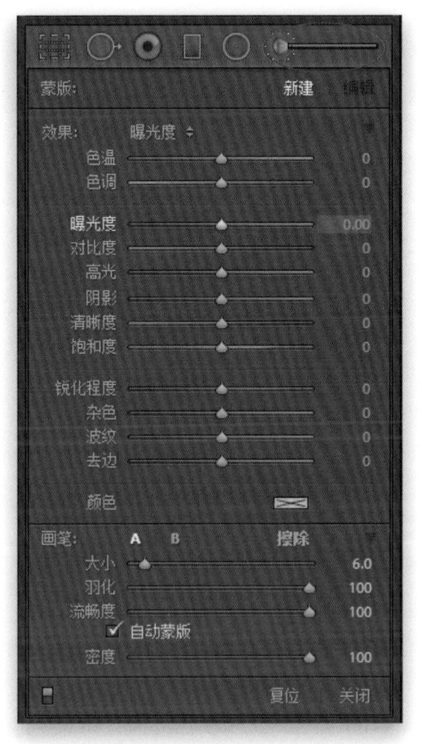

图 5-3

第3步：

调整画笔工具位于基本面板上方的工具栏之中（它最靠右，如图5-3中红色圆圈所示），或者按下键盘上的字母键K即可。选择调整画笔后，会弹出选项面板（如图5-3所示），面板内的所有控件与基本面板大致相同。虽然其中没有鲜艳度控件，但至少我们拥有其他一些很棒的功能，如减少杂色和去除波纹，因此这相当于是没有鲜艳度控件的补偿。在调整画笔的下拉面板中，可以通过拖动一个或多个滑块根据需要来描绘照片。

提示：改变画笔大小

要改变画笔大小，可以按左括号键使画笔变小，按右括号键使画笔变大。

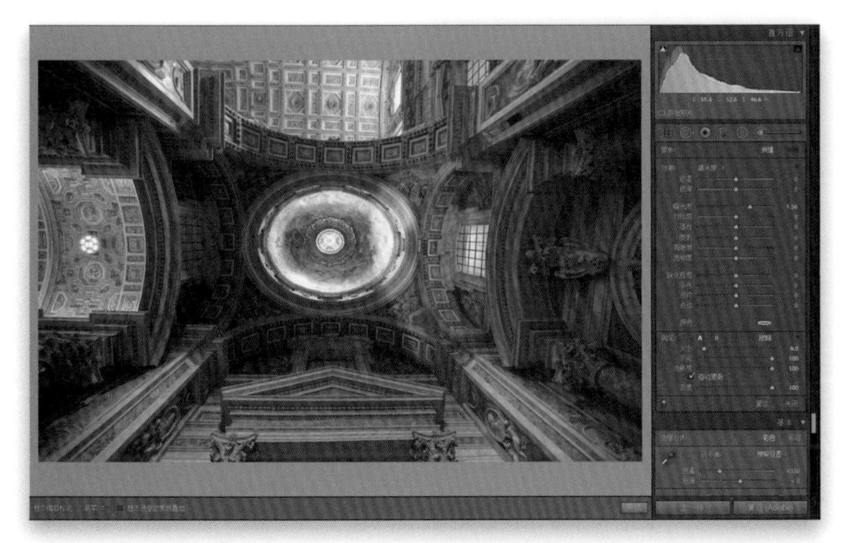

图 5-4

第4步：

由于只有描绘照片后才能知道各个滑块的效果，那么我们究竟要把它们拖动多少呢？首先我们要估计一下某种特定效果需要调整的数值，然后在希望调整的区域上描绘。然后返回滑块处，调整刚才涂绘区域的数值，直到满意为止。所以这样操作的一个优点是，当描绘完成后再决定最终的调整数值，所以你可以丝毫不差地进行调整。例如，此处（1）选择调整画笔工具；（2）向右大幅拖动曝光度滑块；（3）涂绘圆顶的右侧阴暗处来加亮它；（4）返回曝光度滑块，稍微降低数值，直到效果令人满意。

第5步：

停止描绘后会发现照片中你最初描绘的位置上出现了一个小黑点（如果没看到，请查看照片底部的工具栏，确保显示编辑标记的后面出现自动、总是或选定字样。如果看不到工具栏，请按键盘上的字母T），它被称为编辑标记（如图5-5中红色圆圈所示），代表刚刚对圆顶右侧进行的修改。每当你看到照片中出现了黑点，就证明调整画笔是激活状态，这时再做调整就会添加在之前的描绘之上。因此，继续绘制圆顶周围的其他区域吧（如图5-5所示，现在该区域亮多了）。顺便说一下，在描绘照片时，编辑标记会自动隐藏。

图 5-5

第6步：

加亮圆顶后就要对其他区域进行调整了（例如，你想暗化或减淡照片中心左侧的金色天花板，让它不太明亮），只需向左拖动曝光度滑块来开始描绘，这是因为圆顶处的编辑标记依旧是激活的。移动曝光度滑块后使你所描绘的圆顶区域稍稍变暗。通过单击调整画笔面板顶部的新建按钮可以实现对照片中其他部分进行完全独立的调整。现在，你就可以在不影响调亮圆顶的情况下，降低曝光度值并对左侧的天花板区域进行减淡操作。每当你想用不同的调整设置来描绘时（此时该区域就与上一次调整的区域区分开来），就单击新建按钮吧。

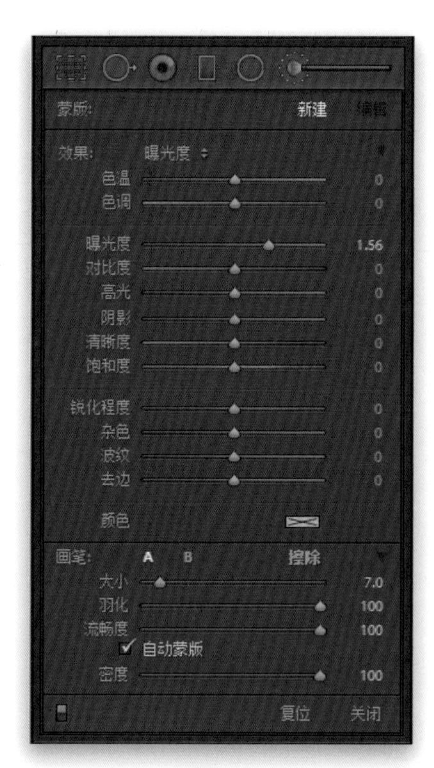

图 5-6

图 5-7

加暗金色天花板的同时也会使顶灯变暗，使其看起来灰暗

只擦除顶灯的调整会还原灯光的原始效果

图 5-8

第7步：

单击新建按钮后，转到曝光度滑块高光滑块降低曝光度值和高光值，然后描绘左侧的金色天花板区域，使其不至于过于明亮。此处需要同时降低高光的原因是天花板的中间区域有明亮的顶灯。完成描绘后移开鼠标（把它拖到右侧面板），此时会看到图像中有两个编辑标记，一个是灰色的圆点，代表圆顶周围的明亮区域；另一个中间有黑点的标记代表的则是你刚刚调暗的区域（左侧的金色天花板）。编辑标记中间有黑点表示它处于激活状态，如果你此时移动右侧面板中的滑块，便会影响到金色天花板区域。

提示：删除编辑标记

若想删除编辑标记，请单击它，然后按Backspace（Mac：Delete）键即可。

第8步：

如果你想返回继续处理圆顶区域，只需单击灰色圆点待编辑标记激活即可。此时右侧面板中的所有滑块会自动变为你上一次设置的数值，因此你可以继续对此区域进行编辑。这并不奇怪，有时同一张照片可能有五六个不同的编辑标记（往往会更多），因为我需要调整很多不同的区域。现在想一下，如果你出了差错，或者描绘的效果不理想怎么办？例如，看看左侧金色天花板中央的灯光，它有点灰暗，看起来很怪（光不是灰色的）。如果想进行只擦除顶灯的调整，可以按Alt（Mac：Option）键转到擦除画笔工具，然后通过描绘顶灯，就能轻松地进行只擦除该区域的调整，让灯光变得正常。

第9步：

在进行擦除操作之前，我有两个快捷的诀窍要传授给你：（1）使用画笔工具时，可以通过调整画笔面板底部的画笔调整部分来完全控制擦除画笔。单击擦除（如图5-9所示），然后调整擦除画笔设置，如大小、羽化（边缘的柔软程度）、流畅度（使用100%不透明度描绘还是根据需要描绘），还可以决定是否开启自动蒙版。（2）可以创建两个常规的自定义画笔设置——画笔A和画笔B。我通常将画笔A设置为柔角画笔，画笔B设置为硬边画笔（把羽化值降低为零），如果在描绘墙面或其他区域时遇到了柔边看起来很古怪的情况，就可以按键盘上的/键切换到画笔B。

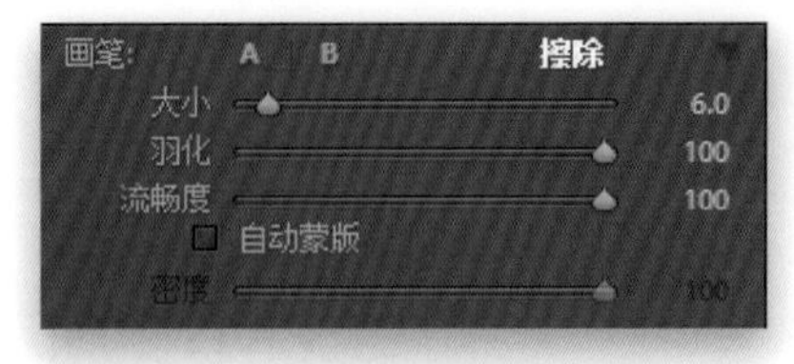

图 5-9

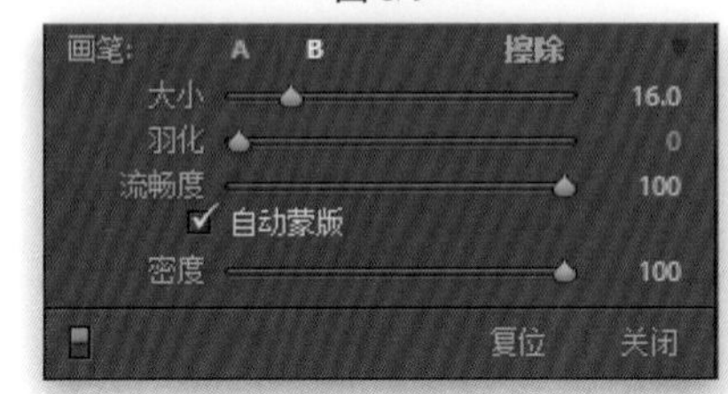

图 5-10

第10步：

现在用一张新照片为例来聊一聊自动蒙版的功能。当勾选自动蒙版复选框后，调整画笔就能感知到物体的边缘，以防你不小心描绘出界。如图5-11所示，我想加暗背景，但是画笔描绘的位置离守卫的胳膊很近，可能会不小心描绘到守卫的袖子上。如图5-12所示，在勾选自动蒙版复选框后，调整画笔感知到了胳膊的边缘，让我在胳膊旁描绘背景，没有溢出去（非常神奇）。其原理是：看到画笔中心的小+号决定了描绘的区域，因此+号涉及的地方都会被描绘。由于+号没有涉及胳膊，因此即便画笔的外圈触及于此，它也不会对其调整（如图5-12所示）。

图 5-11

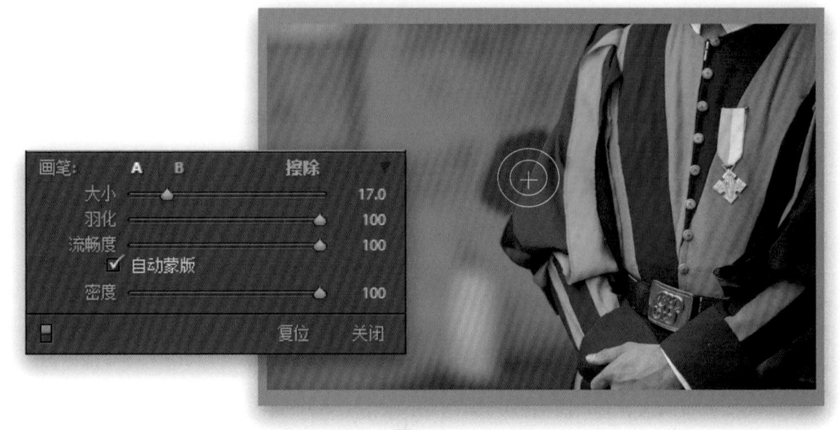

图 5-12

图 5-13

图 5-14

第 11 步：

在返回继续处理教堂的天花板前，想再提醒你一些使用自动蒙版的注意事项。当该复选框被勾选时，画笔的运行会有些缓慢，因为它会在你描绘的同时进行“计算”（决定哪里是边缘）。因此，如果我在对一大片天空、墙面或其他区域进行描绘，无需让画笔进行计算时，我就取消勾选该复选框让运行更快。现在回到教堂天花板的调整，你已经知道了，使用调整画笔工具不仅可以加亮一个区域，让其更清晰，也能调暗一个区域，让色彩更饱和（适用于天空）。那么，现在就对照片的更多区域进行加亮、减淡操作吧（如暗化圆顶的顶部中心，然后加亮照片底部的区域，暗化顶部两侧的两根柱子，降低圆顶部分的高光来还原细节等）。

提示：如何得知自己遗漏了哪个点呢

在图像预览区下方的工具栏内有一个显示选定的蒙版叠加复选框，勾选它后，描绘区域上会显示红色蒙版（可以通过按字母键O在开启和关闭间切换）。这样就可以很容易地确认是否存在任何遗漏。如果确实遗漏了某个区域，只需在该区域上描绘即可。如果描绘超出了想要调整的范围，则请按住Alt（Mac：Option）键，并在该区域上描绘以擦除它（该描绘区域内的红色蒙版将消失）。

第 12 步：

现在给照片添加kiss of light（光之吻）来点亮高光区域吧，我总是对风光照片最后做这样的润色。单击新建按钮，把画笔大小调得足够大，接着把曝光度增至1.00左右，然后单击高光区域，使其产生小光束照射的效果。图5-14所示即为修改前和修改后照片对比。

第13步：

顺便说一下，减淡和加深操作不仅适用于大教堂、旅行和风光照片，我还会把它用于肖像照中，这里有一个典型的例子：当你在户外拍模特时，闪光灯不仅照亮模特，还会照亮地面（如图5-15所示，照片看起来不理想的原因是我们本打算让模特的脸部最亮，然后亮度随着模特的身体向上面逐渐下降直到消失。简而言之，光线不应该打在地面上）。

闪光灯的光线照亮了地面

图 5-15

第14步：

遇到这种情况时，我们可以进行如下修复，进入调整画笔工具，降低曝光度值，对地面进行描绘直到光线消失为止，让照片呈现出更加专业的效果。

提示：移动你的调整

在Lightroom CC中，你可以把编辑标记拖动到一个新位置，即你可以把调整画笔设置复制并粘贴到其他照片中，比如同一次拍摄的类似照片。如果在拍摄时没使用三脚架，则可能会遇到你或你的拍摄主体在前后拍的照片中位置稍有移动的情况。这时，你可以单击并拖动先前使用的编辑标记（当你拖动编辑标记时，会同步移动所有的调整滑块），只需按住Alt（Mac：Option）键，然后直接单击编辑标记，把它拖动即可。

这张图片是降低曝光度值、描绘地面后的效果。描绘模特的靴子附近时勾选自动蒙版复选框，以防其调暗靴子（除非你想要这个效果）。如果不小心调暗了它们，可以单击新建按钮，然后调整曝光度单独对靴子进行描绘

图 5-16

5.2 Lightroom调整画笔其他5点需要了解的内容

关于调整画笔，我们还需要了解一些其他的内容，一旦掌握了这些内容，将有助于我们更得心应手地使用它，使用Photoshop调整照片的概率就会减少，因为在Lightroom中就已经能够完成很多调整。

图 5-17

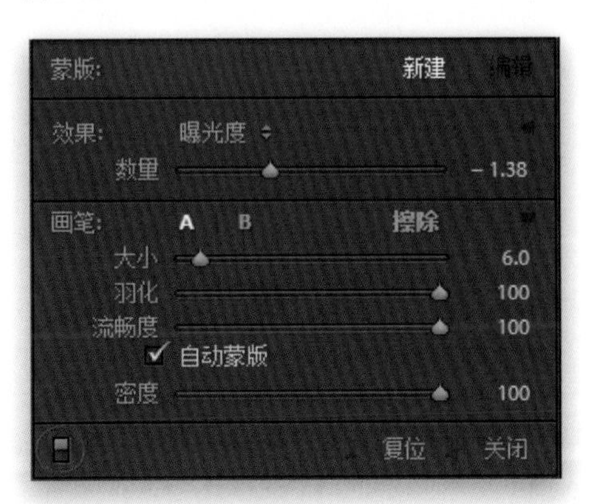

图 5-18

第1点：从预览区域下方工具栏中的显示编辑标记下拉列表中可以选择Lightroom显示编辑标记的方式（如图5-17所示）：自动指将光标移到图像区域外时隐藏编辑标记；总是则指它们始终可见；从不意味着无法看到它们；选定指只能看到当前激活的编辑标记。

第2点：要查看使用调整画笔编辑前的图像效果，请单击该面板底部左边的禁用/启用画笔调整开关（如图5-18中红色圆圈所示）。

第3点：按字母键O，将在屏幕上显示红色蒙版叠加，这样更方便查看和校正遗漏的区域。

第4点：如果单击效果下拉列表右端的倒三角形，将隐藏效果滑块，取而代之的是只显示单个数量滑块（如图5-18所示），它总体控制当前活动编辑标记所做的全部修改。

第5点：自动蒙版复选框下方的密度滑块模拟Photoshop喷枪的工作方式，但说实话，由于在蒙版上的绘图效果很微弱，因此我从未改变过它的默认设置值100。

5.3 选择性校正白平衡、深阴影和杂色问题

当校正出现在照片特定区域上的问题时，调整画笔工具就会派上大用场，因为你可以通过在这些区域绘制来减少问题。就像白平衡问题，举个例子，当你的照片一部分在阳光下，而另一部分在阴影中时，或者在保持照片其他部分不变，只去除阴影部分的噪点（保存模糊区域来降噪）。调整画笔工具很方便使用。

第1步：

让我们从调整白平衡开始本节的内容。看看右边的照片，下午的光线照亮了新娘，但是她的婚纱有一部分处于阴影中。由于拍摄时使用的是自动白平衡，这部分婚纱的颜色显得太蓝了（这是照片局部处于阴影时的典型问题。拍摄运动时常遇到这种情况，赛场的一半笼罩在傍晚的光线下，一半处于日光中），大部分新娘都不会希望自己漂亮的婚纱有些偏蓝。这时把白平衡应用到特定区域的功能就派上用场了，因此按下字母键K转到调整画笔工具。

图 5-19

第2步：

直接双击效果将所有滑块复位归零，然后把色温滑块往右拖动一点儿，描绘新娘手中的婚纱部分，这样，黄色的白平衡就会中和婚纱的蓝色，得到雪白婚纱的效果（如图5-20所示）。一开始你需要估计一下色温值，我起初设置的数值（+31）让衣服显得有点偏黄，降低到+18后效果更好一些，但又有点儿偏红色，因此我把色调滑块向左拖动至-28，直到衣服变为白色为止。像这种用白平衡描绘画面得到的效果很不错，下面就以同样的方式去除杂色。

图 5-20

图 5-21

第3步：

本图是从窗口拍摄的严重逆光的照片。如图5-21所示，左边的修改前照片中，无论是半身塑像还是房间都毫无细节，完全呈剪影状。不过在把阴影滑块和曝光度滑块充分移动至曝光正确的方向后（我还大幅调整了高光滑块，让窗外不至于太亮），可以看到大量的杂色。杂色通常隐藏在阴影当中，有时当你彻底亮化阴影区域（如我们所做的这样），画面中的任何杂色都会表现得相当明显。因此，塑像、窗户和房间等部分都不错，但左边的墙壁却充斥着红、绿、蓝色噪点，亟待解决。

图 5-22

第4步：

那为何不使用Lightroom中常规的降噪控件呢？这是因为它的调整效果会均衡地应用于整张照片中——在去除杂色的同时，相应地柔化整个画面。此处，我通过使用调整画笔工具，只减少左侧墙壁上的杂色，保留其他部分（更明亮的区域杂色不明显）的清晰度和原貌。使用调整画笔工具，就能得到只有左侧墙面变得柔和，其他区域不受影响的画面，然后双击效果二字将所有滑块复位归零。现在，把杂色滑块拖动到接近最右端的位置，即找到既不杂乱又不模糊的最有效点。然后用画笔描绘左侧墙壁去除杂色，此外，别忘了其他滑块依然还在工作，因此降噪功能可以稍微调暗一下墙壁，同样有助于隐藏杂色。这里，我只把锐化程度滑块增加至26。

5.4 修饰肖像

当需要进行细致的修饰时，我通常会使用Adobe Photoshop。但是如果只需要快速修饰，你会惊奇地发现，在Lightroom中，你可以使用调整画笔和污点去除工具，连同全新的修复功能来完成如此多的工作。本节将介绍如何使用这两种工具对人像照片进行快速修饰。

第1步：

首先，我们要对这张照片所做的调整是：（1）去除所有主要污点和皱纹；（2）柔化模特皮肤；（3）加亮模特的眼白；（4）提高眼睛对比度并锐化；（5）为她的头发加一些高光。顺便说一下，我认为原始照片中，她的皮肤颜色太暖了，因此把鲜艳度降低到-21。

图5-23

第2步：

我把视图放大到1:2（在导航器面板顶部右侧选择缩放尺寸），这样可以真正看到处理过程。单击污点去除工具（在右侧面板中直方图下面的工具箱内，也可以直接按字母键Q）。你肯定不希望修饰无关的地方，因此使用该工具前请先调整污点去除画笔的大小，使其只比想要去除的污点稍稍大一点儿。将画笔光标移动到污点上并单击，第二个圆圈就会出现，表示此处作为清洁的皮肤质感的样本。当然，它并不总是100%准确，如果出于某种原因，它选择了一块较差的皮肤区域作为样本，则只需要单击第二个圆圈，将其拖动到清洁的区域，污点去除就会自动更新。现在，请利用这个工具去除所有污点（如图5-24所示）。

图5-24

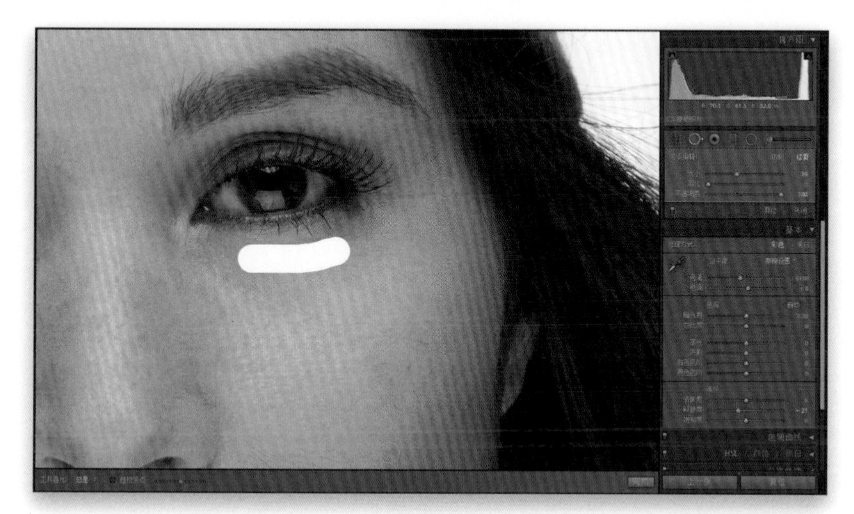

图 5-25

第3步：

现在，让我们去除她眼睛下方的细纹。放大照片（这是1:1 视图），然后选取刚才用过的污点去除工具（确保将其设置为修复），在模特右眼下方的皱纹上画一条线（如图 5-25 所示）。绘图的区域将变成白色，这样就能清楚地看到将要修复的区域。

图 5-26

第4步：

Lightroom 会分析该区域，并在其他地方选取一个清洁的样本，用以修复皱纹。它通常会选取附近的某处，但是在本例中选取的是鼻子下方的一块区域进行了彻底的修复。幸运的是，如果你不喜欢 Lightroom 的取样，则可以将选取的样本拖动到你认为质感和色调更匹配的区域（本例中，我将其移动到皱纹所在原区域的正下方，如图 5-26 中的放大图所示）。并且，不要忘记去除另一只眼睛下面的皱纹（很容易忘记）。

注意：如果拍摄对象上了年纪，去除所有皱纹变得不现实时，我们将采取减少皱纹的方法来代替，所以会降低不透明度以减弱污点去除的力度，补回部分原始皱纹。

第5步：

当污点和皱纹都去除后，让我们进行皮肤柔化。转到调整画笔工具（同样在右侧面板中直方图下方的工具箱内，也可以直接按字母键K），然后从效果下拉列表中选择柔化皮肤。现在在模特脸上绘图，小心避开不希望柔化的区域，如睫毛、眉毛、嘴唇、鼻孔、头发和面部边缘等。此操作通过将清晰度设为-100来实现皮肤柔化。在本例中，我只绘制了右脸，以让你看到皮肤柔化前后的区别。在完成柔化后，还需要调整清晰度数值以显示皮肤的细节（我把它提高至-55）。

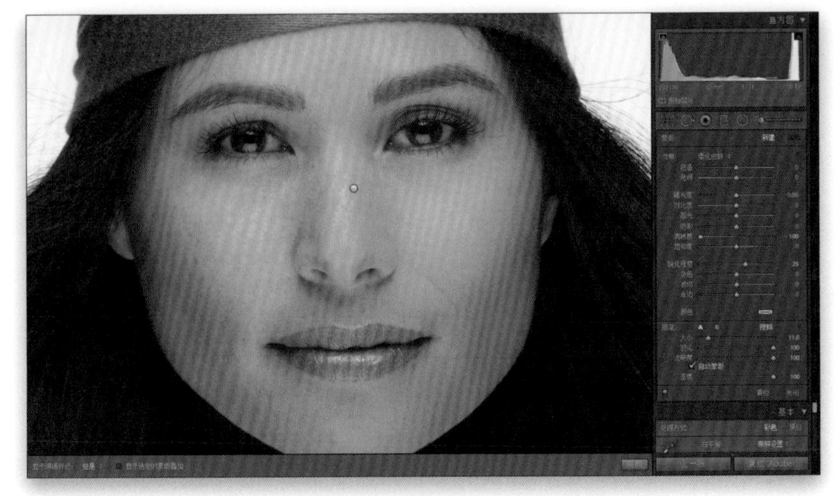

图 5-27

第6步：

现在让我们来处理模特的眼睛，首先要使眼白更亮，单击面板右上侧的新建按钮，然后双击效果二字，将所有滑块复位为零。现在，将曝光度滑块向右拖动一点到+1.04，然后在模特眼白上绘图。如果不小心绘图到眼白之外，只需要按住Alt（Mac：Option）键转到擦除工具，将所有溢出擦除。在另一只眼睛上进行相同的操作，完成后，根据需要调整曝光度，使变白的效果更加自然。接下来，加亮模特的虹膜。单击新建按钮，把曝光度增加到+1.36，对两个虹膜进行涂抹，然后把对比度滑块拖曳至+33。最后，为确保眼睛明亮有神，需要把锐化程度滑块拖曳至+22，让虹膜更亮，有更多对比和锐度。

图 5-28

图 5-29

第7步：

再次单击新建按钮，增加模特头发的亮度。首先将所有滑块复位归零，然后将曝光度滑块向右拖动一点点（我将其拖曳到+0.35），然后涂抹高光区域来突显它。有时还会需要我们对模特进行瘦身操作，进入镜头校正面板，选择手动选项卡（位于面板的右上方），然后向右拖动长宽比滑块（如图5-29所示）。这样做会压缩照片（使照片变窄），给人带来即刻瘦身的效果，并且向右移动幅度越大，拍摄主体显得越瘦（本例中，我设置为+28）。修改前和修改后的对比图如图5-30所示。

提示：避免看到太多编辑标记

若想只看到当前选中的编辑标记，请在预览区域下方工具栏的显示编辑标记下拉列表中选择选定。

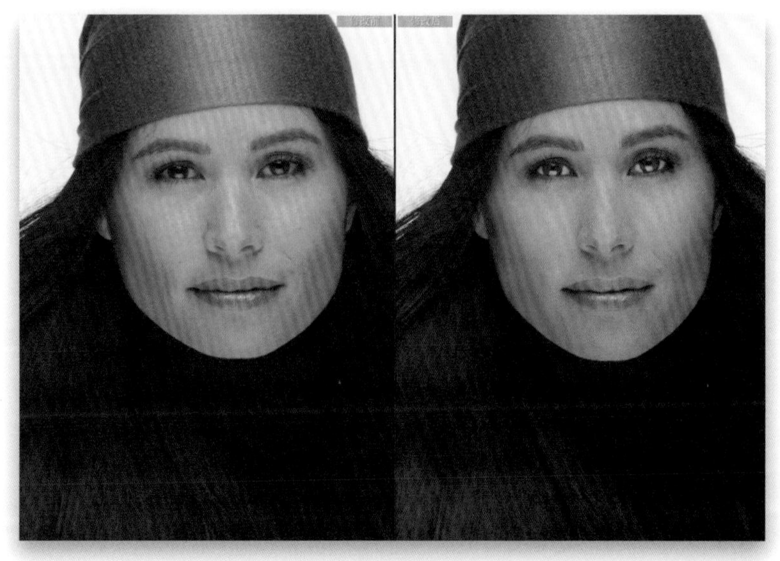

修改后的照片中，模特的皮肤更加清爽润滑（而且有点不饱和），眼睛更加明亮，对比更强烈，锐度更高，我们还增加了她头发的亮度，并稍微给她瘦了一下脸

图 5-30

5.5 用渐变滤镜校正天空（及其他对象）

渐变滤镜能够重现传统的中灰渐变滤镜（就是上部暗，向下逐渐变为完全透明的玻璃或塑料滤镜）效果。这种效果在风光摄影师中很流行，因为我们只能要么使前景获得准确的曝光，要么使天空获得准确的曝光，无法同时兼顾二者。然而，Adobe 这一功能却可以使我们获得比仅用中灰渐变滤镜更好的效果。

第1步：

首先单击位于右侧面板区域顶部工具箱内的渐变滤镜工具（调整画笔左边第二个图标，或者按快捷键M）。在其上单击时，将显示出一组与调整画笔效果选项类似的选项（如图5-31所示）。我们在这里将复制传统中灰渐变滤镜效果，使天空变暗。先从效果下拉列表内选择曝光度，然后将亮度滑块向左拖动到-1.22（如图5-31所示）。就像调整画笔工具一样，这里我们也要先估计渐变所需的变暗程度，之后再进行调整。

图 5-31

第2步：

按住Shift 键并保持，在图像顶部中央单击，并直接往下拖动，直到接近照片的中央位置为止（即地平线。你可以看到天空上的变暗效果，照片看起来平衡多了）。如果正确曝光的前景开始变暗，则需要在到达地平线之前停止拖动（本图中，我拖动到了中间建筑的上方）。顺便提一下，之所以按住Shift 键，是为了在拖动鼠标时保持渐变是水平的直线，不按Shift键则将允许在任意方向拖动渐变。

图 5-32

图 5-33

第3步：

编辑标记显示渐变的中央位置，在这个例子中，我认为天空停止渐变的位置可以再稍稍往下移一点。幸运的是，我们可以在事后重新调整，只需单击该编辑标记并向下拖动，就可以使整个渐变向下移动（如图5-33所示）。现在，我们可以向同样的区域添加其他效果。例如，把饱和度增加到50，使照片看起来更有冲击力，之后将曝光度降低到-1.44，修改前/后效果如图5-34所示。并且，如果天空比较灰，你可以通过单击面板底部的颜色色板，选择蓝色调，为天空增加一点蓝色。

注意：可以创建不只一个渐变。要删除渐变，请在相应的编辑标记上单击，再按Backspace（Mac：Delete）键。在下一步操作中，我们将学习一个适用于渐变滤镜和径向滤镜全新的实用功能。

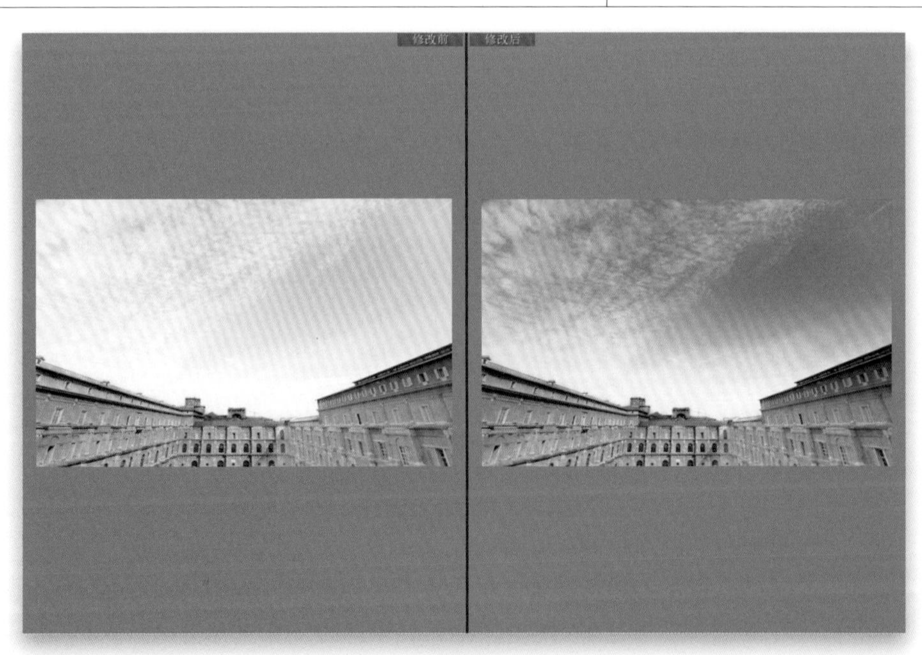

图 5-34

第4步：

如果渐变滤镜作用在你不想改变的区域，那么就需要花点时间来解决这个问题。在本例中，我想暗化天空，增加饱和度，并让天空渐变至透明，但滤镜却同时令灯塔变暗了，而且色彩也更加饱和，这并非我的初衷。幸运的是，现在可以编辑渐变梯度来去除灯塔区域的滤镜效果。在选中渐变滤镜图标后，在工具栏右下方的蒙版区域单击画笔选项，如图5-35所示。

图 5-35

第5步：

在展开的画笔区域单击擦除开始绘制灯塔，这样可以去除你所描绘区域的暗度和饱和度（如图5-36所示）。这种方法的描绘规则与常规的调整画笔相同（按字母键O可以查看你所绘制的蒙版，也可以改变画笔的羽化值，等等）。此外，你也可以不进行上述的去除渐变梯度的操作，只需在用这个画笔添加蒙版时不单击擦除选项即可。

图 5-36

过去几年添加暗角效果（暗化图像的外边缘）变得非常流行。通常来说，我们可以用效果面板来应用暗角，其效果非常不错——只要模特位于画面中央（但是事实不总是这样）。现在，你不仅可以在图像中任意位置创建暗角，还可以不再局限于“暗化”，通过创建多个暗角来重新亮化图像。

5.6 使用径向滤镜自定义暗角和聚光灯特效

图 5-37

第 1 步：

观众的注意力首先会被图像中最亮的部分吸引，但是不幸的是，在这张照片中，光线非常平均，所以我们要使用径向滤镜工具重新给场景布光，使观众的注意力集中到新娘上。因此，请单击右侧面板区域顶部工具箱中的径向滤镜工具（如图 5-37 中红色圆圈所示，或者直接按 Shift-M 键）。该工具创建椭圆或圆形，你来决定图形里面或外面发生什么。

图 5-38

第 2 步：

单击并拖动径向滤镜工具，按照你希望的方向来绘制椭圆（或圆形）区域（本例中，我将其放在新娘身上）。如果它不在你所希望的地方，只需要在椭圆内单击，然后将其拖动到任意你满意的地方，就像我在图 5-38 中做的这样（可以看到当我开始拖动椭圆时，图中光标变成了抓手状）。

注意： 如果需要用径向滤镜工具创建一个圆形，请按住 Shift 键，可以将图形维持圆形。并且，如果按住 Ctrl（Mac：Conmmand）键并在图像任意位置双击，则会创建一个最大的椭圆（在当希望创建一个对整幅图像产生影响的区域时能用到它）。

第3步：

我们希望将注意力集中到新娘上，所以将会暗化围绕新娘的区域。向左拖动曝光度滑块（如图5-39所示，我将其拖到-1.58），可以看到这会暗化椭圆外面的所有区域（椭圆内的区域保持不变，它在新娘身上创建了类似聚光灯一样的效果）。较亮的区域和较暗的区域之间的过渡，非常自然，因为在默认情况下，椭圆形的边缘已经被羽化（柔化），以创建较为自然平滑的过渡效果（羽化值被设为50。如果你想要一个更生硬或者更突然的过渡，只需调整面板底部的羽化滑块来降低其数值）。

图 5-39

提示：移除椭圆

如果想移除创建的椭圆，可以在其上单击，然后按Backspace（Mac：Delete）键即可。

第4步：

椭圆就位后，可以通过在椭圆外移动光标来旋转图形（如图5-40所示，我的光标就位于椭圆形边缘之外，在中间偏上的位置，我稍微向右旋转了图形。你可以旋转的区域非常小，所以请确保光标非常接近椭圆边缘，并且确保在开始拖动旋转时光标变成双箭头形状，否则将创建另一个椭圆。如果确实创建了，按Ctrl-Z（Mac：Command-Z）键来移除多余的椭圆）。若想重新调整椭圆尺寸，只需要抓取椭圆上4个柄之一，向外或向内拖动（本例中，我向外拖动，使图形覆盖新娘的更多区域）。这个滤镜的优点是你的调整不只局限于曝光度。

图 5-40

图 5-41

第5步：

我们再来创建另一个椭圆——这次是帮助隐藏照片右侧较亮的区域。将径向滤镜工具移动到该区域，单击并拖动以绘制出如图5-41中所示尺寸的椭圆。在默认状态下，受到影响的是椭圆外面的区域，但是你也可以将滑块产生的影响切换到椭圆内，只需勾选面板底部的反相蒙版复选框（如图5-41中红色圆圈所示）。现在，当移动滑块时，将影响椭圆内区域的亮度，而椭圆外的区域保持不变。

提示：内/外切换

按”键可以改变反向蒙版状态，将效果在椭圆区域内/外切换。

图 5-42

第6步：

向左拖动曝光度滑块至-1.15），直到椭圆内部区域变得足够暗，以产生类似“融合”的效果（不会将我们的视线吸引过去）。重复一下，如果想移动椭圆，只需要在其内部单击并拖动即可，如果需要旋转它，则在椭圆边缘外单击并拖动。如果现在查看新娘，会发现在她的胳膊上有一个灰色的编辑标记，代表我们放在那儿的第一个椭圆（暗化背景的椭圆）。如果想对该椭圆做任何调整，只需在灰色标记上单击，让它变成激活状态再进行调整。

第7步：

也可以在一个椭圆内创建另一个椭圆。在这里，我们希望创建一个反向的椭圆（椭圆内部区域受影响），可以根据之前的椭圆创建副本。按住Ctrl-Alt（Mac：Command-Option）键，然后在我们创建的第二个椭圆中央单击并拖动，将会出现第三个椭圆。将该椭圆放在新娘脸部（如图5-43所示），并缩小其尺寸，旋转将其调正。现在，要使其脸更亮一点，请将曝光度滑块向右拖曳到0.44，这将只影响人物的脸部。再次按Ctrl-Alt（Mac：Command-Option）键，然后将新椭圆向下移动到新娘的花束上。对于这个椭圆，将其高光滑块向右拖曳到0.16来稍微加亮这个区域。除此之外，还可以使用径向滤镜中的画笔功能来擦除花束上的渐变色，如图5-44所示为修改前后的效果对比。

图 5-43

图 5-44

Lightroom快速提示

▼ 隐藏编辑标记

随时按键盘上的字母键H 可以隐藏

调整画笔、径向滤镜和渐变滤镜的编辑标记。要再显示它们，再次按字母键H即可。

▼ 添加新建编辑的快捷方式

进行本地调整时，如果想快速添加新的编辑标记（而不是回到面板上去单击新建按钮），只要按键盘上的Enter（Mac：Return）键即可。

▼ 隐藏画笔选项

虽设置好A画笔和B画笔之后，单击擦除右侧朝下的三角形，可以隐藏其余画笔选项。

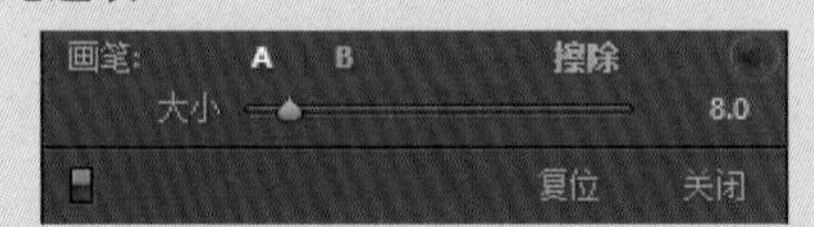

▼ 滚轮技巧

如果你的鼠标带有滚轮，则可以使用滚轮改变画笔的大小。

▼ 控制流畅度

键盘上的数字1～0控制画笔的流畅度，3表示30%，4表示40%，以此类推。

▼ 擦除按钮

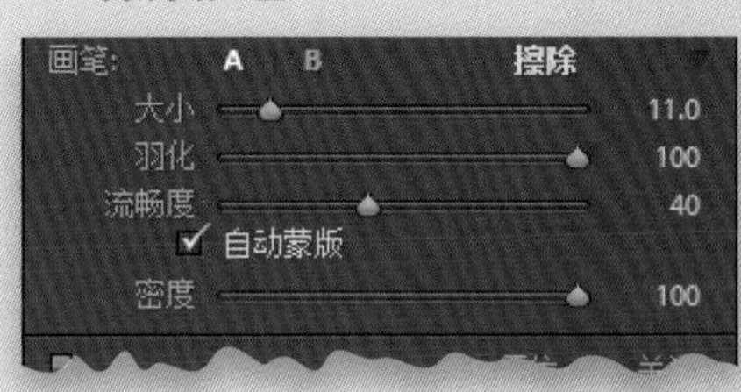

擦除按钮（位于画笔区域）不会擦除图像，只是修改画笔，因此，如果选择它进行涂抹，它将擦除蒙版而不是再次绘图。

▼ 选择着色颜色

如果想以当前照片内出现的颜色绘图，首先请从效果下拉列表内选择颜色，

之后单击颜色色板，在打开的拾色器中，单击并保持吸管光标，再把光标移出到照片上。这样做，光标在照片中移动位置处的颜色将成为拾色器内的目标颜色。找到喜欢的颜色之后，释放鼠标按钮。要把该颜色保存到色板，只需用鼠标右键单击现有色板之一，在弹出菜单中选择将该色板设置为当前颜色选项。

▼ 显示/隐藏调整蒙版

默认时，如果把光标放置到编辑标记上，会显示出蒙版，但是，如果你希望在绘图时蒙版一直保持显示，则可以按键盘上的字母键O，切换蒙版是否显示的状态。

▼ 改变蒙版的颜色

当蒙版显示时（把光标放置到编辑标记上），按键盘上的Shift-O 键可以改变蒙

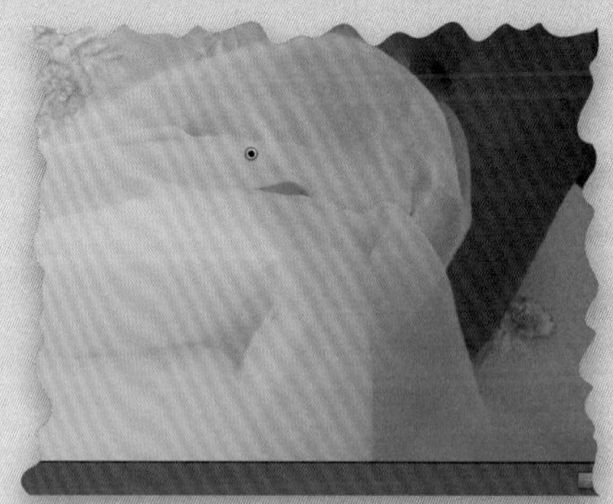

版的颜色（在红、绿、白、灰4种颜色之间切换）。

▼ 使渐变反向

向图像添加渐变滤镜后，按键盘上的’’键可以使渐变反向。

▼ 从中央缩放渐变滤镜

在默认时，渐变从单击位置开始（一般从顶部或底部等处开始）。然而，如果在拖动渐变时按住Alt（Mac：Option）键并保持，它就会从中央开始向外绘制。

▼ 改变效果的强度

应用渐变滤镜后，可以用键盘上的左、右方向键控制最后一次调整效果的数量。如果是调整画笔添加效果，则使用上、下方向键。

Lightroom 快速提示

▼ 在A、B 画笔之间切换

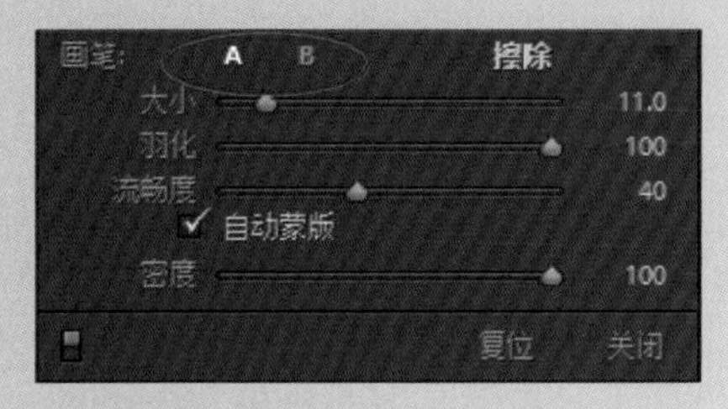

A、B 按钮实际上是画笔预设（因此如果你喜欢的话，可以设置硬边画笔和柔角画笔，或者这两种画笔的其他任意组合，如大画笔和小画笔等）。要在这两个画笔预设之间切换，只需按键盘上的/（正斜杠）键即可。

▼ 增加/降低柔和度

要改变画笔的柔和度（羽化），不必转到面板上进行调整，只要按Shift-]键，就可以使画笔变得柔和，或者按Shift-[键使画笔变硬。

▼ 自动蒙版提示

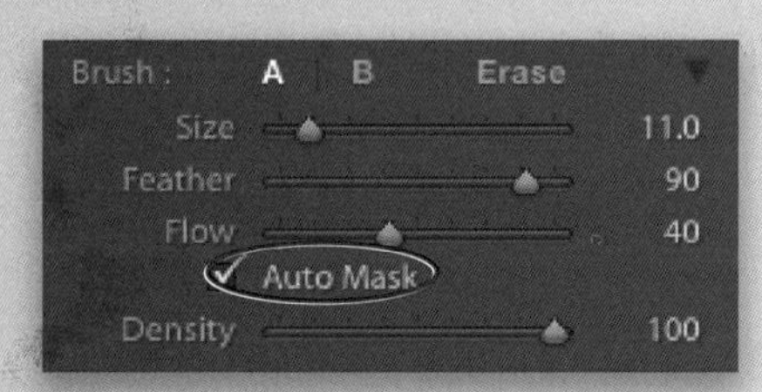

如果勾选自动蒙版复选框，沿着边缘绘图对它添加蒙版，例如，在山脉风光照片中的天空上绘图，使它变暗，在完成之后，很可能沿着山脉的边缘会出现细小的光晕。要消除它们，只需使用小画笔，并在这些区域上绘图即可。自动蒙版功能能够防止绘图溢出到山脉上。

▼ 自动蒙版快捷键

按字母键A 可以切换自动蒙版功能的开、关状态。

▼ 绘制直线

就像在Photoshop 中一样，如果用调整画笔在照片上单击一次，之后按住Shift 键并保持，再在照片上的其他位置绘图，就可以在这两点之间绘出一条直线。

▼ 复位按钮意味着“重新开始”

这项功能给很多人带来惊喜，因为如果单击调整面板底部的复位按钮，它

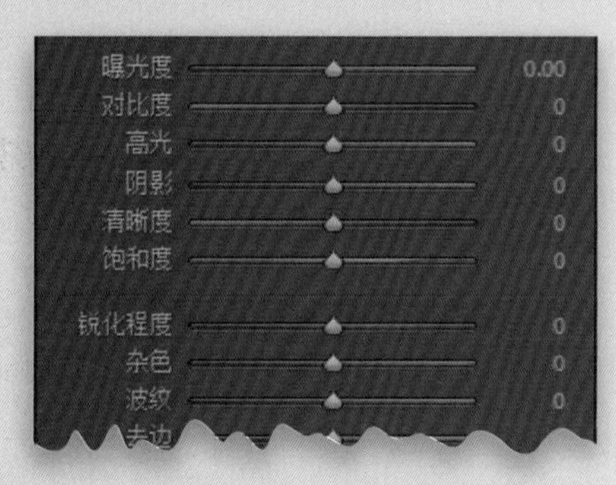

不只是复位滑块，而是删除所有创建的调整，你需要彻底从零开始。如果只想复位当前选中编辑标记的滑块，则只需要在面板顶部左侧的效果二字上双击。

▼ Lightroom 中的高斯模糊效果

如果需要轻微的模糊效果，类似轻度高斯模糊效果，则需转到调整画笔，从效果下拉列表内选择锐化程度以复位

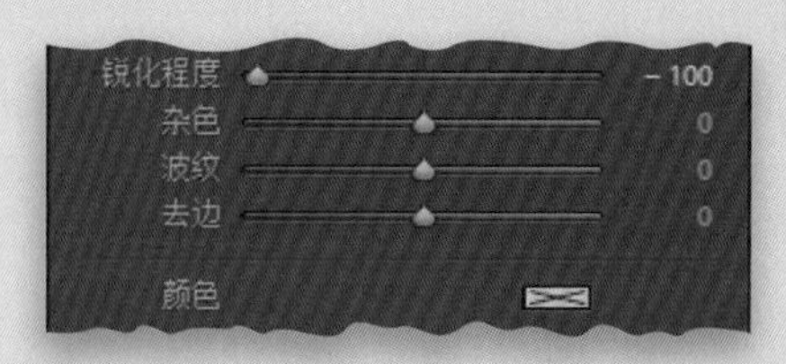

所有滑块，然后将锐化程度滑块向左拖曳至-100，用轻度模糊效果进行绘图，这样可以快速创建浅景深效果，真是太棒了。

▼ 效果加倍

若想使调整的效果加倍，请按住Ctrl-Alt（Mac：Command-Option）键并单击 激活的编辑标记，然后稍微拖动一点以复制原始标记，然后将其拖动到原始标记上。这种复制可以使效果加倍（类似于将一个效果叠加到另一个效果上）。如果想调整底部的编辑标记，只需要将顶部的标记稍微拖开一点，然后单击底部的标记，进行修改，然后再将另一个标记拖回原处。

▼ 删除调整

如果想删除做过的任何调整，请单击编辑标记选择该调整，然后按键盘上的Backspace（Mac：Delete）键。

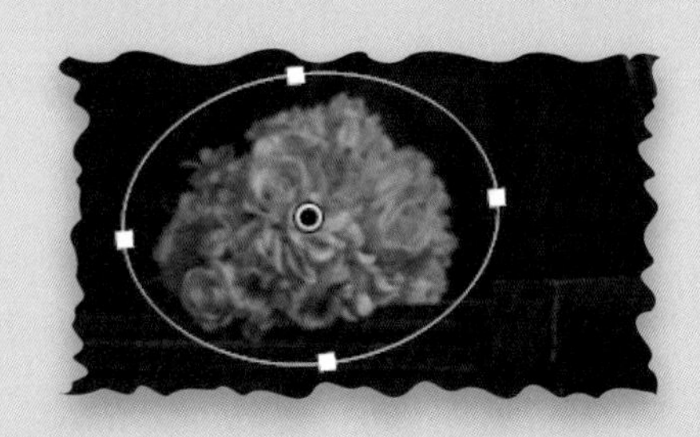

Lightroom 快速提示

▼ 使选择相机配置文件变得更容易

为了更容易选择相机校准面板的配置文件，请尝试如下方法：将数码单反相机设置为以RAW 和JPEG 格式拍摄，这样，当你按下快门按钮时，将拍摄两张照片——一张为RAW 格式，另一张为JPEG 格式。把它们导入Lightroom时，得到的RAW 和JPEG 照片将并列显示，这样就更容易为RAW 照片选择出与相机创建的JPEG 相匹配的配置文件。

▼ 选择哪个是修改前、修改后视图

默认时，如果在修改照片模块内按\键，它会在修改前视图和编辑后现在的显示效果之间来回切换。然而，如果不想使修改前视图是初始照片该怎么办？例如，在基本面板内对肖像做了一些基本编辑，之后使用调整画笔执行一些肖像修饰。你可能希望修改前视图显示应用基本面板编辑后，但在开始修饰之前的效果。要实现这一点，请转到左侧区域内历史记录面板，找到开始使用调整画笔前的那个步骤，用鼠标右键单击该历史状态，并选择将历史记录步骤设置复制到修改前。现在按\键使它成为新的修改前视图。

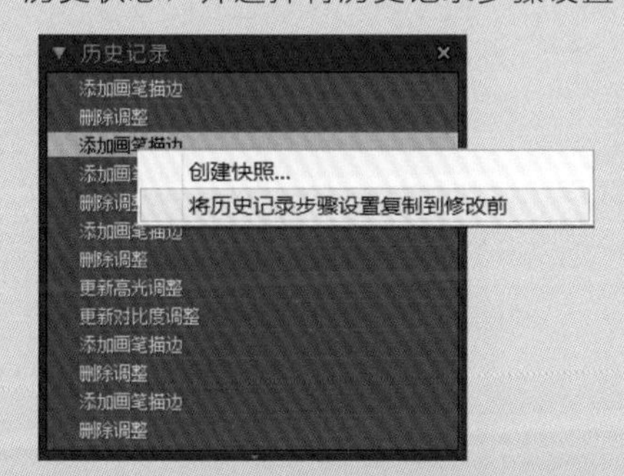

▼ 使当前设置成为相机新的默认设置

打开照片时，Lightroom 基于照片的文件格式和拍摄照片所用相机的制造商和型号（从内置的EXIF 数据中读取这些信息），应用一套默认的校正。如果想使用自己的自定设置（你可能认为这使照片的阴影太黑，或者高光太亮），则请在Lightroom 内根据你的想法调整这些设置，之后按Alt（Mac：Option）键并保持，右侧面板区域底部的复制按钮变为设置默认设置按钮，单击该按钮，打开的对话框内显示当前照片的文件格式或者相机制造商和型号。单击更新为当前设置按钮，从现在开始，当前设置将成为用该相机或这种文件格式所拍摄图像的新的编辑起点。要回到Adobe 为该相机指定的默认设置，请回到同一个对话框，然后单击恢复Adobe 默认设置按钮。

▼ 当开启软打样时，RGB 读数如何变化

在修改照片模块中，当你将光标悬停在照片上时，光标所指区域的红色、绿色和蓝色（RGB）的数值直接显示在右侧面板区域顶部的直方图中，它们从0%（黑色）到100%（纯白色）不等。然而，开启软打样后，这些数值会变成一种更传统的打印读数级别，标示256 级颜色浓淡，根据选择的颜色配置文件不同，从0（纯黑色）到255（纯白色）不等。很多使用打印照片和从Photoshop（通常使用0~256 的读数级别）转到Lightroom的摄影师都为这个微小但重要的改变感到高兴。

▼ 黑白转换提示

如果单击HSL/ 颜色/ 黑白面板内的黑白选项，它就会把照片转换为黑白模式，这种转换效果比较单调，其解决办法是使用颜色滑块对转换结果进行调整。问题是，照片现在处于黑白模式，很难知道需要移动哪些颜色滑块。遇到这种情况不妨试试以下方法，转换黑白之后，在要调整这些颜色滑块时，按Shift-Y键进入修改前和修改后拆分视图（如果没有并排显示，请再次按Shift-Y键）。现在屏幕左侧显示彩色图像，右侧显示黑白图像，这样更容易看到调整不同颜色的滑块所产生的效果。

摄影师：Scott Kelby | 曝光时间：1/4000s | 焦距：28mm | 光圈：$f/3.5$

CHAPTER 6

第6章

编辑基础

6.1 虚拟副本——“无风险”的试验方法

现在来聊一聊我们在第5章中给新娘照添加的暗角。如果我们想看看其黑白版本，也可能想看其着色版本，再看看其强对比度版本，之后还可能想看其不同的裁剪版本，这时该怎么办？使我们感到棘手的是：每次想尝试不同效果时必须复制高分辨率文件，它会无端占用大量的硬盘空间和内存。但幸运的是，我们可以创建虚拟副本，它不会占用硬盘空间，使我们可以轻松尝试不同的调整效果。

第1步：

创建虚拟副本的方法是：用鼠标右键单击原始照片，从弹出菜单中选择创建虚拟副本（如图6-1所示），或者使用Ctrl-'（Mac：Command-'）键。这些虚拟副本看起来与原始照片完全相同，我们可以像编辑原始照片一样编辑它们，但它并不是真正的文件，只是一套指令，因此不会增加真正文件的大小。这样我们就可以创建多个虚拟副本，之后尝试想要执行的操作，而又不会占满硬盘空间。

图 6-1

第2步：

创建虚拟副本时，因为无论是在网格视图内，还是在胶片显示窗格内，虚拟副本图像缩览图的左下角会显示一个翻页图标，所以我们知道哪张照片是副本（如图6-2中红色圆圈所示）。现在请转到修改照片模块，进行你想做的任何调整，在本例中，我增加了虚拟副本的曝光度、对比度、阴影、清晰度和鲜艳度，当回到网格视图时，就会看到原来的照片和编辑后的虚拟副本（如图6-2所示）。

图 6-2

图 6-3

第3步：

我们可以尝试为原始照片创建多个虚拟副本，这对原始照片和磁盘空间不存在任何影响。因此，请单击第一个虚拟副本，之后按Ctrl-'（Mac：Command-'）键创建另一个虚拟副本，之后转到修改照片模块，对第二个虚拟副本做一些调整，这里我修改了白平衡，大量增加黄色和洋红色，我把色温设置为-10，色调设为+55，将照片调整出一种日落时分的效果。此外我还稍微降低了一点曝光度。为了进一步调整白平衡、曝光度和鲜艳度设置，我还创建了更多的虚拟副本。

注意：创建虚拟副本后，可以单击右侧面板区域底部的复位按钮，使其恢复到未编辑时的效果。同时请注意，不必每次跳回到网格视图创建虚拟副本，在修改照片模块内使用快捷键同样有效。

图 6-4

第4步：

现在，如果想一起比较所有试验版本，则请转到网格视图，选择原始照片以及所有虚拟副本，之后按键盘上的字母键N进入筛选视图（如图6-4所示）。在找到自己真正喜欢的版本后，当然可以只保留它，删除其他虚拟副本。

注意：要删除虚拟副本，请单击选中它，再按Backspace（Mac：Delete）键，然后单击对话框中的移去按钮）。如果选择把这个虚拟副本转到Photoshop或者把它导出为JPEG或TIFF文件，Lightroom这时会使用已经应用到虚拟副本的设置创建一个真正的副本。

6.2 新RGB曲线的两种便捷用法

尽管曲线工具已经在Lightroom中存在一段时间了，但是Lightroom CC是第一个允许你单独调整红、绿、蓝通道的版本（就像Photoshop那样）。这对于某些调修任务来说实在是便捷，比如通过调整单个颜色通道来修复令人讨厌的白平衡问题，或者创建交叉处理效果（在时尚和美术摄影中非常流行），本节将介绍这两种调整的具体操作过程。

第1步：

进入色调曲线面板，从通道下拉列表中选择希望进行调整的某个颜色通道（如图6-5所示，我选择红色通道，以帮助我去除人物皮肤和头发上的偏色）。既然只选择了红色通道，那么请注意，曲线信息只是关于红色的。

图 6-5

第2步：

那么，调整曲线哪一部分可以去除照片偏蓝的问题呢？实际上Lightroom可以告诉你具体应该调整哪个部分。从色调曲线面板左上角选取目标调整工具（Targeted Adjustment tool，TAT），然后将其移动到你希望调整的区域上，在这个例子中，我将其移动到模特胳膊上。当你移动光标时，会在曲线上看到一个点。当光标在胳膊上时，单击鼠标，这将在曲线上添加一个点，对应着你希望调整的区域。选中新的曲线点，把它朝着右下角45°的方向拖动，它可以将模特皮肤和头发上的红色偏色去除（如图6-6所示）。当然了，既然你拥有TAT工具，就可以使用它直接在头发上单击，然后向下拖动鼠标，它会为你编辑上文提到的曲线部分。

图 6-6

图 6-7

第3步：

如果你想用RGB曲线创建交叉处理效果（胶片时代创造的经典暗房技术），实际上特别简单。下面就介绍一种我经常使用的方法：首先从通道下拉列表中选择红色。在对角线形的曲线上单击三次，分别是在中间，上面的一条主网格线和下面的一条主网格线，以此让它们均匀分布在线上。保持中央的点位置不变，单击并向上拖动上面的点，单击并向下拖动下面的点，创建如图6-7所示的曲线形状。我在操作过程中，没有应用过任何RGB曲线的原始图像，目的是为你呈现我们工作的初始状态。

图 6-8

第4步：

转到绿色通道，创建另一条三点的S形曲线，但是不用那么陡峭（如图6-8中小图所示）。最后，进入蓝色通道。不要添加任何点——只将左下角的点沿着左侧边缘垂直向上拖动（如图6-8所示）。然后，将右上角的点沿着右侧边缘垂直向下拖动。当然，根据具体使用的图片的特点，需要对这些操作步骤进行调整。如果你找到一种自己喜欢的设置，要记得将其保存为快速修改照片预设（单击预设面板标题右侧的+按钮。当新建修改照片预设对话框出现后，单击全部不选，然后仅勾选色调曲线复选框）。

6.3 调整各种颜色

当你仅需要对图像中的某一种颜色做调整时，例如，想让所有红色变得更红，或者天空中的蓝色变得更蓝，或者希望全完改变某种颜色。使用HSL面板（HSL代表Hue［色相］、Saturation［饱和度］和Luminance［明亮度］）就可以实现这些操作。这个面板极其便捷好用，并且幸运的是，因为它拥有操作目标调整工具，所以调整起来非常简单。以下是具体的操作步骤。

第1步：

想要调整某个颜色区域时，请在右侧面板区域内向下滚动到HSL/颜色/黑白面板（该面板标题内的文字不只是名称，它们还是按钮，如果单击其中的任意一个，就会显示出对应的控件）。单击HSL按钮，接着显示出该面板的4个选项卡：色相、饱和度、明亮度和全部。色相让我们通过移动滑块把现有颜色修改为另一种不同的颜色。例如，单击红色滑块，把它拖动到最左端，并把橙色滑块拖曳至-71，将会看到红色的摩托车变成洋红色。

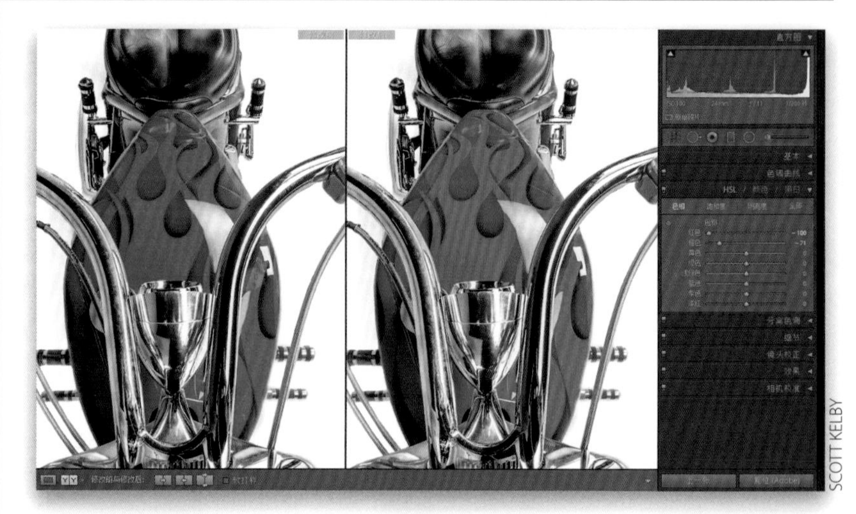

图 6-9

第2步：

如果将红色滑块拖到最右侧，橙色滑块向左拖到-71，红色的支撑杆就会呈偏橙色。当你已经将滑块调到最大值，却还想让橙色更加鲜艳明亮应该怎么办？这时你可以先单击面板顶部的饱和度选项卡。

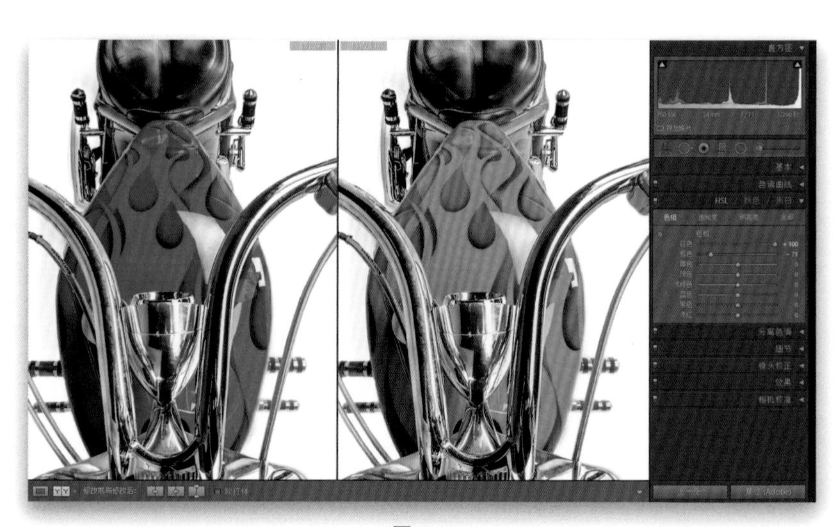

图 6-10

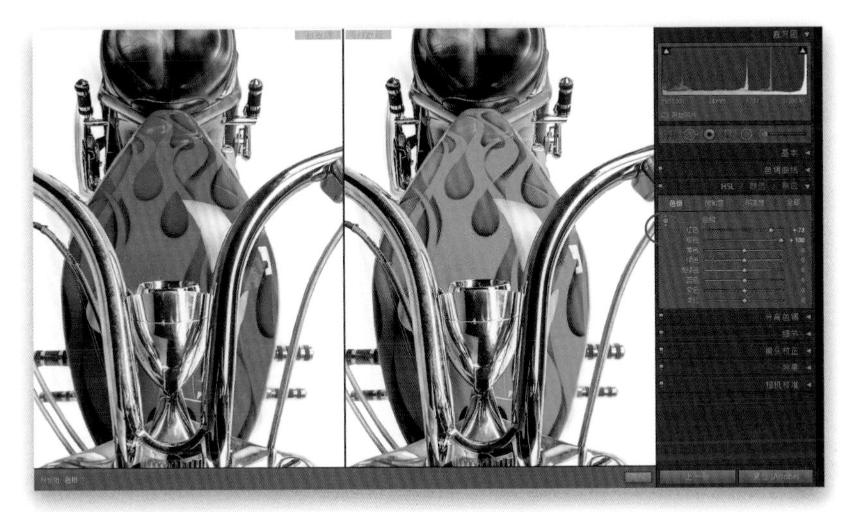

图 6-11

第3步：

现在，所有8个滑块只控制图片中的饱和度。将橙色滑块拖到最右端，红色滑块稍微向右拖动一点，摩托车的橙色变得更加鲜艳明亮（如图6-11所示）。如果确切知道想要调整的色彩，则可以只单击并拖动相应滑块。但是，如果不确定想要调整的区域由哪些颜色构成，则可以使用目标调整工具（与我们在色调曲线面板内使用的目标调整工具相同）。若想使蓝天更澄澈，选择目标调整工具，然后单击蓝天区域并向上拖动，使其更蓝（向下拖动使蓝色减弱）。你会注意到它不只是移动蓝色滑块，而且还会使浅蓝色饱和度增加一点。

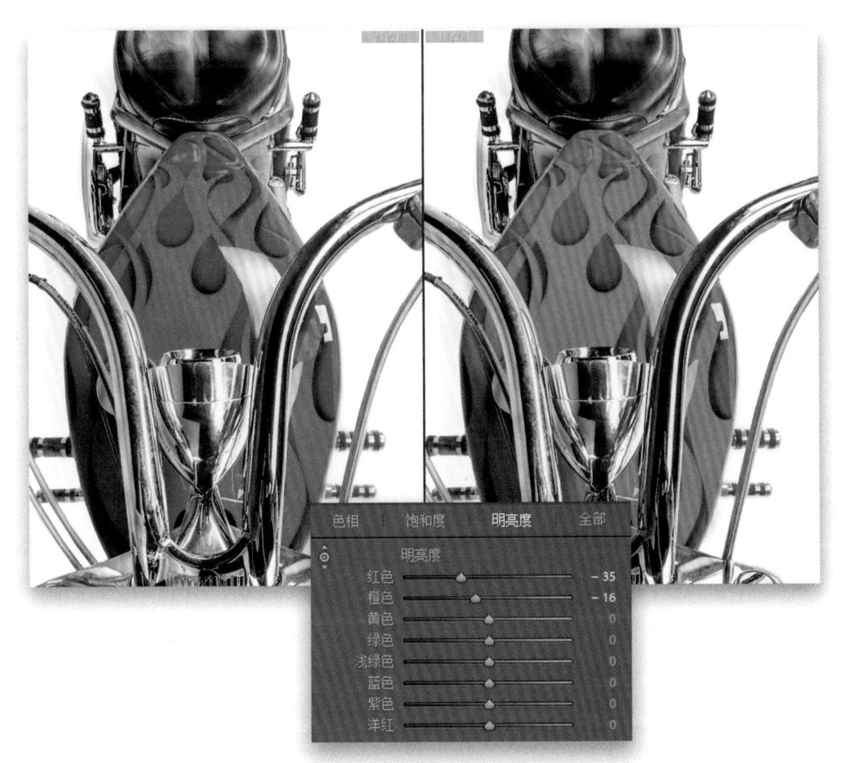

图 6-12

第4步：

若想改变色彩的亮度，请单击位于该面板顶部的明亮度选项卡。要使摩托车的橙色变暗，只需选择目标调整工具，并垂直向下拖动，此时颜色变深、变浓艳（绿色和浅绿色的明亮度都降低了），要使摩托车颜色变亮（红色和橙色的明亮度都提升了），则向上拖动目标调整工具即可。最后要介绍的两点是：单击全部选项卡（位于该面板的顶部）将所有部分放在一个长长的列表内，而颜色选项卡则将它们拆分为三部分——布局更像Photoshop 的色相/饱和度。但无论你选择哪种布局，它们的工作方式都完全相同。图6-12列出了修改前/后的视图，我们修改并暗化了摩托车的颜色。

6.4 添加暗角效果

边缘暗角特效（使图像周围的所有边缘变暗，以便将注意力吸引到照片中央）属于这类特效之一：要么喜欢，要么令人抓狂（对我而言，则属于第一种情况，我喜欢它）。本节我们将探讨怎样应用简单的暗角特效，照片经裁剪后仍显示暗角（称为“裁剪后”暗角），并且还会介绍如何添加其他的暗角效果。

第 1 步：

要添加边缘暗角效果，请转到右侧面板区域，向下滚动到镜头校正面板，它之所以位于镜头校正面板，是因为有些特殊的镜头会将照片边缘变暗。在这种情况下，我们需要在镜头校正面板中校正这一问题。我们将使用该面板内的控件使边角变亮。总的来说，少量的边缘变暗是件坏事，但如果有意添加大量的暗角，那就会很酷。图 6-13 中所示是一幅没有暗角的原始照片。

图 6-13

第 2 步：

我们先从常规全尺寸图像暗角开始介绍，请单击面板顶部的手动选项卡，然后将镜头暗角区域的数量滑块一直拖动到最左端，该滑块控制照片边缘变暗的程度，中点滑块控制暗部的边缘向照片中央扩展多远。因此，请试试把它拖远一点，它可以创建出良好、柔和的聚光效果，在这种效果下，边缘暗、主体亮度适中，达到引导观众注意力的效果。

图 6-14

图 6-15

第3步：

现在的处理效果还不错，但在裁剪照片时会遇到使边缘暗角消失的问题。为解决这个问题，Adobe添加了一个称为“裁剪后暗角”的控件，用于裁剪后添加暗角特效。我对同一幅照片进行裁剪，现在，先前添加的大多数边缘暗角将被裁剪掉。因此，请转到效果面板，在面板顶部将看到裁剪后暗角控件。在使用该控件前，请先将镜头暗角的数量滑块复位至0，以免我们在原先就添加了暗角效果的照片上进行裁剪后暗角处理。

图 6-16

第4步：

调整该滑块前，我们先介绍一下位于效果面板顶部的样式下拉列表。它有三种选项，分别是高光优先、颜色优先以及绘画叠加。我目前只用过高光优先，它的处理效果和常规暗角控件更接近，会使照片的边缘变得更暗，但颜色可能出现轻微的偏差，看起来更加饱和。该选项的取名来自于它尽量保持高光不变，因此如果边缘附近存在一些明亮的区域，它们的亮度也不会有太大的变化。本例中我将照片的边缘调整得很暗，目的是希望你能清楚地看到裁剪后照片上的效果。颜色优先样式更注重保持边缘周围色彩的精度，因此边缘会变得有点暗，但色彩不会变得更饱和，并且不如高光优先样式那样暗（或者说那样漂亮）。使用绘画叠加样式得到的效果与Lightroom 中的裁剪后暗角效果相同，它只是将边缘描绘为暗灰色。

第5步：

接下来的两个滑块可以让你添加的暗角效果看上去更真实。例如，圆度设置控制暗角的圆度。知道它的作用之后，请尝试将圆度保留为0，然后将羽化滑块一直拖到最左端。看到照片中创建出了一个非常清晰的椭圆形状了吗？当然，你不会在实际操作中使用这样的效果，但是它能帮你理解此滑块的实际作用。

图 6-17

第6步：

使用羽化滑块控制椭圆边缘的柔和度，因此向右拖动该滑块将使暗角更柔和，且显得更自然。本例中我单击羽化滑块，并把其数量拖动到57，可以看到上一步中的椭圆边缘变得非常柔和。使用暗角控件使边缘区域变暗时，面板底部的高光滑块用于帮助保留该区域的高光，将其向右拖动得越远，高光保留得就越多。仅当样式设置为高光优先或颜色优先时，高光滑块才可以使用。

图 6-18

6.5 创建新潮的高对比度效果

高对比度效果是几年前开始流行一种Photoshop 特效，现在它成为了最热门、最常用的特效之一，我们经常可以在大型杂志封面、网站页面、名人肖像、纪念册封面等处看到这种效果。现在，在Lightroom 内就可以创建出与之非常接近的效果。

图 6-19

第1步：

在应用这种效果之前，我要声明一点：这种效果并不是对每幅照片都适用的。通常在具有丰富细节和质感的照片上应用这种效果最好，尤其适用在城市风光摄影、工业产品摄影和人像摄影（尤其是男士人像摄影）领域，以及所有你希望表现逼真的效果和质感的照片。所以，对于任何希望看上去柔和迷人的照片来说，你通常不会应用这种效果。图6-19所示的照片中拥有丰富的细节和质感，因此非常适合应用这种效果。

图 6-20

第2步：

接下来我们要大幅拖动位于修改照片模块基本面板中的4个滑块：（1）将对比度滑块拖曳到+100；（2）将高光滑块拖曳到-100；（3）将阴影滑块拖曳到+100，提亮阴影；（4）将清晰度滑块调整到+100。现在，整个照片拥有了高对比度的外观，但是我们的操作还没完成。

第3步：

现在，根据被应用特效照片的实际情况进行调整，如果图像整体太暗（将对比度调到+100时会发生这种情况），可能需要将曝光度滑块稍微向右调整；如果照片看起来有点过曝（将阴影滑块调到+100后的效果），你可能需要将黑色色阶滑块往左拖动，补充色彩饱和度和保持整体平衡（我把曝光度增至+0.30，把黑色色阶降至-11）。除去这些可能的调整之外，还要向左拖动鲜艳度滑块（本例中，我将其调到-45），稍微降低照片的饱和度。降低饱和度是此特效的一个标志，它可以在不必合并多重曝光的情况下赋予照片高动态范围（High Dynamic Range，HDR ）图像的效果。

图 6-21

第4步：

最后一步调整是添加边缘暗角效果，使照片的边缘变暗，把焦点集中到主体上。因此，请转到镜头校正面板，单击顶部的手动，将镜头暗角区域的数量滑块向左侧拖动，使边缘变得很暗。然后同样将中点滑块向左拖动很远（中点滑块控制暗边缘向照片中央扩展多远，将该滑块向左拖动得越远，变暗效果向照片中央扩展就越远）。上述操作会让照片整体看起来有点儿过暗，所以我必须回到基本面板稍微提高曝光度至+0.55，将设置暗角之前的最初亮度补充回来。在下一页中我展示了几张修改前/后的对比图，帮你理解这项操作是如何影响不同的照片的。另外，调整完成后不要忘记将其保存为预设，这样就不用每次都手动调整了。

图 6-22

SCOTT KELBY

图 6-23

SCOTT KELBY

图 6-24

SCOTT KELBY

图 6-25

6.6 创建黑白照片

有两种自动转换方法可以将图片由彩色转换成黑白，一种在基本面板里进行，另一种则在HSL/ 颜色/ 黑白面板里，不论你选择哪种方法，结果都是一样的。而对于我来说，这两种方法看起来太平庸了，我打心眼里认为自己可以操作得更好。首先介绍我较为喜欢的一种彩色到黑白的转换方法，它以我们在本章前面学到的知识为基础。

第1步：

在图库模块中，找出一张你希望转换为黑白的照片，请从照片菜单中选择创建虚拟副本选项（如图6-26所示），来创建一个虚拟副本（创建虚拟副本后，你可以非常方便地比较自己动手操作和Lightroom 自动转换两种方法的效果）。按 Ctrl-D（Mac：Command-D）键取消选择虚拟副本，然后前往胶片显示窗格，并选中原始照片。

图 6-26

第2步：

现在按字母键 D 进入修改照片模块，在右侧面板区域中，向下滚动页面到HSL/ 颜色/ 黑白面板，然后单击面板标题最右侧的黑白（如图6-27所示）。这会应用自动转换，即把照片从彩色转换为黑白，但遗憾的是，这样转换出的黑白效果很一般，如图6-27所示（把它当做修改前的照片）。这时，我们想通过移动颜色滑块来调整黑白自动转换的效果。但问题是，现在你的照片已经不是彩色的了，不必担心，请移动所有的滑块，你就会看到它们细微的调整效果。顺便提一下，如果切换面板的开/ 关按钮（如图6-27 中红色圆圈所示），你会发现如果不使用默认的转换设定，Lightroom 自动转换的黑白效果有多差。

图 6-27

图 6-28

第3步：

现在，按键盘上的右方向键，切换到之前创建的虚拟副本，接下来我将演示我最喜欢的处理方法。前往基本面板，在顶部处理方式部分单击黑白，你会得到另一幅效果一般的照片。大部分摄影师希望创建具有高对比度黑白照片，所以要做的第一件事情就是：确保从照片中获取所有高光，所以请将白色色阶滑块向右大幅拖动，直到出现高光剪切警告（在直方图的右上角）后才停止拖动。下一步，将高光滑块向左稍微拖动，直到显示高光剪切三角形图标再次变为灰色。现在，照片中获得最大数量的高光，而没有出现任何剪切。

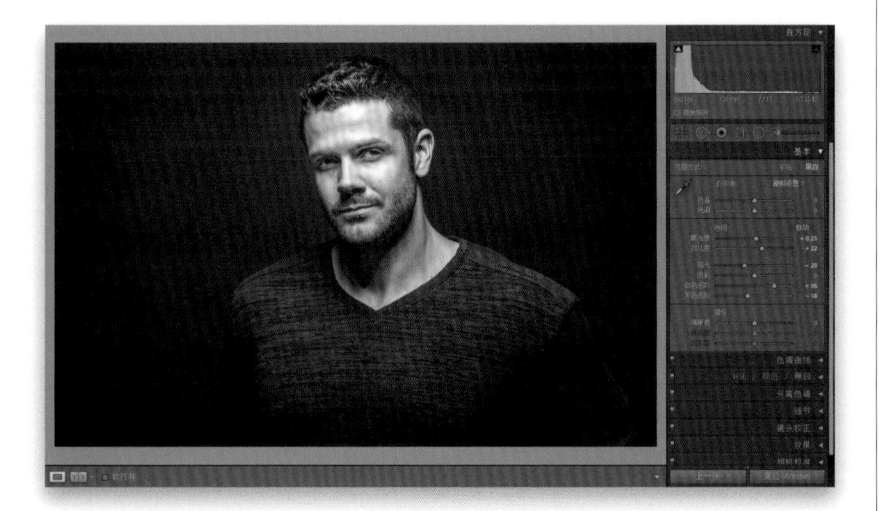

图 6-29

第4步：

下一步，将黑色色阶滑块向左拖动，直到照片看起来不那么平淡、过曝，然后大幅提高对比度。有些人认为不能让照片的任何一部分变成纯黑色，即使是非关键、缺乏细节的区域，比如说石块下的阴影。但是我不这么认为，我希望整张照片有突出的东西。我发现一般人对高对比度转换的反应比对保留阴影中全部细节的转换做出的评价更高。如果有机会，请尝试两种版本，并将其展示给朋友，看看他们选择哪个。模特的面部有点儿亮，所以我将曝光度稍微降低一点。

第5步：

我们想要创建高对比度的黑白照片，因此可以通过单击并大幅向右拖动清晰度滑块（本例中，我将其设为+46）来提高对比度，这样可以给中间调添加更多对比，使得整个照片更具冲击力，并极富吸引力。

提示：找出哪些照片会成为优秀的黑白照片

前往某个收藏夹，按Ctrl–A（Mac：Command–A）键选择所有照片，然后按住字母键V，临时将全部照片转换为黑白模式，现在你能查看哪些照片有可能成为优秀的黑白照片。按Ctrl–D（Mac：Command–D）键取消选择所有照片。当你发现一张潜在的优秀黑白照时，单击它，按字母键P将其标记为“留用”。完成选择后，再次选择所有照片，按字母键V将其恢复为全彩色。现在，所有你认为可能成为优秀黑白照的照片都被标有留用旗标。

图 6-30

第6步：

最后一步操作是给照片添加锐化效果。因为这是肖像照片，所以最简单的事情是查看左侧面板区域，在预设面板的Lightroom常规预设下，选择锐化-面部（如图6-31所示），为肖像应用适量的锐化。顺便说一句，如果锐化量不足，请尝试上面一个预设，虽说是为风光照片而设置的，叫作锐化-风景，但也值得一试。这样整个黑白调整就完成了。它和调整彩色照片区别不大，但是有一个内置预设可以替你完成上述大部分操作。单击右下角的复位按钮，使照片回到最初的彩色照片，然后前往预设面板，在Lightroom黑白预设下，选择黑白外观5。

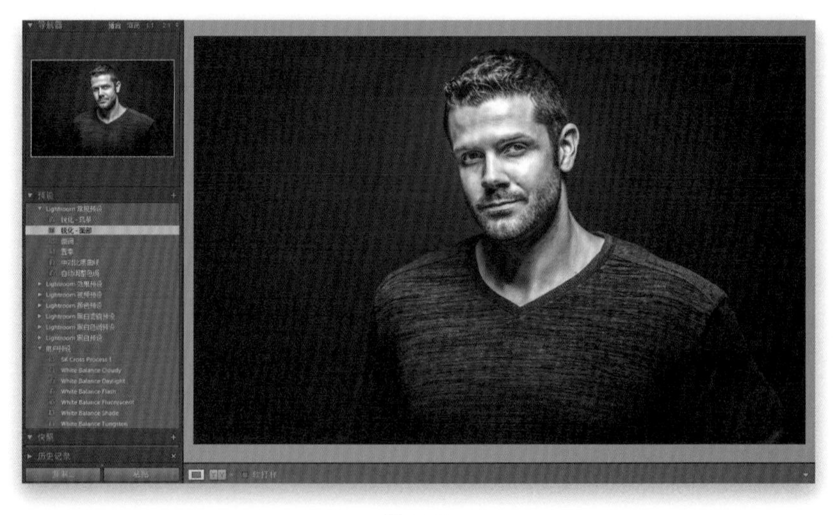

图 6-31

图 6-32

第7步：

好了，我们完成了转换，但是还有一件事情你需要知道，即如何调整黑白照片中的单独区域。例如，假设你希望模特的毛衣更暗一些，就可以前往HSL/颜色/黑白面板，在黑白选项卡下单击目标调整工具（如图6-32中红色圆圈所示），然后单击模特的毛衣垂直向下拖动。尽管现在照片是黑白的，但它知道哪种隐藏的色彩组成了这个区域，它可以帮你移动滑块使该区域变亮（如图6-32所示）。如果下次你想调亮或暗化（调亮时要向上拖动）照片中的某个特定区域时，可以尝试使用目标调整 工具，让它替你工作。

图 6-33

6.7 获得优质的双色调显示（以及色调分离）

我这里需要澄清一点：本节介绍的技巧是用于“获得优质的双色调显示”，但同时还介绍了怎样创建色调分离效果，因为它们使用同样的控件。双色调通常从黑白照片开始处理，然后用着色技术扩展图像的视觉深度。色调分离则是向高光区域应用一种颜色着色，向阴影区域应用另一种颜色着色。我们先介绍双色调，不仅因为你会更喜欢双色调，而且因为其效果更好（我自己不太喜欢色调分离，但仍然非常乐意为你介绍这种效果的具体操作方法，以防你需要）。

第 1 步：

虽然实际上双色调和色调分离是在分离色调面板内完成的，但应该先把照片转换为黑白（我说“应该”是因为可以在彩色照片上应用色调分离效果）。在修改照片模块的预设面板中，在 Lightroom 黑白预设下单击选择黑白外观 5 以转换照片。然后，在基本面板中增加清晰度，并稍微降低曝光度。

图 6-34

第 2 步：

创建双色调的方法简单得令人难以置信，只需向阴影区域添加着色，而保持高光部分不变即可。因此，请转到分离色调面板，先将阴影饱和度滑块拖到 25 左右，这样就能看到一些着色（刚开始拖动饱和度滑块，就能显示出着色，但色相是默认的微红色）。现在，拖动阴影色相滑块到 41，获得相对较为传统的双色调外观（调整完阴影色相滑块后，将饱和度调至 35，如图 6-35 所示）。当然了，你可以选择任何想要的色相，这里用的数值是我最喜欢的。

提示：复位设置

如果想重新开始，按住 Alt（Mac：Option）键，分离色调面板中的“阴影”二字变成“复位阴影”。单击它，即将设置复位到默认状态。

图 6-35

图 6-36

第3步：

现在开始分离色调。要创建色调分离效果，请先选择一张效果不错的黑白照片，然后执行与上文创建双色调时相同步骤，但这次给高光设置一种色相，并为阴影设置另一种不同的色相。这就是该处理的所有操作。这里，我将高光色相滑块调整到45，阴影色相滑块调整到214，然后将阴影饱和度滑块调整到27，高光饱和度滑块调整到50，比通常设置的数值稍高一点儿，只是为了添加更多色彩。

提示：查看着色色彩预览

想要轻松查看所选择的着色颜色，就请按住Alt（Mac：Option）键，并拖动色相滑块，你会看到色彩着色的临时预览效果，好像将饱和度调到100%时一样。

图 6-37

第4步：

也可以从拾色器选择颜色，请单击高光旁边的色板，打开高光拾色器。顶部是一些常用的色调分离高光颜色，例如，单击米黄色色板（左数第三个色板），可以对照片中的高光区域应用米黄色调（在预览区域内可以看到其效果）。要关闭拾色器，请单击左上角的×。平衡滑块（位于高光和阴影部分之间）的作用和你想的一样，用来平衡高光和阴影之间的色彩混合。例如，如果希望图像中的平衡更偏向米黄色高光一点儿，则请单击平衡滑块并向右拖动。现在，已经创造出一种特定的双重色调或分离色调组合，如果你很喜欢的话，请前往预设面板，单击面板标题右上角的+（加号）按钮，将它保存为预设。

6.8 使用一键预设（并创建自己的预设）

Lightroom 中有大量的内置修改照片模块预设，我们可以直接将它们应用到任意照片。这些预设位于左侧面板区域内的预设面板中，其中有8个不同的预设收藏夹：7个Adobe提供的内置预设收藏夹和一个用户预设收藏夹（用来储存我们自己创建的预设）。这些预设会为你节省大量时间，本节我们将学习如何使用它们，并学习如何创建属于自己的预设。

第1步：

首先我们介绍怎样使用内置预设，之后将创建我们自己的预设，并在两个不同的地方应用它们。首先，让我们看一看内置预设，请转到预设面板（位于左侧面板区域内）。总共有7个内置的Lightroom收藏夹和一个用来储存自己预设的用户预设收藏夹。查看其中的内置预设收藏夹，就会发现Adobe 命名这些内置预设是按照预设的类型，在其名称前冠以前缀（举个例子，在Lightroom效果预设中，你会找到颗粒预设，并且还有多、少和中三种选择。

图 6-38

提示：重命名预设

要重命名我们创建的预设（用户预设），只需用鼠标右键单击该预设，并从弹出菜单中选择重命名。

第2步：

只要把光标悬停在预设面板内的预设上，即可以在导航器面板内看到这些预设的预览效果。如图6-39所示，我把光标悬停在名为跨进程3的颜色预设上，在左侧面板区域顶部的导航器面板内可以看到将这种颜色效果应用到照片时的预览效果。

图 6-39

图 6-40

第3步：

要实际应用其中一种预设，只需单击选择它即可。在这里所示的例子中，进入Lightroom黑白滤镜预设，单击绿色滤镜预设来图中的黑白效果，在应用预设后，如果你还想对照片进行调整，只需要到基本面板中拖动滑块即可。

第4步：

在本例中，我将对比度降低到-17（我很少使用低对比度，但是这张照片对比度太强烈了），并且把预设中的高光降低至-95，以便稍微暗花天空。随后把阴影增加到+10，这样就能在她较暗的头发部分看到更多细节，把清晰度调至+16，让照片看起来更清楚。并且，应用预设之后，可以再应用多个预设，这些修改将被添加到当前设置上，只要选择的新预设不使用与刚应用预设相同的设置即可。因此，如果应用了一种预设，该预设设置了曝光度、白平衡和高光，但未使用暗角，而随后选择了一种仅使用暗角的预设，它将叠加在当前预设上，否则，如果新预设也使用了曝光度、白平衡和高光，它将只是再次移动对应的滑块，可能会消除原来预设产生的外观。例如，我使用过绿色滤镜预设后，调整完上面提到的设置，然后来到Lightroom效果预设收藏夹，应用晕影1预设（如图6-41所示），用来增加一种边缘暗化效果。本来绿色滤镜预设不会产生暗角，但现在暗角已经添加在其上了。

图 6-41

第5步：

现在，当然可以使用任何内置预设作为起点，创建自定预设，但现在我们从零开始。请单击右侧面板区域底部的复位按钮（如图6-42中红色圆圈所示），将照片复位到开始处理前状态。现在我们将从零开始创建自己的时尚预设效果：将曝光度提高到+1.15来提亮照片，对比度提高到+64，高光提升至+64让照片更亮，白色色阶降至-58，黑色色阶降至-15，清晰度设为+4，鲜艳度设为-32来使照片稍微欠饱和，达到亮的照片效果。以上是在基本面板中需要做的调整。

第6步：

现在转到色调曲线面板，在高光区域把色相设为54（以便得到琥珀色效果），饱和度为80。在阴影区域，把色相设为218（粉蓝色），饱和度为45。中间的平衡滑块有助于你选择高光部分色相和阴影部分色相之间的平衡。把平衡设置为-36，使图像的阴影趋近于蓝色。现在把它保存为预设。在预设面板中，单击显示在预设面板标题右侧的+（加号）按钮，打开新建修改照片预设对话框（如图6-44所示）。我把这个预设命名为SK Cross Process 1，单击对话框底部的全部不选按钮，然后勾选所有编辑过的设置对应的复选框，以便创建预设（如图6-44所示）。现在单击创建按钮，将刚才所做编辑保存为自定预设，之后它将出现在预设面板的用户预设收藏夹下。

注意：要删除用户预设，只要单击该预设，之后单击-（减号）按钮即可，该按钮显示在预设面板标题右侧的+按钮的左边。

图 6-42

图 6-43

图 6-44

图 6-45

图 6-46

第7步：

现在单击胶片显示窗格内的不同照片，之后把光标悬停在新预设上。如果观察一下导航器面板，就会看到该预设的实时预览（如图6-45所示），因此就能在把预设实际应用到照片之前马上知道其效果是否理想。

提示：更新用户预设

如果你更改了用户预设，并想把它更新为最新的设置，只需右键单击你的设置，从弹出菜单中选择更新为当前设置即可。

第8步：

如果想要把特定的预设（内置或自定预设均可）应用到一堆正在导入的照片中，可以把它们看做已导入的照片，一旦导入成功，其便已应用了预设。我们需要在导入窗口完成这个操作。进入导入时应用面板（如图6-46所示），从修改照片设置下拉列表中选择该预设（如图6-46所示，选择刚刚创建的SK Cross Process 1），那么它就会在照片导入时自动应用到每张照片。此外，还有一个地方可以应用这些修改照片预设，那就是图库模块内快速修改照片面板顶部的存储的预设下拉列表。

提示：导入预设

很多联机地方都提供可免费下载的修改照片模块预设。下载完预设之后，要把它加入到Lightroom，请转到预设面板，右键单击用户预设，从弹出菜单中选择导入，找到下载的预设，单击导入按钮，现在该预设就会显示在用户预设列表内。

6.9 用Lightroom拼接全景画

现在，我们可以使用Lightroom来创建全景画（把多张照片拼接为一张很宽或很长的照片），而不必再转入Photoshop操作。与Photoshop相比，我更喜欢Lightroom的拼接方式，它能更快更便捷地完成操作。下面介绍一下如何进行全景画拼接操作。

第1步：

在图库模块中选择你想要将其拼接成全景画的照片，然后在照片菜单的照片合并子菜单下选择全景图（如图6-47所示），或者也可以直接按Alt-M（Mac：Control-M）键。

图6-47

第2步：

这时会打开全景图预览对话框，我们可以从中查看创建后的全景图预览。此外，还可以通过拖动对话框的边缘来把它更改为我们喜欢的尺寸。

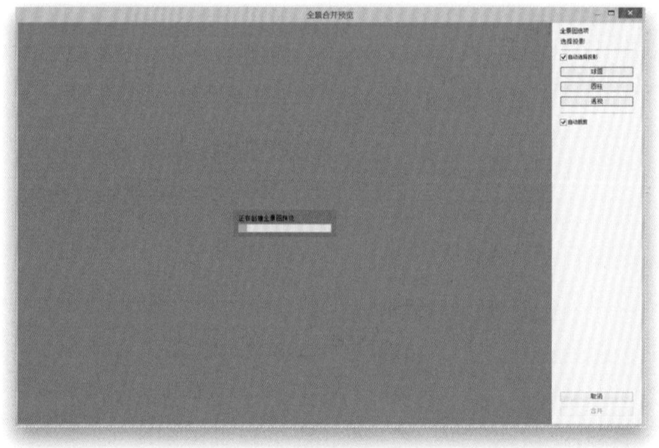

图6-48

图 6-49

第3步：

几秒之后就能预览合并后的全景照（如图6-49所示）。在右侧的全景图选项中，有一个裁剪由于拼合多张照片而产生的白色空隙的选项。如果你想手动裁剪照片，只需保持自动裁剪复选框关闭即可。你也可以勾选该复选框，当全景照拼合完成后，在修改照片模块中单击裁剪叠加工具，显示出被裁减掉的区域，以便你再次裁剪。

全景图选项
选择投影
自动选择投影
球面
圆柱
透视
自动裁剪

图 6-50

第4步：

全景图选项下方有的三个投影选项供你选择（Lightroom创建全景图的方式），但是说实话，保持自动选择投影复选框勾选状态可以得到最佳的投影效果，我个人也只使用这个选项。下面来具体介绍一下如图6-50中所示的三个选项：透视会假定拼合照片最中间的那张为焦点，以其为中心让其他照片与之匹配（包括扭曲、变形、弯折等）；圆柱可能是真实宽画幅全景照表现力最好的，它能保证所有拼合照片的高度一致，所以全景照不会紧凑成“蝴蝶结”效果——即全景照的两端很高且边角向内弯曲呈蝴蝶结状；球面可以拼合360° 全景照（当然，为此你需要拍摄360° 的照片用于拼合）。

第5步：

调整完成后可以单击合并按钮，渲染最终的全景照（需要花费几分钟）。当然，除非出了什么差错，否则这个方法适用于各种情况。如果自动裁剪复选框下出现如图6-51所示的警告图标，提示你Lightroom无法自动匹配镜头配置文件。为了获得最佳结果，请在合并之前将适当的镜头配置文件应用到照片中。即Lightroom在读取嵌入照片中的相机数据时，找不到镜头配置文件或其所需的镜头信息，在这种情况下虽然也能合并照片，但无法保证全景照的最佳品质。

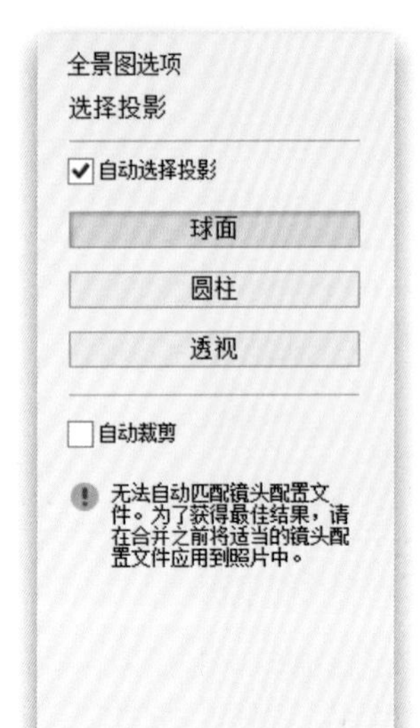

图6-51

第6步：

此处，由于系统找不到我拍摄时使用的Tamron 28–300mm镜头的配置文件。因此，我先单击取消按钮，关闭对话框。照片此时依旧是被选中的，然后转入修改照片模块单击自动同步按钮，在镜头校正面板中单击配置文件选项卡，然后勾选启用配置文件校正复选框，在下拉菜单中选择你使用镜头的制造商和型号。如果此处没有精确匹配你的镜头配置文件，那就选择最接近的那个。然后，转回图库模块再次创建全景照，这时你能获得更好的结果。

在此处选择你使用镜头的制造商和型号

图6-52

TAMRON 16-300mm F/3.5-6.3 DiII PZD MACRO AB016S
TAMRON 16-300mm F/3.5-6.3 DiII VC PZD MACRO B016E
TAMRON 16-300mm F/3.5-6.3 DiII VC PZD MACRO B016N
TAMRON 18-200mm F/3.5-6.3 DiII A14E
TAMRON 18-200mm F/3.5-6.3 DiII A14N
TAMRON 18-200mm F/3.5-6.3 DiII A14P
TAMRON 18-200mm F/3.5-6.3 DiII A14S
TAMRON 18-200mm F/3.5-6.3 DiIII VC B011
TAMRON 18-200mm F/3.5-6.3 DiIII VC B011EM
TAMRON 18-250mm F/3.5-6.3 DiII A18E
TAMRON 18-250mm F/3.5-6.3 DiII A18N
TAMRON 18-250mm F/3.5-6.3 DiII A18P
TAMRON 18-250mm F/3.5-6.3 DiII A18S
TAMRON 18-270mm F/3.5-6.3 DiII PZD B008S
TAMRON 18-270mm F/3.5-6.3 DiII VC B003E
TAMRON 18-270mm F/3.5-6.3 DiII VC B003N
TAMRON 18-270mm F/3.5-6.3 DiII VC PZD B008E
TAMRON 18-270mm F/3.5-6.3 DiII VC PZD B008N
TAMRON 28-200mm F/3.8-5.6 Di A031E
TAMRON 28-200mm F/3.8-5.6 Di A031N
TAMRON 28-200mm F/3.8-5.6 Di A031P
TAMRON 28-200mm F/3.8-5.6 Di A031S
TAMRON 28-300mm F/3.5-6.3 Di A061E
TAMRON 28-300mm F/3.5-6.3 Di A061N
TAMRON 28-300mm F/3.5-6.3 Di A061P
TAMRON 28-300mm F/3.5-6.3 Di A061S
TAMRON 28-300mm F/3.5-6.3 Di PZD A010S
TAMRON 28-300mm F/3.5-6.3 Di VC A20E
TAMRON 28-300mm F/3.5-6.3 Di VC A20N
TAMRON 28-300mm F/3.5-6.3 Di VC PZD A010E
TAMRON 28-300mm F/3.5-6.3 Di VC PZD A010N
TAMRON 55-200mm F/4-5.6 DiII A15E
TAMRON 55-200mm F/4-5.6 DiII A15N
TAMRON 55-200mm F/4-5.6 DiII A15S
TAMRON 70-300mm F/4-5.6 Di A17E
TAMRON 70-300mm F/4-5.6 Di A17N
TAMRON 70-300mm F/4-5.6 Di A17P
TAMRON 70-300mm F/4-5.6 Di A17S
Tamron Di 28-75mm f/2.8 SP XR LD IF
TAMRON SP 10-24mm F/3.5-4.5 DiII B001E
TAMRON SP 10-24mm F/3.5-4.5 DiII B001N
TAMRON SP 10-24mm F/3.5-4.5 DiII B001P

这里有许多专供一些制造商的内置镜头配置文件

图6-53

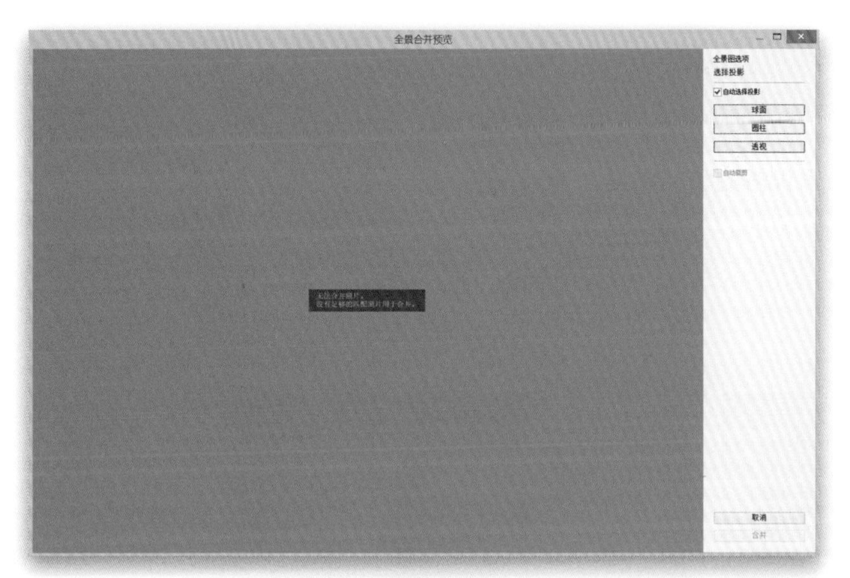

图 6-54

第7步：

现在我们知道了合并照片和快速修复类似问题（另一个问题可能是系统无法合并照片——或许是照片的边缘太窄无法重合，或者相机倾斜得太厉害，系统无法拼合。它会告诉你：无法合并照片。请取消并检查您选择的照片。这时别无他法，你只能重新拍摄）的方法，是时候学习更快捷的流程了。若想完全跳过全景合并预览对话框，只需在照片合并菜单中选择全景照的同时按住Shift键即可（或者按快捷键Alt-Shift-M [Mac：Control-Shift-M]）。最终的合并照片将在后台进行，因此你可以在Lightroom中继续你的操作，包括创建其他全景照。Adobe把这种隐藏对话框渲染为“无头”模式。

图 6-55

第8步：

后台渲染完成后，最终的合并照片将出现在合并前照片所在的相同的收藏夹中，并存储为（RAW）DNG格式文件（当然，这张照片被存储进合并前照片所在的收藏夹中。如果没有，它也会出现在相同的文件夹中）。你可以继续对全景照进行常规的编辑。

注意：创建好全景照后，Lightroom还会在照片文件名最后加上Pano的字样。

提示：创作HDR全景照

如果你为制造全景照而拍摄了包围曝光照片，那么首先要使用照片合并的HDR功能来把一系列相同照片组成单张HDR照片，然后选中所有的编辑后HDR照片，从照片合并菜单中选择全景图，把它们转换为HDR全景照。

6.10 在Lightroom中创建HDR图像

Lightroom可以把相机内的一系列包围曝光照片合并为单张HDR图像（以前该操作需要用Photoshop才能完成）。但要注意的是，它不会创造出传统的色调映射HDR效果，事实上，HDR图像更趋向于正常的曝光效果，但当你编辑它，需要提升阴影等设置时，它可以增加高光范围，拥有更优秀的低噪点效果，使照片整体的色调范围更广。另外，最终的HDR图像会存储为RAW格式。

第1步：

在图库模块中选择包围曝光照片。此处我选择了三张照片：标准曝光、变暗两挡和变亮两挡。然后在照片菜单的照片合并中选择HDR（如图6-56所示。或者按Alt-H [Mac：Control-H]）键。如果你也是Adobe Photoshop用户，你依旧可以选择从Lightroom跳转到Photoshop中使用HDR Pro功能。操作方式是，选择照片，然后进入照片菜单的在应用程序中编辑，选择在Photoshop中合并到HDR Pro。

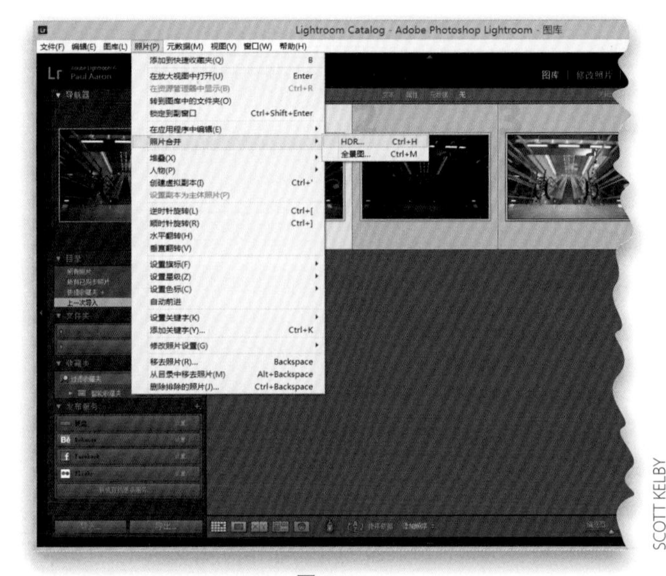

图6-56

第2步：

此时会出现如图6-57所示的HDR合并预览，它像此图这样呈灰色，表示正在创建即将生成的单张HDR图像预览。

注意：只需单击并拖动对话框的边缘，就能调节对话框的尺寸。

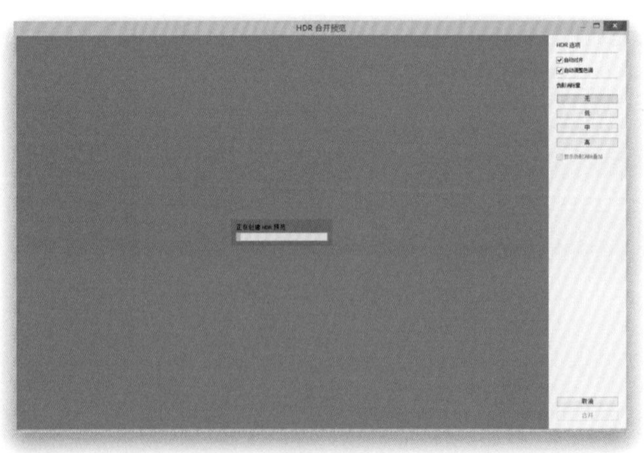

图6-57

提示：更快捷的HDR图像处理

如果想一并跳过该对话框，让Lightroom使用你的前一次设置，在后台把你的包围曝光照片合并为HDR图像，只需选中照片，按Ctrl-Shift-H（Mac：Command-Shift-H）键，系统就会完成其余操作。Adobe称这种跳过对话框功能为“无头”模式。

图 6-58

第 3 步：

约二三十秒后，合并的HRD预览就生成了。它看起来更像是正常曝光的照片。不过，我可以根据不同照片，让阴影区域获得更多细节，同时还不至于使其与原照片太过不同（当你在修改照片模块的基本面板中使用Lightroom的HDR图像时，才会发现它的优点）。

提示：包围曝光照片越少越好

通过Lightroom HDR照片合并的计算类型来看，你无需使用过多的包围曝光照片。事实上，虽然三张包围曝光照片很不错（一张标准，一张变暗两挡，一张变亮两挡），你甚至可以去掉标准曝光照片只使用两张，就能获得很多细节（和使用更多包围曝光照片相比）。

图 6-59

第 4 步：

在单击合并前，建议你尝试勾选/取消勾选自动调整色调复选框查看效果，它和基本面板中的自动色调功能相同。我测试过大量HDR照片，自动调整色调的效果虽然不明显，但是也能显现一些，因此值得对比查看一下。我们可以看到此处不使用自动调整色调和第 3 步中的不同效果。我认为勾选该复选框时的效果更好一些。说到复选框，另一个自动对齐复选框是默认勾选的，它有利于大部分手持拍摄的包围曝光图像，能够自动修复不太齐或非常扭曲的照片。当然，如果拍摄时使用了三脚架，就可以跳过这步，加快处理速度。

第5步：

伪影消除功能可以去除照片中晃动的影子（如人走入画面而形成的，或者由于拍摄失误导致的透明或半透明移动人影）。默认时，伪影消除功能是关闭的（仅当有明显影子时才开启）。通过单击低（较淡的影子）、中（更多一些）或高（照片中有许多影子）按钮时可以开启它，并且效果惊人，它基本能去掉三张包围曝光照片中的移动影子，使其无瑕疵显示。我通常先设置为低，如果照片中依旧存在人影再调整为中或高。顺便说一下，开启该功能需要再次重建预览，会耗费几秒钟的时间，同时出现正在构建预览的提示。

图 6-60

第6步：

如果想查看照片中的伪影区域，可以勾选显示伪影消除叠加复选框（还会再构建新的预览），伪影区域会显现为如图6-61所示的红色，此时我选择的是中伪影消除量。使用三脚架拍摄的图像中不再有许多移动的影子，但在照片最左侧有个正在走动的人，伪影功能对此帮助不大，因此我再次取消勾选该复框。

图 6-61

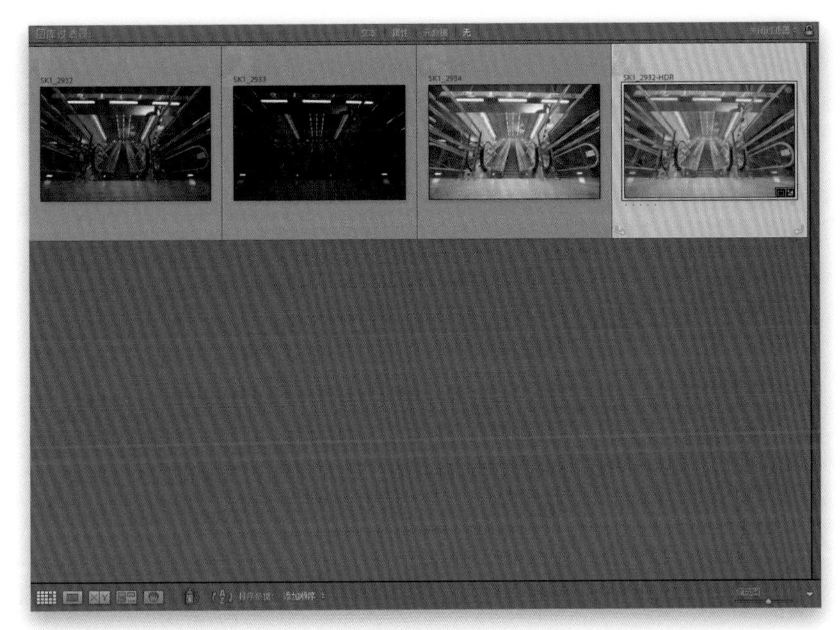
图 6-62

第7步：

到目前为止，你查看了合并后的HDR照片预览，但也只是预览而已。在完成复选框的选择后，单击合并按钮，系统就开始在后台制作真正的HDR图像，过程大约需要几分钟（以你所使用的包围曝光照片的数量、照片尺寸和计算机的运行速度等因素而定）。完成合并后，新的HDR图像将以RAW和DNG文件存储在最初操作的收藏夹中，如图6-62所示（你没看错——合并后的HDR图像是RAW文件）。顺便说一下，如果整个操作不是从收藏夹开始的，那么系统会把单张HDR照片存储到包围曝光照片所在的文件夹。现在单击缩览图，进入修改照片模块来看看我们的HDR图像吧。

图 6-63

第8步：

通常可以把曝光度滑块拖动到+5.00或–5.00。不过，由于照片的色调范围被极大地扩展了，因此现在滑块的移动范围应该是–10.00～+10.00。希望你永远也别拍下10挡曝光的照片，要知道HDR照片极大扩展了色调范围，为你在大幅开发阴影区域出现噪点时预留了空间，以获得更好的结果。现在观察照片，我们发现它不是完全水平的，高处的水平线有点整体向右弯曲。

第9步：

幸运的是，利用镜头校正面板就能轻松修复这些问题。在基本选项卡中，勾选启用配置文件校正复选框（Lightroom将读取相机的内嵌文件数据，为你选择适当的镜头配置文件），效果显著。如果系统找不到匹配的镜头配置文件，那么请单击配置文件选项卡，从下拉菜单中选择镜头的制造商和型号。完成后返回基本选项卡，勾选锁定裁剪复选框并单击自动按钮，应用自动镜头校正。如你所见，与上一步调整后的照片相比照片变得更好了。

图 6-64

第10步：

现在可以在修改照片模块的基本面板中，对照片进行调色了。对这张照片来说，已经不需再做过多操作了，因为我们刚开始创建HDR照片时，就对其应用了自动色调功能。事实上，现在我只需要把清晰度滑块大幅拖动至+42（金属物需要清晰度来凸显它们），然后转到细节面板的锐化区域，把数量滑块拖曳至+50。现在开始来完成你的第一张Lightroom HDR照片吧！

图 6-65

6.11 让街道和鹅卵石产生湿润效果

有个窍门可以令我旅行照中的街道产生湿润感，我独爱它的原因是这很好操作——只需要调整两个滑块，而且效果惊人，尤其是调整鹅卵石铺成的街道的效果更好，不过普通的柏油马路也不错。

图 6-66

第1步：

进入修改照片模块，在基本面板中进行一些常规的调整：按住Shift键并双击白色色阶滑块或黑色色阶滑块，让Lightroom自动设置黑、白点；我稍微增加了阴影数值，为建筑物增添一点细节；还稍微调低了高光值，因为天空颜色看起来太淡了。你可以根据需要对照片进行调整，我在这里只是对准备照片时的基本编辑稍作介绍而已。

图 6-67

第2步：

单击工具栏中的调整画笔工具（快捷键K），然后双击效果二字把所有滑块归零。此处只需调整两个滑块——把对比度滑块拖曳到100，然后把清晰度滑块也拖动到100。现在开始描绘希望产生湿润效果的表面（此处我描绘了前景的街道），让其变得有潮湿感，就像真正的湿润路面那样带有反射效果。

第3步：

别忘了描绘人行道和路边。此外，如果发现描绘后的效果不够“湿润”，可以单击调整画笔面板左上角的新建按钮，对相同的区域进行描绘，但要从街道的不同位置开始画起，这样就把第二次描绘叠加在了第一次的湿润效果上。顺便说一下，如果因为清晰度值太高而使街道显得很明亮，只需稍微降低曝光度或高光，让整体拥有相同的亮度。在本例中我把高光降为-16，我还试着降低曝光度，不过我认为只降低高光的效果会更好一些。

图 6-68

第4步：

这个技巧看似特别适合由鹅卵石铺成的街道，不过它也适用于大部分常见的街道。如图6-69所示，这里显示了修改前/修改后照片。经过简单地调整，普通街道瞬间变得潮湿起来。

SCOTT KELBY

图 6-69

Lightroom 快速提示

▼ 不通过创建虚拟副本得到照片的不同版本

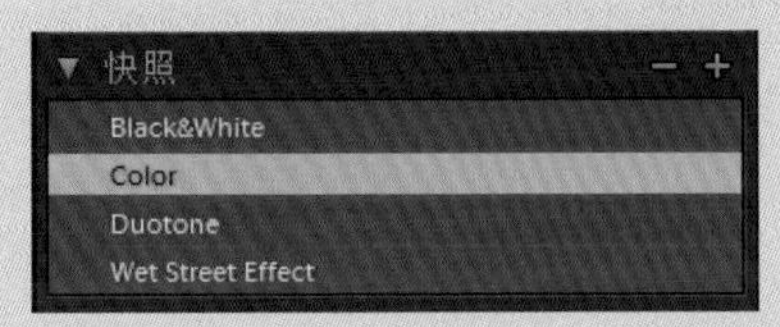

你可以将快照看作一种单击一次即可访问照片多个版本的另一种方法。在修改照片模块内，看到喜爱的照片的某个版本时，只需按Ctrl-N（Mac：Command-N）键，当时的照片显示效果将被保存到快照面板并需要为其命名。所以，用这种方法可以将黑白版本作为一个快照，双色调版本、彩色版本、带某种特效的版本分别作为一个快照，只需单击一次就可以查看任一快照，而不必在历史记录面板内滚动并费力查找各种显示效果所在的位置。

▼ 为JPEG和TIFF图像创建白平衡预设

我在第4章提到过JPEG和TIFF图像唯一可选的白平衡预设是自动。下面有一种很酷的方法使你可以有更多选择：打开一幅RAW图像，并只进行一项编辑——将白平衡预设选择为日光。现

在，将这种修改保存为预设，并取名为白平衡日光。然后对每种白平衡预设进行同样操作，并分别保存为预设。现在当打开一幅JPEG或TIFF图像时，就可以通过单击一次这些白平衡预设，得到相似的效果。

▼ 使用HSL/颜色/黑白选项卡前要先对照片进行颜色校正

若想使用黑白选项卡进行黑白转换，在转到该面板之前，首先要使彩色图像看起来色彩正确（先平衡曝光、黑色色阶、对比度等，然后才能在黑白选项卡中得到更好的调整效果）。

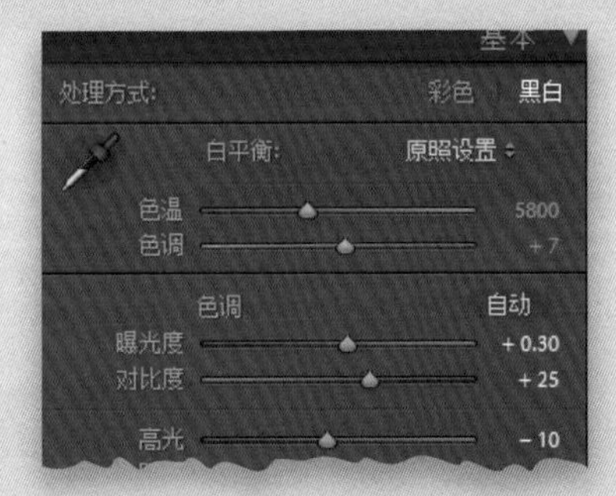

▼ 获得胶片颗粒外观

如果想模拟胶片颗粒外观效果，在效果面板中正好有一功能可以使用（若想真正看到颗粒，首先应该将其调到100%[1:1]视图）。颗粒数量调得越高，就会有越多颗粒添加到照片中（一般我最多不会超过40，通常尽量保持在15~30）。大小滑块可以帮你选择颗粒以多大的尺寸出现（我觉得尺寸适当小点时，看起来更真实），粗糙度滑块帮你改变颗粒的一致性，粗糙度滑块越向右拖动，颗粒更加多变。最后一点，当进行印刷时，颗粒会消失一些，所以当颗粒数量在屏幕上看起来合适时，不要奇怪为什么在印刷品上几乎看不到。所以，如果最终输出是要打印，你可能需要比想象中多使用一些颗粒。

▼ 绘制双色调

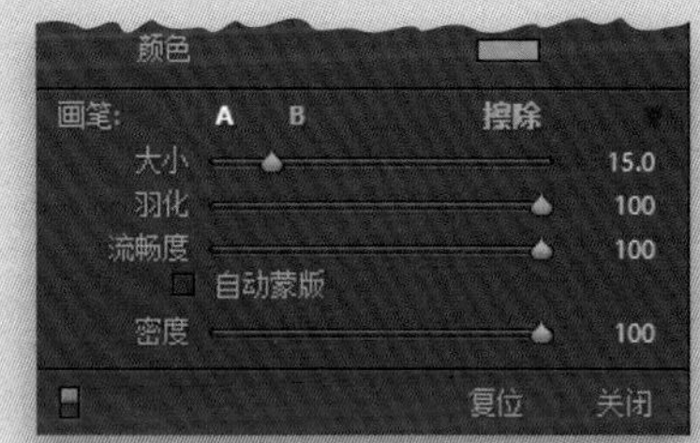

从黑白照片创建双色调效果的另一种方法是单击调整画笔，之后在弹出的选项中，从效果下拉列表内选择颜色。现在单击色板，在拾色器中选择想要的颜色，再关闭拾色器。之后取消勾选自动蒙版复选框，在照片上绘图。绘图时会保留所有细节，只应用双色调颜色。

▼ 获得黑白修改前、后图像

编辑黑白图像之后，按\键不能看到以前的图像，因为开始是从彩色图像开始编辑（因此按\只能显示原来的彩色图像）。这里有两种方法可以解决这个问题：（1）转换为黑白图像后，立即按Ctrl-N（Mac：Command-N）键把该转换保存为快照。现在可以随时单击快照面板内的快照回到原来的黑白图像；（2）在转换为黑白图像后，按Ctrl-'（Mac：Command-'）键创建虚拟副本，然后对副本进行编辑。这样可以使用\键将原始转换效果与调整后的效果进行比较。

摄影师：Scott Kelby ┊ 曝光时间：1/125s ┊ 焦距：150mm ┊ 光圈：$f/11$

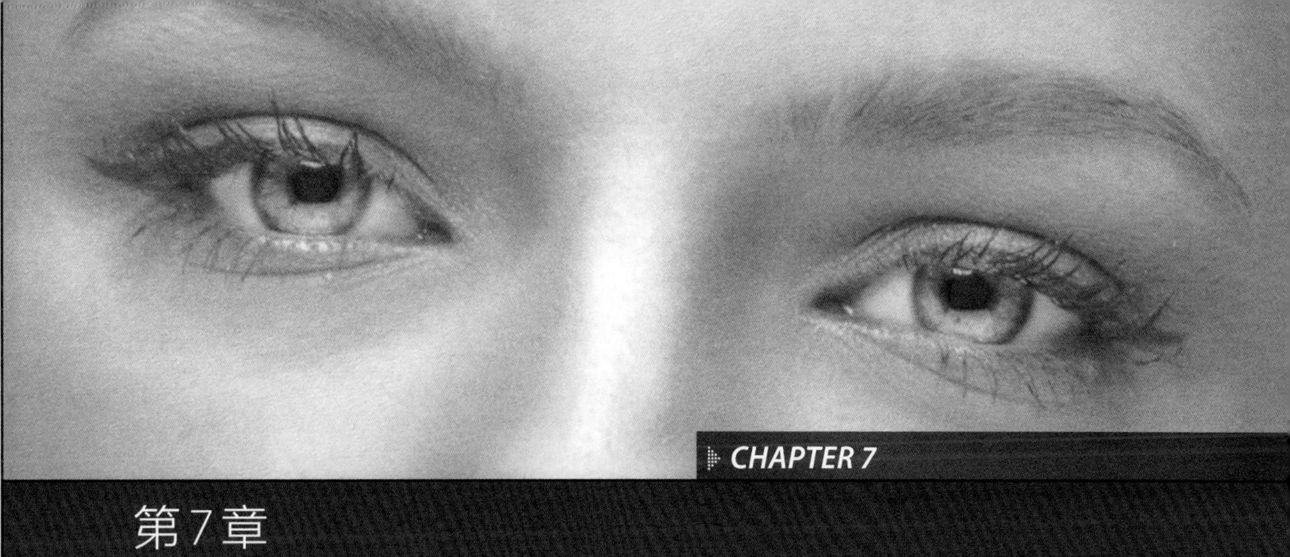

CHAPTER 7

第7章

问题照片

校正常见的问题

7.1 校正逆光照片

数码摄影最常见的问题之一是在逆光下进行拍摄，得到的照片几乎是黑色的剪影。我认为这种问题之所以常见，是因为在逆光情况下，人眼能够很好地调节，一切都看得清清楚楚，但相机曝光有很大的不同，在逆光下，拍摄时看起来非常平衡的照片就会出现图7-1所示的情况。而调整阴影滑块可以出色地解决这类问题，但你还需增加一点别的处理。

第1步：

在这张原始照片中，天空的曝光恰当，但是建筑物完全处在阴影中。当我观看景色时，所有东西看起来都很好，因为我们的眼睛可以瞬间平衡景色的曝光度，但遗憾的是，我们的相机却不能，它仅仅曝光了天空，却将建筑物留在阴影中。在校正逆光问题之前，首先请稍微增加曝光度到+0.65，看看照片有没有变化，同时避免高光区域过曝，将高光滑块向左拖到-50，以降低天空中最亮的高光部分。我们可以看到，修改之后的照片明显没有之前阴暗了。

图 7-1

第2步：

为了显示出前景区域，单击并向右拖动阴影滑块到+80左右。在Lightroom 3中，你不会将阴影滑块拖动这么远，因为这会使照片很难看。但在Lightroom CC中，你不会看到这般拙劣的外观效果。如果你确实将阴影数值调得非常高，照片看起来很可能像过曝一样（如图7-2所示），我们只需在下一步中进行简单的调整，就能解决这个问题。

提示：当心杂色

照片中的杂色通常出现在阴影区域，因此如果大量使用阴影的话会将杂色放大。拖动滑块时要注意这一点，如果发现很多杂色，可以转到细节面板来降低其明亮度和颜色（参阅下一节，了解更多相关操作）。

图 7-2

图 7-3

第3步：

若想消除过曝效果，只需单击并向左拖动黑色色阶滑块到-34，使图像中多一些黑色色阶。幸运的是，过曝外观不会像在Lightroom 3 中那样频繁出现，这得益于新的处理版本的性能优化。在大多数情况下，只需稍微移动黑色色阶滑块就可以补充黑色色阶。

第4步：

如图7-4所示，我使用Lightroom 的修改前/修改后视图显示使用阴影滑块，之后调高黑色色阶滑块恢复深阴影对逆光照片所产生的巨大影响。

图 7-4

7.2 减少杂色

在高感光度或者低光照下拍摄时，可能会导致照片内出现杂色，可能是亮度杂色（照片上随处出现明显的颗粒，特别是在阴影区），也可能是色度杂色（那些讨厌的红、绿、蓝斑点）。虽然Lightroom以前版本中的杂色消除功能有点弱，但在Lightroom 3中，Adobe对减少杂色功能做了彻底改造，因此现在它不仅功能更强大，而且比之前版本保留了更多的锐度和细节。

第1步：

要减少像图7-5所示照片中的杂色，请转到修改照片模块的细节面板的减少杂色部分。为了方便更清楚地看到杂色，请先缩放到1:1 视图，如图7-6所示，我放大了窗户区域。

图 7-5

第2步：

我通常先从减少色度杂色入手，由于RAW照片能自动应用减少杂色功能，但此处我把颜色滑块归零，以便你看清操作过程。先将颜色滑块设为0，然后慢慢向右拖动。一旦色度杂色消失就停止拖动。本例中，将颜色值设置到49～100时不再会有明显的效果改善。细节滑块主要控制图像边缘受减少杂色处理的影响程度。如果将其向右拖动太多，它将很好地保护边缘区域的颜色细节，但存在出现色斑的风险。如果将该设置值保持很低的数值，就能避免色斑，但可能导致一些颜色溢出。那么，我们应该将细节滑块设置到什么位置呢？请观察图像中的某个彩色区域，并尝试两种极端调整。对于所处理的大多数图像，我倾向于将其设置为50或以下，但你也许会遇到需要调整到70 或80 才能获得最佳效果的图像，因此，不要害怕尝试这两种极端调整。幸运的是，颜色滑块自身能够创建出明显不同的效果。

图 7-6

图 7-7

图 7-8

第3步：

现在色度杂色已经消除，但图像看起来可能充满颗粒，因此我们将减少这类亮度杂色。请向右拖动明亮度滑块，直到杂色大幅减少为止（如图7-7所示）。明亮度滑块下方的细节滑块和对比度滑块还可以进一步控制处理效果。细节滑块（Adobe称之为“亮度杂色阈值”）有助于处理严重模糊的图像。如果你认为图像现在看起来有点儿模糊，请向右拖动细节滑块，但这可能会导致图像杂色增加。如果你希望得到干净的图像效果，请将细节滑块向左拖动，但是会牺牲掉一些细节。图像要么具有干净的效果，要么具有大量锐化的细节，但要二者兼顾有点困难。

第4步：

而对比度滑块则会使杂色严重的图像产生截然不同的效果，当然，它也有其自己的取舍。向右拖动对比度滑块将保护照片的对比度，但可能会出现一些斑点状的区域。如果向左拖动该滑块可以得到更平滑的效果，但会牺牲掉一些对比度。为何不能细节和平滑效果两全呢？其关键是寻找一个平衡点，做到这一点的唯一方法是对屏幕上的图像进行试验。具体对这幅图像而言，在把明亮度滑块拖动到33左右后大多数亮度杂色已消除，而我想保留更多细节，因此我将细节滑块拖曳到61左右，而保持对比度滑块的位置不变。修改前和修改后效果如图7-8所示。

7.3 撤销在Lightroom所做的修改

Lightroom 记录了我们对照片所做的每一项编辑，并在修改照片模块的历史记录面板内按照这些编辑的应用顺序以运行列表的形式列出它们。因此，如果我们想撤销任何一步操作，使照片恢复到编辑过程中任一阶段的显示效果，只要单击一次就可以做到。但遗憾的是，我们不能只恢复单个步骤，而保留其他步骤，但我们可以随时撤销任何错误的操作，之后选择从这一点开始重新进行编辑。本节将介绍具体的操作方法。

第1步：

在观察**历史记录**面板之前，我要提出的是：按Ctrl-Z（Mac：Command-Z）键可以撤销任何操作。每按一次该快捷键，它就会撤销一个步骤，因此可以重复使用该快捷键，直到恢复到在Lightroom中对照片所做的第一项编辑为止，因此可能完全不需要**历史记录**面板（只是让你知道有这个快捷键可以使用）。要查看对某幅照片所做的所有编辑的列表，请单击该照片，之后转到左侧面板区域内的**历史记录**面板（如图7-9所示）。最近一次所做的修改位于顶部。

注意：*每幅照片保存有一个单独的历史记录列表。*

图 7-9

第2步：

如果把光标悬停在某一条历史编辑记录上，导航器面板中的小预览窗口（显示在左侧面板区域的顶部）会显示出照片在这一历史记录点的效果。这里，我把光标悬停在几步之前把照片转换为黑白这个操作点上，但因为之后我改变了主意，把照片又切换回了彩色。

图 7-10

图 7-11

第3步：

如果想让照片跳回到某个步骤时的效果，那就在其上单击一次即可。顺便提一下，如果使用键盘快捷键撤销编辑，而不是在历史记录面板中操作时，照片中将会出现还原提示（如图7-11所示）。

提示：永远可以撤销

Photoshop中只允许进行20次撤销操作，如果关闭该文件，记录就会消失。但是在Lightroom中，在程序内做的每一次修改都会被记录，当你想修改照片或者关闭Lightroom时，这些记录都会被保存。所以即使一年之后再返回那张照片，都可以对已执行的操作进行撤销。

图 7-12

第4步：

如果遇到自己非常喜欢的调整效果，想快速跳转到这个编辑点时，可以转到快照面板（位于历史记录面板的上方），单击该面板标题右侧的+号按钮（如图7-12所示）。这一时刻的编辑状态将被存储到快照面板，其名称字段被突出显示，因此我们可以给它指定一个名字（如Duotone with Vignette，这样我就知道以后单击该快照时所得到的效果——一幅有暗角效果的双色调照片，并且可以看到该快照在快照面板内突出显示）。此外，我们还可以将光标放在历史记录面板内的任意步骤上，然后单击鼠标右键，从弹出菜单中选择创建快照即可，非常方便。

7.4 裁剪照片

第一次使用Lightroom 中的裁剪功能时，我认为它非常怪异、笨拙，可能是因为我习惯于Photoshop 早期版本中的裁剪工具了，但是一旦习惯它之后，我就觉得它可能是我在所有程序中看到过的最好的裁剪工具。如果你在尝试之后还不喜欢它。则一定要阅读本节的第6步操作，了解怎样以更接近Photoshop 中的处理方式进行裁剪。

第1步：

原始照片拍摄得太宽，拍摄主体不突出，因此我们将裁剪得更紧凑一点儿，以突出烟火。请转到修改照片模块，单击基本面板上方工具箱内的裁剪叠加工具（如图7-13中红色圆圈所示），这会在其下方显示出裁剪并修齐选项。在图像上会出现一个三分法则网格（有助于裁剪构图）以及4个裁剪角柄。要想锁定长宽比，使裁剪受照片原来长宽比的约束，或者解锁长宽比约束（执行没有约束的自由裁剪），请单击该面板右上角的锁定图标（如图7-13所示）。

图 7-13

第2步：

要裁剪照片，请抓住一个角柄，并向内拖动，以重新调整裁剪叠加框的大小。这里我抓住右下角柄，并朝内侧对角方向拖动。

图 7-14

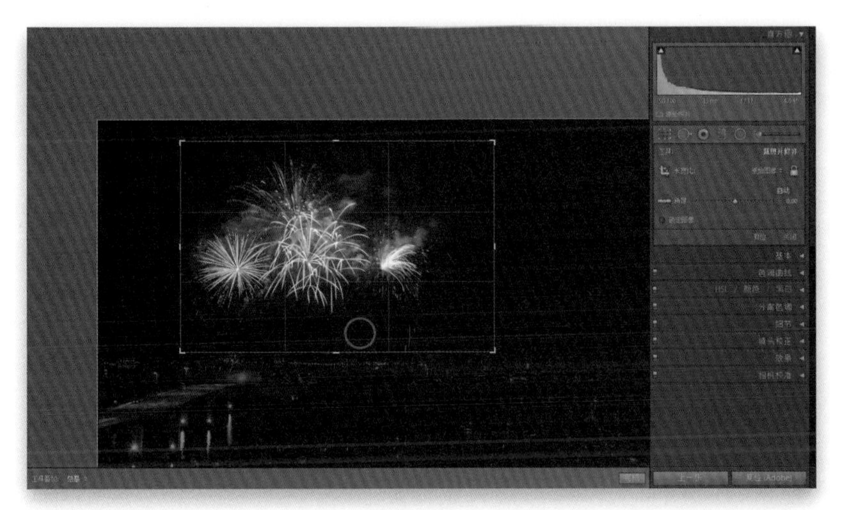
图 7-15

第3步:

现在要将照片的烟火裁剪得紧凑一些，只需抓住裁剪框的右下角，并朝外向对角方向拖，以获得更美观紧凑的裁剪（如图7-15所示）。如果需要在裁剪框内重定位照片，只需在裁剪叠加框内单击并保持，光标就会变成“抓手”光标（如图7-15所示），然后就可以随意拖动了。

提示：隐藏网格

如果想隐藏裁剪叠加框上显示出的三分法则网格，请按Ctrl–Shift–H（Mac：Command–Shift–H）键。或者，可以通过从预览区域下方的工具栏的工具叠加下拉列表中选择自动，使其只当实际移动裁剪边框时才显示它。此外，这里不是只能显示三分法则网格，还可以显示其他网格，只要按字母键O，就可以在不同网格之间切换。

图 7-16

第4步:

裁剪合适后，按键盘上的字母键R锁定裁剪，去除裁剪叠加框，显示出照片的最终裁剪版本（如图7-16所示）。接着其他两个裁剪方法需要介绍。

第5步：

如果知道想要某种长宽比尺寸的图像，则可以从裁剪并修齐部分的长宽比下拉列表内进行选择。具体操作如下：单击右侧面板区域下方的复位按钮，回到原始图像效果，之后再单击长宽比下拉列表，接着显示出预设尺寸列表（如图7-17所示）。从该下拉列表中选择4×5/ 8×10，这时会看到裁剪叠加框的左、右两侧向内移动，显示出4x5 或8×10 裁剪长宽比效果，我们可以重新调整裁剪矩形的大小，但要确保它保持为4×5/ 8×10的长宽比。

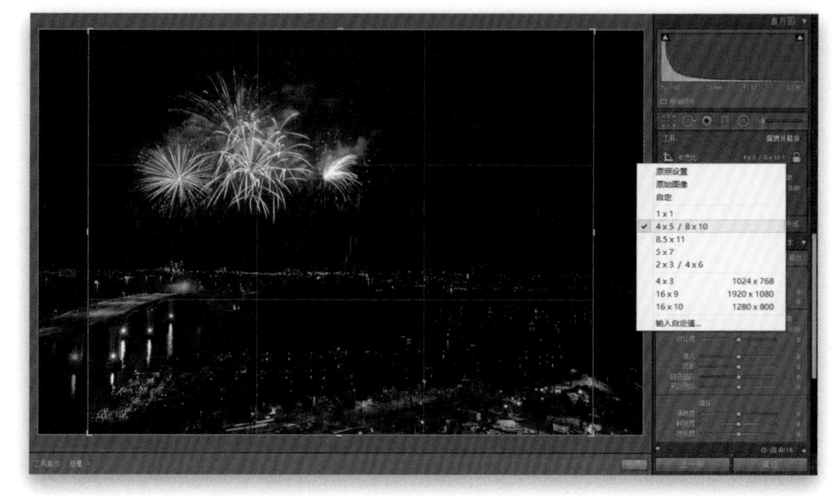

图 7-17

第6步：

另一种方法更像Photoshop中的裁剪，具体操作是：单击裁剪叠加工具图标，之后单击裁剪框工具（如图7-18中红色圆圈所示），在我们想要裁剪的位置单击并拖出所需大小的裁剪框即可。在拖出新的裁剪框时，原来的裁剪框仍然保持，如图7-18所示。一旦拖出裁剪框后，其处理方式就和之前的方法一样。具体使用哪种方法进行裁剪就全凭你的习惯了。

提示：取消裁剪

若想取消裁剪，只需单击裁剪并修齐区域右下角的复位按钮即可。

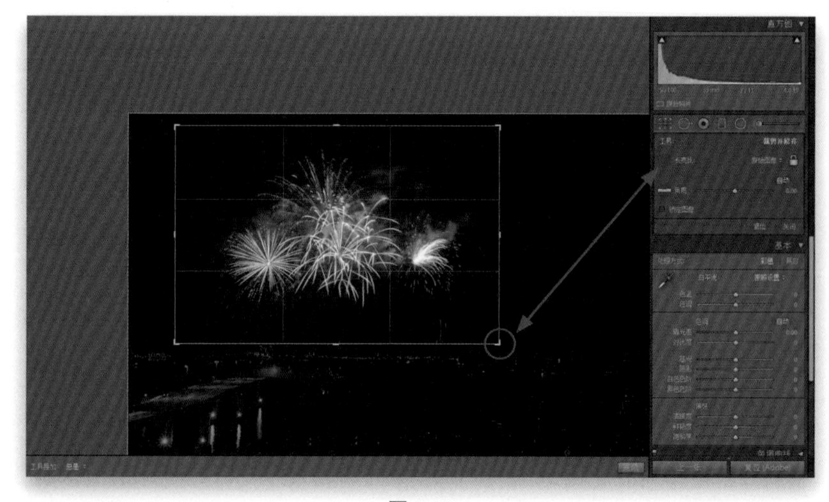

图 7-18

7.5
关闭背景光模式下裁剪

在使用修改照片模块内的裁剪叠加工具裁剪照片时，将要被裁剪掉的区域会自动变暗，这使我们可以更好地了解应用最终裁剪后照片的效果。但如果想体验最终裁剪效果，真正看到被裁剪照片的样子，那我们可以在关闭背景光模式下进行裁剪。当用过这种方法之后，你就不会再想使用其他方法进行裁剪。

SCOTT KELBY

图 7-19

第 1 步：

现在让我们来尝试一下关闭背景光模式裁剪：首先单击裁剪叠加工具，进入裁剪模式，然后按Shift-Tab键以隐藏所有面板。

图 7-20

第 2 步：

按两次字母键L，进入关闭背景光模式，这时除了裁剪区域，所有对象均被隐藏，照片处于黑色背景中央，并保留裁剪框。现在，请试试抓住角柄，并向内拖动，然后单击并拖动裁剪边框外部使其旋转，在拖动裁剪框时可以看到被裁剪图像会动起来，这就是裁剪的终极方法，如图7-20中所示的静态图像难以说明其效果，你必需亲自试一试。

7.6 矫正歪斜的照片

Lightroom 提供了4种方法来矫正歪斜照片。其中的一种方法非常精确，一种方法是自动的，其他两种方法虽然需要用眼睛观察，但对于某些照片而言，它们却是最好的矫正方法。

第1步：

如图7-21所示照片的地平线是倾斜的，这对于风光照片来说是致命缺陷。为了矫正这幅照片，先选取裁剪叠加工具（快捷键R），它位于修改照片模块直方图面板下方的工具栏内（如图7-21所示）。照片上将会出现裁剪叠加网格，虽然这个网格有助于裁剪图像时重新构图，但在矫正图像时它会分散注意力，因此我按Ctrl-Shift-H（Mac：Command-Shift-H）键隐藏网格。

图 7-21

第2步：

正如我在本节开始所提到的，矫正照片有4种不同的方法，首先从我最喜爱的方法开始介绍。第1种方法使用矫正工具，我认为这是最快捷、最精确的矫正照片方法。单击矫正工具，它位于裁剪并修齐区域，看起来像个水平仪，并沿图像中你认为应该是水平的对象从左往右拖动，如图7-22所示，我沿着建筑物的顶部水平拖动。然而如果要使用这种方法，照片内必须有某个对象应该是水平的，如地平线、墙壁或者窗框等。

图 7-22

图 7-23

第 3 步：

拖动该工具时，它将把裁剪框缩小并旋转到矫正照片所需的准确角度，校正的准确角度值显示在裁剪并修齐选项面板中的角度滑块旁，现在我们所要做的只是按字母键 R 锁定拉直。如果不喜欢第一次矫正结果，只需单击选项面板底部的复位按钮，它会把照片复位到其初始未矫正的歪斜状态，然后再拖动矫正工具对照片进行调整。

第 4 步：

为了尝试另外三种方法，需要撤销刚才执行的操作，因此请单击右侧面板区域底部的复位按钮，之后再次单击裁剪叠加图标（如果在上一步之后锁定了裁剪）。第 2 种方法是只拖动角度滑块（如图 7-24 中红色圆圈所示）——向右拖动将顺时针旋转图像，向左拖动将逆时针旋转图像。开始拖动时会显示出旋转网格，帮助对齐所看到的对象（如图 7-24 所示）。遗憾的是，角度滑块移动的增量很大，难于获得准确的旋转量，但我们可以直接单击并向左或向右拖动角度滑块字段（位于该滑块的最右边），以获得更精确的旋转。第 3 种方法是把光标移动到裁剪叠加框之外的灰色背景上，光标将变为双向箭头。现在，只要单击背景区域并上下拖动光标，即可旋转图像，直到图像看起来变正为止。第 4 种方法是让 Lightroom 帮你矫正照片，只需单击角度滑块上方的自动按钮即可，或者也可以按住 Shift 键并直接双击角度。

图 7-24

7.7 简便地找出污点和斑点

当打印出一张漂亮的大幅图片后才发现其上布满了各种各样的感光器蒙尘、污点和斑点，没有什么事情比这个更糟糕了。如果拍摄风光照片或旅行照片，很难在蓝色或偏灰色的天空中发现这些斑点，如果在摄影棚的无缝背景纸上拍摄，情况可能更糟。而现在，Lightroom 中全新的功能可以使每一个细微的污点和斑点都凸显出来，你可以快速地将它们消除。

第1步：

这是在Burj Khalifa拍摄的一张照片，可以清楚地看到天空有几处污点和斑点，但是这些污点在该尺寸和平淡的天空背景下很难被清楚地看到。如果这些污点在将照片打印在昂贵的相纸上之后才被发现，那就太糟糕了。

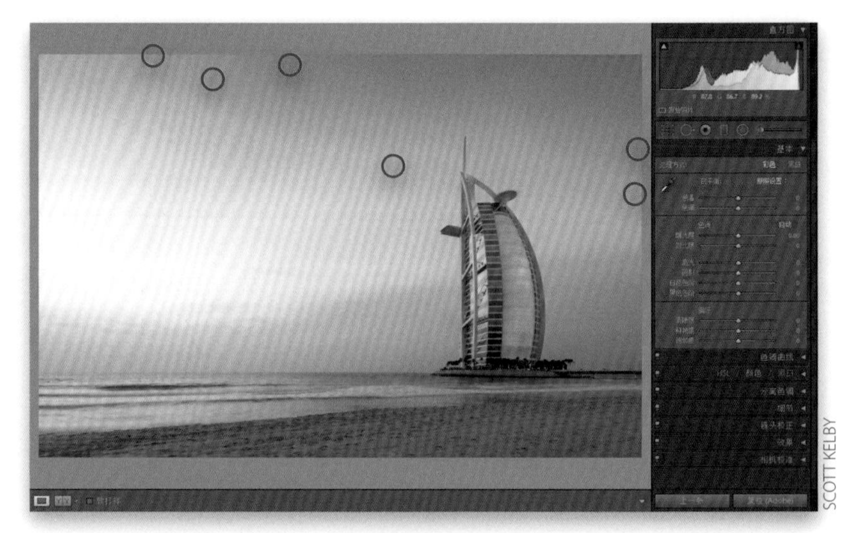

图 7-25

第2步：

若想找出照片中所有的污点、斑点和蒙尘，请单击右侧面板区域顶部工具箱内的污点去除工具（或者按字母键Q，如图7-26中红色圆圈所示）。勾选主预览区域正下方工具栏的显现污点复选框，可以得到图像的反转视图，这样就能立即发现更多的污点。

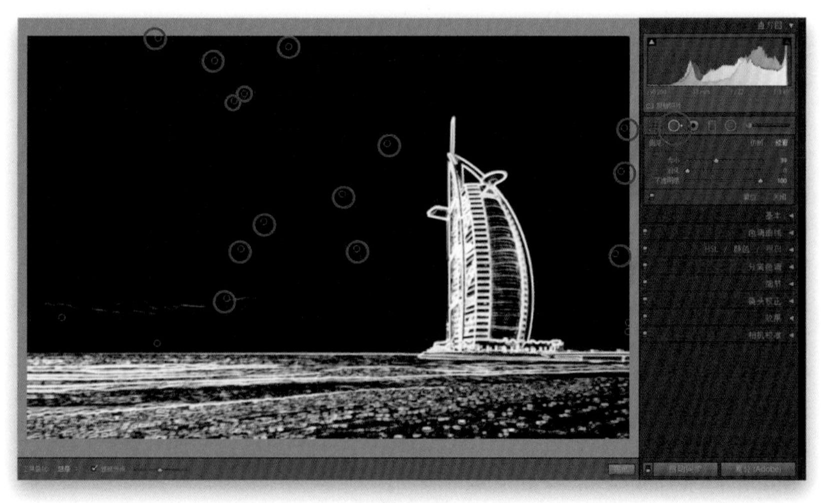

图 7-26

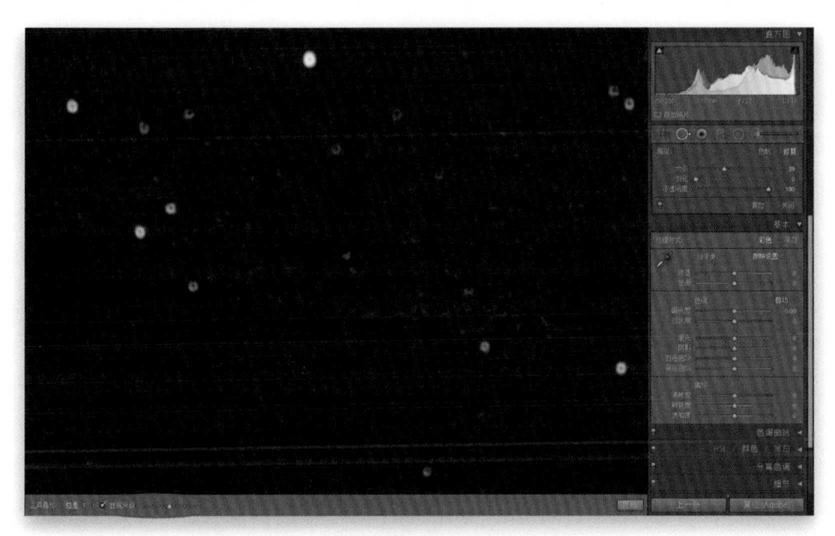

图 7-27

第3步：

稍微放大照片，以便更好地看清污点，但是污点如此突出显示的另外一个原因是我增加了显现污点的阈值，向右拖动显现污点滑块，使污点凸显出来，但是又不至于使所有东西都突出，如果阈值太大，照片中的污点看起来像雪花或杂色。

提示：选择画笔大小

使用污点去除工具时，你可以按住 Ctrl-Alt（Mac：Command-Option）键，单击并在污点周围拖出一个选区。这样做时，它会放置一个起点，之后圆圈恰好拖过污点。

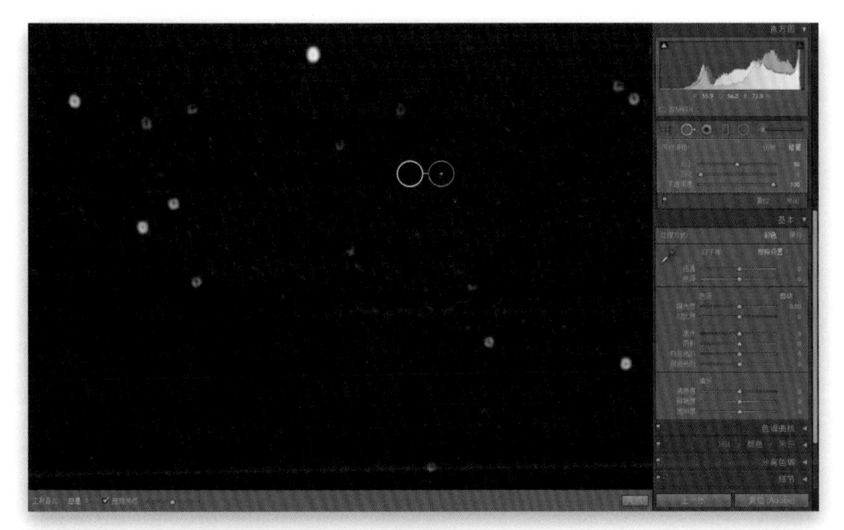

图 7-28

第4步：

既然污点如此轻易现形，接下来请选择污点去除工具，直接在每个污点上单击一次，以去除它们，如图7-28所示，大部分可见污点得以去除。使用大小滑块或左右括号键可以调整工具尺寸，使其比希望清除的污点稍大。完成操作后，取消勾选显现污点复选框，确保污点去除工具从一个可匹配的区域取样。如果某个污点取样不合理，请在单击取样圆圈，将其拖到匹配的区域（如图7-28所示，我在显现污点的状态下移动取样圆圈）。

第5步：

如果是相机传感器上的灰尘导致这些污点的出现，不同照片的污点位置完全相同，当去除所有污点后，确保校正的照片在胶片显示窗格中仍然处于选中状态，然后选中本次拍摄中所有类似的照片，然后单击右侧面板区域的同步按钮。弹出同步设置对话框，如图7-29所示，首先单击全部不选按钮，使所有同步选项全部不选。然后勾选处理版本和污点去除复选框（如图7-29所示），最后单击同步按钮。

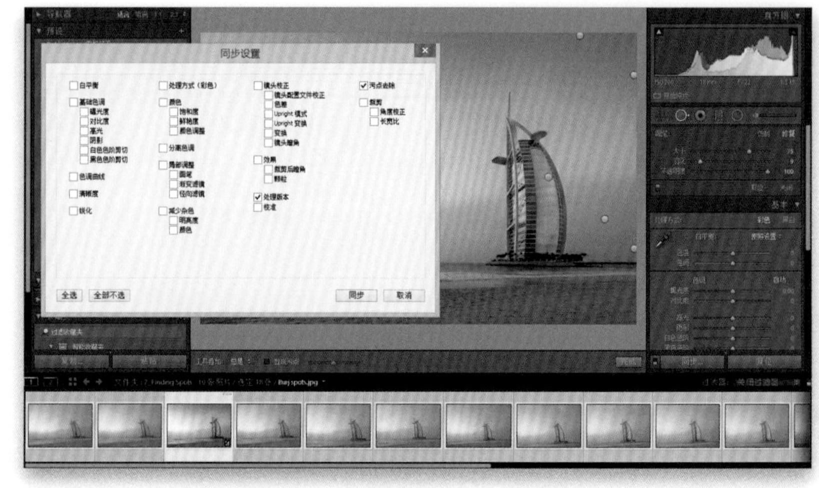

图 7-29

第6步：

现在，其他所有选中的照片将会应用第一张照片使用的污点去除功能，如图7-30所示。若想查看应用的调整，请再次单击污点去除工具。我还推荐快速查看校正的照片，因为根据其他照片中拍摄对象的不同，这些修正会比之前修改的照片更加明显。如果看到照片中存在污点修复问题，只需要在对应的圆圈上单击，然后按键盘上的Backspace（Mac：Delete ）键，再使用污点去除工具重新手动修复该污点。

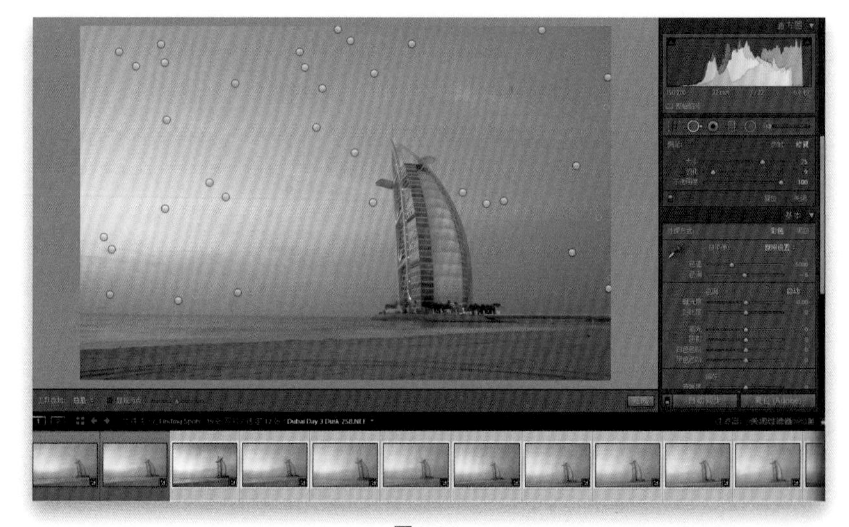

图 7-30

提示：何时使用“仿制”

这个工具的污点校正有两种方式：仿制或修复。唯一需要使用仿制选项的情况是：需要清除的污点位于或非常靠近某个拍摄对象的边缘，或者靠近图像自身的外边缘。这些情况下，使用污点修复通常会弄脏图像。

7.8 常规修复画笔

在Photoshop中，我们经常使用的是修复画笔功能。当然，如果想去除污点或瑕疵，可以使用Lightroom的污点去除工具，但是因为它只能修复圆圈内的污点，我们无法绘制一条线来去除皱纹或电线，或者其他任何不是点状的东西。终于，在Lightroom中我们可以绘制线条来修复这些问题。

第1步：

这是我们打算修复的照片。本例中，我们想要去除建筑物左侧的电缆线，然后去掉右侧的窗户。所以，请单击右侧面板区域工具箱里的污点去除工具，如图7-31中红色圆圈所示，或者按字母键Q。顺便提一下，我认为他们应该重命名这个工具，因为它现在的工作方式更像Photoshop中的修复画笔，但它所做的不仅限于去除污点。

图7-31

第2步：

选取污点去除工具，在电缆线上绘图如图7-32所示，我从底部往上拖动。这时，你会看到一个白色区域，代表将要修复的区域。

提示：用修复画笔画直线

如果想去除照片中分散注意力的直线型物体，比如电话线，先在线的一段单击，然后按住Shift键，转到线的另一端，只需单击一次就能在两点之间画出一条直线，并且可以完全去除这条线。

图7-32

第3步：

当完成绘图后，会发现照片中出现两个轮廓区域，第一个是有较粗的轮廓线，显示要修复区域，第二个轮廓线较细，显示污点去除工具取样的区域，该区域被用于修复电线。通常，取样区域很接近修复区域，但是有时候选取的样本区域比较奇怪，比如中间的窗户。幸运的是，本例没有出现这种情况，但一旦出现，可以通过单击取样轮廓区域，把它拖到其他区域来选择不同的取样区域（如图7-33所示）。把它拖动到新区域后释放鼠标键，就能显示出这个新取样区域的预览效果。

注意：如果部分修复区域看起来是透明的，只需调整羽化值即可。

图 7-33

第4步：

如果调整后的效果依旧不太好，可以把取样轮廓拖动到其他位置上，然后松开鼠标快速浏览其效果。另一种方法是按下/键，Lightroom就会选择新的取样区域。如果首次尝试并不理想，只需按/键选择不同的区域。现在回到润色操作中去除电线，再次绘制边缘部分，在本例中，以距前一个取样区1/16英寸处对边缘区域取样。你可以移除取样区域，但此处单击并拖动取样轮廓的效果更好一些。由于两个取样轮廓间的间隔很小，因此我添加了第三个轮廓（参见图7-34中的叠加图）。

图 7-34

图 7-35

第5步：

现在让我们去掉一些更大的物体，如右侧的窗户。打开污点去除工具，对右侧的整个窗户进行绘制（如图7-35所示）。松开鼠标后会选出污点进行取样，从而移除窗户。第一次取样的污点并不理想，窗户的边缘和中间一小部分没有被去除掉。这时需要增加羽化数值，这能柔化边缘区域，通常在小区域中效果更好，大区域通常会有污点残留。尽管如此，在本例中，提升羽化值依旧大有裨益。当你想去掉像窗户这样的大区域时，通常有点麻烦，你需要把附近的开阔部分清理干净，因此要用更细的轮廓覆盖住不同的污点，直到被覆盖的区域满意为止。

图 7-36

第6步：

如图7-36这是修改前/后的效果对比图，我们去除了电缆线和右侧的窗户。之前我们需要转到Photoshop来处理这个问题，但是现在在Lightroom中就能处理，非常方便。

7.9 消除红眼

如果照片上存在红眼，在Lightroom 中则可以很容易地消除它。这样我们就不必为了消除一张邻居家的6岁小孩玩耍时的照片中的红眼而转到Photoshop中进行处理。

第1步：

请转到修改照片模块，并单击红眼校正工具，它位于直方图面板正下方的工具箱内，其图标看起来像只眼睛，如图7-37中红色圆圈所示。用该工具在一只红眼的中央单击并拖出一个选区，释放鼠标按钮，红眼立即被消除了。如果没有完全消除所有红色，则可以转到红眼选项卡（一旦释放鼠标按钮，它们就显示在面板中），单击并向右拖动瞳孔大小滑块（如图7-37所示），或者也单击并拖动圆圈的边缘，改变选区的大小和形状。如果需要移动校正，只需单击并拖动圆圈选区即可。

图 7-37

第2步：

现在对另一只眼睛进行同样的消除红眼处理。一旦单击并拖出选区，并释放鼠标键之后，这只眼睛也会被校正。如果这样处理使眼睛看起来太灰，则可以向右拖动变暗滑块，使眼睛颜色看起来更深（如图7-38所示）。通过移动这两个滑块，我们可以实时地看到其调整效果，而不必先拖动滑块，之后重新应用该工具才能看到效果。如果出现调整错误，想重新开始校正红眼，只要单击该工具选项右下角的复位按钮即可。

图 7-38

7.10
校正镜头扭曲问题

你曾经是否拍摄过一些市区的建筑，它们看起来好像是向后倾斜的，或者是建筑物的顶部看起来比底部宽？这些类型的镜头扭曲其实相当普遍，尤其当你使用的是广角镜头时，但幸运的是，我们在Lightroom中可以非常容易地修复它们。

第1步：

打开一张存在镜头扭曲问题的照片。这张泰姬陵照片的四角凸起，并存在镜头暗角问题（墙体从左向右弯曲，左边的高塔仿佛要撞到泰姬陵上一样）。大部分这样的问题只需开启镜头配置文件校正就能修复。因此我的第一步往往是应用镜头配置文件校正。现在进入镜头校正面板（如图7-39所示），单击上方的基本选项卡查看这些选项。

图 7-39

第2步：

Lightroom具备来自大部分镜头制造商常用镜头的内置配置文件。勾选启用配置文件校正复选框（如图7-40所示），你通常能找到适合你的镜头配置文件并进行应用（它可以通过查看照片内嵌的EXIF相机数据来获取你的镜头信息）。如果没有找到，你只需在配置文件选项卡中告知其镜头制造商和型号，它就能完成其余的操作。本例中，系统找到了配置文件，完成了修复，四角的暗角和变形几乎消失了。现在来处理照片的其他问题。

图 7-40

第3步：

如果想查看已应用的配置文件或者它没有应用的镜头配置文件校正，可以单击上方的配置文件选项卡查看设置。如果下拉菜单中没显示你镜头的制造商和型号，可以在此进行选择。通常Lightroom会自动为你选择型号，但如果没有，你可以在这里的下拉菜单中手动选择。如果没有找到精确的镜头怎么办？只需选择最相似的那个即可。即便找到精确的制造商和型号，我也会使用面板底部的数量滑块来稍微更改自动设置。例如，如果觉得它对扭曲消除太多，则可以将扭曲度滑块向右拖动一点，减少应用到照片上的线性校正数量。对暗角滑块进行相同的操作（如图7-41所示）。使用这个简单的滑块调整自动校正结果相当容易（使用它的频度可能超出你的想象）。

图 7-41

第4步：

此处最有效的功能是Upright，它们是仅需一次单击的自动校正。根据需要选择校正一个完整透视校正的水平线或垂直线，效果往往很好。不过，要想获得Upright的最佳效果，你需要先勾选启用配置文件校正来打开镜头配置文件校正。想使用Upright，请再次单击基本选项卡，此处有5个按钮：关闭、自动、水平、垂直和完全。对我来说，效果最好的是自动按钮，我经常应用它，因为它不会“矫正过头”（而垂直和完全有时候会发生这种情况）。此处我单击自动，它有效地解决了建筑向后倾斜的问题，左边高塔也倾斜得不太严重了。

图 7-42

图 7-43

第5步：

在进入下一个Upright按钮前，你是否注意到，上一步的校正操作令照片的下方形成两个白色三角缺口呢？修复这个缺口的办法有如下3种：（1）使用裁剪叠加工具裁剪掉这些区域；（2）单击手动选项卡，把比例滑块向右拖动以改变图像大小，直到白色三角形消失为止，不过修改尺寸虽然不裁剪照片，却会损坏图像品质，因此我更倾向于裁剪；（3）把照片在Photoshop中打开，选中这些白色区域，使用内容感知自动填充功能。现在回到Upright。单击色阶按钮后只会有一项操作，即拉直照片。虽然它在此处的效果不明显（事实上，它的表现还不如自动校正，因为它只会拉直照片，别无它用），不过它对单纯需要拉直的照片的表现力很好。如果需要，可以单击来应用它。

图 7-44

第6步：

单击垂直后，它会尽可能地拉直垂直线。现在看一下泰姬陵的两侧，线条相当竖直，但似乎有点向上伸展。修复方法如下：转到手动选项卡，把长宽比滑块稍微向左拖动来加宽照片，让照片看起来更正常一些。当然，你也可以使用上述的其他方法去除白色三角缺口。

第7步：

如果单击完全按钮，就会完全应用水平、垂直和透视校正。它比自动按钮的校正程度更强一些，因此，如果你对一张照片应用完全按钮显得矫正过头，使用自动按钮则会刚刚好。我鲜少使用完全按钮，它校正力度过大、过猛，使照片看起来不太自然、美观。

图 7-45

第8步：

我认为对这张照片应用自动校正的效果最好，Lightroom 可以自动为你裁掉那些区域，只需转入基本选项卡，勾选锁定裁剪复选框，它就能自动裁剪掉照片中的那些白色三角形区域（如图7-46所示）。图7-47是此时修改前/修改后照片。

图 7-46

图 7-47

图 7-48

第9步：

如果不喜欢使用自动Upright校正的调整，单击手动选项卡，就会显示一些可以手动调整的滑块：扭曲度（使照片向上、向下弯曲）、垂直（调整建筑向前或向后倾斜的情况）、水平（如果风光照片需要调整水平倾斜的话使用它）、旋转（只需旋转照片让它变正）、比例（如果应用校正后出现了白色区域，可以放大照片来调整）和长宽比（如果你的校正让照片挤压/弯曲，或者变窄、拉伸，这个滑块可以进行修复）。我在此处稍微调整一下，让墙面和高塔更笔直。

提示：使用可调整网格

当试图调整图像时，在旋转时有网格出现会有所帮助。前往视图菜单，在放大叠加选项中选择网格，当网格出现后，你可以通过按住Ctrl（Mac：Command）键，单击并左右拖动预览区域顶部的两个控件来调整其大小和不透明度。

图 7-49

第10步：

现在看来，只使用手动滑块就能修复的常见镜头问题。本例中，建筑看起来向后倾斜，这种情况很常见，尤其是使用24mm、18mm、16mm等广角镜头进行近距离拍摄时。单击镜头校正面板顶部的手动选项卡，就可以拖动这些滑块来解决这一问题。

第11步：

了解垂直滑块效果的最快方法是自己去尝试，把它向右拖动，再向左拖动，然后你就会明白了。试试去吧。现在你已经把它弄明白了，只需把它往左拖动直到建筑物变得笔直为止（我通常会观察建筑物的柱子或直边，使其笔直）。

图 7-50

第12步：

此处，我把垂直滑块拖动至-32，让主柱（四根中心柱之一）笔直。当然这会导致白色三角缺口的出现，因此我勾选锁定裁剪复选框，裁减掉这些区域。修改前/后照片如图7-52所示。接下来我们来看一些更细微的问题。

图 7-51

图 7-52

图 7-53

第 13 步：

这张照片乍一看还不错，可是你注意到人行道了吗？它从左上方到右下方弯曲且左侧比右侧高出很多。这种弯曲是严重的镜头扭曲问题，而且照片四周还有暗角。

图 7-54

第 14 步：

向右拖动扭曲度滑块，直到人行道的两边趋于平缓即止（如果拖动得过多，路的尽头会翘起来）。此处我把它拖动至+20。现在拖动垂直滑块至+10，让建筑物看起来融入背景当中，然后把旋转滑块向左拖动至-0.8旋转整张照片，让人行道变得平坦。接着勾选锁定裁剪复选框，去掉因修复引起的白色缺口，最后，把镜头暗角的数量滑块向右拖动至+49来亮化边角，并把中点滑块向右拖动至75，把暗角问题控制在边角中。此处的编辑比其他的调整更加精细，但并不会花费太长时间。

图 7-55

第15步：

现在我们来修复一个超广角鱼眼镜头的扭曲问题（本例使用的是15mm鱼眼镜头）。在进行修复前我想说，我给相机安装鱼眼镜头的目的是获得圆形的鱼眼效果，因此，我很喜欢原始照片，此处与其说是“修复”照片，不如说是让你了解遇到这种情况时知道该怎么做。如图7-56所示是原始照片，我勾选了基本选项卡中的启用配置文件校正复选框，但是系统没有识别出该镜头的配置文件。

SCOTT KELBY

图 7-56

第16步：

如果系统没识别出你的镜头，你可以手动进行选择。单击配置文件选项卡，从制造商下拉菜单中选择你的镜头制造商，如图7-57所示（本例使用的是8-15mm的Canon鱼眼变焦镜头）。

图 7-57

图 7-58

图 7-59

图 7-60

第 17 步：

一旦选择了Canon，它就能立即找到匹配15mm鱼眼镜头的配置文件，并应用到配置文件矫正中（如图7-58所示），把圆形的鱼眼镜头变为常规的超广角效果。现在看一下球门区的白线和球门柱，都稍微有点向右倾斜。

第 18 步：

这时应该Upright大显身手了，单击基本选项卡，再单击自动按钮，效果显著。最后还可以尝试其他按钮，看一看调整效果。在本例中，我认为完全按钮对于调整水平透视的效果会更好一些，如图7-60所示是修改前/修改后的对比照片。以上就是对修复镜头扭曲问题的讲解，我们会在随后章节中介绍色差问题，接下来还会具体介绍镜头暗角的校正。

7.11
校正边缘暗角

暗角是镜头在照片的边角上产生的问题，使照片的边角处显得比其余部分更暗。这个问题通常在使用广角镜头时更明显，其他镜头也有可能会引起这个问题。现在，有摄影师（包括我自己）喜欢夸大这种边缘变暗效果，并在人像拍摄中把它用作一种灯光效果，我们在第6章介绍过这一点，本节将介绍在出现边缘暗角时应该怎样校正它。

第1步：

从图7-61中所示的照片可以看出其边角上变暗了，还出现阴影，这就是我在本节开头提到的糟糕的暗角。

SCOTT KELBY

图 7-61

第2步：

请在修改照片模块右侧面板区域内向下滚动到镜头校正面板，单击顶部的配置文件，然后勾选启用配置文件校正复选框，Lightroom 将尝试基于使用镜头的制造商和型号（所有这些都是从嵌入到图像的 EXIF 数据中读取，自动消除边缘暗角。由于照片没有镜头信息，所以我们需要在制造商下拉列表中选择我们使用的镜头（在本例中使用的是Canon）。然后选择镜头型号，或者相近的镜头型号。在本例中，型号下拉列表中的70-200mm镜头的配置文件效果最好。如果图像还需要进一步校正，则可以尝试移动数量下的暗角滑块进行调整。

图 7-62

图 7-63

第3步：

如果觉得自动方式处理得还不够理想，可以单击手动选项卡进行手动调整，在面板底部镜头暗角区域中有两个暗角滑块：一个控制边缘区域的变亮程度，另一个滑块调整四个边角变亮的效果向照片中央延伸多远。在这幅照片内，边角上存在相当严重的边缘暗角，但没有向照片中央延伸太远。因此，请先单击数量滑块，并向右慢慢拖动，在拖动时，要注意观察照片边角上的变化。照片上的四个边角将随着滑块地拖动而变亮，当其亮度与照片其余部分相匹配时停止拖动（如图7-63所示）。如果暗角向照片中央延伸太多，则需要向左拖动中点滑块，使变亮效果覆盖更大的区域。

图 7-64

7.12 锐化照片

在Lightroom 中可以执行两类锐化处理：第一种称为拍摄锐化（本节所介绍的类型），以JPEG格式拍摄时这种锐化通常发生在相机内。如果以RAW格式拍摄，相机内的这种锐化处理被关闭，默认情况下，在Lightroom 中，所有RAW 格式的照片均要应用锐化，如果需要更强的锐化处理或者想控制应用的锐化类型以及怎样应用，则要阅读本节内容。

第1步：

在Lightroom 早期版本中，要查看锐化效果需要以1:1（100%）视图方式查看照片，但是现在不仅可以在其他放大比例下进行查看，而且锐化处理技术本身也进行了改进，因此可以应用更多的锐化处理而不损害图像。要锐化图像，请转到修改照片模块中的细节面板，该面板内有一个预览窗口，使我们可以放大照片的任何区域，而同时在主预览区域中查看正常尺寸的图像。

图 7-65

第2步：

要在预览窗口内放大某一区域，只需用鼠标在我们想要放大的位置上单击即可。放大之后，就可以在预览窗口内通过单击拖动导航。尽管我只使用默认的1:1缩放，但是，如果你想进一步放大照片，则可以用鼠标右键单击预览窗口，从弹出菜单中选择2:1 视图（如图7-66所示）。此外，如果单击该面板左上角的小图标（如图7-66中红色圆圈所示），则当在中央预览区域内的主图像上移动光标时，该区域就会放大显示在预览窗口内（要保持预览该区域，只需在主图像内的该区域上单击）。要关闭这一功能，再次单击该图标即可。

图 7-66

图 7-67

第3步：

数量滑块，顾名思义，它用于控制应用到照片的锐化量。这里，我把数量增加到90，主预览区域内的照片看起来并没有太大变化，而细节面板的预览看起来更锐利，这就是为什么在预览中放大预览的重要性。半径滑块决定锐化从边缘开始影响多少像素，我个人认为，应该把它保持在1不变（如图7-67所示），但如果确实需要更大的锐化，我会将其增加到2。

提示：关闭锐化

如果想暂时关闭在细节面板内所做的锐化，只需在细节面板标题最左端的切换开关上单击即可。

图 7-68

第4步：

Photoshop 中传统锐化的缺点之一是：如果应用了大量的锐化，照片内边缘区域的周围会出现一些微小的色晕，看起来就像有人用小记号笔在边缘附近绘图一样。但幸运的是，在Lightroom 中，细节滑块类似于防色晕控件，采用其默认设置值25，就能够很好地防止色晕的出现，这对大多数照片都很有效，但对于可以接受大量锐化的照片而言，如宽幅风光照片、建筑照片，或具有大量清晰边缘的照片，则可以把细节滑块提高到75 左右，如图7-68所示（这能够起到一定的保护作用，并且同时又能带来更有冲击力的锐化效果）。如果把细节滑块提高到100，就会使锐化看起来像是在Photoshop 内用USM锐化滤镜得到的效果一样（这个滤镜效果不错，但它无法避免色晕，因此无法应用太多的锐化）。

第5步：

在我看来，锐化部分的蒙版滑块，是最神奇的滑块，因为它的功能是准确控制应用锐化的区域。例如，锐化最难之处就是一些本应是柔和的元素，如肖像中的小孩皮肤或女性皮肤，因为锐化而突出纹理，这正是我们不愿见到的。但是，我们同时需要使细节区域锐化，如眼睛、头发、眉毛、嘴唇、衣服等。用蒙版滑块可以实现这一点。

图 7-69

第6步：

首先，请按住Alt（Mac：Option）键，在蒙版滑块上单击并保持，此时图像区域将变为纯白色（如图7-70所示）。这说明锐化已经均匀地应用到了图像的每个部分，每个对象都得到锐化。

图 7-70

图 7-71

第 7 步：

当单击并向右拖动蒙版滑块时，部分照片开始变为黑色，这些黑色区域将得不到锐化。我们先会看到几个黑色斑块，但是，把该滑块拖得越远，就越来越多的非边缘区域会变为黑色，图 7-71 中所示的是我把蒙版滑块拖曳到 76 时的效果，人物的大多数皮肤区域处于黑色中，因此它们不会被锐化，但细节边缘区域，如眼睛、嘴唇、头发、鼻孔和轮廓，被完全锐化，因为这些区域仍然是白色的。因此，实际上，这些柔和的皮肤区域实际上被自动蒙版掉，它们非常柔和。

图 7-72

第 8 步：

释放 Alt（Mac：Option）键后，就会看到锐化效果，这里可以看到细节区域很清晰，但她的皮肤就像从没有锐化过一样。现在我要提醒你一点：当主体特征应该比较柔和的情况下，我才使用这个蒙版滑块，因为这时我不想夸大纹理。在下一步中，我们将转回第一幅照片，并最终完成锐化。

提示：锐化智能预览

如果对图像的低分辨率智能预览应用锐化（或减少杂色），其应用的数量当前看起来刚刚好。但是当重新连接硬盘，预览与原始高分辨率文件连接后，锐化（或减少杂色）的数量则将看起来偏低。所以，最好在处理原始文件时才应用锐化（或减少杂色）。

第9步：

这里，我重新打开第一幅照片，我们这时已经了解4个滑块的所有功能，因此现在可以根据个人喜好进行设置。但是，如果你还不十分熟悉它们，则请使用左侧面板区域内预设面板中的锐化预设。在Lightroom常规预设下有两个锐化预设：一个叫做锐化-风景，另一个叫做锐化-面部。单击锐化-风景预设，将把数量设置为40，半径设置为0.8，细节设置为35，蒙版设置为0（请观察它怎样提升细节，因为该主体可以承受强烈的锐化）。锐化-面部预设则细微得多，它把数量设置为35，半径设置为1.4，细节设置为15，蒙版设置为60。

图 7-73

第10步：

这是最终的修改前/修改后图像对比。我首先单击锐化-风景预设，之后把数量增加到125，我把半径设置为1.0（我认为是非常标准的设置），细节设置为75（因为看起来像这样的细节照片实际上可以接受强烈的锐化），保持蒙版为0不变（因为我想让照片中所有区域均匀锐化——没有任何区域需要保持柔和、不锐化）。现在，我把该设置保存为我自己的预设——Sharpening–High，因此，以后只要单击一次就可以随时应用它。

图 7-74

7.13 校正色差（也就是讨厌的彩色边缘）

我们迟早会遇到这种问题，主体周围反差强烈的边缘出现红、绿，或者更可能是紫色的色晕或杂边（这些被称作“色差”）。如果使用的是非常廉价的数码相机，或者是采用非常廉价的广角镜头，很快就会发现这种情况，但即使是使用好相机或好镜头也会不时出现这种问题。幸运的是，这在Lightroom 内很容易校正。

图 7-75

第1步：

在这里，我将这些圆柱放大，你会发现好像是有人用细的绿色记号笔沿着左侧边缘绘图，用浅紫色记号笔沿着右侧边缘绘图了一样。如果你的某张图片存在这种问题，首先请转到镜头校正面板，单击顶部的基本选项卡，然后放大显示存在彩色杂边的边缘区域到1:1，这样就能看到调整对圆柱边缘的影响。

图 7-76

第2步：

在镜头校正面板顶部，勾选删除色差复选框。如果效果并不完美，请尝试单击面板顶部的颜色选项卡，并向右拖动量滑块，以删除紫色的杂边。然后，移动紫色色相滑块，所有残余的颜色都位于滑块两端之间。用绿色色相和量滑块进行相同操作，得到如图7-76所示的效果。现在，如果你不确定该移动哪个滑块，可以让Lightroom为你设置。只选择边颜色选择器工具（滑块上方的滴管图标），然后直接单击一次彩色的边缘。现在，滑块就能自动移动来去除彩色边缘。

7.14 Lightroom 内的基本相机校准

一些相机似乎在照片上放置了自己的颜色签名，如果你的相机属于这种类型，则可能发现所有照片内的阴影都带一点红色或绿色等。即使相机能够产生精确的颜色，我们也可能需要调整Lightroom对RAW图像颜色的解释方式。全面精确的相机校准处理有点复杂，也超出了本书的介绍范围，但我在本节想介绍一些相机校准面板的功能，使你对颜色的处理达到一个新的水平。

第1步：

相机校准并不是每个人都必须掌握的内容。事实上，大多数人从未尝试过基本的校准操作，因为他们没有遇到过严重的颜色一致性问题。因此，这里只是简要介绍相机校准面板最基本的功能。打开照片之后转到修改照片模块的相机校准面板，它位于右侧面板区域的最底部，如图7-77所示。

图 7-77

第2步：

最上面的滑块用于调整相机可以向照片阴影区域添加的任何色彩。如果确实增添了色彩，则通常应该是绿色或洋红色，观察色调滑块自身内的色条，就能够知道应该向哪个方向拖，例如，我这里把色调滑块拖离绿色，朝洋红色方向拖，以降低阴影区域内存在的绿色色偏，但对于这幅照片而言，其变化很细微。

图 7-78

图 7-79

图 7-80

新建修改照片预设

预设名称：My Camera Fix

文件夹：用户预设

自动设置

自动调整色调

设置

白平衡 / 基础色调 / 曝光度 / 对比度 / 高光 / 阴影 / 白色色阶剪切 / 黑色色阶剪切 / 色调曲线 / 清晰度 / 锐化

处理方式（彩色）/ 颜色 / 饱和度 / 鲜艳度 / 颜色调整 / 分离色调 / 渐变滤镜 / 径向滤镜 / 减少杂色 / 明亮度 / 颜色

镜头校正 / 镜头配置文件校正 / 色差 / Upright 模式 / Upright 变换 / 变换 / 镜头暗角 / 效果 / 裁剪后暗角 / 颗粒 / 处理版本 / 校准

全选 全部不选 创建 取消

图 7-81

第3步：

如果颜色问题不是出现在阴影内，则要使用红原色、绿原色、蓝原色部分的滑块调整色相和饱和度，这些滑块显示在每种颜色下方。假若相机拍摄的照片存在一点儿红色色偏，我们要把红原色部分的色相滑块拖离红色，如果需要降低照片内红色的总体饱和度，则需要向左拖动红原色饱和度滑块，直到颜色看起来自然为止，这里所说的自然是指灰色应该是纯正的灰色，而不是略带红色的灰色。

第4步：

修改满意后，请按Ctrl-Shift-N（Mac：Command-Shift-N）键打开新建修改照片预设对话框，为预设命名，单击全部不选按钮，再勾选校准和处理版本复选框，并单击创建按钮。现在，我们不仅可以在修改照片模块和快速修改照片面板内应用这个预设，而且还可以从导入照片对话框的修改照片设置下拉列表内选择它，把它应用到从该相机导入的所有照片（如图7-81所示）。

Lightroom快速提示

▼ 使用细节面板的预览清理污点

细节面板中的预览窗口设计为我们提供了图像的100%（1：1）视图，因此，我们可以实际看到锐化和杂色调整的效果。但在消除污点时最好也使其保持打开状态，因为当照片在主图像以适合尺寸显示时，仍能在细节面板的预览窗口中清楚地看到正在校正的区域。

▼ 始终可以重新开始，即使对虚拟副本也这样

因为Lightroom 内没有任何一个编辑是真正应用于实际照片，在实际离开Lightroom 之前（跳转到Photoshop，或者导出为JPEG 或TIFF），始终可以按右侧

面板区域底部的复位按钮，重新开始调整。更理想的是，如果你为正在处理的照片创建了虚拟副本，甚至可以把虚拟副本复位到图像第一次导入Lightroom时的效果。

▼ 另一种杂色消除策略

若细节面板中的减少杂色区域完成的功能很出色，但如果你对处理效果不满意，或者它无法处理你的照片，请尝试我在早期版本Lightroom 中使用方法：转到Photoshop 并使用名为Noiseware的插件进行处理，它的处理效果确实出奇的好。你可以从他们在www.imagenomic.com 的网站下载试用版，并将其安装到Photoshop 中（这样从Lightroom跳转到Photoshop，运行带有出色内置预设的Noiseware 插件，之后保存文件，再回到Lightroom 中）。

▼ 如果没看到调整画笔怎么办

开始绘图时，如果没看到画笔或者它创建的编辑标记，则请转到工具菜单，从

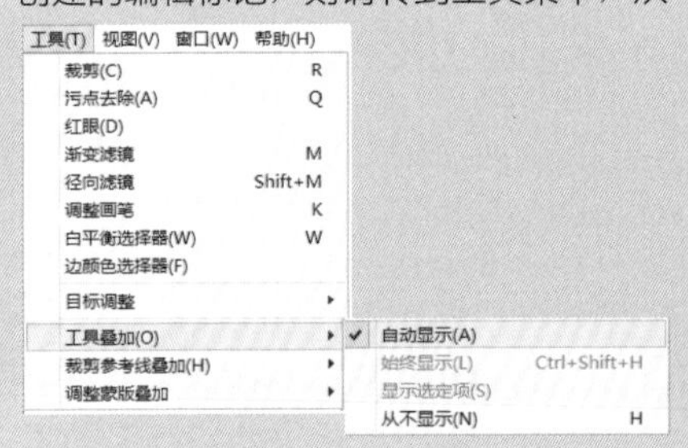

工具叠加子菜单中选择自动显示。这样，光标移到照片之外时，编辑标记将消失，但之后如果把光标再移回到照片上开始绘图，它们又会显示出来。

▼ 修复“宠物眼”

在拍摄宠物时，你会意识到红眼校正工具对修复宠物眼睛的反射用处不大，不过现在新添加了宠物眼按钮，可以解决大

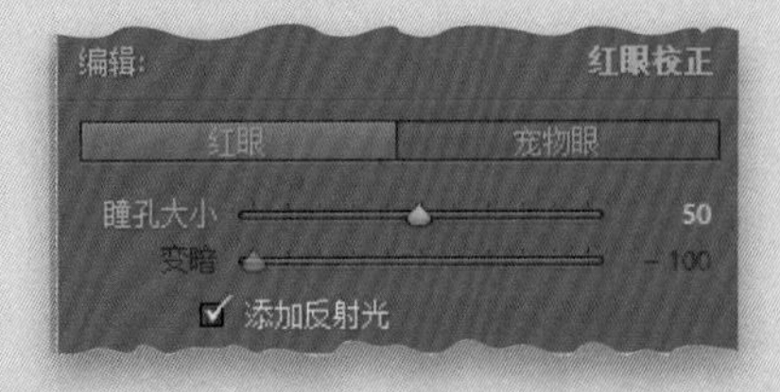

部分宠物眼睛变色的问题。它和红眼校正工具的操作差不多，只不过多了一个添加反射光复选框，用来为瞳孔增添白色的小亮点，可以直接单击并拖动小亮点来移动它。

▼ Upright的锁定裁剪提示

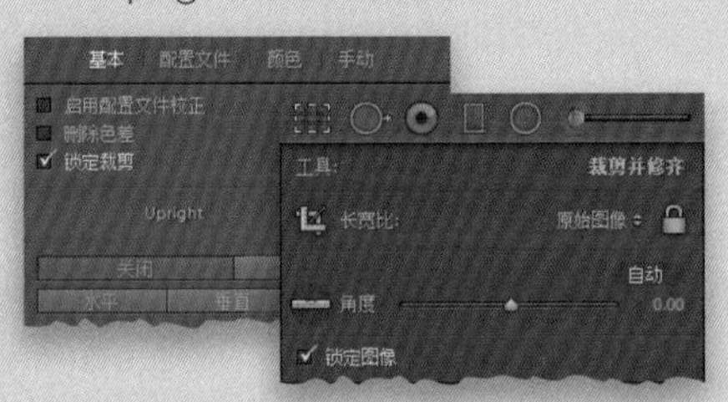

我喜爱锁定裁剪功能，因为当我打开它后，它可以自动裁剪掉Upright 自动校正后留下的白色边缘。然而，还有一个小提示：如果我觉得并不喜欢它裁剪照片的方式（或者我希望看到更多照片顶部或两边的部分），只取消勾选锁定裁剪复选框不会让我满意。实际上，取消勾选它不会起到任何作用。你必须关闭它，然后单击顶部工具箱的裁剪叠加工具，只有这样才能显示整个未被裁剪，带有裁剪边缘的照片，这时你可以自己裁剪。我觉得你会希望知道这一点。

▼ 自动Upright为你自动裁剪

当单击Upright 自动按钮来校正透视问题时，你其实想的是——“全部帮我完成”，所以它通常会自动裁剪照片，就像已经勾选了锁定裁剪复选框一样。顺便提一下，注意到我说的是“通常”会自动裁剪。有时候根据照片不同，它并不裁剪。如果执行自动裁剪，你就无法再调整裁

Lightroom 快速提示

剪，即使单击裁剪叠加工具，也无法显示原始的未裁剪照片。你只可以裁剪已经被裁剪过的照片，除非回到Upright，或者关闭它，或者选择另一种Upright 自动校正，比如说垂直或完全。

▼ 保留自己的裁剪，同时仍然使用Upright

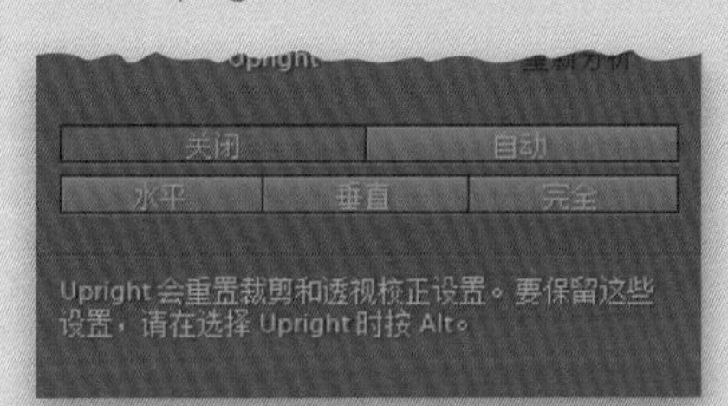

这条提示实际上已经存在于Upright面板中，但是我已经跟很多忽略它的人讲过，所以我觉得它值得提一提。如果已经裁剪过一幅图像，然后使用Upright，它将自动去除你的裁剪。如果想保留你的裁剪，同时仍然使用Upright，请按住Alt（Mac：Option）键，然后单击任意一个Upright 按钮即可。

▼ 全新的通用打印尺寸裁剪叠加

Lightroom 中有不同的裁剪叠加，比如网格，三分法则，黄金螺线等，但是它

还有一个选择，可以显示打印品的长宽比叠加（如5×7裁剪，2×3 裁剪等）。若想获得该长宽比叠加，先选取裁剪叠加工具，然后按下字母键O，直到该比例的叠加出现。

▼ 自定义设置裁剪叠加工具的长宽比

若想选择期望的裁剪比例，请前往工具菜单（位于修改照片模块），在裁剪参考线叠加下选择“选取长宽比”，这将打开一个对话框，在此可以选择期望显示的预设尺寸。

▼ 隐藏不使用的裁剪叠加

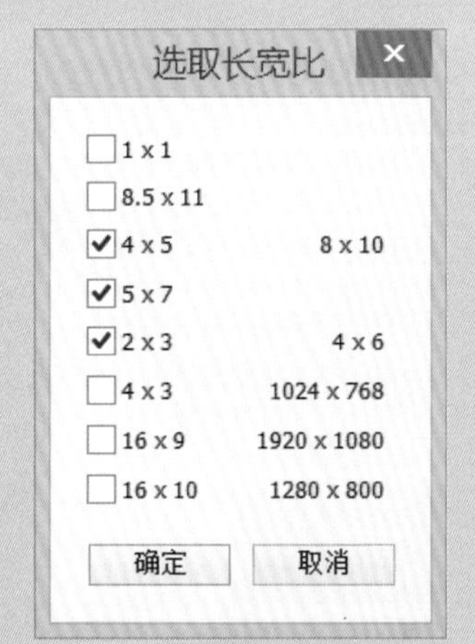

如果使裁剪叠加处于激活状态，每次按字母键O后，都将在不同的裁剪叠加间切换（三分法则，黄金螺线，全新的长宽比叠加，等等），但是如果发现有很多选择不会用到，可以将它们隐藏，那样的话，通过切换来获取想要的选择所花费的时间将缩短。只需进入工具菜单，在裁剪参考线叠加下选择“选择要切换的叠加”，这将打开一个对话框，在此可以选择想隐藏的叠加。

▼ 同时删除多个修复点

如果使用污点去除工具修复照片中的多个区域，或者是照片上的传感器蒙尘，或者镜头上的污点或者斑点，可以通过按住Alt（Mac：Option）键并单击每个点来删除任意单独修复点。若想一次删除多个编辑，按住Option 键，然后单击并在想要移除的修复点周围拖出选区，这将立刻移除选区内的所有编辑。如果想一次删除所有的修复，只需要单击污点去除工具面板底部的复位按钮即可。

▼ 让Lightroom记住你的缩放位置

如果希望Lightroom记住不同图像之间的缩放量和缩放位置，请前往视图菜单，然后选择锁定缩放位置。现在，当你在不同图像间切换时，它将自动以同样的程度和位置进行缩放。当你在不同图像间比较同一区域时，这项功能会很有帮助。

视图(V) 窗口(W) 帮助(H)
隐藏工具栏(T) T
切换放大视图(Y)
切换缩放视图(Z) Z
放大(I) Ctrl+=
缩小(J) Ctrl+-
锁定缩放位置(P) Shift+Ctrl+=

摄影师：Scott Kelby ┊ 曝光时间：1/10s ┊ 焦距：16mm ┊ 光圈：*f*/3.2

第8章 导出图像

保存为JPEG、TIFF等其他格式

8.1 把照片保存为 JPEG

因为Lightroom 中没有像Photoshop 那样的存储命令，我最常被问到的一个问题是：“怎样把照片保存为JPEG格式？”在Lightroom内，不能把它保存为JPEG格式，可以把它导出为JPEG（或者TIFF、DNG、Photoshop PSD）格式。这个过程很简单，Lightroom还增加了一些自动功能，使照片的导出操作更加方便快捷。

第1步：

首先选择我们想把哪些照片导出为JPEG（或者TIFF、PSD或DNG）格式，可以在图库模块的网格视图或者在任意模块的胶片显示窗格中，按住Ctrl（Mac：Command）键并单击需要导出的所有照片（如图8-1所示）。

图 8-1

第2步：

如果在图库模块内，则请单击左侧面板区域底部的导出按钮（如图8-2中红色圆圈所示）。如果处在其他模块内，在胶片显示窗格中选择要导出的照片，然后使用键盘快捷键Ctrl-Shift-E（Mac：Command-Shift-E）。无论选择哪种方法，都会打开导出对话框（如图8-3所示）。

图 8-2

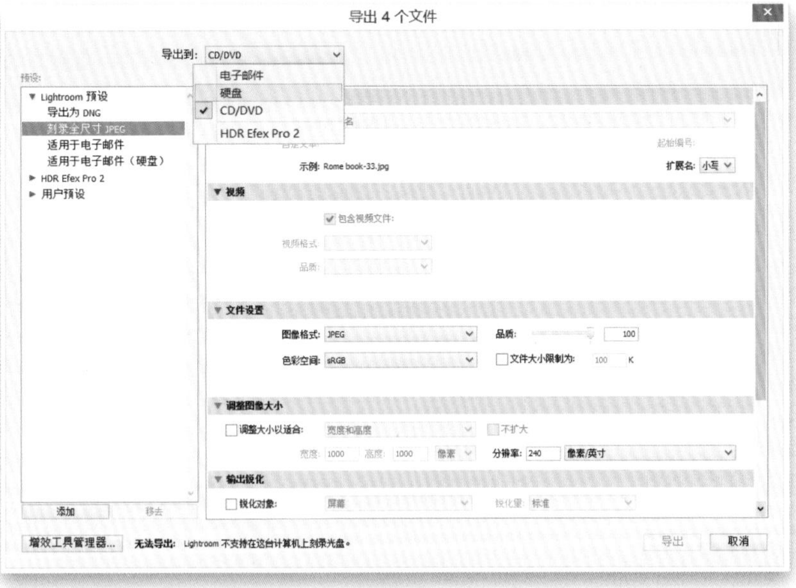

图 8-3

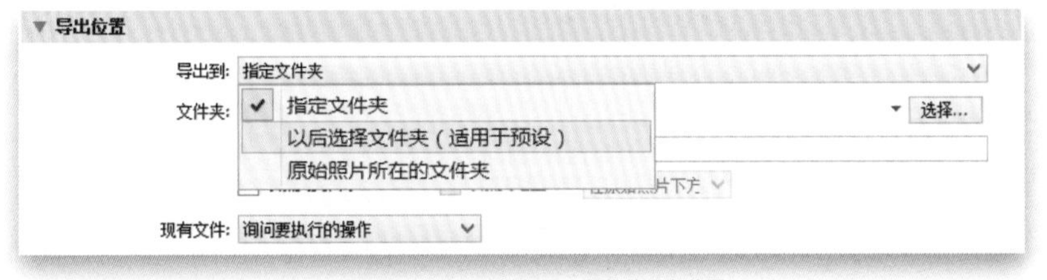

从导出到下拉列表中选择导出图像的保存位置

图 8-4

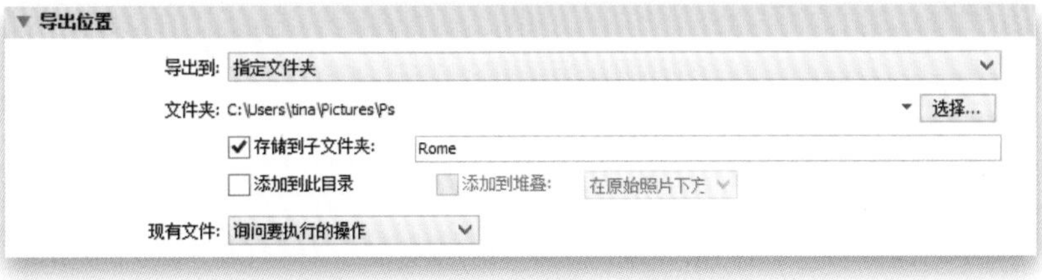

选取存储到子文件夹复选框，将图像保存到指定的子文件夹

图 8-5

第 3 步：

在导出对话框的左侧，Adobe 提供了一些导出预设，其设计用来避免每次都要从头开始填写整个对话框。Adobe 仅提供少量预设，我们可以创建自己的预设（这些预设将显示在用户预设选项下）。Lightroom 的内置预设至少可以作为我们创建自己预设的良好起点，所以现在请选择刻录全尺寸 JPEG 预设，它填充一些典型设置，这些设置可以用来将照片导出为 JPEG 格式，并把它们刻录到光盘上。然而，我们还要自定这些设置，以便使文件按照我们要求的方式导出到我们想要的位置，然后把自定设置保存为预设，免得每次需要时都执行这些操作。如果不把这些图像刻录到光盘，只是想将这些 JPEG 文件保存在计算机的一个文件夹中，则请转到对话框顶部，从导出到下拉列表中选择硬盘（如图 8-3 所示）。

第 4 步：

我们从对话框顶部开始介绍：首先，在导出位置部分需要告诉 Lightroom 把这些文件保存到哪里。如果单击导出到下拉列表，将弹出一个用来选择保存文件的位置列表。如果打算创建预设，选择以后选择文件夹（适用于预设）就很有用，因为它允许在导出过程中选择文件夹。如果想选择一个不在这个列表中的文件夹，则请选择指定文件夹，然后单击选择按钮，导航到期望的文件夹。在指定文件夹位置下方还可以选择将图像保存到特定的子文件夹。这样，现在我的图像将出现在计算机上一个名为 Rome 的文件夹内。如果这些是 RAW 文件，而你希望将导出的 JPEG 文件添加到 Lightroom 中，则请勾选添加到此目录复选框。

第5步：

下一部分是文件命名，它很像前面导入一章内已经介绍过的文件命名功能。如果不想重命名导出文件，只想保留它们的当前名称，则可以取消勾选重命名为复选框，或者勾选该复选框，然后从下拉列表内选择文件名。如果要重命名文件，则请选择一种内置模板，或者如果你创建了自定文件命名模板，它也会显示在这个列表中。在我们的例子中，我选择自定名称-序列编号格式（它自动向我自定的名称末尾添加序列号，序列号从1开始编号）。之后，我把这些照片简单命名为Rome，因此该文件夹中的照片将最终被命名为Rome -1、Rome -2 等。此外，还有一个下拉列表，用于选择以大写（.JPG）或小写（.jpg）形式显示文件扩展名。

▼ 文件命名

☑ 重命名为:	自定名称 - 序列编号		
自定文本:	Rome	起始编号:	1
示例:	Rome-1.jpg	扩展名:	小写

图 8-6

第6步：

假设要导出整个图像收藏夹，且收藏夹中包含一些用DSLR拍摄的视频剪辑。如果你希望这些视频剪辑包含在导出中，请在视频部分勾选包含视频文件复选框（如图8-7所示）。在这个复选框的正下方，你可以选择视频格式（H.264是高度压缩格式，用于在移动设备上播放；DPX 通常用于表现视觉效果）。下一步，选择视频的品质。选择最高将会尽可能的接近原视频品质，高也不错，但比特率可能会降低。如果打算将视频发布在网页上，或者在高端平板设备上观看，请选择中。如果在其他所有移动设备上观看，则选择低。你可以通过查看品质下拉列表右侧的目标尺寸和速率来了解不同的格式和品质选择产生的不同。当然了，如果导出时没有视频被选中，这部分将会以灰色呈现。

▼ 视频

☑ 包含视频文件:

视频格式:	H.264	源:	1920x1080，23.976 fps
品质:	最高	目标:	1920x1080，23.976 fps，22 Mbps

尽可能地接近源。

图 8-7

图 8-8

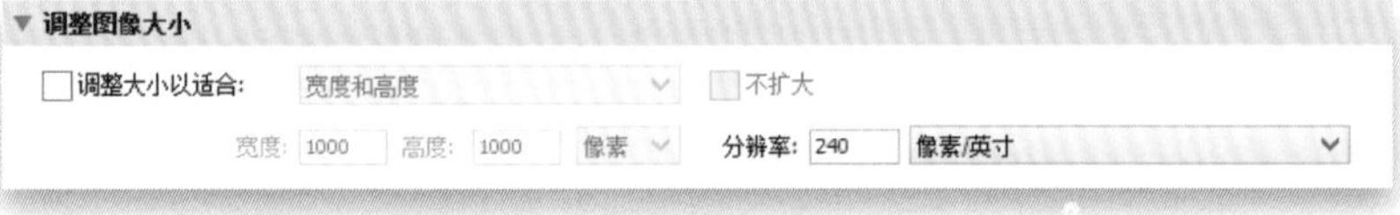

完全可以跳过调整图像大小部分，除非需要以比原始尺寸更小的尺寸时保存图像

图 8-9

第 7 步：

在文件设置区域，可以从图像格式下拉列表中选择照片的保存格式（因为我们选择了刻录全尺寸 JPEG 预设，所以这里 JPEG 已经被选择，但你可以选择 TIFF、PSD、DNG，或者，如果你有 RAW 文件，也可以选择原始格式导出原始 RAW 照片）。因为我们要保存为 JPEG，所以会有一个品质滑块，品质越高，文件尺寸越大。我通常将品质的数值设置为 80，我认为这能够在图像品质和文件大小之间取得很好的平衡。如果我打算把这些文件发送给没安装 Photoshop 的人，则选择 sRGB 色彩空间。如果选择 PSD、TIFF 或 DNG 格式，则在文件设置区域会显示出它们相应的选项，如色彩空间、位深度和压缩设置等。

第 8 步：

默认情况下，Lightroom 将以全尺寸导出照片。如果想让它们变小些，则请在调整图像大小部分，勾选调整大小以适合复选框，然后键入需要的宽度、高度和分辨率。也可以通过从顶部下拉列表中选择像素尺寸、图像的长边、图像的短边或图像的像素数等调整图像尺寸。

第9步：

此外，如果要在其他应用程序中打印这些图像，或者将它们发布到网络上，则可以通过勾选输出锐化区域的锐化对象复选框，添加锐化处理。这将根据导出的照片是仅用于屏幕显示（在本例这种情况下，要选择屏幕）还是打印（在本例这种情况下，要选择打印的纸张类型，亚光纸或高光纸），应用合适的锐化。对于使用喷墨打印机打印的图像，锐化量我通常选择高，这在屏幕上看起来有点锐化过度的，但在纸张上，它看起来正好（对于放在网络上的图像，锐化是我通常选择标准）。

在任何需要查看这些照片的地方——无论是屏幕（网络上或幻灯片放映）还是打印稿，都可以添加输出锐化

图 8-10

第10步：

在元数据区域，你可以先选择哪些元数据随照片一起导出：所有元数据；除相机和Cameral Raw 之外的所有信息，将会隐藏所有曝光设置、相机的序列号，和其他客户可能不需要知道的信息；仅版权和联系信息，如果添加了版权信息，可能还需要添加你的联系方式，让那些想使用你照片的人方便联系到你；或者仅版权。即使你选择了导出所有元数据或者除相机和Cameral Raw之外的所有信息，你仍然可以通过勾选删除人物信息和删除位置信息复选框来删除所有个人信息或GPS 数据。

要对导出的图像添加水印，请勾选添加水印区域中的水印复选框，然后从下拉列表中选择简单版权水印或者你保存的水印预设即可。

图 8-11

图 8-12

图 8-13

第 11 步：

后期处理区域，用于决定文件从 Lightroom 导出后执行什么操作。如果从导出后下拉列表中选择无操作，它们将只是保存到开始选择的文件夹中；如果选择在 Adobe Photoshop CC 中打开，它们导出后将自动在 Photoshop 中打开；还可以选择在其他应用程序中打开，它们导出后将自动在某个 Lightroom 插件中打开；选择现在转到 Export Actions 文件夹将打开 Lightroom 用于储存 Export Actions（导出后的动作配置文件）的文件夹。所以如果你想从 Photoshop 中运行一批动作，可以创建快捷批处理，并将其放在这个文件夹中。之后这个快捷批处理将出现在导出后下拉列表中，选择它将会打开 Photoshop，并对所有从 Lightroom 导出的照片运行批动作。

导出位置
导出到: 以后选择文件夹（适用于预设）
文件夹:
指定文件夹
以后选择文件夹（适用于预设）
原始照片所在的文件夹
现有文件: 询问要执行的操作

图 8-14

第 12 步：

现在已经按照我们想要的方式进行定制，让我们把这些设置保存为自定预设。这样，下次想导出 JPEG 时，就不必再次重复这些操作。现在，我建议再做一些修改，以使该预设更有效。例如，如果现在立刻把这些设置保存为预设，在使用它把其他照片导出为 JPEG 格式时，这些照片将被保存在同样的 Rome 文件夹中。而这里选择以后选择文件夹（适用于预设）（如图 8-14 所示）是个好主意，就像我们在第 4 步中介绍的那样。

第13步：

如果始终想把导出的JPEG文件保存在指定文件夹中，请回到导出位置部分，单击选择按钮，并选择指定的文件夹。现在如果将照片以JPEG格式导出到该文件夹，而该文件夹中已经存在同名照片（也许是上次导出的），会发生什么情况？Lightroom是应该自动用现在导出的新文件覆盖原有文件，还是把这个新文件命名为不同的文件名，使它不会删除该文件夹中的现有文件？我们可以使用现有文件下拉列表选择为导出的文件选择一个新名称（如图8-15所示）。这样，就不会不小心覆盖原想保留的文件。顺便提一下，当选择跳过时，如果它发现该文件夹中已经存在同名文件，则不会导出JPEG图像，只是跳过它。

提示：使用预设时重命名文件

导出照片前，一定要给文件一个新的自定名称，否则为橄榄球比赛拍摄的照片将被命名为Rome -1.jpg、Rome -2.jpg等。

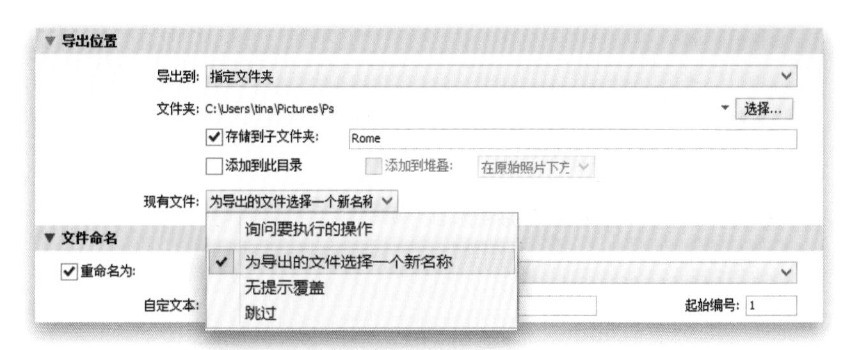

图8-15

第14步：

现在你可以将自定设置保存为预设：单击该对话框左下角的添加按钮（如图8-16中红色圆圈所示），然后给新预设命名，本例中，我把它命名为Hi-Res JPEGs/Save to Hard Drive（高分辨JPEG文件/保存到硬盘），这个名称说明了将导出的文件，以及导出文件的保存位置。

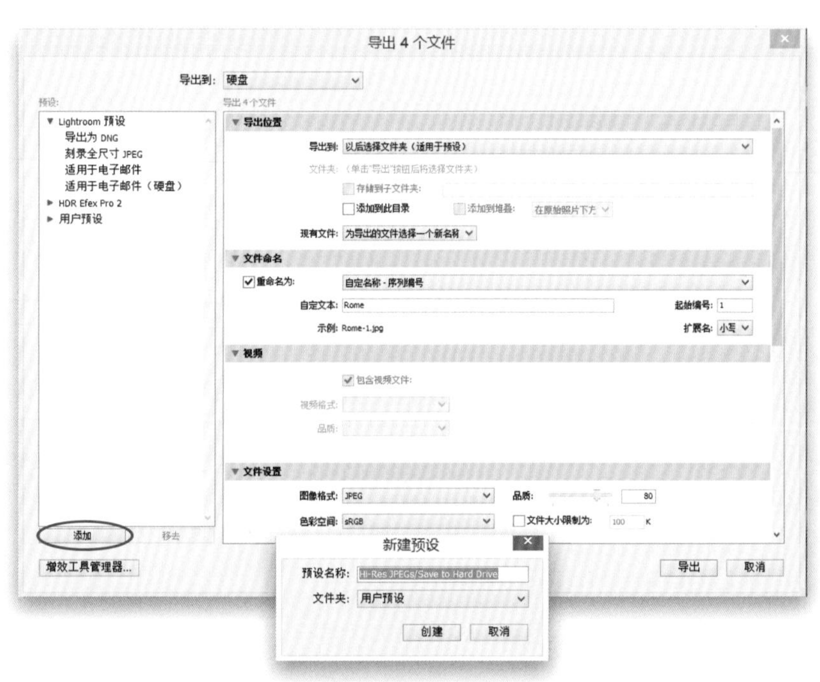

图8-16

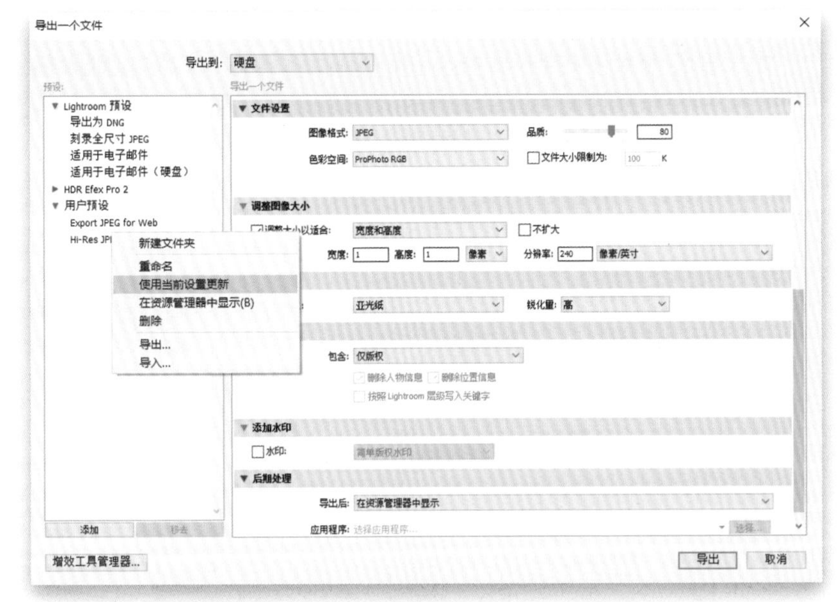

图 8-17

第15步：

单击创建按钮之后，预设就会被添加到预设部分（在对话框左侧的用户预设下），现在，我们就能以自己创建的方式导出JPEG。如果确定想修改预设（在本例中，我将色彩空间更改为ProPhoto RGB，并取消勾选水印复选框），则可以用鼠标右键单击预设，从弹出菜单中选择使用当前设置更新（如图8-17所示）。

这时，如果想创建第二个自定预设——导出联机Web画廊所用JPEG文件的预设。要实现这一点，需要把图像尺寸分辨率降低到72 ppi，把锐化设置修改为屏幕，锐化量设置为标准，把元数据设置为仅版权和联系信息，可能还要再勾选水印复选框，以防别人滥用你的图像。之后，单击添加按钮创建新的预设，把它命名为Export JPEG for Web之类的名称。

图 8 18

第16步：

创建自己的预设之后，在导出时可以完全跳过导出对话框，为我们节约时间我们只需选择想要导出的照片，之后转到Lightroom的文件菜单，从使用预设导出子菜单下选择想要的导出预设（在这个例子中，我选择Export JPEG for Web预设）。这样就可以直接导出照片了。太棒了！

8.2 向照片添加水印

如果要将照片发布到网站上，就没有太多手段可以防止别人窃用它们。限制非授权使用图像的一种方法就是添加可见水印，这样，如果有人将水印清除，就能明显看出这是从别人的作品中窃取的。除了保护你的图像外，许多摄影师还使用水印作为摄影工作室的标志和行销手段，以下是向照片添加水印的具体步骤。

第1步：

要创建水印，请按Ctrl-Shift-E（Mac：Command-Shift-E）键打开导出对话框，然后转到添加水印区域，勾选水印复选框，并从下拉列表中选择编辑水印（如图8-19所示）。

注意： *不仅在将图像导出为JPEG、TIFF等格式时可以添加水印，而且在打印模块内或者将其放到Web模块内时，也可以添加这些水印。*

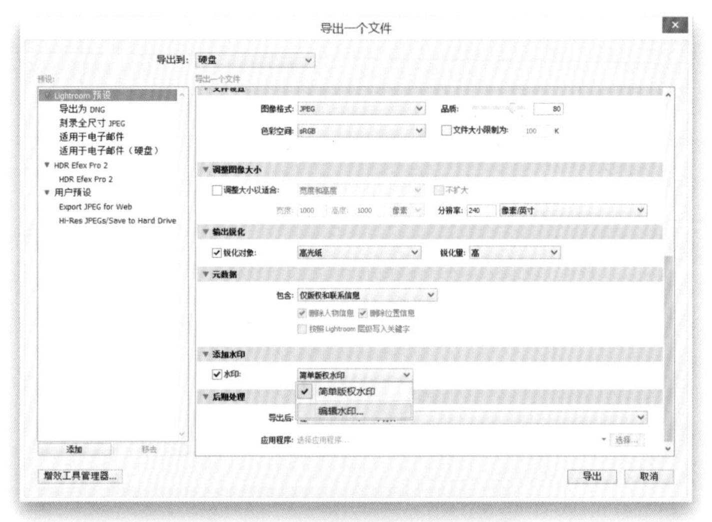

图 8-19

第2步：

选择编辑水印选项之后将弹出一个水印编辑器（如图8-20所示）对话框，在这里既可以创建简单的文本水印，也可以将图形（可能是摄影工作室的标志，或者是在Photoshop 中创建的一些自定义水印图形）导入为水印，请在右上角（如图8-20中红色圆圈所示）选择水印样式：文本或图形。默认情况下，它显示计算机上用户配置文件中的名称，因此该对话框底部的文本字段中显示我的版权。这个文本将同时显示在图像的左下角和下方的文本框中，你还可以调整文本与角落的偏移量，我将在第4步中介绍具体的操作方法，我们先来介绍定制文本。

图 8-20

图 8-21

图 8-22

第3步：

在文本框中输入摄影工作室的名称，然后在对话框右侧的文本选项中选择字体。本例中，我选择Futura Book 字体和常规样式（顺便提一下，图中分隔SCOTT KELBY 和PHOTO 的细线是一个称作“管道”的文本字符，按Shift-\ 键可以创建它）。此外，为了在字符间留一些间隔，我在每个字符之后按空格键。在这里还可以选择文本的对齐方式：左对齐、居中和右对齐，并单击色板选择字体颜色。要改变输入文本的大小，请转到水印效果区域，设置水印填充到图片中的大小（如图8-21所示）。还可以将鼠标光标移动到图像预览区的文本上，将会显示出一个小角柄，单击并向外拖动将使文本变大，向内拖动将使文本变小。

第4步：

我们在水印效果区域选择水印的位置。在该部分底部有一个定位网格，显示水印的放置位置。如果要将其移动到右下角，请单击右下角的定位点（如图8-22所示），如果要将其移动到图像中央，请单击中央的定位点，依此类推。如果想转换为垂直水印，则可以使用定位网格右侧的两个旋转按钮。此外，在第2步中我提到可以使文本产生偏移，使其不会紧贴图像边缘，此时只需拖动位于定位网格的正上方的垂直和水平滑块。移动它们时，预览窗口中将显示细小的位置指示条，因此可以方便地看到文本将要放置的位置。最后，拖动该部分顶部的不透明度滑块还可以控制水印的透明程度。

第5步：

如果要将水印放置到较浅的背景上，则可以使用文本选项中的阴影控件给文本添加投影。不透明度滑块控制阴影的暗度；位移滑块控制阴影出现在距离文本多远处（向右拖动得越远，阴影距离文本将越远）；半径滑块控制阴影的柔和度，将半径设置得越高，阴影的柔和度就越高；角度滑块用来选择阴影出现的位置，默认设置-90将使阴影处于右下方，而设置为145将使阴影位于左上方，依此类推，只需拖动该滑块，即可看到它对阴影位置的影响。要查看阴影效果是否变得更好，可以切换几次阴影复选框开关进行观察。

图 8-23

第6步：

现在我们来处理图形水印，如摄影工作室的标志。水印编辑器支持JPEG或PNG格式的图形图像，因此一定要将标志设计为这两种格式之一。请转到图像选项区域，单击选择按钮，找到标志图形，然后单击选择按钮，图形将显示出来（遗憾的是，可以看到标志后面的白色背景，但下一步中我们将处理它）。图形水印中使用的控件和文本水印中所使用的控件大体相同，转到水印效果区域，向左拖动不透明度滑块，使图形变得透明，并使用大小滑块改变图标的尺寸。内嵌部分的调整滑块可以把标志移离边缘，而定位网格则可以在照片的不同位置中定位图形。文本选项区域的各控件都变灰，此时不能进行编辑，因为当前处理的是图形。

图 8-24

图 8-25

第7步：

为了使白色背景变透明，必须在Adobe Photoshop中打开该标志的图层文件，并完成下面两项操作：（1）将背景图层拖放到图层面板底部的垃圾桶图标，删除背景图层，仅将图形和文字保留在它们自己的透明图层上；（2）然后将这个Photoshop文件保存为PNG格式，将其保存为一个独立文件，图像显得像拼合了一样，但标志后面的背景将变透明（如图8-27所示）。

图 8-26

图 8-27

第8步：

现在选择这个新的PNG标志文件，将其导入后，它显示在图像上方，但白色背景已不存在（如图8-28所示）。现在可以在水印效果区域对标志图形重新设置大小、定位并修改标志图形的透明度。设置完毕后将其保存为水印预设，这样可以再次使用它，并可以在打印和Web模块中应用它。要保存为预设，请单击该对话框右下角的存储按钮，或者从该对话框左上角的下拉列表中选择将当前设置存储为新预设。保存好预设后，现在我们就可以一键添加水印了。

图 8-28

8.3 在Lightroom中通过电子邮件发送照片

在早期版本的Lightroom 中，如果你想通过电子邮件发送照片，其过程十分繁琐，如为电子邮件应用程序创建别名/ 快捷方式，并将它们放置在Lightroom某个文件夹中，等等。这虽然能解决问题，但是麻烦得很。而现在这个功能已经内置到Lightroom中了，操作非常便捷。

第1步：

在网格视图中，按住Ctrl（Mac：Command）键并单击想要发送的图像。现在，转到文件菜单，选择通过电子邮件发送照片（如图8-29所示），以打开Lightroom 的电子邮件对话框（如图8-30所示）。

图 8-29

第2步：

在对话框中，你可以输入收件人的电子邮箱，在电子邮件主题栏中输入主题信息，它将选择你的默认电子邮件应用程序你也可以从发件人弹出菜单中选择不同的电子邮件应用程序。在附加的文件区域，你还能看到选中图片的缩览图。

图 8-30

图 8-31

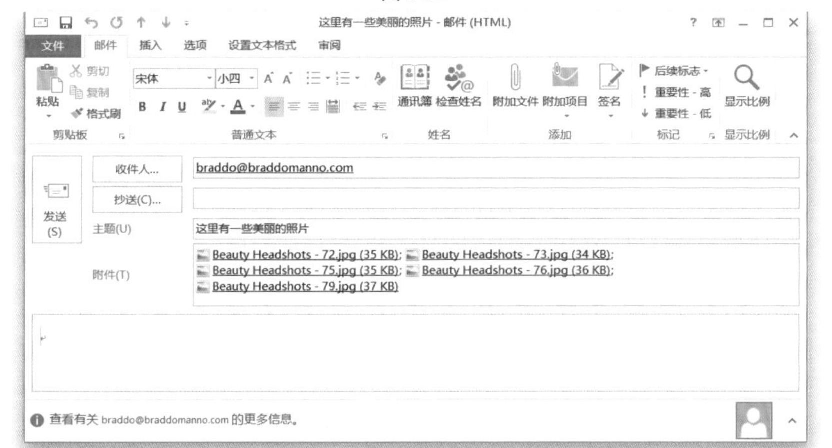

图 8-32

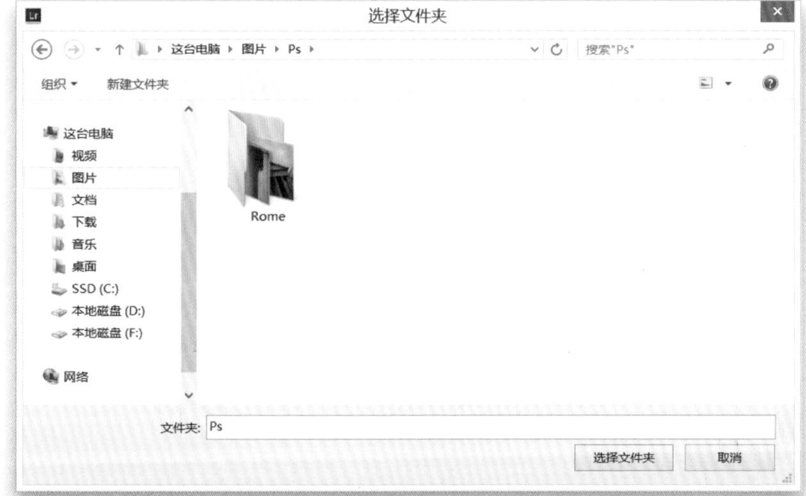

图 8-33

第3步：

你还得选择发送照片的实际尺寸，如果你添加太多全尺寸照片，可能会因为尺寸过大被退回邮件。在对话框左下角（如图8-31所示）可以选择4种内置预设，从中可以选择照片的尺寸和品质。如果你为电子邮件发送照片创建过预设，它们将也会在此出现，或者如果现在想创建一个预设，请选择弹出菜单底部的新建预设选项，这将打开标准输出对话框。只需输入期望的设置，并将其保存为一个预设，现在预设将会出现在电子邮件的预设下拉列表中。

第4步：

当你单击发送按钮时，你的邮件程序会自动将所有输入到Lightroom电子邮件对话框中的信息（如地址、主题等）添加进去，然后按照选择的尺寸和品质将照片添加到附件。你只需要单击电子邮件应用程序中的发送按钮，你的照片就发送出去了。

提示：使用两个电子邮件预设

Adobe在Lightroom的导出对话框中已经加入了两个电子邮件预设：一个可以打开常规电子邮件对话框，就是我们刚刚学习的那个（被称为“适用于电子邮件”）；另一个预设仅将照片保存到硬盘中，之后可以用电子邮件发送（手动）。若想将照片保存，用于之后电子邮件的发送，请转到文件菜单下，在导出预设下，选择适用于电子邮件（硬盘）。它会询问你希望将照片保存到哪个文件夹，请选择一个，然后它会按照要求以小尺寸（像素为640×640，品质设置为50）和JPEG格式保存在指定文件夹中。

8.4 导出原始RAW照片

目前为止，本章所完成操作都是基于我们在Lightroom 内对照片的调整，之后把它导出为JPEG、TIFF 等格式。但是，如果想导出原始RAW 照片应该怎么办？本节将介绍其实现方法，我们还可以选择是否包含在Lightroom 中添加的关键字和元数据。

第1步：

首先，单击要从Lightroom 导出的RAW 照片。在导出原始RAW 照片时，在Lightroom 中对它所应用的修改（包括关键字、元数据，甚至在修改照片模块内所做的修改）都被存储在单独的文件中，这个文件被称作XMP 附属文件，因为不能直接把元数据嵌入到RAW 文件自身内（我们在前面第2章中讨论过这一点），因此需要将RAW 文件及其XMP 附属文件看作一组文件。现在请按Ctrl-Shift-E（Mac：Command-Shift-E）键打开导出对话框（如图8-34所示）。单击刻录全尺寸JPEG预设，以获得一些基本设置。从最上面的导出到下拉列表中选择硬盘，之后，在导出位置区域，选择这个原始RAW 文件的保存位置（我选择桌面）。在文件设置区域，从图像格式下拉列表中选择原始格式，如图8-34中红色圆圈所示。当选择导出为原始RAW 文件时，其余大多数选项变为灰色（不可编辑）。

提示：将RAW 照片保存为DNG格式

从图像格式下拉列表中选择DNG，展开DNG 选项（如图8-35所示）。嵌入快速载入数据影响预览图在修改照片模块中出现的速度，它为文件增加了一点尺寸。使用有损压缩对RAW 的影响相当于JPEG压缩对其他格式照片的影响，它丢掉一部分信息，使文件尺寸缩小大概75%，适用于存档那些客户未选择但自己不想删除的照片。

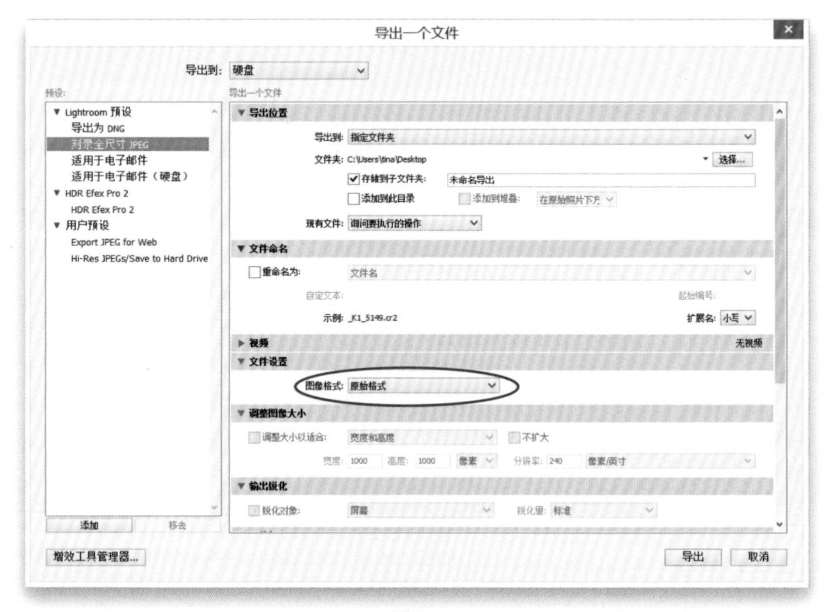

图 8-34

图 8-35

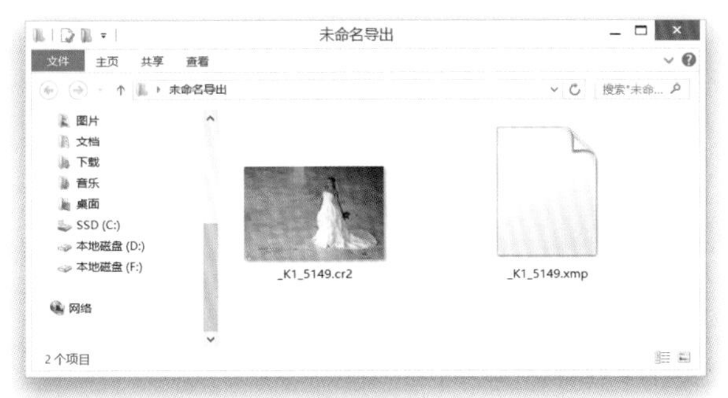

图 8-36

包含 XMP 附属文件的图像，显示其对比度、阴影、白色色阶、黑色色阶和鲜艳度被调整过，并添加了裁剪后暗角的操作

图 8-37

不包含 XMP 附属文件的原始未裁剪图像，不包含对比度、阴影、白色色阶、黑色色阶和鲜艳度的调整，没有添加裁剪后暗角

图 8-38

第 2 步：

现在单击导出按钮，因为不需要实现任何处理，所以几秒钟之后文件就会显示在桌面上（或者你选择的任何其他位置），随后将会看到我们的照片文件及紧邻其的 XMP 附属文件。只要这两个文件保持在一起，支持 XMP 附属文件的其他程序，如 Adobe Bridge 和 Adobe Camera Raw 就会使用该元数据，因此其中就具有我们对照片应用的所有修改。如果把该文件发送给其他人或者刻录到光盘，一定要同时包含照片和 XMP 这两个文件。如果决定让该文件不包含我们对照片所做过的编辑，则不要在其中包含 XMP 文件。

第 3 步：

如果将原始 RAW 文件导出，在 Camera Raw 中打开它，如果提供了 XMP 文件，他们会看到在 Lightroom 中所做的所有编辑，像图 8-37 那样，其中照片的对比度、阴影、白色色阶、黑色色阶和鲜艳度都被调整过，并添加了裁剪后暗角的操作。图 8-38 是没有包含 XML 文件时照片在 Camera Raw 中的显示效果，是未经修改的原始文件。

Lightroom 快速提示

▼ 导出目录的快捷方式

如果不是导出照片，而是想导出整个照片目录，则请按 Alt（Mac：Option）

键并保持，图库模块内的导出按钮变为导出目录按钮。

▼ 使用上一次的导出设置

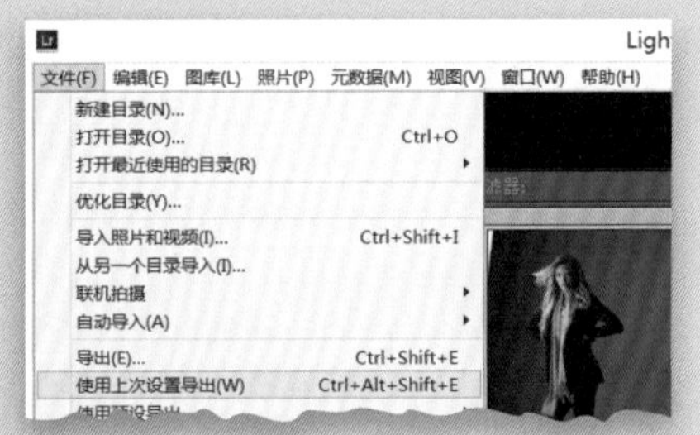

如果想使用最近一次使用过的导出设置导出一些照片，则可以跳过整个导出对话框，直接转到文件菜单，选择使用上次设置导出，或者使用键盘快捷键 Ctrl-Option-Shift-E（Mac：Command-Alt-Shift-E），将立即用最后一次使用过的设置导出照片。

▼ 使用导出预设，而不进入导出对话框

如果创建了自己的自定导出预设（或者想使用内置预设），则可以用鼠标右键单击照片，在弹出菜单的导出子菜单下会列出内置和自定导出预设，从这里选择一个，就可以略过导出对话框，直接导出照片。

▼ Lightroom 为通过电子邮件发送照片设置的内置通讯簿

如果经常在 Lightroom 中用电子邮件发送照片，你可能希望创建自己的 Lightroom 电子邮箱通讯簿。你可以在通过电子邮件发送照片的对话框中完成，只需单击右上角的地址按钮，Lightroom 通讯簿窗口就会出现，在这里，你可以输入姓名和电子邮箱，甚至可以通过分组来整理邮件。若想使用通讯录中的某个地址，只需要在通讯栏左侧的复选框中打勾即可。

▼ 分享导出预设

如果想出了非常有用的导出预设，想

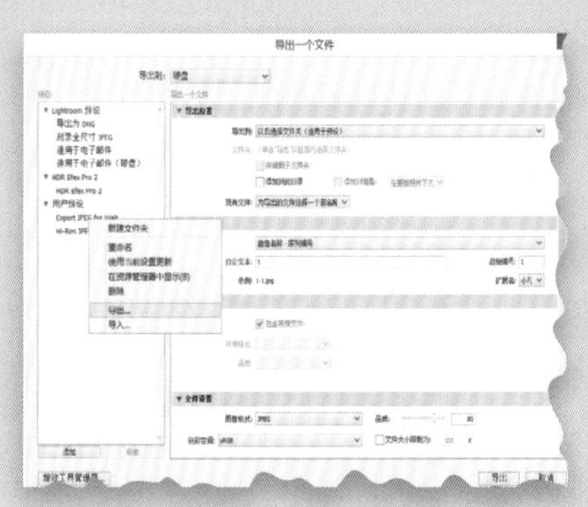

与同事或朋友分享，则可以按 Ctrl-Shift-E（Mac：Command-Shift-E）键，打开导出对话框。之后，在左侧的预设列表中，用鼠标右键单击想要存储为文件的预设，之后从弹出菜单中选择导出。当把这个导出预设分享给同事后，让他们从这个弹出菜单中选择导入即可。

▼ 我的“全景图测试”技巧

如果拍摄了多幅照片组成的全景图，一旦进入 Photoshop 拼接它们，就会花费很长时间。而且有时经过长时间等待后，处理完成的全景图让我们觉得也没有什么特别的。因此，如果不能 100% 保证所拍摄的全景图成为留用照片，我就不会在 Lightroom 内直接执行“照片合并”—“全景图”命令。而是转到导出对话框，选择适用于电子邮件（硬盘）预设，使用低品质设置把文件导出为低分辨率，尺寸小的 JPEG 文件。然后在 Lightroom 中选择它们，运行照片合并功能，因为它们是低分辨率的小文件，几分钟就可以把它们拼合起来。这样，我可以查看全景图的效果是否良好，是否值得等待 20 分钟或 30 分钟去拼合一个

高分辨率版本。如果其效果不错，我就使用照片菜单中照片合并下的全景图选项合并出高分辨率的全景图。

▼ 通过电子邮件发送智能预览，或者将其在线发布

图像的智能预览实际上拥有不错的品质和分辨率，足以导出为JPEG格式文件。这样的话，你可以通过电子邮件将尺寸理想的JPEG文件以校样形式发给别人，或者将其在线发布到微博或朋友圈内，而不必使用原始的高分辨率文件。

▼ 锐化两次

默认时，Lightroom 向RAW照片添加锐化。而当导出照片时，将再次锐化图像。

▼ 安装导出增效工具

虽然Adobe 在Lightroom 中引入了导出增效工具，使增效工具的安装变得更简单。只要转到文件菜单，选择增效工具管理器即可，当该对话框打开后，单击左栏下方的添加按钮，即可添加我们的导出增效工具。

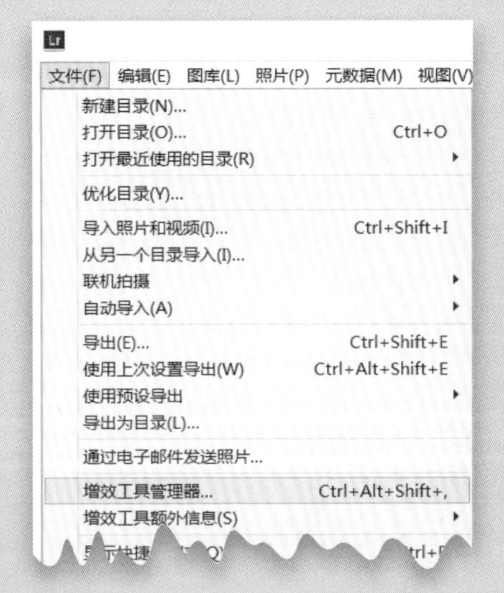

▼ 使你的照片在他人的计算机上正确显示

我不断地收到人们的电子邮件，他们把照片导出为JPEG格式，并通过电子邮件发送给其他人，当在他人机器上看到这些照片时，他们吃惊地发现这些照片看起来完全不像在他们计算机上时的效果（如照片过曝、单调等）。这是颜色空间问题，这就是为什么我建议如果把照片通过电子邮件发送给其他人，或者发布到Web 页面上时，一定要在导出对话框的文件设置部分把颜色空间设置为sRGB 的原因。

▼ DNG文件不需要XMP附属文件

如果在导出原始图像前将RAW 图像转换为DNG 格式所做的修改将嵌入到该文件，这样，就完全不需要XMP 文件了。关于DNG 格式的更多内容，请参阅第1章。

摄影师：Scott Kelby ┊ 曝光时间：1/40s ┊ 焦距：18mm ┊ 光圈：*f*/4

第9章
转到Photoshop

9.1 选择如何将文件发送到 Photoshop

将照片从Lightroom转到Photoshop中进行编辑时，默认情况下，Lightroom以TIFF格式创建文件副本，嵌入ProPhoto RGB颜色配置文件，将位深度设置为16位/分量，分辨率设置为240 ppi。然而，如果你想进行一些不同的设置，则可以选择到Photoshop的文件发送方式——将照片以PSD（我的发送方式）或TIFF格式发送，选择它们的位深度（8位/分量或16位/分量），以及当图像离开Lightroom时嵌入的颜色配置文件。

第1步：

按Ctrl-,（Mac：Command-,）键打开Lightroom的首选项对话框，之后在对话框顶部单击外部编辑选项卡（如图9-1所示）。如果你的计算机上安装了Photoshop，将把它选择为默认的外部编辑器，因此在对话框顶部部分，选择把照片发送给Photoshop所使用的文件格式（我选择PSD格式，因为这种文件远比TIFF文件小），之后从色彩空间下拉列表中选择文件的色彩空间（一般默认为ProPhoto RGB，如果保持其设置不变，则要将Photoshop的颜色空间也修改为ProPhoto RGB，无论选择哪种，在Photoshop内要使用相同的颜色空间，使它们保持一致）。默认选择16位/分量位深度，以获得最佳效果（但多数情况下我个人使用8位/分量位深度）。分辨率我保持其默认设置240 ppi不变。如果要使用另一种程序编辑照片，也可以从其他外部编辑器部分进行选择。

第2步：

对话框底部有一个堆叠原始图像复选框，我建议保持其被勾选的状态，因为它可以将照片编辑过的副本文件放置在原始文件旁边，当你返回Lightroom时很容易找到它们。最后，你可以选择应用于从Lightroom发送到Photoshop的照片名称。可以从首选项对话框底部的外部编辑文件命名部分选择命名模板，这与常规导入照片对话框内的命名选项基本相同。

图9-1

图9-2

虽然在Lightroom中能出色地完成大部分日常编辑工作，但它不能实现特殊效果和主要的照片修饰处理，它没有图层、滤镜，功能控制也很有限，无法完成许多Photoshop可以完成的任务。因此，在你的工作流程中，需要多次跳转到Photoshop实现一些操作，之后再回到Lightroom中进行打印或展示。幸运的是，这两个应用程序联系紧密。

9.2 怎样跳入/跳出Photoshop

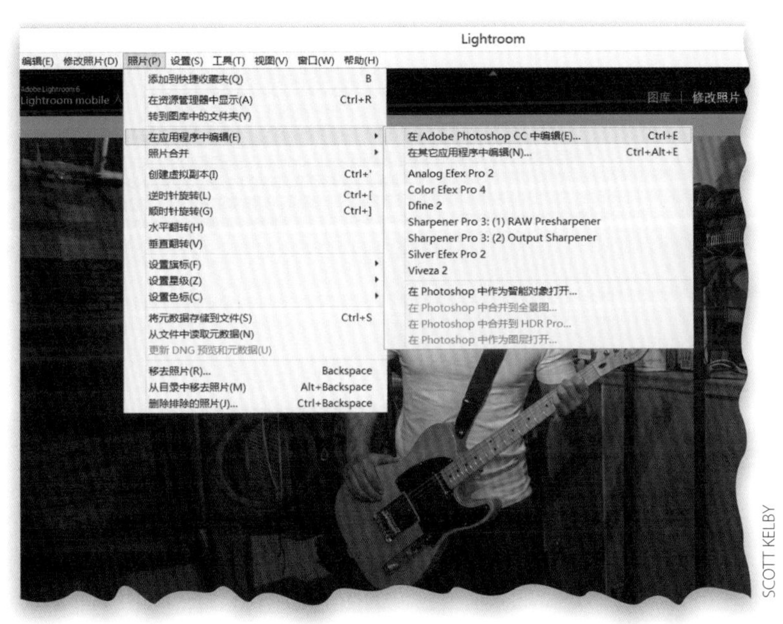

图 9-3

图 9-4

20秒教程：

若想将照片转入Photoshop中进行处理，请进入照片菜单，在应用程序中编辑的子菜单中选择在Adobe Photoshop CC中编辑（如图9-3所示），或者只需按Ctrl-E（Mac：Command-E）键，Lightroom将把图像副本发送到Photoshop。然后你就可以在Photoshop中对照片进行任意处理，最后存储图像，关闭窗口，返回到Lightroom。然而，下面介绍的内容将更加有趣，你还将学到更多Photoshop图像合成的知识。

第1步：

现在按Ctrl-E（Mac：Command-E）键在Photoshop中打开图像。如果你的照片是以RAW格式拍摄的，它仅将照片的一个副本“借”给Photoshop，供其打开。但是，如果照片是以JPEG或TIFF格式拍摄的，则将打开使用Adobe Photoshop CC编辑照片对话框，从中可以选择：（1）编辑含Lightroom调整的副本，连同Lightroom中应用到该副本的所有修改和编辑发送到Photoshop；（2）编辑副本，让Lightroom创建原来未修改照片的副本，并把它发送给Photoshop；（3）编辑原始文件，在Photoshop内编辑原始的JPEG或TIFF格式照片，不包含到目前为止在Lightroom内所做的任何修改。因为我们编辑的是JPEG文件，所以选择第一个选项，然后编辑在Lightroom中调整过的副本。

第2步：

把原始照片的副本在Photoshop CC中打开。我打算把这张在老剧院后台拍摄的照片制作成幻灯片的初始屏幕（也可以用作Lightroom书籍模块中的书皮）。

图 9-5

第3步：

我们先把照片转换为黑白色（当然，这个操作也可以在Lightroom中完成）。按Ctrl-Shift-U（Mac：Command-Shift-U）键去掉颜色，创建黑白颜色照片（如图9-6所示）。

图 9-6

图 9-7

第4步：

现在需要暗化照片的一部分以便输入文本，模糊外边缘区域，创建后幕照片，然后加入自定义类型（这些操作在Lightroom中要么完成不了，要么花费时间过长）。使用位于Photoshop左侧工具箱中的矩形选框工具（快捷键M），拖出一个如图9-7所示的大矩形选区。

图 9-8

第5步：

现在，我们在Photoshop中的操作只影响到这个区域。不过此时，我们只想对选区外的区域进行调整，因此转到选择菜单选择反向（如图9-8所示），以选中矩形框外的区域。

第6步：

选中反向的区域后进入模糊中的滤镜菜单，选择高斯模糊。在弹出的滤镜对话框中将半径设为26像素（如图9-9所示），单击确定按钮，模糊掉矩形框以外的所有区域。

图 9-9

第7步：

现在把我们的选区切换回矩形框内，即在选择菜单中选择反向，或者按快捷键Ctrl-Shift-I（Mac：Command-Shift-I）。现在回到最初的设置，让操作只影响到矩形框内的区域。在图层面板的底部单击新建图层图标以创建一个新的空白图层（如图9-10所示）。我想给选区添加一个描边，可以进入编辑菜单选择描边。在弹出的对话框中将宽度设为5像素，单击颜色转换器，把颜色变成白色，把位置选为居中，然后单击确定按钮。现在，我们可以按快捷键Ctrl-D（Mac：Command-D）取消选择。

图 9-10

图 9-11

第8步：

再次单击新建图层图标添加另一个新的空白图层，再按键盘上的字母键D把它填充为黑色，以此把背景图层设置为黑色，然后按Alt-Backspace（Mac：Option-Delete）键。想创建后幕效果，可以单击图层面板右上角不透明度区域右侧的小箭头来降低这个全黑图层的不透明度，把不透明度滑块向左拖动到40%（如图9-11所示）。现在，我们就为照片创建好了黑色后幕效果。

图 9-12

第9步：

现在我们来对照片添加文本。从工具箱中选择横向排版文字工具（图标看起来像大写的英文字母“T”），使用粗体输入大写的ALL ACCESS（此处我使用的是50磅的Futura Bold字体）。创建好文本后，为了让字母之间更紧凑，呈现更专业的效果。先选中ALL ACCESS字样，再按键盘上的Alt-左方向键（Mac：Option-左方向键）键。每按一次，字母之间的距离就更紧凑一些。最终把它调整为如图9-12中所示舒适、紧凑的效果。

第10步：

接下来创建第二行文本。在距原始文本一定距离的地方单击横向排版文字工具，创建新的文字图层。这时输入BEHIND THE SCENES PHOTOS FROM MARK MOORE IN CONCERT（如图10-13所示）。为了保证对比度，需要为第二行文字选择更细小的字体（此处我使用的是16 磅的Futura Medium，与上第一行的字体相同，只是字号更小），这时需要给字母之间增加一点空隙，而不是让它们更紧凑。因此选中字母，按Alt-右方向键（Mac：Option-右方向键）键。每按一次，字母之间的间距就更大一些。最终将它调整为如图9-13所示舒适、宽松的效果。如果需要调整文字的位置，只需单击工具箱中的移动工具，把它拖动到你想要的位置即可。

图 9-13

第11步：

现在看看我们的照片，我认为需要从视觉上弥补一下中间部分，比如加亮外围的模糊区域。所以再把第4步的操作再做一次。单击图层面板中的背景图层，选取矩形选框工具，选中中心区域，然后如第5步的操作那样反向选区。但这次不是模糊外部边缘区域，而是加亮它们。请转到图像菜单，在调整下选择色阶，出现色阶对话框后（如图9-14所示），把位于直方图下方右侧的高光（白色色阶）滑块向左拖动，如图9-14所示以加亮选区。单击确定按钮，再按Ctrl-D（Mac：Command-D）键取消选择。

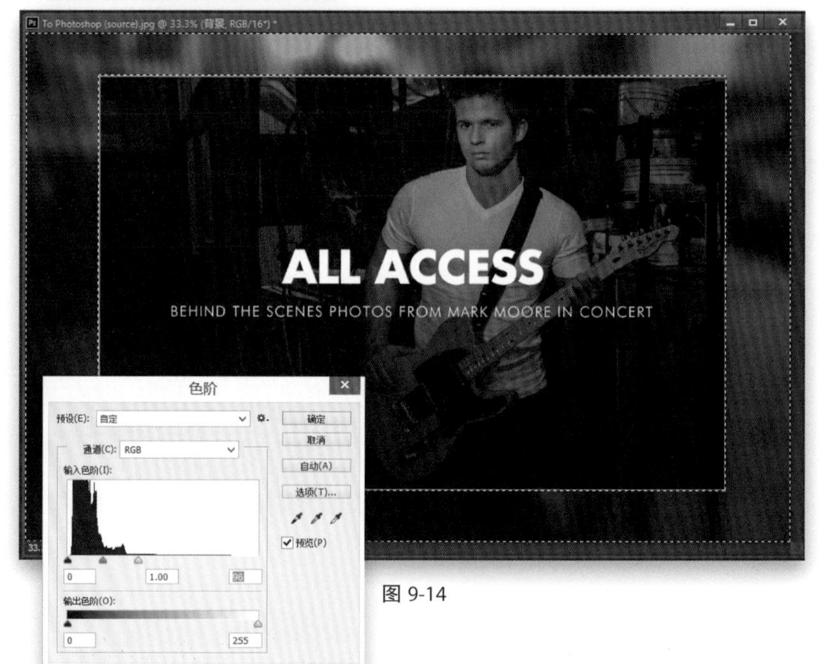

图 9-14

图 9-15

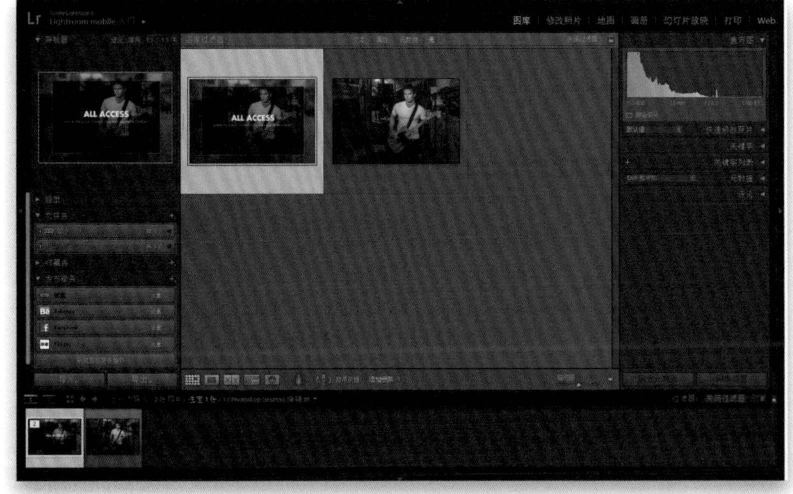

图 9-16

第12步：

我们已经完成了在Photoshop中的全部调整，这时可以图层面板的浮动菜单中选择拼合图像，如图9-15所示，这样将去掉所有图层，形成Lightroom中常见的单个图层照片。此外，你也可以保留图层，把它们发送到Lightroom中。但无论作何选择，拼合图像或者跳过该步骤，下一步的操作都是相同的，即按Ctrl-S（Mac：Command-S）键保存更改，然后按Ctrl-W（Mac：Command-W ）键关闭照片窗口。这时照片在Photoshop中关闭并被发送到Lightroom中，堪称完美的配合。

第13步：

现在切换回Lightroom。当你在查看原始照片所在的收藏夹时，会看到刚才在Photoshop中编辑的照片就存储在它旁边（如图9-16所示，原始彩色照片旁是添加了文本的黑白照片）。无论照片格式是RAW、TIFF，还是JPEG，存储方式都是如此。即：按Ctrl-E（Mac：Command-E）键把选中的照片转到Photoshop中并进行需要的更改和调整，完成后只需保存、关闭Photoshop，编辑后照片就会保存在Lightroom中。下一步操作也很重要，它会为你解答如何在Lightroom中保存图层文件。

第14步：处理图层文件

如果处理照片时有多重图层（就像这张照片一样），在没有拼合图层时就保存并关闭了文件，Lightroom 会保持所有图层原封不动，但是，Lightroom 不允许在图层中操作，所以在Lightroom中，你所看到的就像是拼合的图像，但是图层依然存在（Lightroom没有图层功能所以它不可见）。如果你想要看到或编辑图层，只能返回Photoshop。不过操作时，在Lightroom中，单击图层化的图像，然后按Ctrl-E（Mac：Command-E）键将其在Photoshop 中打开，弹出一个使用Adobe Photoshop CC编辑照片对话框，询问你是想编辑含有Lightroom 调整的副本，请选择编辑原始文件（如图9-18所示）。这样图层就能显示出来，否则将发送给Photoshop一幅拼合版本的图像。

图 9-17

图 9-18

9.3 向 Lightroom 工作流程中添加 Photoshop 自动处理

如果在Lightroom 内调整图像之后，要在Photoshop 中做最终调整，则可以向该处理添加自动化，这样的话当导出照片时，Photoshop 就会启动并应用调整，之后重新保存文件。这基于Photoshop内创建的动作（“动作”用来记录Photoshop 内完成的操作，一旦记录之后，Photoshop 可以根据我们的需要，非常快捷地重复该处理）。这里介绍怎样创建动作，以及怎样直接在Lightroom 内使用它。

图 9-19

图 9-20

第1步：

我们先从Photoshop 内开始处理，因此请按Ctrl-E（Mac：Command-E）键在Photoshop内打开一幅图像。我们这里要做的是创建Photoshop 动作，向图像添加简单的柔和效果，使这种效果可以应用于风光照到肖像照等多种类型的照片。因为这种技术是重复性的（每次都以同样的顺序执行同样的处理步骤），所以非常适合转换为动作，以便更快地将其应用到不同的照片或照片组中。

第2步：

要创建动作，请转到窗口菜单，选择动作后显示出动作面板。单击该面板底部的创建新的动作图标（它看起来就像图层面板内的创建新图层图标，如图9-20中的圆圈所示），弹出一个新建动作对话框（如图9-20所示）。接下来给动作命名，我把它命名为Soften Finishing Effect，之后单击记录按钮（该按钮不是确定或者保存，而是记录，因为它从现在开始将记录我们的操作步骤）。

第3步：

请按两次Ctrl-J（Mac：Command-J）键，创建两个背景图层副本。然后转到图层面板，在中间图层上单击（如图9-21所示）。现在请转到滤镜菜单，从锐化子菜单中选择USM 锐化。由于我们处理的是一幅低分辨率图像，因此将应用USM锐化的数量设置为85%，半径设置为1像素，阈值设置为4 色阶，然后单击确定按钮应用锐化。

注意：对于数码相机拍摄的全分辨率图像，我使用的USM 锐化设置为：数量为120%，半径为1像素，阈值为3色阶。

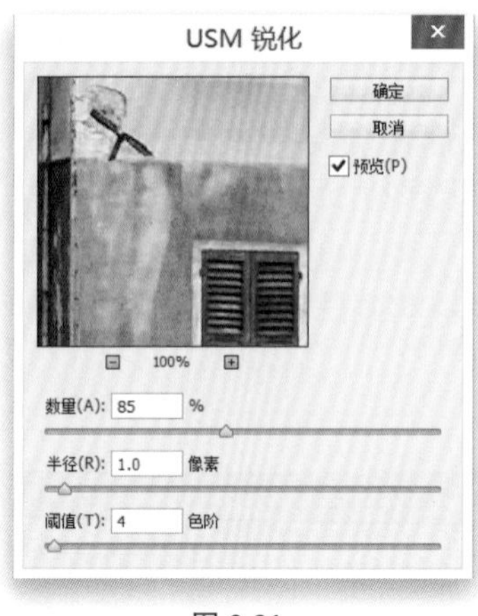

图 9-21

图 9-22

第4步：

处理完锐化后，我们要对图像应用数量较大的模糊处理。因此，请单击图层面板的顶部图层——图层1拷贝，然后转到滤镜菜单下，从模糊菜单中选择高斯模糊，并将半径设置为25像素，这样可以产生足够的模糊效果（如图9-23所示）。

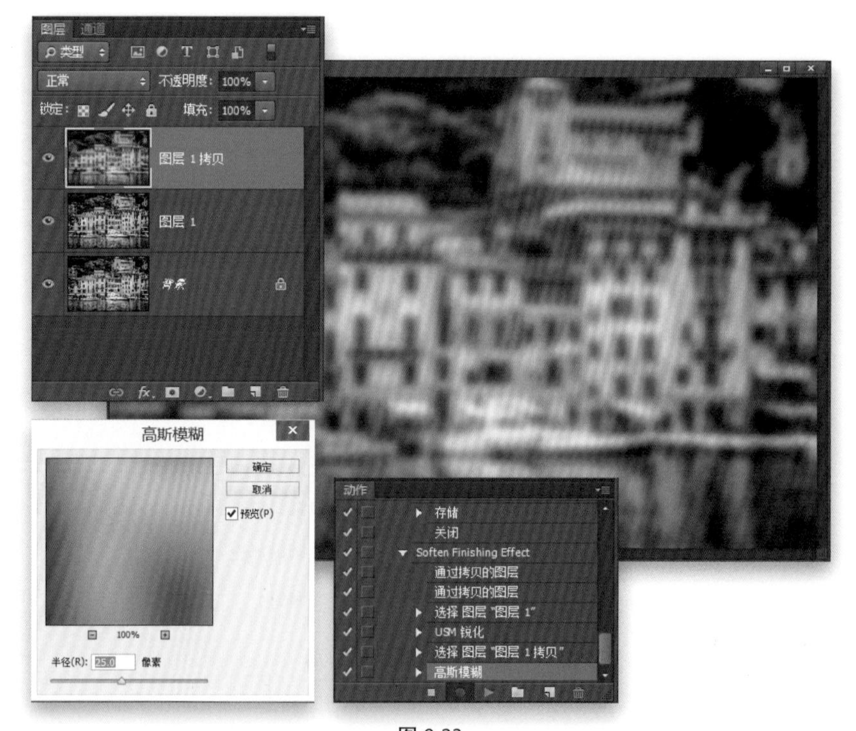

图 9-23

图 9-24

第5步：

在图层面板内，将这个模糊图层的不透明度降低到20%，得到了我们需要的最终效果（如图9-24所示）。现在，请转到靠近图层面板右上角的弹出菜单选择拼合图像，把图层向下合并到背景图层中。接下来，按Ctrl-S（Mac：Command-S）键保存文件，然后按Ctrl-W（Mac：Command-W）键关闭文件。

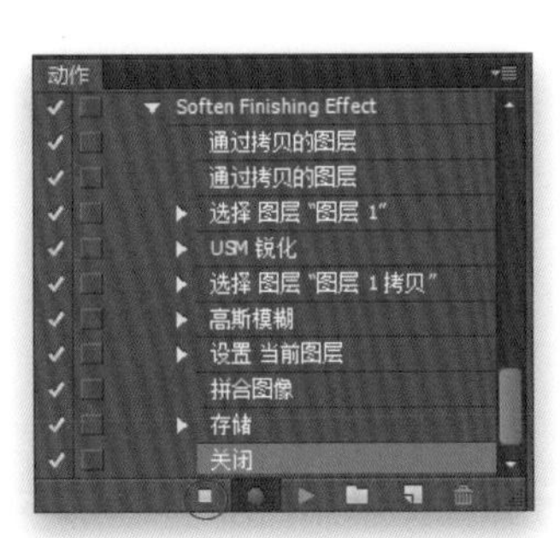

图 9-25

第6步：

你还记得在第2步中我们创建的动作吗？它一直在记录我们操作的所有步骤。因此，请转到动作面板，单击该面板左下角的停止按钮（如图9-25所示）。所记录的动作将应用这种效果，保存文件后关闭文件。我通常喜欢测试我的动作，以确保它准确记录了我进行的所有操作。因此请打开一张不同的照片，单击动作面板内的Soften Finishing Effect 动作，之后单击该面板底部的播放选定的动作图标，该照片就会应用这种效果，并关闭文档。

第7步：

现在我们要把该动作转换为快捷批处理。快捷批处理的作用是：在离开Photoshop时，找到计算机上的照片，把该照片拖放到这个快捷批处理上，它会自动启动Photoshop，打开照片，并把Soften Finishing Effect 动作应用到该照片上，之后还会自动保存并关闭照片，因为这两步操作已经被记录为该动作的一部分。非常便捷。因此，要创建快捷批处理，请转到Photoshop 的文件菜单，从自动子菜单中选择创建快捷批处理（如图9-26所示）。

图 9-26

第8步：

这将打开创建快捷批处理对话框（如图9-27所示）。在该对话框顶部，单击选择按钮，选择桌面作为保存快捷批处理的目标位置，然后将这个快捷批处理命名为Soften。现在，在该对话框的播放部分中，一定要从动作下拉列表内选择Soften Finishing Effect（这是我们前面命名的动作，如图9-27所示）。这样就完成了，你可以忽略该对话框内的其余部分，现在只需单击确定按钮即可。

创建快捷批处理
将快捷批处理存储为
选择(C)... C:\Users\tina\Desktop\Soften.exe
确定
取消
播放
组(T): 默认动作
动作: Soften Finishing Effect
覆盖动作中的"打开"命令(R)
包含所有子文件夹(I)
禁止显示文件打开选项对话框(F)
禁止颜色配置文件警告(P)
目标(D): 无
选择(H)...
覆盖动作中的"存储为"命令(V)
文件命名
示例: 我的文档.gif
文档名称 + 扩展名（小写）
起始序列号: 1
兼容性: Windows(W) Mac OS(M) Unix(U)
错误(B): 由于错误而停止
存储为(S)...

图 9-27

图 9-28

图 9-29

第9步：

观察一下计算机桌面，就会看到一个大箭头图标，该箭头指向快捷批处理的名称（如图9-28所示）。

第10步：

现在已经在Photoshop内建立了Soften快捷批处理，我们将把它添加到Lightroom工作流程中。回到Lightroom，从文件菜单下选择导出，弹出导出对话框，在后期处理部分，从导出后下拉列表中选择现在转到Export Actions文件夹（如图9-29所示）。

第11步：

这将转到计算机中Lightroom 存储Export Actions（导出动作）的文件夹我们在这里可以存储所创建的任何导出动作。我们所要做的只是单击Soften 快捷批处理，并把它拖放到Export Actions 文件夹中，以便把它添加到Lightroom。现在可以关闭这些文件夹，回到Lightroom，单击取消按钮以关闭导出对话框（我们打开它只是为了转到Export Actions文件夹，以便把快捷批处理拖放到那里）。

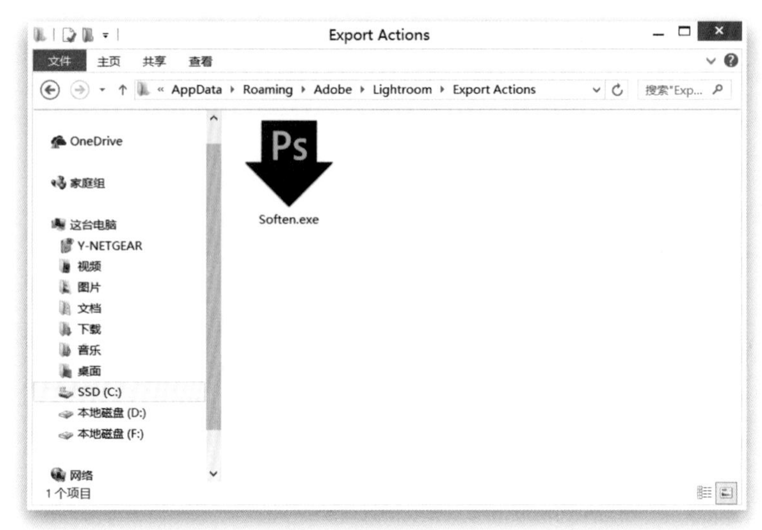

图 9-30

第12步：

现在我们来应用它：在Lightroom的网格视图内，选择想要应用这种效果的照片，之后按Ctrl-Shift-E（Mac：Command-Shift-E）键打开导出对话框。从左侧的预设区域，单击用户预设左边的小三角形，之后单击我们在前面创建的Export JPEGs for Web 预设。在导出位置部分，单击选择按钮，为要保存的JPEG 文件选择目标文件夹在文件命名区域可以为照片提供新的名称。现在，在位于底部的后期处理部分，从导出后下拉列表内可以看到Soften（我们的快捷批处理）已经被添加进来，因此请选择它（如图9-31所示）。单击导出按钮时，照片就会存储为JPEG格式，之后Photoshop 会自动启动并打开照片，应用Soften Finishing Effect动作，再保存并关闭照片。

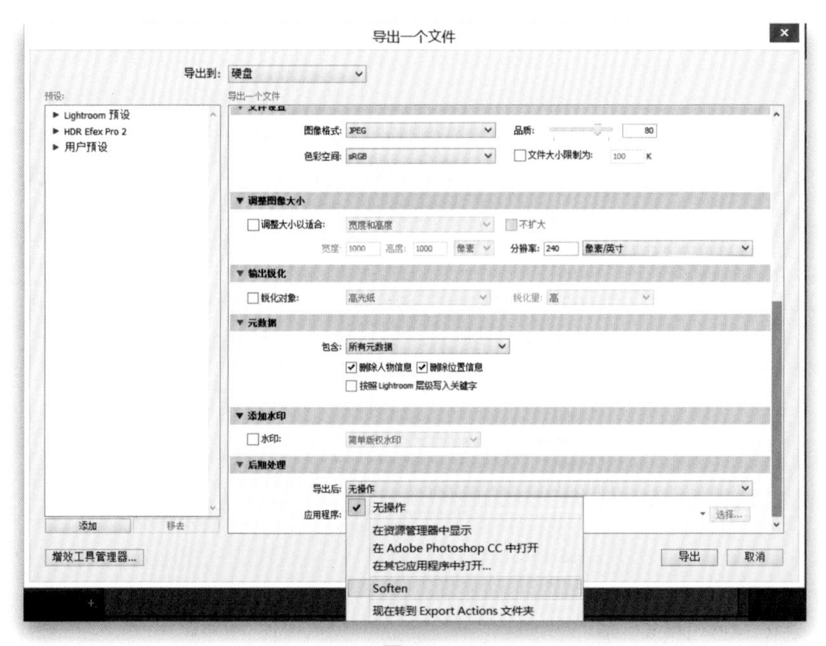

图 9-31

Lightroom 快速提示

▼ 选择Photoshop 编辑过的文件名称

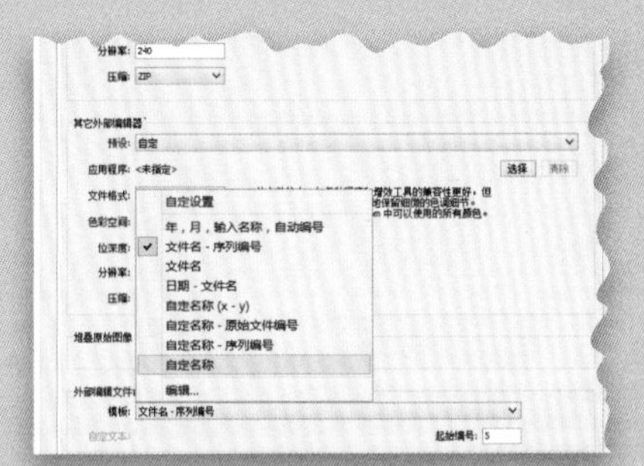

按Ctrl-,（Mac：Command-,）键转到Lightroom 的首选项对话框，之后单击外部编辑选项卡，在该对话框的底部可以看到外部编辑文件命名区域，从中可以选择自己的自定名称，或者其他的文件命名模板预设。

▼ 切断文件与Lightroom 的联系

把文件移动到Photoshop 中进行编辑时，在我们保存该文件后，被编辑的文件就立即回到Lightroom。那么，该怎样断开文件与Lightroom 间的联系呢？在

Ps 文件(F) 编辑(E) 图像(I) 图层(L) 类型(Y) 选择(S)
新建(N)... Ctrl+N
打开(O)... Ctrl+O
在 Bridge 中浏览(B)... Alt+Ctrl+O
在 Mini Bridge 中浏览(G)...
打开为... Alt+Shift+Ctrl+O
打开为智能对象...
最近打开文件(T)
关闭(C) Ctrl+W
关闭全部 Alt+Ctrl+W
关闭并转到 Bridge... Shift+Ctrl+W
存储(S) Ctrl+S
存储为(A)... Shift+Ctrl+S
签入(I)...
存储为 Web 所用格式... Alt+Shift+Ctrl+S

Photoshop 内完成编辑后，转到文件菜单，选择存储为，之后给文件重新命名，这样就可以断开它们间的联系，文件就不会再回到Lightroom。

▼ 删除那些旧的PSD 文件

每次从Lightroom 跳转到Photoshop 中时，系统都会创建照片的副本，并以PSD 格式将其保存在原始文件旁边，即使你从来没在Photoshop 中对其进行修改。这样，尽管很多PSD 文件从来没进行过可见的修改，但还是在硬盘和Lightroom 中占用了不少空间。要快速删除旧的PSD 文件，请转到图库模块，在目录面板内单击所有照片。之后，在图库过滤器下单击元数据。在左边的第一个字段内单击标题，并从下拉列表内选择文件类型，然后单击Photoshop 文档（PSD）。在第二个区域选择日期，单击最早的日期，这样你就能看到那些从未用过或者不需要使用的文件，你可以删除它们来释放磁盘空间。

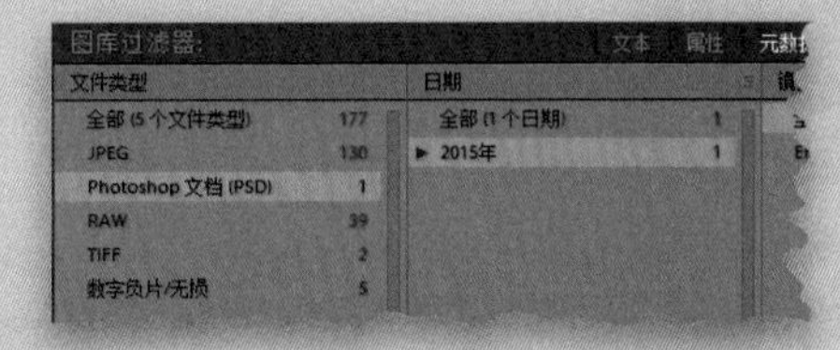

▼ 在运行导出动作之后怎样使照片回到Lightroom

如果在Photoshop 内创建了动作，并在Lightroom 内把它存储为导出动作，当照片离开Lightroom，并转到Photoshop 去运行动作时，照片将不会回到Lightroom。如果想把这些处理后的照片自动导入到Lightroom，可以使用位于Lightroom 文件菜单下的自动导入功能监视文件夹，之后在编写Photoshop 动作时，让它把处理后的文件写入该文件夹。这样一旦运行动作，文件从Photoshop 进行保存，它就会自动被再次导入到Lightroom。

▼ Lightroom 和Photoshop 之间获得一致的颜色

如果你要在Lightroom 和Photoshop 之间来回转换，我敢肯定你需要照片在这两个程序之间保持一致的颜色，这就是为什么可能要在Photoshop 内修改颜色空间，使它与Lightroom 的默认颜色空间ProPhoto RGB 相匹配的原因。这在Photoshop的编辑菜单中选择颜色设置，之后在工作空间区域中，在RGB下拉列表中选择ProPhoto RGB。如果你喜欢使用Photoshop内的Adobe RGB（1998）颜色空间，则需要保证发送给Photoshop 的照片处于该颜色空间：在Lightroom 的首选项对话框中，单击顶部的外部编辑选项卡，之后在在Photoshop中编辑区域，选择Adobe RGB（1998）色彩空间。

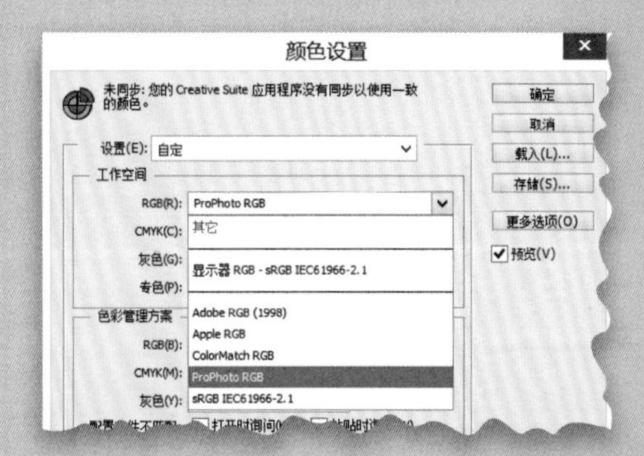

摄影师：Scott Kelby ┊ 曝光时间：1/10s ┊ 焦距：16mm ┊ 光圈：f/3.5

CHAPTER 10

第10章 爱之影集

10.1 在制作第一本画册之前

接下来要介绍的是你在制作第一本画册前需要知道的东西，包括通过 Adobe 在画册制作方面的合作伙伴—Blurb（www.blurb.com），来获取画册类型、尺寸和封面等信息。

第 1 步：

当你通过上方的模块选择区域，或者使用快捷键 Ctrl-Alt-4（Mac：Command-Option-4）进入画册模块时，页面顶部左上角会出现画册菜单，在菜单列表底部选择画册首选项。与打印、幻灯片放映或者 Web 模块一样，在画册模块中，选择你需要的默认布局设置——缩放以填充还是缩放到合适大小，我通常将其保持为缩放以填充，因为这样看起来更好，你也可以选择你喜欢的选项。

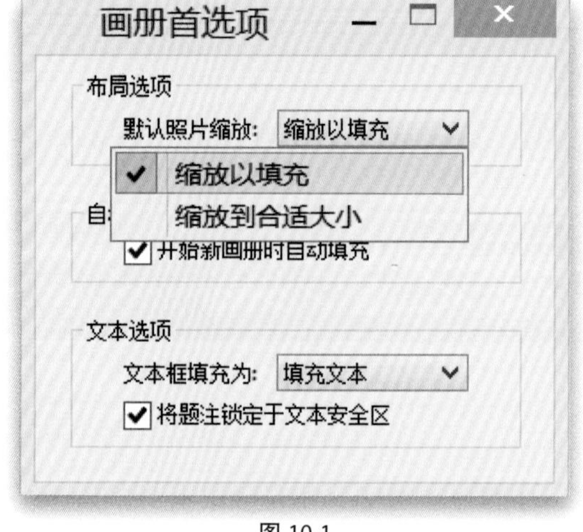

图 10-1

第 2 步：

当我们创建画册项目时，自动填充选项可以让 Lightroom 把所有选定的画册照片自动填充到相应页面上，这样你就不用将照片逐张拖放到画册中。因此，勾选开始新画册时自动填充复选框，当你进入画册模块时，它会立即将胶片显示窗格内的照片填充到画册每一页的照片单元格中，当然了，你也可以重新安排页面，或者替换照片。

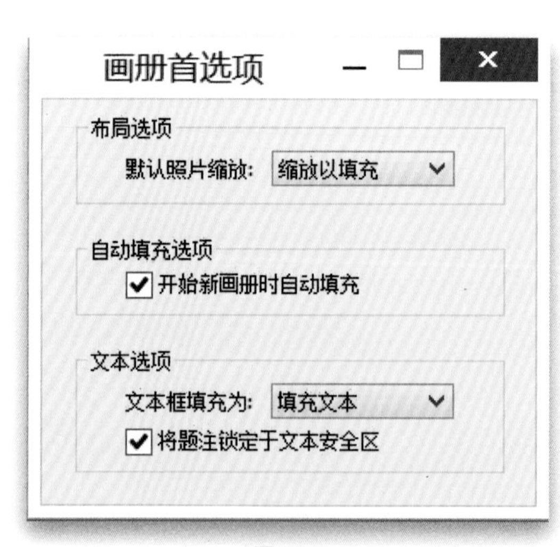

图 10-2

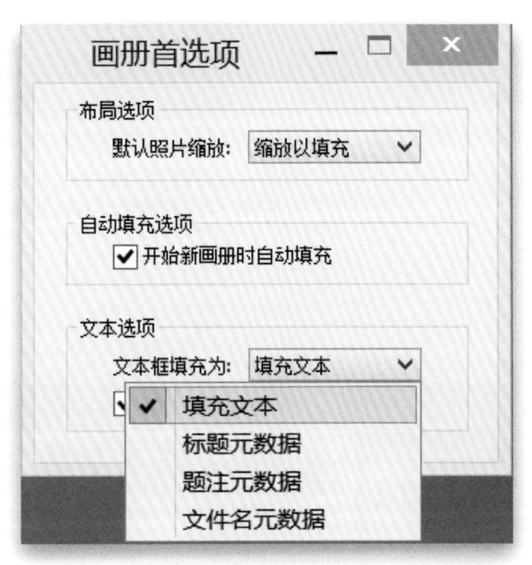

图 10-3

第 3 步：

有一些布局样式拥有可以填充文字的区域，虽然在缩览图中很容易看到，但是当你将其应用到真实的页面中时，除非已经存在文本（填充文本），不然根本无法得知哪里有文本框。所以请选择填充文本选项，把它当做提醒（但是不用担心——这只是为了方便查看。它不会被打印出来，除非你擦除后键入自己的文本，所以不用担心它会出现在最终画册中）。除了填充文本外，如果你在图库模块元数据面板的字段中添加过标题或题注，可以选择让Lightroom将这些文本拿来替换。最后，将题注锁定于文本安全区的意思是，它可以防止题注延伸到某些可能被隔开或两页之间的区域。

图 10-4

第 4 步：

在你看完本节内容，开始制作画册项目之前，我想向你介绍一下，在Lightroom 中通过Blurb（在线照片画册工作室，在摄影师群体中非常受欢迎，它是AdobeLightroom的合作伙伴）可以直接获取不同类型和尺寸的画册。

总共有 5 种不同的尺寸：小幅方形 7 × 7 英寸、标准纵向 8 × 10 英寸、标准横向 10 × 8 英寸、大幅横向 13 × 11 英寸和大幅方形 12 × 12 英寸。有 3 种不同的封面选择：平装版、精装版图片封面和精装版防尘封套。现在让我们开始制作画册。

10.2 从零开始创建自己的第一本画册

从零开始制作一本画册根本不会花费太长时间，而且当你完成这本画册后，你将全面掌握制作一本画册的诀窍。其困难的部分在于为画册选择图片，创建画册的过程实际上出奇得简单，因为Adobe已经添加了大约180种预先设计好的页面布局样式模板。

第1步：

在图库模块中，为选定好的画册照片创建一个新收藏夹（如图10-5所示）。如果已经确定照片在画册中的出现顺序，则请按照这个顺序拖放照片。也可以稍后再决定顺序，但在下一步之前就按照顺序排列好照片会使接下来的工作便捷许多。进入画册模块，在画册设置面板（位于右侧面板区域顶部）中可以选择画册的尺寸、纸张类型、封面，甚至能够根据画册的页数和你选择的货币种类得到画册的估计价格。

图 10-5

第2步：

现在，如果你关闭了画册首选项中的自动填充选项，那么所有的页面都将是空白的，可以打开右侧面板区域的自动布局面板，单击其中的自动布局按钮，让Lightroom帮你自动填充，它将按照片出现在收藏夹中的顺序，将照片填充到画册中。但是在单击自动布局按钮之前，你可以自定义如何执行自动布局，是每右边页放一张照片，有题注空间，左边页空白，还是相同的布局，但是没有题注，还是每页一张照片。你可以在自动布局面板的顶部选择想要的预设。

图 10-6

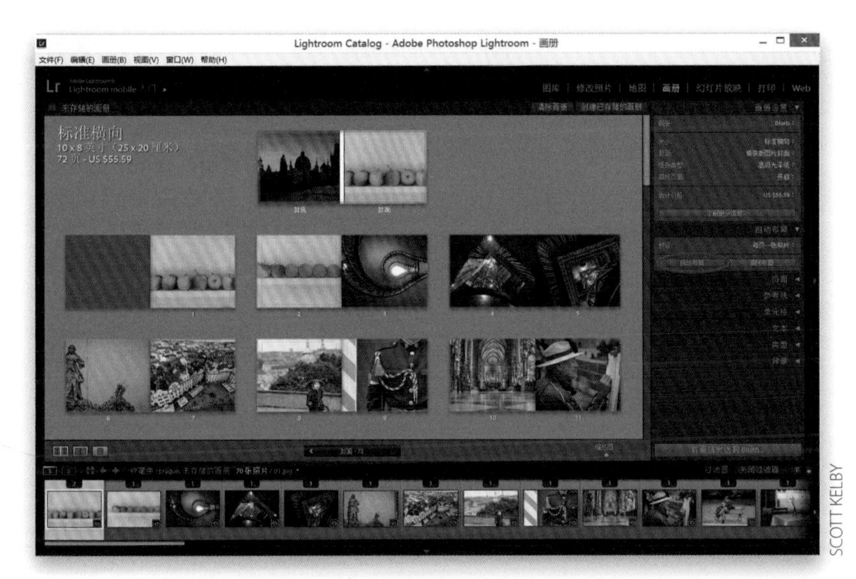

图 10-7

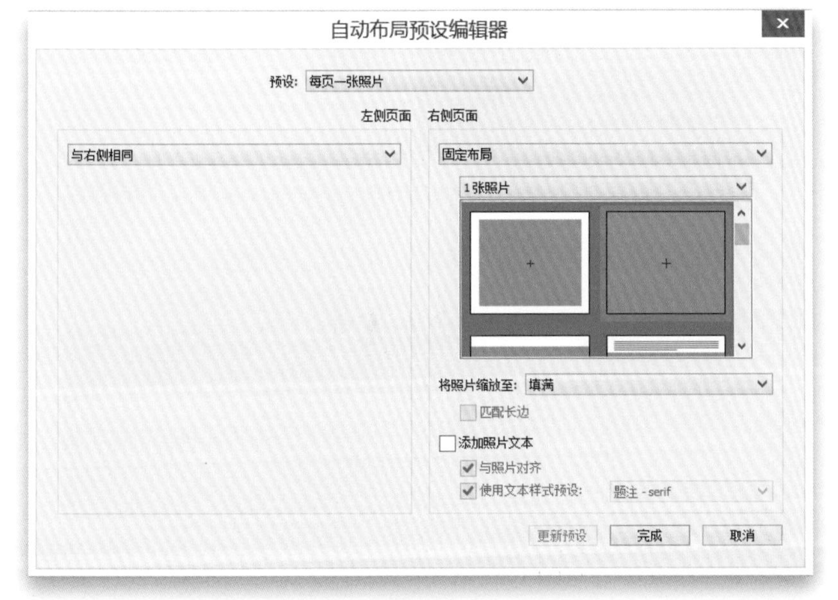

图 10-8

第3步：

现在，为了在制作过程中有更大空间来查看画册，我建议隐藏左侧面板和顶部面板（按键盘上的F5键隐藏顶部面板，F7键隐藏左侧面板），使预览区域更大（如图10-7所示）。单击自动布局按钮（如图10-7中红圈所示），它会自动在每页放上一张照片（如图10-7所示），若想查看其他页面，只需要向下滚动鼠标即可。如果你想按照自己的构思顺序来排列它们，那只需要为每张照片选择合适的尺寸。如果照片没有按照你期望的顺序出现，那么就将照片按顺序拖放到画册页面中。

第4步：

在整理全书之前，有一个非常酷的功能可以在制作下一本画册时帮助你。你可以创建自己的自定预设，并将它们保存到相同的下拉列表中。那样就可以准确地按照自己希望的方式进行自动填充，例如，我们希望整本画册的照片都是方形，就可以将其设置为一个预设。若想创建自定预设，请从自动布局面板的预设下拉列表中选择编辑自动布局预设，就会弹出对话框自动布局预设编辑器。如图10-8所示，对话框中当前的状态是左侧页面的设置始终会与右侧页面的设置保持同步（即左侧与右侧相同）。现在让我们从零开始，创建自己的预设。

提示：添加更多页面

如果你没有选择自动布局，可以前往右侧面板区域中的页面面板，单击添加页面按钮来添加更多页面。

第5步：

现在让我们设置一个预设，使左侧页面的图像呈方形，而右侧页面的图像填满页面（如图10-9所示）。在左侧页面区域，从顶部的下拉列表中选择固定布局，并在其下方的下拉列表中选择1张照片。现在，向下滚动到方形图像页面布局，然后单击它（如图10-9所示），然后保持右侧页面为固定布局、1张照片和填满页面布局。单击存储按钮，并命名预设，现在这个布局就成为可供你选择的预设了。

提示：隐藏叠加信息

默认状态下，你的书籍信息（尺寸、页数和价格）会显示在预览窗格中的左上角。如果不想看到这些信息，可以到视图菜单中选择显示叠加信息或按字母键I来关闭它。

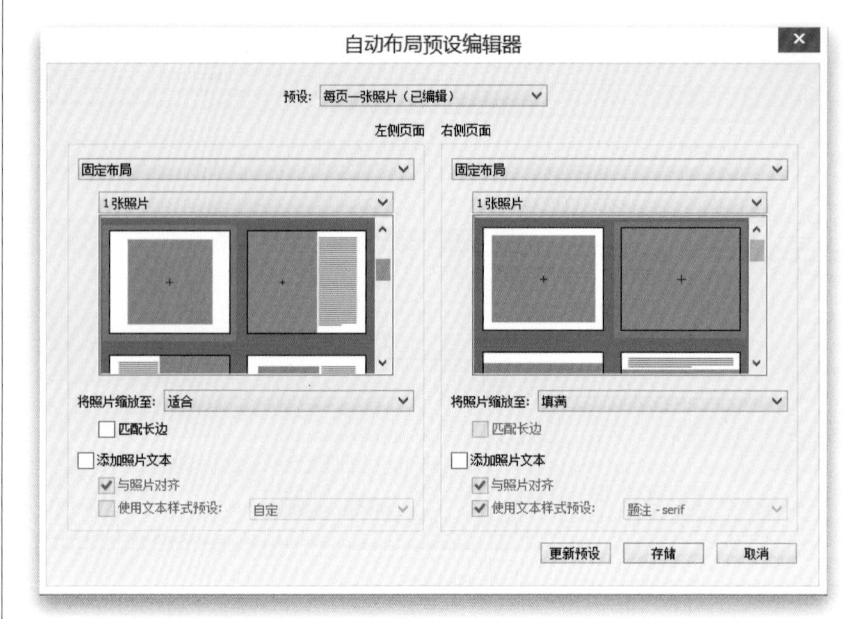

图 10-9

第6步：

在自动布局预设编辑器中的将照片缩放至下拉列表中。如果你选择适合，它将按比例缩小照片，使其适合照片框，照片将会恰好全部位于方框中（如图10-10左上方所示），但是因为它恰好全部位于方框中，照片实际上呈现出的并不是方形。要做到这一点，你需要选择填满（如图10-10右下方所示）。在这之后，你可以用鼠标右键在每一张页面上单击照片，在弹出菜单中选择缩放照片以填满单元格选项，通过将其打开或关闭来更改显示方式。

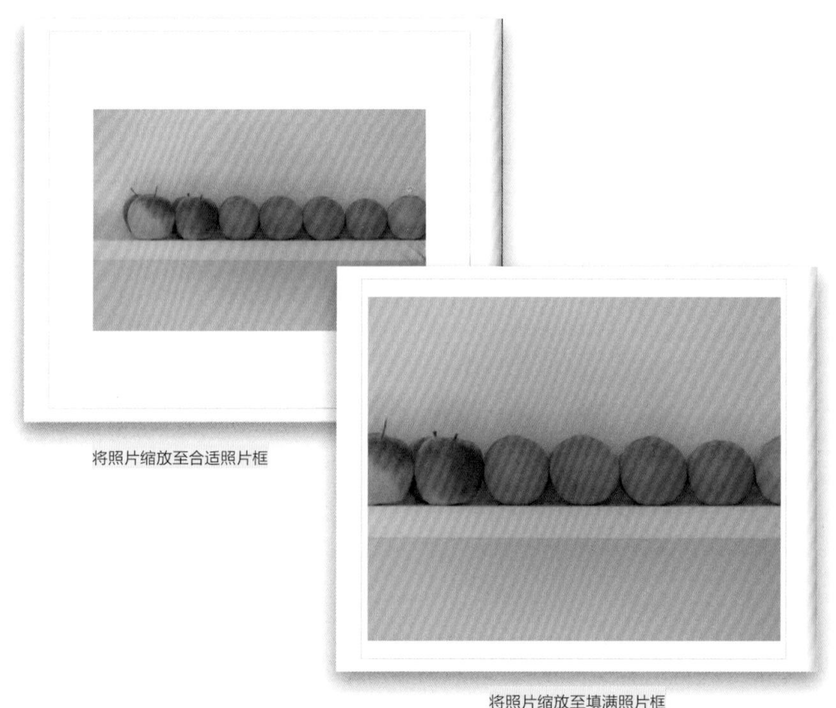

将照片缩放至合适照片框

将照片缩放至填满照片框

图 10-10

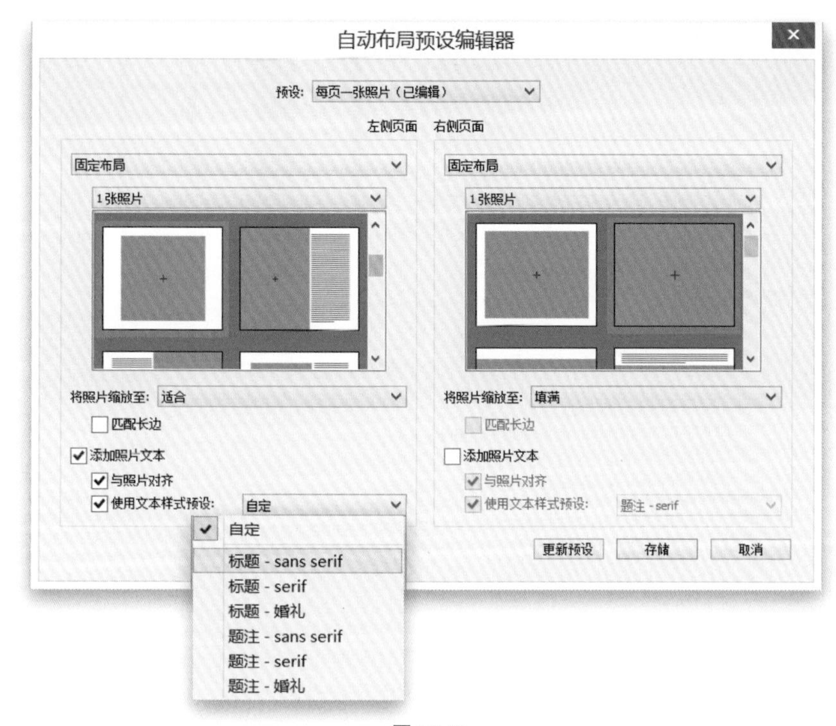

图 10-11

图 10-12

第7步：

如果想在照片的旁边添加题注，可以通过一个复选框来实现，即选择内置文本预设来添加题注。

提示：如果选择“填满”，你可以在单元格内重新定位图片

用鼠标右键单击照片，然后向左或向右拖动，照片中你希望看到的部分就会出现在照片框内。

第8步：

现在回到我们的布局。如果回头看第3步，就会发现画册中第10页和第11页中的照片可能需要对换（出于设计目的，我们一般不希望照片中的人物向页面外边看）。在第11页的照片上单击，将其拖到第10页上面（如图10-12左上方所示）。当你松开鼠标键后，这两张照片交换了位置（如图10-12右下方所示）人物面朝着书的中间。

第9步：

到目前为止，我们都在多页视图模式下创建画册，但是整合照片时，我则更喜欢在两页跨页视图下工作。我只在最终需要给照片重新排序时才采用多页视图。若想进入双页视图，只需单击中央预览区域下方工具箱左侧的跨页视图按钮（从左边数第二个按钮，如图10-13所示）。此按钮的右边是单页视图按钮，左边是多页视图按钮。所以，简单来说：在创建画册的大部分时间里，我都在使用两页跨页视图模式，所以从现在开始，你会看到很多这样的视图。当你处于跨页视图时，可以使用工具箱中央的左右箭头按钮在书中移动，但是我一般只用键盘上的左、右方向键来移动。

图 10-13

第10步：

单击当前选中页面右下角的黑色小按钮后，在弹出菜单中你可以选择每页上出现的照片数量和页面的布局样式。当你单击更改页面布局按钮后，修改页面菜单将会出现（如图10-14所示）。首先，选择想要在页面上放多少照片（在这个例子中，我们继续选择1 张照片），然后一系列页面布局缩览图将出现在菜单底部，选中的布局将会以金色突出显示。带有文本线的布局样式告诉你哪里可以添加故事、题注和标题，还能告诉你文本将放在哪里。

SCOTT KELBY

图 10-14

图 10-15

第 11 步：

让我们修改右边的页面，使其照片尺寸更小。请向下滚动列表，找到一个横向的灰色照片框，然后单击它（如图 10-15 所示），使其成为新页面布局样式。我喜爱 Lightroom 画册模块的原因是，你可以对每一个页面进行自定义布局，而不是对全书应用同一个主题。这样你就可以对页面混合搭配，并任意使用喜欢的布局样式，例如，你可以为左侧页面选择旅行主题，而对右侧页面选择文本页面主题）。

图 10-16

第 12 步：

现在你创建了全新的页面布局，但是还可以进行很多操作。单击选中照片，一个缩放滑块会出现在照片上方，拖动该滑块可以放大或缩小照片。在这里，我将照片放大，然而，如果放大幅度太大，用于打印照片的分辨率将不足。如果这种情况发生，Lightroom 会给你警告（如图 10-16 中的红色圆圈所示），告诉你照片放大得太多，现在照片无法清晰地打印，或者看起来像素化了，也许两种情况会同时发生。

提示：使一张照片更大

当你在双页布局下组合照片画册时，请尝试使其中一张照片更大一些，这样照片就成为了跨页中的主要吸引力，可以吸引读者的目光，因为人们一般都喜欢将页面上重要的东西做得很占版面，就像报纸的头条一样。

第13步：

如果希望在照片周围出现更多白色空间，将光标靠近照片边缘，当它变成双向箭头时，单击照片边缘并向内拖动，以缩小照片单元格的尺寸（如图10-17所示）。另一种方法是进入单元格面板，拖动边距的数量滑块，当你向右拖动滑块时，单元格内照片的尺寸将缩小，照片周围的白色区域变大。如果单击黑色向左的箭头，4个滑块将被展开，就能分别调整上、下、左、右的边距。默认时，这4个滑块的调整是同步的，若想只移动某一个滑块，请先单击链接全部复选框，来将此功能关闭。

注意：如果选择了多个照片互相紧邻的页面布局，你也可以通过此方法调整照片的间距。

提示：移除一张照片

若想从单元格中移除一张照片，请单击照片，然后按Backspace（Mac：Delete）键即可。这种方法不会把它从收藏夹中删除，所以你仍然可以在胶片显示窗格内找到它，然后将其拖放入另一个页面。

图 10-17

第14步：

如果你想更改页面的背景色，请勾选背景面板中的背景色复选框，单击右边的色板打开背景色拾色器，从中选择一种新颜色，然后单击顶部的任意一个预设色板，或者从下面的渐变色条中选择任意一种阴影。若想看到全部色彩，请向上拖动右侧渐变色条中的小横条，将其至少拖到色条的中间位置，显示出所有颜色。现在，你就可以为背景选择任何喜欢的颜色了。

图 10-18

图 10-19

第15步：

为了增加页面的多样性，我使用背景面板的其他功能来改变页面（并且重新调整左侧页面中照片的尺寸）。除了纯色背景色外，你还可以从一个内置背景图形收藏夹中选择其他，如含有地图和页面边框的旅行目录，还有含有优雅的页面装饰的婚礼目录。想获得这些功能，请勾选背景面板中的图形复选框，然后在图形面板中央的背景图形框右侧，单击黑色的小按钮，打开添加背景图形菜单，菜单中有一系列内置背景（如图10-19所示）。单击顶部的目录，然后向下滚动鼠标，找到你想用的图形，单击选中它，它就会出现在照片背景中（如图10-19所示）。你还可以使用面板底部的不透明度滑块控制背景图形出现的亮度或暗度。

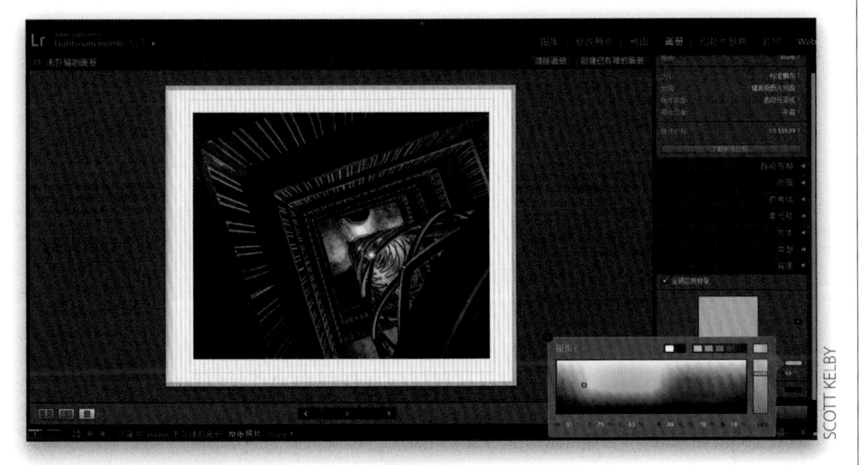

图 10-20

第16步：

如果你只是想要个背景图案，而不是做装饰用的，则可以给照片背景添加垂直线，还可以为它们选择合适的颜色我在这里转换为单页视图模式，以便你能更清晰地看到操作过程。首先，我们进入旅行选项，从下方的一系列图案中选择垂直线背景，并设置它的不透明度，然后单击图形复选框右侧的色板，打开图形拾色器（如图10-20所示），为图案选择一个你喜欢的颜色，在这里我选择黄色，并且将不透明度增加到66%，使其能够看得更清楚。

第17步：

现在我们来讨论如何使用照片作为背景（这在婚礼影集中非常流行）。首先取消勾选图形复选框，然后在胶片显示窗格中选择一张你希望做背景的照片，再将其拖放到背景面板中央的图形方框中（如图10-21所示），这样，那张照片就成为了你的照片背景。我通常喜欢将这类背景照片设置为较低的不透明度，这样就不会与主体照片冲突，所以我大幅降低不透明度——通常为10%～20%。如果想完全移除背景照片，只需用鼠标右键单击背景图形框中的照片，然后选择删除照片即可。

图 10-21

第18步：

让一张照片出现在两页跨页中能为画册增加很大的冲击力，我通常在一本画册中要添加两三个这样的两页跨页。若想创建它，请单击选中目标照片页，然后单击页面右下角的更改页面布局按钮，在修改页面菜单列表中选择两页跨页。选项下方将出现一系列不同的页面布局。在本例中，我们选择位于最上方的页面出血模板。

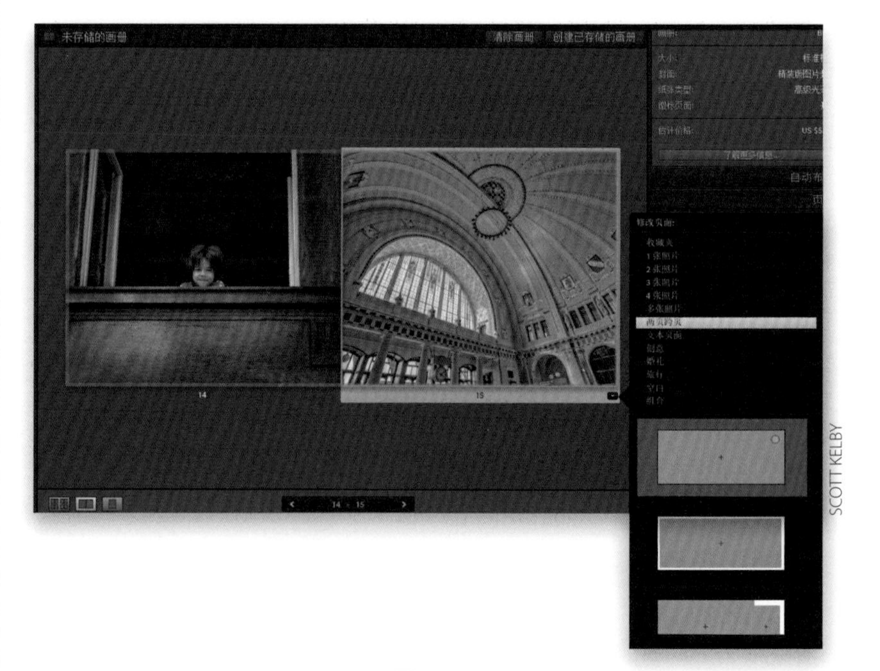

图 10-22

图 10-23

第 19 步：

选择两页跨页模板之后，本来只在一页上的照片将会横跨两页，Lightroom 可以模拟页面间隔出现在两页跨页中间的位置。如果希望能够重新安排照片出现在双页上的位置，你需要稍微放大页面，因此请单击照片以显示出缩放滑块，然后拖动滑块放大照片，直到照片尺寸让你满意为止（要注意会出现在照片右上角的分辨率警告，如果照片缩放太多，它就会出现）。放大照片后，你可以直接拖动照片来改变其位置。

图 10-24

第 20 步：

按 Ctrl-E（Mac：Command-E）键进入多页视图模式，然后移动跨页，让画册按照我希望的顺序成书。若想移动一个两页的布局，请单击第一页（左侧页），然后按住 Shift 键，在右侧页面上单击并选中它。接着单击两个选中页面的底部——页码所在的位置，将两页跨页拖放到画册中你期望的位置。如果你没有单击页面下方的页码区域，程序会认为你只想移动一张照片。这样，通过拖放的方式，就能够把所有跨页按照你希望的顺序排列好了。

第 21 步：

在我们为画册付款之前，我还想向你介绍另一个布局功能。在右侧面板区域的参考线面板中总共有 4 种参考线：（1）页面出血参考线，如果你选择将照片填满页面，页面最外边缘的细小区域将会被裁减掉 1/8 英寸，所以你可能都察觉不出；（2）文本安全区参考线，它显示出可以添加文本的区域，这些文本不会因为处在跨页的连接区，或者太靠近外边缘而丢失；（3）照片单元格参考线，当你单击一张照片时，该参考线出现；（4）填充文本参考线，它只有在你选择一个有文本的页面布局时才会出现，会在相应位置放上文字，让你知道文本从何处开始。

图 10-25

第 22 步：

当按照你期望的形式创建好画册后，现在可以将画册发送至 Blurb，或者将画册保存为 PDF 或 JPEG 文件，然后将它打印出来。你可以在画册设置面板中选择将画册发送到 Blurb 或者将画册导出为 PDF 或 JPEG。如果选择 Blurb，你需要选择纸张类型以及是否愿意在书中结尾处添加 Blurb 的徽标这么做有折扣，在面板下方还提供了该画册的估计价格。如果你选择 PDF 或 JPEG，你需要设置照片的品质（我使用 80）、颜色配置文件（sRGB 是许多照片工作室推荐的类型）、分辨率（我将其设置为 240ppi）、锐化强度以及纸张类型（我分别选择高和高光纸）。

图 10-26

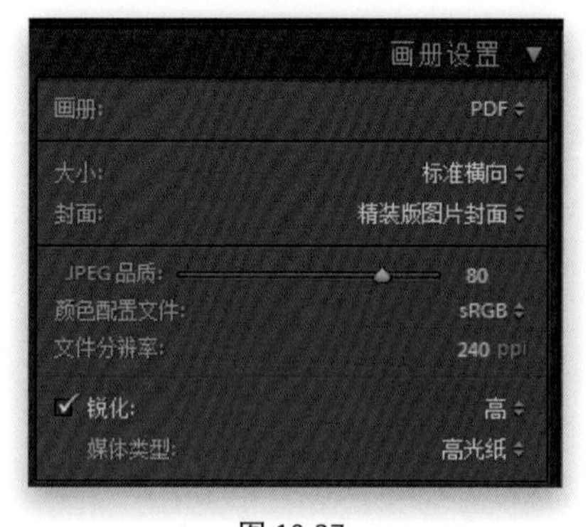

图 10-27

图 10-28

图 10-29

第23步：

如果选择将画册从Lightroom 直接发送到Blurb打印，则需前往右侧面板区域的底部，单击将画册发送到Blurb 按钮（如图10-28所示）。这将打开一个购买画册对话框，你需要在此登录你的Blurb账户，如果没有账户，可以免费注册一个，单击左下角的不是成员？按钮即可。登录之后，选择画册标题、画册副标题和添加画册作者名，然后单击上载画册按钮。用不了多久，你的画册就将会到手了，图10-29所示是我之前在Blurb打印的画册版本。

提示：胶片显示窗格缩览图上的数字

如果你在胶片显示窗格照片上看到数字（如1 或2），那是在提示你照片已经放入画册中被使用过多少次。

第24步：

我们先来保存画册（说不定以后你想影印得更多），请单击预览区域右上方的创建已存储的画册按钮。这将把你创建的画册布局保存到收藏夹面板，以后使用起来会非常方便。

10.3 向照片画册添加图注

如果使用Lightroom 已经有一段时间，你就会知道Lightroom的文本编辑能力非常有限。但是当涉及画册时，Adobe为画册模块添加了功能齐全的“引擎”，所以对于文字的效果和放置文本的位置，你将拥有令人惊奇的掌控力。如果我们能把画册模块的文字功能，直接拷贝到幻灯片放映和打印模块就更好了。

第1步：

有两种方法可以向照片画册中添加文本：（1）选择一种带有文本区域的页面布局样式，这样的话你只需单击文本框，输入文字即可；（2）前往文本面板（位于右侧面板区域），勾选照片文本复选框（如图10-30所示），在任意页面上添加图注。现在你将看到一个黄色的水平文本框出现在照片底部，若想添加图注，单击文本框就可以输入文字了。

SCOTT KELBY

图 10-30

第2步：

与照片对齐复选框可以帮助你在照片单元格内输入文字时，保持图注与照片对齐。所以，当你缩小单元格内的照片时，图注也会随之在单元格内缩小。你可以使用位移滑块来精确调整图注与照片之间的距离，向右拖得越远，文本距离照片越远（如图10-31所示）。

注意：如果想让Lightroom 为你选中一个文本框，请转到编辑菜单下，选择选择所有文本单元格（当一个页面内有三张照片和三个图注，而你想关闭所有图注时，只需选择选择所有文本单元格，然后取消勾选照片文本复选框以将其从视线中隐藏）。

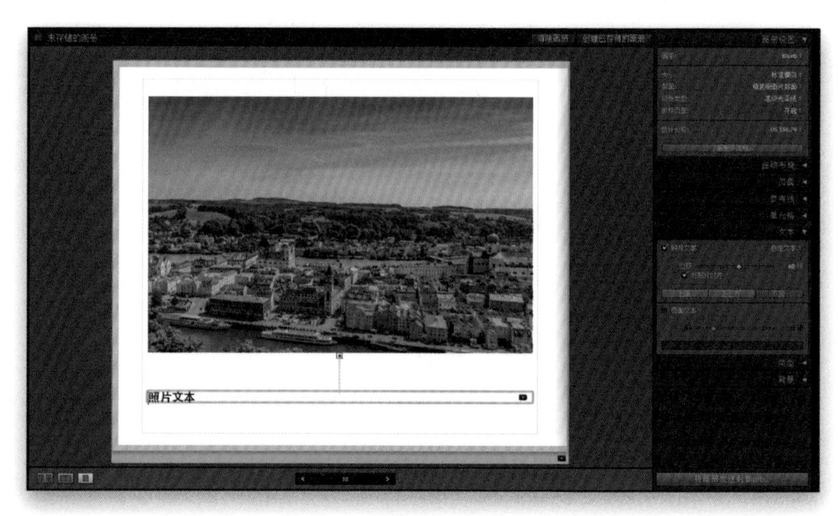

图 10-31

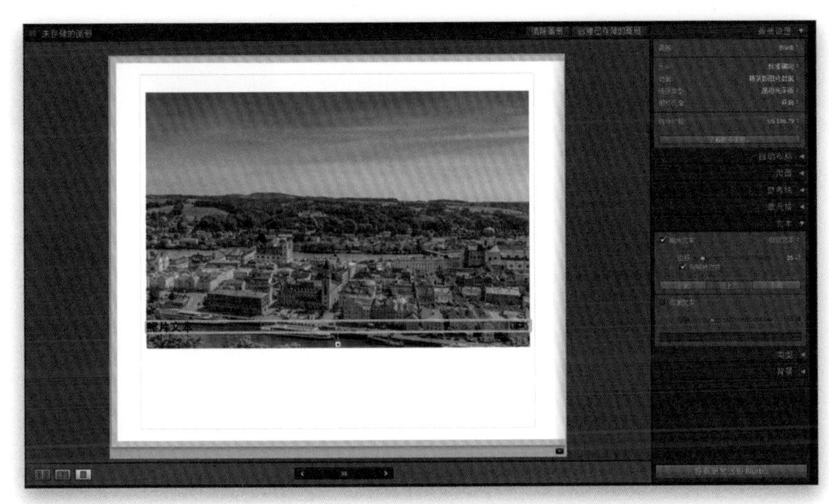

图 10-32

第3步：

你还可以使用位移滑块下面的三个按钮选择将图注移到照片上方，或者直接放在照片上（如图10-32所示）：上面、正上方、下面。单击正上方按钮，文本框将会出现在照片的正上方，拖动位移滑块控制图注在照片内的高度（当你前后拖动它时，会看到图注在照片内向上或向下移动）。

注意：在全页面照片布局上添加图注时，只能选择正上方选项，因为照片的上面或下面已经没有空间放置图注。

图 8-33

第4步：

在默认状态下，文本与照片左边对齐，但是如果你前往类型面板的底部，你会看到一排对齐按钮，你可以选择左对齐、居中对齐（如图10-33所示），或者右对齐，第4个选项是对齐，只有在使用几行文字时才会用到。

注意：如果你的类型面板和图10-33所示的不一样。显示出的滑块很少，只需要单击字符右侧朝左的小箭头，向下展开面板，显示更多选项。

第5步：

在类型面板中，让我们选中并以高亮显示文本。通过单击黑色的字符颜色色板来把文字颜色改成白色，当字符拾色器出现后，单击白色色条。现在，请单击类型面板底部的左对齐按钮，发现文本与左边缘的距离很接近，恰好挨着。如果想移动文本，让文字稍微远离边缘一些，可以单击照片周围的白色区域取消选择照片，然后将光标悬停在文本框的左端，当光标会变为双向箭头后单击并向右拖动文本（如图10-34所示）。

注意：我想提醒你，可能需要尝试多次这个双向箭头才会出现。你还可以将它放在文本框的顶部或底部，从而上下拖动文本框，这些都是很精细的操作。

图 10-34

第6步：

在类型面板中还有一些其他的标准控，如大小、不透明度和行距，也有一些更高级的类型控件，例如，字距调整，字距和基线（向上或向下移动单个字母或数字，使其高于或低于整个文本的基线，这对输入类似于H_2O之类的文本有帮助）。当然了，你还可以从靠近面板顶部的下拉菜单中选择字体和样式（如加粗、斜体等）。在类型面板顶部还有一个非常好用的功能——文本样式预设，Adobe 使用流行的字体和样式预先创建了它们。所以，如果你正在创建一本旅行画册，可以在文本样式预设下拉菜单中选择标题——Serif，这是一种适合旅行照片画册的字体样式，非常省事。

图 10-35

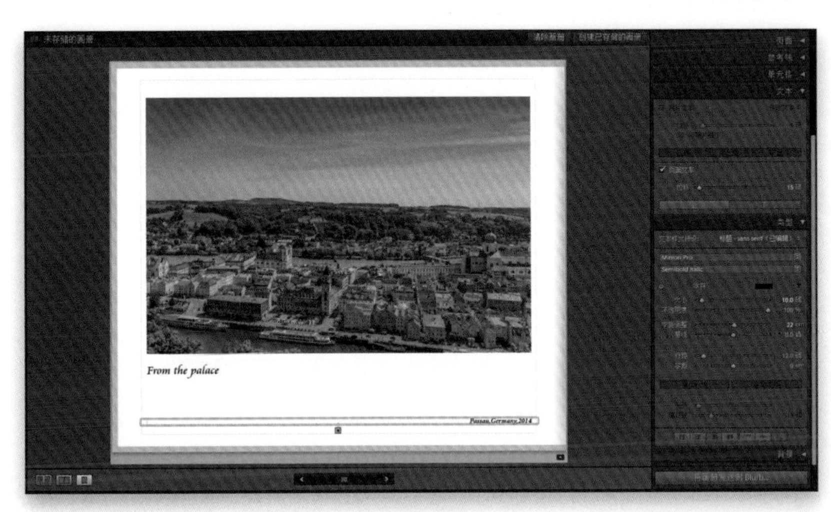

图 10-36

第7步：

提到预设，如果你调整了文本，并且这种效果比较满意，则可以将其保存为预设（从文本样式预设下拉列表中选择将当前设置存储为新预设）。那样的话，下一次就不必从头开始。如果你想在图注旁边加入另一行文本，请转到文本面板，勾选页面文本复选框（如图10-36所示），这将在页面靠下的位置添加另一行文本框，你可以使用位移滑块控制文本与照片边缘的距离，就像照片文本那样。但是记住首先要选择以高亮显示文本。

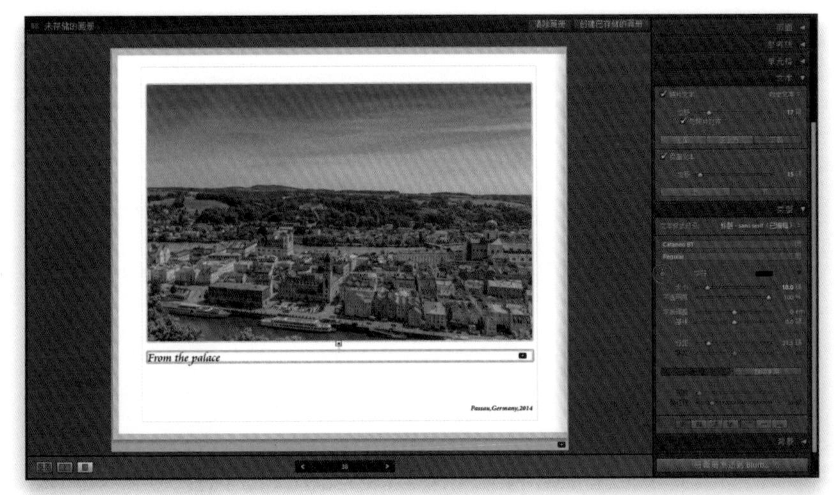

图 10-37

第8步：

如果你喜欢通过一种更加直观的方式来调整文本，请单击目标调整工具（简写为TAT，如图10-37中红色圆圈所示），然后在文本上单击并直接拖动以更改其类型属性。坦率来说，我不会使用目标调整工具进行类型属性的修改工作，只是移动滑块看起来更简单快捷，但这仅仅是我的看法。以上就是向照片画册添加题注和文本的全部过程。

注意：如果你选择了能添加很多文本的布局样式，可以用类型面板底部的列数滑块将文本分割为多列，装订线滑块控制列与列之间的间隔。

10.4 添加和自定页码

Lightroom中另一项优秀的画册模块功能是自动生成页码。你可以控制页码的位置、格式（字体、大小等），甚至是页码起始位置（以及如何在空白页面上隐藏页码）。

第1步：

若想开启生成页码，请前往页面面板，勾选页码复选框（如图10-38中红色圆圈所示），默认情况下，页码位于左侧页面的左下角和右侧页面的右下角。

图 10-38

第2步：

在页码复选框右边的下拉列表中可以选择页码显示的位置。选择顶部和底部选项，页码将居中显示在页面顶部或底部（如图10-39所示，我将页码移动到底部居中位置）。选择侧面选项，页码将放置在页面外部中央，而选择顶角选项，页码将移动到页面顶部一角。

图 10-39

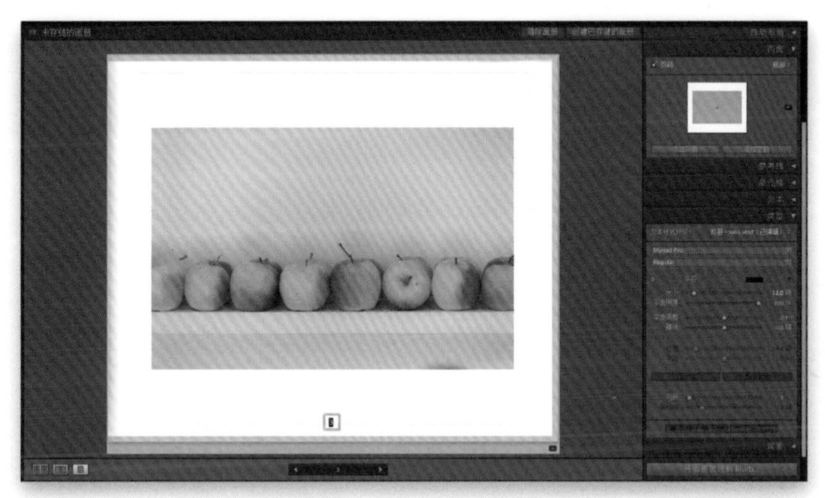

图 10-40

第3步：

当页码出现后，可以单击任意页码，然后前往类型面板，选择页码显示的方式，以此来设定其字体、大小等。在本例中，我将字体修改为Myriad Pro，并将大小降为12磅。

图 10-41

第4步：

除了自定设置页码外观外，还可以选择页码起始的位置。例如，如果照片画册的第一页是空白页，可以直接用鼠标右键单击在右侧页面的页码，然后从弹出菜单选择起始页码选项（如图10-41所示）。最后，如果画册中有空白页，而你不希望打印这些页面中的页码，则可以右键单击空白页面的页码，从弹出菜单中选择隐藏页码选项。

10.5 关于布局样式模板你想知道的4件事

有几件关于在Lightroom中制作画册的事情并不是很明显，所以我想在这里强调一下，这样你就不用寻找了。都是很简单的事情，但是Adobe喜欢将一些功能藏起来，或者给它们起一个只有霍金才能明白的名字，以免让你发狂，我把它们集中在这儿介绍。

第1步：匹配长边的优点（以及如何手动实现）

如果你创建了自动布局预设（见10.2节），选择将照片缩放至适合，会有一个匹配长边复选框。如果取消勾选了匹配长边复选框，你在同一个页面上放一张横幅照片和一张竖幅照片，竖幅照片就会比横幅照片大很多（如图10-42所示）。如果你打开匹配长边，尽管两张照片方向不同，但Lightroom会平衡两者的尺寸（如图10-43所示）。如果你没有使用自动布局，但仍然想要这种平衡的效果，只需将光标悬停在高照片的一角，就会变成双向箭头。单击并向内拖动照片，直到尺寸平衡为止。

关闭匹配长边后，页面看起来失衡

图10-42

打开匹配长边后，页面看起来平衡多了

图10-43

第2步：保存你最喜欢的布局

如果看到一个喜欢的布局，并希望下次可以非常方便地使用，你可以将光标悬停在上面，然后单击看起来像快速收藏夹标志的小圆圈，将其保存在修改页面顶部收藏夹的下拉列表中（如图10-44所示），如果你想删除它，则请前往收藏夹，单击当前呈现灰色的圆圈来将其删除。同样，当你设置很多收藏后，如果再创建自动布局预设，编辑器内的页面选择将会随机来源于收藏夹内的布局，你甚至可以选择每一页上可以包含多少张照片。

图10-44

图 10-45

图 10-46

图 10-47

图 10-48

第 3 步：页面整理

你可以这样整理页面：在多页视图模式下，单击以选中你想移动的页面，然后直接在页码所在的底部黄色色条上单击将此页面拖放到本书中你希望它出现的位置即可（如图 10-45 所示）。如果你想移动两页跨页，单击以选中第一个页面，按 Shift 键并单击选中第二个页面，然后单击页码区域，将跨页拖放到新位置。甚至还可以一次移动一组页面（如从第 10 页到第 15 页），方法是按住 Shift 键并单击这些页面以选中它们，然后单击任意一个选中页面底部的黄色色条，将它们拖放到合适的位置。当你在多页视图模式下时，可以通过单击拖动的方式将照片从一个页面交换到另一个页面。

第 4 步：选择防尘封套时修改封面封底

如果你为画册选择了精装版防尘封套选项，可以在折叠在封面内部，用于固定防尘套的勒口上再添加两张图片（如图 10-46 所示）。只有选择防尘封套选项时，这些勒口才会出现。

第 5 步：我知道，我说过只有 4 点，但是……

在你的画册中可能还有一页需要考虑——Blurb 的徽标页面。如果你允许他们将徽标放在画册最后一页的底部，他们就会为画册制作提供折扣价。比如这本书常规价是 220 元（不含徽标页），如果你在徽标页面菜单列表中选择开启（在画册设置面板中），价格将会降低到 180 元，如果在本来就是空白的页面上放上徽标，则将会有大约 20% 的折扣。

10.6 创建和保存自定布局

在Lightroom 4中，我觉得缺失的一项功能是保存自己的自定义布局。我指的是，技术上我们可以创建自定义布局，就像本章前面所做的那样，但是却没有办法来保存它，以方便再次使用。当然了，你还以将Adobe 创建的模板标记为收藏夹，但是却不能保存自己从零开始创建的布局。但是，现在Lightroom 中新增了这项功能，我们可以创建并保存自定布局了。

第1步：

首先单击画册布局中的一张照片，然后单击页面右下角的更改页面布局按钮，在弹出菜单中选择1张照片，再选择页面出血的布局预设。选择该预设的原因是它能让我们最大限度的自定义控件。现在，单击页面的外边缘，稍微向内拖动，这样就能看到单元格的边框了（如图10-49所示）。

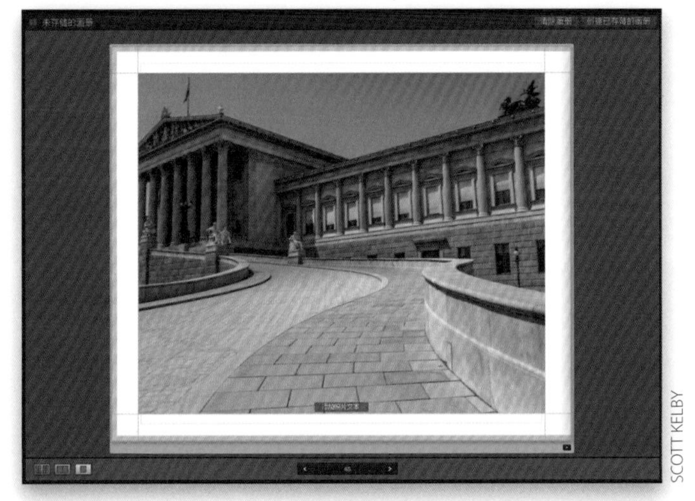

图 10-49

第2步：

前往单元格面板，取消勾选链接全部复选框（如图10-50所示），这样你可以互相独立地随意移动各个单元格边框。对于该页面，我们想创建一个类似全景照片效果的裁剪方式，所以首先抓住单元格底部边框，并向上拖动（如图10-50所示）。

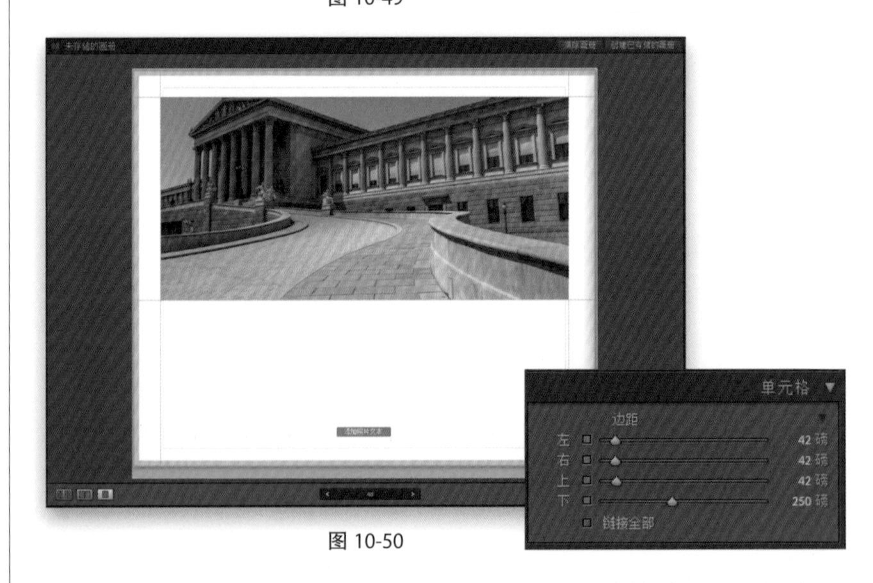

图 10-50

图 10-51

第 3 步：

现在，缩放单元格各边，调整顶部和底部，直到照片布局方式看起来像图 10-51 中所示的全景式效果。

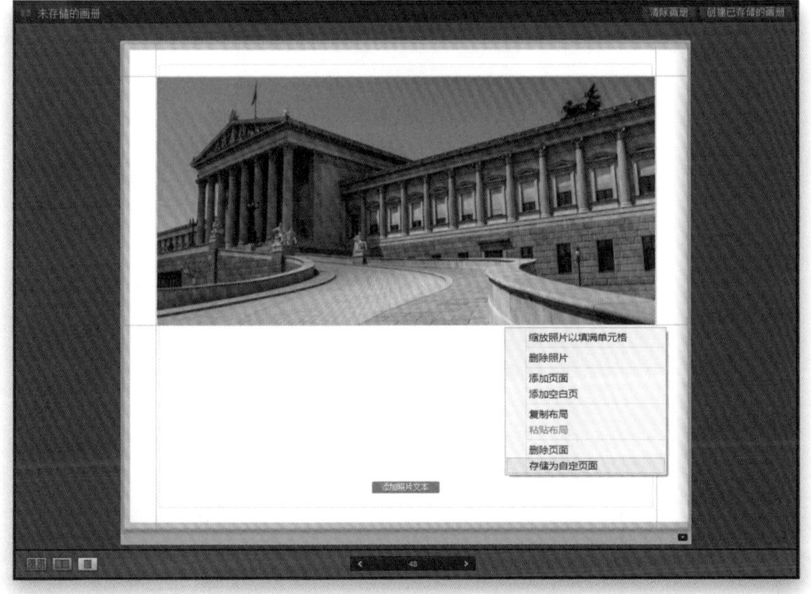

图 10-52

第 4 步：

当按照自己喜欢的方式设置好页面后，用鼠标右键单击页面内任意地方，从弹出菜单中选择存储为自定页面。接下来，我们将看一看这些自定页面位于何处以及如何使用它们。

第5步：

单击页面右下角的更改页面布局按钮，在修改页面下拉列表中选择自定页面，列表下方即会显示出已保存自定布局的缩览图。

图 10-53

第6步：

现在，若想将自定布局应用到已有画册页面上，首先进入该页面，在本例中，我打算修改第46页中男人照片的布局，单击该页面，从修改页面下拉列表中单击自定页面，就可以列表最下方看到自定布局缩览图，单击你想使用的布局（如图10-54左上方所示），该布局将会被应用到当前页面（如图10-54右下方所示）。

注意：根据原始页面布局方式的不同，可能需要增加缩放量，使图像填满单元格。

图 10-54

10.7 创建封面文本

如果想在Lightroom的画册模块创建封面文本，你很幸运，因为Lightroom的功能比你想象得要更加强大和灵活。你可以在封面上创建多行文字，不同的文本框，不同的字体，甚至可以在精装封面画册的书脊上添加文字。

图 10-55

第1步：

单击以激活封面页，在照片底部的中央可以看到照片文本的字样。单击它，将会在照片底部显示出文本框，在该文本框中输入的任何文字都将出现在图像上。如果出于某种原因没有看到照片文本按钮，请前往文本面板，勾选照片文本复选框（如图10-55中红圈所示），它就会出现。在本例子中，我输入From Prague to Budapest，但是由于默认字体颜色是黑色，所以很难看清楚，不要担心，我们稍后会调整字体颜色。

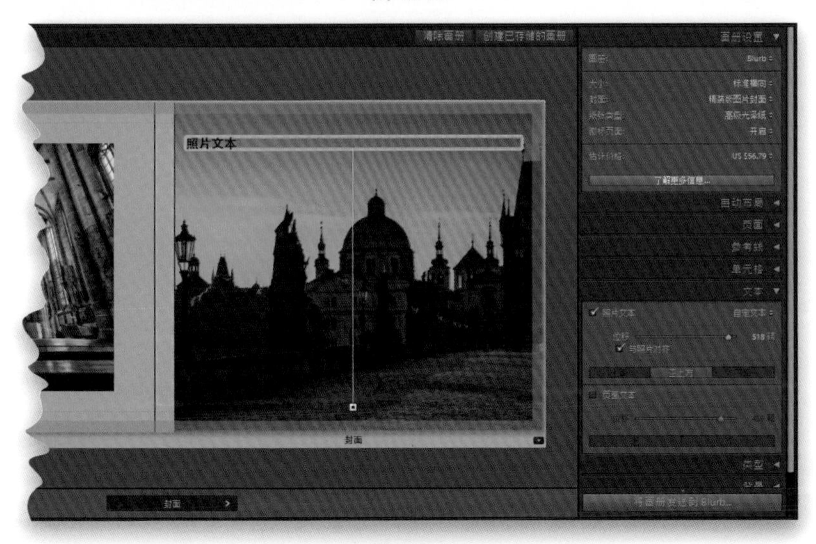

图 10-56

第2步：

就像我提过那样，默认情况下文本框出现在图像底部附近，但是你可以使用照片文本区域中的位移滑块来调整文本框在页面中出现的高度（如图10-56所示），向右移动位移滑块越远，文本框移动的距离越远，如图10-56所示，我将文本框放置在照片的左上方。

第3步：

将文本框放置在合适的位置后，你可以在类型面板中调整文本的颜色、大小、行距、字距，甚至是对齐方式。我们首先来改变字体和大小，单击并选中文本，在类型面板中，选择第一个下拉菜单中的字体并调整大小（此处我选择的是Vladimir Sciript，大小调整为54磅）。如果需要改变文本的颜色，只需单击字符颜色色板，打开拾色器，在此处选择字体颜色即可。

图 10-57

第4步：

现在，我们要做的是根据需要调整文本的位置。此处我按下面板底部的居中对齐按钮，把文本移动到中间。

提示：获取第二个文本框

如果回到文本面板，勾选页面文本复选框，则可以添加第二个文本框，并按照本节介绍的方法调整文本的位置和样式。

图 10-58

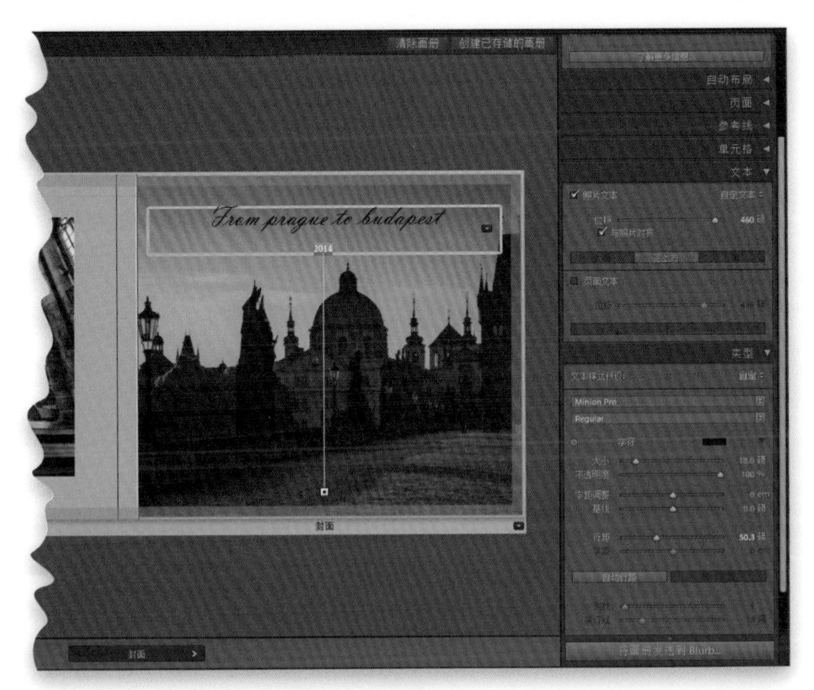

图 10-59

第5步：

如果希望在同一个文本框中输入第二行文本，只需要将光标放置在最后一个文字后面，然后按Enter（Mac：Return）键。这样做的好处是第二行文字可以完全独立于第一行文字进行编辑，输入文本并选中它，然后选择不同的字体（我选择Minion Pro），修改其大小（将其设置为18磅），还可以调整字距调整滑块控制文字之间的距离。由于两行文字太接近，所以我使用行距滑块，控制两行文字的距离，在行之间增加更多空间（我将其调整为50.3磅）。最后，再将文本框稍微向下拖动一点儿。

图 10-60

第6步：

如果要打印一本精装封皮画册，也可以选择在书脊上添加文本。只需将光标移动到书脊（封面和封底之间）上，一个竖向的文本框将会出现。单击便可以在书脊上添加文字（如图10-60所示）。还可以编辑文本的字体、颜色、位置等，同之前介绍的一样。

提示：为书脊选择颜色

前往背景面板，勾选背景色复选框，然后单击色板，选择一种新颜色。更好的提示：当背景颜色拾色器出现后，在拾色器任意位置上单击鼠标并保持，然后在封面照片上移动吸管工具，也可以更改字体的颜色。

Lightroom快速提示

▼ 放大/缩小页面

你可以使用快捷键来放大/缩小页面：按Ctrl-+（Mac：Command-+）键可以放大页面，Ctrl--（Mac：Command--）键可以缩小页面。

▼ 缩放多张照片

你正在处理不止包含一张照片的页面，如果想放大所有照片，只需要选中第一张，然后按住Shift键，选择页面上其

他想要放大的照片，再拖动缩放滑块，这样，所有选中的照片将同时被缩放。

▼ Lightroom将画册转换为适合打印的sRGB格式

大多数摄影工作室会把要打印的照片转换为sRGB格式。但是在打印画册时，你不必担心这点，因为将画册发送到Blurb时，其中的照片会自动转换为sRGB。

▼ 在调整页面上的照片

如果你想对画册中的一张照片进行编辑，只需要单击照片，然后按字母键D转到修改照片模块，在该模块中调整照片，再按Ctrl-Alt-4（Mac：Command-Option-4）键跳回画册模块，继续之前的操作。

▼ 调整多页视图下缩览图的大小

在多页视图模式下时，你可以调整缩览图的大小，它既可以让你在同一个地方看到多个页面，也可以以较大视图查看跨页。你可以在工具栏（在预览区域正下方）的右端实现这一功能——缩览图滑块。这项功能在你使用下一个提示时尤其便捷好用。

▼ 多页视图下整理页面时获取更大视图

当你整理画册中两页跨页的顺序时，不妨按住Shift-Tab键隐藏所有面板，这将给你一个更大的画册视图，并且当你有更多这样的空间时，移动跨页将变得更简单。

▼ 4个键盘快捷键帮你节省大量时间

你不用学习一大串制作画册的快捷键，但是以下4个会大大加快你的工作进程：（1）使用Ctrl-E（Mac：Command-E）键可以切换到多页视图；（2）Ctrl-R（Mac：Command-R）键可以切换到跨页视图；

（3）Ctrl-T（Mac：Command-T）键可以切换到单页视图；（4）Ctrl-U（Mac：Command-U）键可以切换到放大页面视图，大幅放大页面，当你需要快速查看某些图注文字的拼写时，这一快捷键非常好用。

▼ 添加页面

如果单击页面面板的添加页面按钮，Lightroom将会在画册末尾添加一个全新的空白页面。但是更多情况下，你希望在画册中当前工作的地方添加一个页面，即在当前页的前面添加页面，而不是画册末尾，只需右键单击该页面，然后选择添加页面，Lightroom就会在那里添加页面。

▼ 为什么在按顺序放置照片前要尝试自动布局

让Lightroom通过随机使用照片进行画册页面自动布局的好处是：通常你会发现有几个双页布局看起来很搭配，但是之前你可能从未想过要将这两张照片放在一

Lightroom快速提示

起。你可以尝试一下，说不定会得到意想不到的收获。

▼ 自定页面保存提示

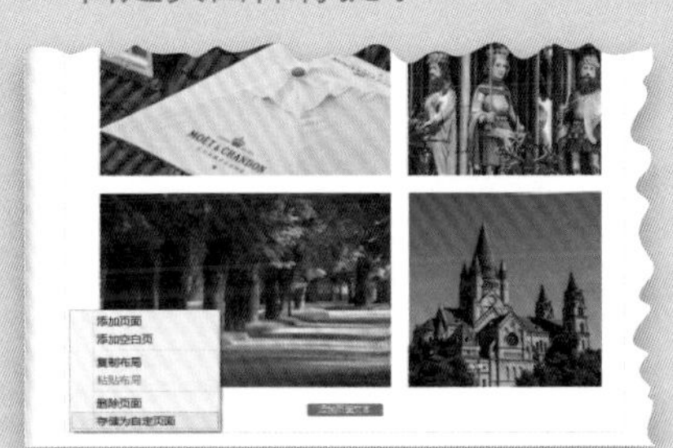

当创建了一个自定页面设计，然后将其保存为自己的自定页面时，系统将记录该自定页面拥有多少单元格以及它们的位置，是否有文本字段，还有文本字段的位置。但它无法记录是否将单元格设定为缩放照片至填满，文本格式（如字体、大小等），或者是否有多行文本。希望在以后的版本中能有所改善。

▼ 仅修改某一个页面的页码格式

默认状态下，使用页面面板的页码功能自动为画册添加的页码将使用同一个格式（它们都是用你选择的字体、大小和其他格式）。但如果有一个全页面图像是暗色的，你希望那一页的页码为白色该怎么办？再如有几个页面中字体不是太暗就是太亮，或者是错误的尺寸，该怎么办？在这种情况下，你可以直接在页面中需要修改颜色或尺寸的页码上右击，然后从弹出菜单中选择“全局应用页码样式”以将其

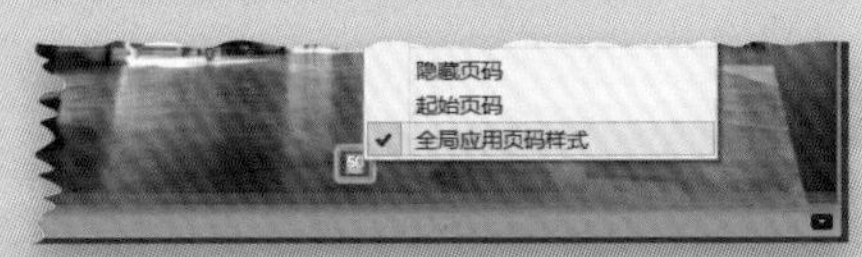

关闭。现在，你可以高亮显示页面上的页码，然后前往类型面板，选择其颜色为白色，其他页面的页码也可以被独立编辑。

▼ 在多幅照片下添加图注

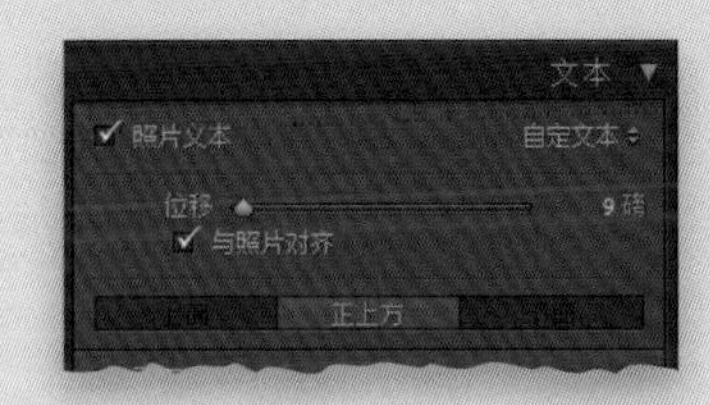

如果一个页面中有多幅照片，你希望在每张照片下单独添加图注，首先单击第一张照片，然后按住Ctrl（Mac：Command）键，单击选中其他照片。接着前往文本面板，打开照片文本复选框，现在每张选中的照片正下方都有一个属于自己的单独文本框。

▼ 从图像元数据中自动提取图注

如果勾选了照片文本复选框（位于文本面板），复选框的右边是一个自动图注的下拉列表，包括从图像元数据，如曝光度、相机制造商和型号等提取图注的选项。或者你可以选择编辑完全自定图注，这将打开文本模板编辑器，你可以在其中编辑

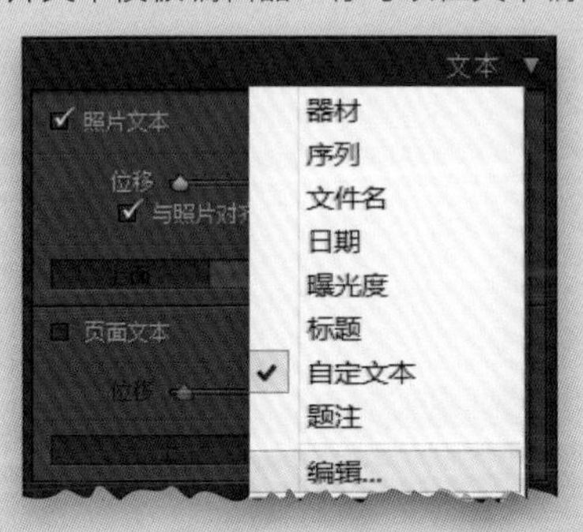

图注文本。顺便提一下，你还可以在类型面板中对这类图注文本修改格式，如字体、大小、规格等。

▼ 锁定图注文本的位置

如果在页面内确定了图注文本的位置，而你希望确保它不会因为当切换图像或者移动单元格时而移动，只需单击图注字段边缘上有黑色方块心的方形图标，它将呈现黄色则表示其位置已经被锁定。若想解锁，只需再次在方形图标上单击即可。

▼ 省钱的纸张类型

如果想在画册上省点钱，在Lightroom 5中，Blurb添加了一项新的纸张类型，称为标准，它使用较低品质的纸张，如果只是较小的样本画册的话，这个选择很完美。例如，对于标准横向尺寸，使用精装版图片封面的画册，如果将纸张类型从高级光泽纸换成标准将为我节省13%的费用。

▼ 转到单页视图

在多页视图下双击任意页面，可以转到该页面的单页视图。

摄影师：Scott Kelby ┆ 曝光时间：1s ┆ 焦距：16mm ┆ 光圈：*f*/6.3

CHAPTER 11

第11章 幻灯片放映

11.1 快速创建基本幻灯片放映

本节将介绍怎样使用Lightroom 内置的幻灯片放映模板快速创建幻灯片放映。这个过程的简单程度可能出乎你的意料，但幻灯片放映模块真正强大的功能不仅限于这些，你还可以自定和创建自己的幻灯片放映模板，这一操作将在本章以后的内容中介绍。

第1步：

首先请按快捷键Ctrl-Alt-5（Mac：Command-Option-5）跳转到到幻灯片放映模块。就像图库模块中一样，左侧面板区域内有一个收藏夹面板，因此，我们可以直接访问收藏夹内的照片。首先，单击需要显示在幻灯片放映内的照片收藏夹，如图11-1所示。

注意：如果打算用在幻灯片放映内的照片在收藏夹内，这会使操作要简单很多，因此如果它们不在收藏夹内，请按字母键G转到图库模块，为幻灯片放映内将要使用的照片创建一个新的收藏夹。之后转回到幻灯片放映模块，单击幻灯片放映模块下收藏夹面板内的该收藏夹。

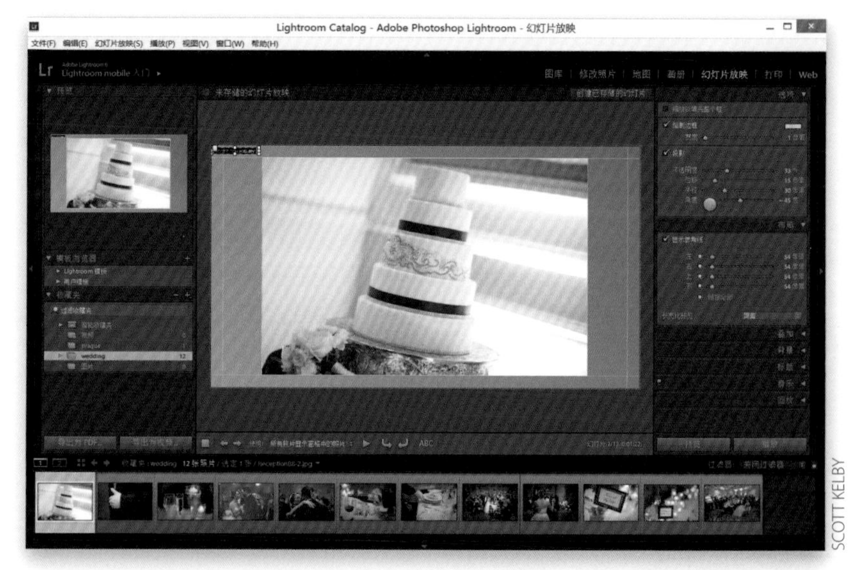

图 11-1

第2步：

默认时，幻灯片的演示顺序与照片在胶片显示窗格内的排列顺序一样，幻灯片之间使用短暂的溶解过渡。如果只想让收藏夹内的某些照片出现在幻灯片放映内，则请转到胶片显示窗格，只选择这些照片，之后从中央预览区域下方工具箱中的使用下拉列表内选择选定的照片（如图11-2所示），也可以选择只让标记过的照片出现在幻灯片放映内。

图 11-2

图 11-3

第3步：

如果想要改变幻灯片放映顺序，可以单击照片，然后按照你想要的顺序拖放。在本例子中，我单击第三幅照片，把它拖放为胶片显示窗格内的第一幅照片。

注意：你可以随时在胶片显示窗格内单击和拖放照片，来改变它们在幻灯片放映内的显示顺序。

图 11-4

第4步：

第一次切换到幻灯片放映模块时，它按照默认的幻灯片放映模板显示照片，该模板具有浅灰色渐变背景，左上角用白色字母显示出身份标识（不要与模板浏览器中的默认模板相混淆，其效果通常像图11-4中所示那样很糟糕，但我们稍后将处理它）。请单击胶片显示窗格内的其他任何照片，以观察该幻灯片在当前幻灯片放映版面中的显示效果。

第5步：

如果想尝试不同幻灯片放映的效果，则可以使用Lightroom 所带的任一种内置幻灯片放映模板（它们位于模板浏览器面板内）。但是，在使用这些模版之前，可以把光标悬停在模板浏览器内的模板名称上方，预览每个模板的显示效果。如图11-5所示，我把光标悬停在题注和星级模板上，预览面板显示该模板具有浅灰色渐变背景，图像带有细细的白色描边和投影。虽然这与默认模板类似，但使用这个模板时，如果之前向照片添加了星级，星级会显示在图像的左上角，如果在图库模块的元数据模板内添加了标题，则它会显示在幻灯片的底部。

图 11-5

第6步：

如果想快速预览幻灯片放映的效果，则请转到中央预览区域下方的工具箱，单击预览按钮——一个朝右的三角形，就像DVD播放机中的播放按钮一样。这将在中央预览区域内播放幻灯片放映预览，虽然在该窗口内幻灯片放映的大小完全相同，但现在看到它时没有参考线，并带有过渡和音乐。要停止预览，请单击工具箱左侧的停止按钮；要暂停预览，则请再次单击之前的播放按钮（如图11-6所示）。

提示：随机播放

幻灯播放按照它们在胶片显示窗格内的排列顺序进行，但是，如果想让幻灯片随机播放，请转到右侧面板区域内的回放面板，然后勾选随机顺序复选框。

图 11-6

图 11-7

第7步：

如果想要删除幻灯片放映中的照片，可以在胶片显示窗格内的照片上单击，再按键盘上的Backspace（Mac：Delete）键（或者从工具箱中的使用下拉列表中选择选定的照片，并确保没有选择该照片），把它从收藏夹中删除。顺便提一下，这是收藏夹与文件夹相比的另一个优点。如果这里使用的是文件夹，而不是收藏夹，那么在删除照片时，实际上是把它从Lightroom和计算机上删除。

图 11-8

第8步：

调整完成之后，该以全屏方式查看幻灯片放映的最终版本了。请单击右侧面板区域底部的播放按钮，幻灯片就开始以全屏方式播放（如图11-8所示）。要退出全屏模式，回到幻灯片放映模块，只需按键盘上的Esc键即可。好了，我们已经创建了基本幻灯片放映。接下来将学习怎样创建自己的幻灯片放映。

提示：创建即席幻灯片放映

本章前面提到过创建即席幻灯片放映，但你可以随时创建即席幻灯片放映，甚至不必进入幻灯片放映模块。无论处在哪个模块内，只要在胶片显示窗格中选择想要在幻灯片放映内播放的照片，之后按Ctrl-Enter（Mac：Command-Return），它就开始以全屏方式播放。

11.2 自定幻灯片放映效果

内置模板虽然不错，但在用它们创建一两个幻灯片放映过之后，你就会说“我希望能改变背景颜色”“我希望能在底部添加一些文字”，或者“我希望幻灯片放映效果能更好一点”之类的话。这就需要为幻灯片创建自定效果，这不仅可以得到我们想要的效果，而且只要单击一次即可得到这样的效果。

第1步：

虽然你可能不喜欢Lightroom 设计好的幻灯片放映模板，但它们为我们创建自定效果提供了一个很好的起点。我们这里将创建一个假期幻灯片放映，因此，请首先转到幻灯片放映模块的收藏夹面板（位于左侧面板区域内），单击想要使用的照片收藏夹。之后转到模板浏览器面板，单击Exif元数据，以载入该模板，如图11-9所示，照片被放置在黑色背景上，边缘带着细细的白色边框，关于照片的信息显示在黑色背景区域的右上角、右下角和照片的底部，身份标识显示在左上角。

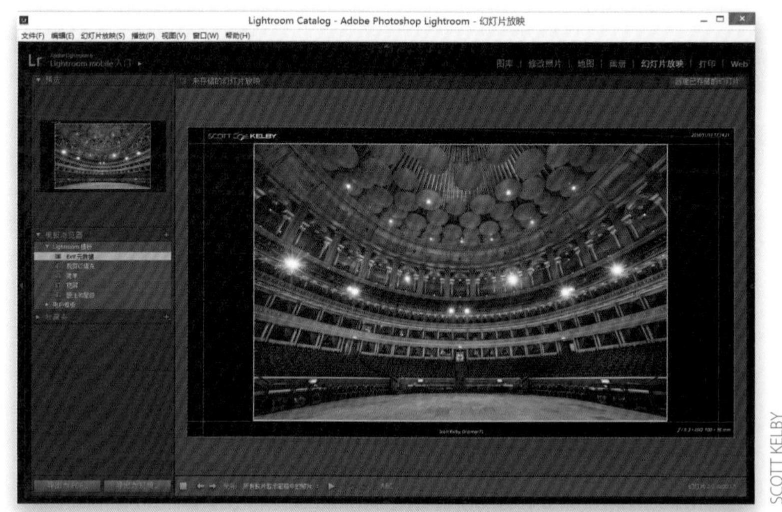

图 11-9

第2步：

我们现在已经载入模板，不再需要左侧的面板，因此请按键盘上的F7键隐藏它们。我要做的第一件事是消除所有Exif元数据 信息，因此请转到右侧面板区域的叠加面板，取消勾选叠加文本复选框（如图11-10所示）。照片的身份标识仍然可见，但照片右上角、右下角以及下方的信息现在被隐藏。

提示：调整自定文本的大小

在创建自定文本之后，可以单击角点，改变其大小，向外拖动使文字变大，向内拖动使文字变小。

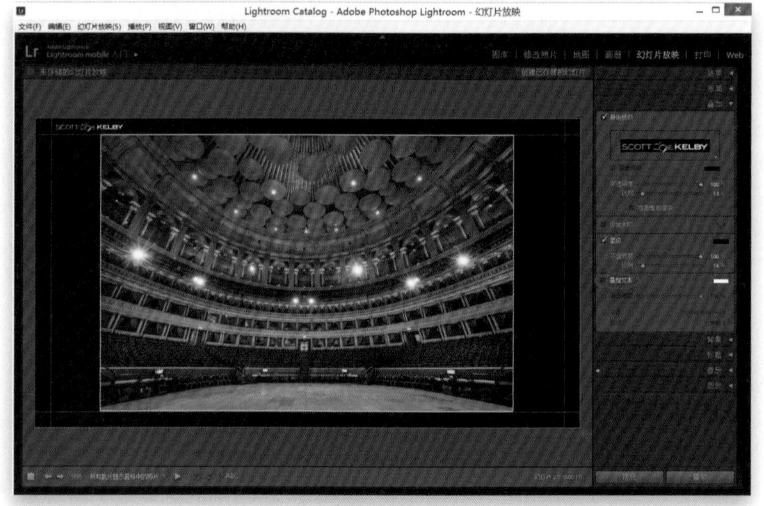

图 11-10

图 11-11

第3步：

现在让我们选择幻灯片内显示照片的大小。我们将把照片缩小一点，然后把它们向幻灯片顶部移动，以便在照片下方添加摄影工作室的名字。将照片定位在4个页边距内（左、右、上、下），可以在右侧面板区域的布局面板内控制这些页边距的大小。要看到页边距，请勾选显示参考线复选框。默认时，所有4个页边距的参考线是同步的，因此，如果把左页边距增加到81像素，其他页边距也都将调整到81像素。在本例中，我们想独立调整顶部和底部的页边距，因此，请首先单击链接全部复选框，取消页边距之间的关联（每个页边距滑块前的小方块变灰）。现在，将下页边距滑块，向右拖曳到216像素，把上页边距滑块拖曳到144 像素，这时会看到照片向内缩小，在照片右方留下更大的边距（如图11-12所示）。

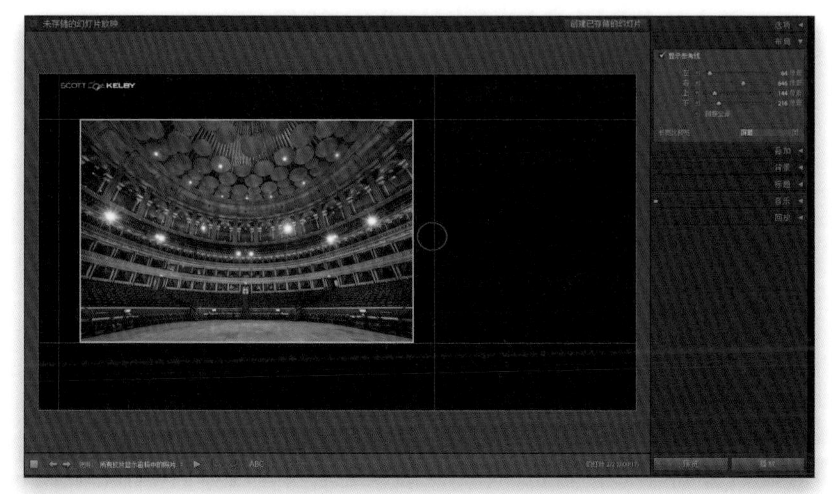

图 11-12

提示：移动参考线

实际上并没有调整幻灯片内的照片大小，我们移动了页边距参考线，照片在我们创建的页边距内调整大小。你可以通过形象直观的方法来实现：把光标移动到参考线上，就会看到光标变成一个双向箭头，现在可以单击并拖动页边距，调整照片大小。如果把光标移动到两条参考线交叉的边角处，就可以沿对角线方向拖动，同时调整这两个参考线的大小。

第4步：

现在，照片的位置已经设置好了，让我们移动到照片下方的影室名称身份标识，单击它并拖动至照片下方居中显示。

提示：缩放以填充整个框

如果看到照片的边缘和页边距参考线之间有间隙，则可以勾选缩放以填充整个框复选框立即填充该间隙。照片大小将按比例增加，直到它们完全充满页边距内的区域为止。

图 11-13

第5步：

要自定身份标识文字，请转到叠加面板，单击身份标识预览右下角的小三角形，在弹出菜单中选择编辑，打开身份标识编辑器对话框（如图11-14所示）。输入想要在每幅照片下显示的内容。在这个例子中，我输入Scott Kelby | Photography，字体选择24磅的Myriad Web Pro 字体，文本中的分隔线按键盘上的Shift-\ 键。我在这里单击了色板，把字体颜色暂时修改为黑色，使它更容易辨认，之后再单击确定按钮完成编辑。选择合适的文字大小并不重要，因为可以使用以下两种方法改变身份标识的大小：拖动比例滑块（位于叠加面板），或者单击幻灯片上的身份标识文字，之后单击并向外拖动任一个角点以放大文字。

图 11-14

图 11-15

第 6 步：

来看看我们的自定幻灯片布局效果：按Ctrl-Shift-H（Mac：Command-Shift-H）键隐藏页边距参考线，或者转到布局面板取消勾选显示参考线复选框。如果观察下照片下方的文字，就会发现它不够亮白——实际上是很浅的灰色，为了使得到更细微的浅灰色效果，可以降低叠加面板内身份标识区域不透明度的数值（我把身份标识的不透明度降低到60%）。此外，如果想旋转身份标识文字，则请先单击它，之后使用下方工具箱内的两个旋转箭头（如图11-15中红色圆圈所示）。

图 11-16

第 7 步：

我们还可以把幻灯片的背景颜色修改为自己喜欢的颜色，这里我把它修改为深灰色。具体操作如下：转到下方的背景面板，在背景色复选框的右边有一个色板。单击该色板，打开拾色器，从中可以选择我们喜欢的任何颜色（我从拾色器顶部的色板中选择深灰色，如图11-16所示）。在下一节我们还将进一步介绍怎么定制背景。

第8步：

我们现在处于灰色背景而不是黑色背景下，可以看到这个Exif元数据模板实际上在该设计包含的图像上带有投影，但是，在处于纯黑色背景时，我们当然看不到它。无论怎样，我们在选项面板内可以控制投影的大小、不透明度和方向，但现在，我们只增加半径，以使投影变得柔和一些，并把投影的不透明度降低一点，以得到图11-17中所示的效果。

图 11-17

第9步：

接下来我们将图像区域变为正方形，为这种布局的幻灯片放映添加一点儿艺术效果。首先按Ctrl-Shift-H（Mac：Command-Shift-H）键使参考线显示出来，它们构成一个正方形。但是，移动参考线只是以相同的长宽比调整正方形单元格内照片的尺寸，而不是把它裁剪为正方形，这时你需要转到上方的选项面板，勾选缩放以填充整个框复选框，现在你就得到了图11-18中所示的显示效果。在这里，我们还用该面板内绘制边框复选框下方的宽度滑块在图像周围添加一个较粗的描边（更多关于添加投影的内容请参见11.5节）。

图 11-18

图 11-19

第10步：

现在将保存我们的模板，以便将来在模板浏览器内直接应用它。要保存模板，请按F7键，再次显示出左侧面板区域，之后转到模板浏览器面板，单击该面板标题右侧的+（加号）按钮，弹出新建模板对话框（如图11-19所示），我们可以命名模板，选择模板的存储位置，我把模板存储在用户模板下，如图11-19所示，但你可以从文件夹下拉列表内选择创建自己的文件夹，把面板存储在其中。

图 11-20

第11步：

把自定幻灯片设计存储为模板后，可以把与此完全相同的效果应用到完全不同的照片上：转到幻灯片放映模块，在收藏夹面板内单击不同的收藏夹。之后，在模板浏览器面板中的用户模板下，单击选择Square Gray Slide Show，这种效果就会立即应用到该照片收藏夹（如图11-20所示）。

11.3 向幻灯片放映添加视频

在Lightroom 5中，Adobe在幻灯片放映模块中添加了一项很震撼的功能，即在同一个幻灯片放映中同时拥有视频剪辑和静态图像。这在很大程度上扩展了我们的工作范围。如果你是一名婚礼摄影师，或者如果想制作一个自己业务的推销视频，或者制作幕后视频，或者甚至是家庭假期视频，你都可以不用再去参加专门的视频学习项目就可以制作简单的影片。

第1步：

首先在图库模块中创建一个包含幻灯片放映中视频和静态照片的收藏夹，在本例中，我们选择的是婚礼聚会的视频剪辑和一些静态图像。然后，按Ctrl-Alt-5（Mac：Command-Option-5）键转到幻灯片放映模块。

图 11-21

第2步：

图像在胶片显示窗格中的顺序就是视频和静态照片的放映顺序，所以请先按照期望的顺序排列它们（通常以视频剪辑开场，然后是看上去相似的静态照片的效果比较好）。选择左侧模板浏览器面板中的裁剪以填充或者宽屏预设。我还要添加几样东西，使该幻灯片放映看上去更像一个短片，具体操作我们将在下一步介绍。

图 11-22

图 11-23

第 3 步：

首先，我要用新娘和新郎的名字（在本例中，是Elizabeth& Alexander）制作介绍屏幕（参见11.7节）和结束屏幕。当然了，对于这样一个婚礼视频，还需要一段背景音乐（参见11.8节）。但是，在Lightroom CC中，由于混合了视频和静态图像，所以在回放面板中有一个重要的滑块——音频平衡滑块，它可以让你控制背景音乐和拍摄视频时相机录下的音频之间的平衡。如果将该滑块拖到最右端，则只能听到背景音乐；把该滑块拖到最左边将只能听到视频文件的音频；将其拖放到中间位置，可以对等地听到两种声音。你可以向左或向右移动滑块，按照自己喜欢的方式平衡二者。

图 11-24

第 4 步：

若想查看幻灯片放映的预览，可以单击右侧面板区域底部的预览按钮后，开始放映幻灯片，按照顺序在视频和静态图像之间切换，中间应用溶解过渡（由回放面板的交叉淡化滑块控制）。

11.4 用照片背景增加创意

除了使用纯色和渐变填充之外，还可以选择照片作为幻灯片背景，我们可以控制背景照片的不透明度，因此可以创建后幕效果。这项功能唯一的缺点是相同的背景将出现在每张幻灯片上（当然除字幕幻灯片之外）。因此，无法在不同幻灯片之间改变背景效果。这里，我们将介绍简单的照片背景，之后再更进一步地使用它，最后介绍几个创建非常有创意的幻灯片放映布局的技巧。

第1步：

首先做点儿小配置，转到模板浏览器，单击题注与星级预设。现在让我们简化版面，在选项面板内，取消勾选绘制边框和投影复选框，之后单击参考线的左上角并将对角线方向向内拖，直到照片变小，并接近右下角时为止（如图11-25中所示的那样），并在调整完成后取消勾选布局面板内的显示参考线复选框，转到下面的叠加面板，取消勾选叠加文本复选框和星级复选框（这样我们在照片上看不到星级）。

SCOTT KELBY

图 11-25

第2步：

转到背景面板，勾选背景图像复选框并取消勾选渐变色复选框，这样背景上不会再有渐变效果。现在转到胶片显示窗格，把我们想用作背景图像的照片拖放到背景面板的背景图像窗内（如图11-26所示），该图像现在作为背景显示在当前所选照片之后。若背景照片以100% 不透明度显示，这通常意味着它会与前景照片冲突，因此，我们通常要将背景照片的不透明度调低一点，使它减淡、更加微妙，以使主体照片显得更加突出。

图 11-26

图 11-27

第3步：

要创建后幕效果，请把背景图像的不透明度降低到40%（根据照片不同，这一数值可以灵活调整），照片褪色为灰色。如果你喜欢白色的后幕效果，则可以把背景色设置为白色，单击背景色色板，之后在拾色器中选择白色，如图11-27所示。或者，如果你喜欢黑色后幕效果，也可以把背景色设置为黑色。哪种颜色的效果最佳取决于你所选择的照片。

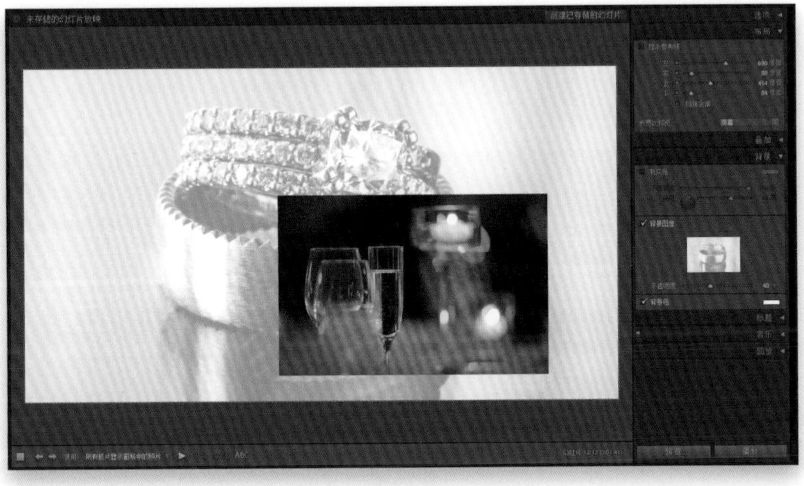

SCOTT KELBY

图 11-28

第4步：

单击预览按钮就会看到幻灯片与我们选择的背景图像一起播放，正如我在本节介绍中提到的，每幅照片之后出现的背景都是一样的。

第5步：

除了使用我们自己拍摄的照片作为背景图像外，如果使用设计的图像作为背景，则会得到完全不同的效果。例如，图11-29中所示的图像是我从Fotolia购买的背景图像。当它显示在Lightroom内之后，我把它拖放到目标收藏夹中，之后把它拖放到背景面板内的背景图像上，创建出图11-29中所示的效果。

SCOTT KELBY AND ©FOTOLIA/MAMMUT VISION

图 11-29

第6步：

这里是另一个使用简单背景的例子，你可以下载这些背景用于自己的幻灯片放映中。一旦把背景图像导入到Lightroom，不要忘记把图像拖放到目标收藏夹内，然后把它拖放到背景面板的背景图像窗格内。在播放幻灯片放映时，这些图像就会显示在iPad内。这种方法的技巧是：（1）转到选项面板，勾选缩放以填充整个框复选框；（2）转到布局面板，勾选链接全部复选框以关闭它，显示出参考线并移动它们，使它们和iPad屏幕的尺寸（各个侧面）刚好相同。这实现起来更简单，因为我们只是在预览区域内来回拖动参考线而已。

SCOTT KELBY AND ©FOTOLIA/MAMMUT VISION

图 11-30

图 11-31

第7步：

这里介绍的背景技巧可以把照片放在背景内（并带有投影）——不是用图形作背景图像，而是用它作为身份标识。这样，可以让背景图像显示在照片前方而不是后方。这里的幻灯片框图像是我从Fotolia购买的。我在Photoshop内打开它，选择幻灯片，把它放在其自己的图层上，之后选择中央内的框，并删除它（使幻灯片开口显示出来）。接下来，我在开口处添加投影，删除背景图层，把该文件保存为PNG，以便在Lightroom内将它用作身份标识时能够保持其透明度。要使用它，请转到叠加面板，勾选身份标识复选框，单击身份标识预览右下角的三角形，从弹出菜单中选择编辑。弹出身份标识编辑器对话框后（如图11-31所示），单击使用图形身份标识单选框，之后单击查找文件按钮找出幻灯片文件，最后单击确定按钮。该图像显示在预览区域之后，请调整身份标识（拖动角点）和图像（拖动页边距参考线）的尺寸。此外，一定要勾选选项面板内的缩放以填充整个框复选框。

图 11-32

第8步：

这个例子使用的是我从Fotolia购买的图片。唯一的差别是我把背景色从灰色修改为了白色。现在你看到了这些背景和身份标识巨大的潜力，让我们把二者结合在一起，创建出真正有创意的布局。

第9步：

对于本例中的这种布局，我们先转到模板浏览器面板，单击题注与星级模板，之后转到叠加模板，取消勾选星级和叠加文本复选框，也要确保身份标识复选框是不勾选的。转到背景面板，取消勾选渐变色复选框，之后在选项面板中取消勾选投影和绘制边框复选框，使用页边距参考线调整图像尺寸，创建出如图11-33所示的简单整洁的画面效果。

SCOTT KELBY

图 11-33

第10步：

我从Fotolia下载了一幅旧地图照片，把它导入到Lightroom后，将其拖放到目标收藏夹内。接着把该照片拖放到背景面板内的背景图像窗格内（如图11-34所示），使这幅旧地图照片成为幻灯片的背景。

©FOTOLIA/JAVARMAN

图 11-34

图 11-35

第 11 步：

我在 Fotolia 上搜索相框时，找到了这种比较古董的款式。我们将把它用作图形身份标识，但在应用它之前，需要使用在第 7 步中提到的相同的 Photoshop 技巧，使其中央和周围区域变为透明的（如果你没有这样做，会在相框内部和周围看到白框，而不是相框周围的背景，由于内部是透明的，所以它会完全破坏这种效果）。此外，请注意相框内部有少许投影，因此它显得照片好像位于相框内部一样。无论怎样，在 Photoshop 内完成了透明度处理后，请转到叠加面板，勾选身份标识复选框，单击身份标识预览右下角的三角形图标，从弹出菜单中选择编辑。弹出身份标识编辑器对话框后，单击使用图形身份标识按钮之后找到边框文件，单击确定按钮。一旦它显示在预览区域内，请调整身份标识和图像尺寸，获得如图 11-35 中所示的效果。

图 11-36

第 12 步：

如果想让相框出现在背景图像前方（像第 11 步中那样），一定要取消勾选在图像后渲染复选框。或者如果想得到稍微不同的效果，则请勾选它（如图 11-36 所示），这样图像会出现在框的顶部——不让投影落在内部图像上增加深度。最终布局如图所示（或第 11 步的图中所示，这取决于在图像后渲染复选框是否勾选）。我希望这节内容能激发起你在背景图像、身份标识等方面的创作灵感。

11.5 使用投影和边框

如果在浅色背景或照片背景上创建幻灯片放映，则可以在图像背后添加投影，使它与背景相比显得更突出，也可以选择向图像添加边框。虽然大多数内置模板已经开启了这些功能，但我们这里将介绍如何添加投影和边框，以及怎样对二者进行调整。

第1步：

要添加投影，请转到选项面板，勾选投影复选框。大多数内置模板，如题注与星级（如图11-37所示），已经打开了投影功能。我们最常用的两个滑块是不透明度（控制投影的暗度）和半径（控制投影的柔和度）。位移滑块控制投影从照片扩展的距离，因此，如果想让照片看起来好像离背景更高一点，请增加位移量。角度滑块决定光线来自何方，默认时，它把投影定位在右下方。

图 11-37

第2步：

让我们对投影做一点调整：把不透明度量降低到25%，因此它更亮，之后把位移增加到100像素，这样照片看起来离背景有1~2英寸远。接下来，把半径降低到48像素，因此投影不会太柔和，最后，把角度设置为-41度，把它的位置稍微调整一点儿。勾选绘制边框复选框（位于选项面板的顶部），在图像周围添加彩色边框。在这个内置模板内，边框功能已经开启，但它是白色的，并且只有1像素宽，因此很难辨认它。要改变颜色，请单击色板，之后从拾色器中选择一种新颜色，这里我选择黑色。要使边框变粗，只需宽度滑块向右拖曳到12像素即可。

图 11-38

11.6 添加其他文字行和水印

除了使用身份标识添加文本之外，还可以向照片添加其他行文字（如输入的自定文本，Lightroom 从照片 Exif 数据提取的信息，任何当你导入照片时添加的元数据，如版权信息等）。也可以向幻灯片放映图像添加水印，以便在把幻灯片发送给客户或者把它发布在网络上时使用。

图 11-39

第1步：

要添加文本，请单击工具箱内的ABC按钮（如图11-39中红色圆圈所示），这时会在它右边显示出一个下拉列表和文本字段。在下拉列表中默认选择自定文本，并在文本字段内简单输入想要添加的文字，之后按Enter（Mac：Return）键，文本就会显示在幻灯片上。要调整文本大小，请在任一个角点上单击并拖动。要移动文本，只需在其上单击，并把它拖放到目标位置。如果在工具箱内的自定文本这4 个字上单击，将会弹出下拉列表，从中可以选择嵌入在照片元数据内的文本。例如，如果选择日期，就会显示出照片的拍摄日期。

图 11-40

第2步：

如果照片需要添加水印。请转到叠加面板，勾选添加水印复选框，之后从下拉列表内选择水印预设（如图11-40所示）。使用水印而不是自定文本的优点是：可以使用预先创建的模板，在其中可以降低不透明度，因此不会完全遮挡其后面的图像。

11.7 添加开始和结束字幕幻灯片

自定幻灯片放映的一种方法是创建自己的自定开始和结束字幕幻灯片。除了好看之外，开始幻灯片还有一个重要作用——隐藏即将展示的第一张幻灯片，保留一丝神秘感，因此，在幻灯片放映实际开始之前，客户看不到第一幅图像。

第1步：

我们可以在标题面板内创建开始/结束幻灯片。要打开该功能，请勾选介绍屏幕复选框，几秒钟之后，标题屏幕就会显示出来（如图11-41所示），之后再显示出第一张幻灯片我偶然发现一种技巧，它可以随时显示出标题，并让它长时间显示。直接在比例滑块上单击并保持（如图11-41所示），标题屏幕将一直保持可见，直到我们的鼠标离开滑块为止。介绍屏幕右边的小色板可用于选择背景颜色（默认背景颜色是黑色）。如果要添加文字，可以勾选添加身份标识复选框添加身份标识文字或者图形。

图 11-41

第2步：

如果要定制身份标识文字，请单击身份标识预览右下角的小三角形，从弹出菜单中选择编辑，打开身份标识编辑器对话框，如图11-42所示。现在可以输入你喜欢的文字，在本例中，我输入新娘和新郎的名字，从字体下拉列表内选择不同的字体，然后单击确定按钮，向介绍幻灯片应用该文字。

注意：如果你把文本显示为白色，在该对话框内不可能看到它，因此我在输入前后突出显示文本，如图11-42所示。

图 11-42

图 11-43

第3步：

覆盖颜色复选框可以控制身份标识文字的颜色。勾选它之后，请单击其右边的色板，打开拾色器面板（如图11-43所示），位于顶部的是一些常用的颜色，如白色、黑色以及不同层次的灰色。可以从中选择一种，或者上、下拖动右侧的色块条选择色相，之后从大拾色器渐变中选择颜色的饱和度，我选择灰色。使用介绍屏幕部分底部的比例滑块还可以控制身份标识文字的大小。

图 11-44

第4步：

要改变介绍屏幕背景的颜色，只要单击介绍屏幕复选框右侧的色板选择你喜欢的颜色即可。在本例中，我把其背景修改为栗色，并修改了身份标识的颜色，使其与背景色相匹配。将所有文字格式调整好后就可以在预览区域内预览幻灯片放映了。结束屏幕的处理方式与此相同。

11.8 添加背景音乐

合适的背景音乐能够使幻灯片放映产生完全不同的效果，如果你有机会观看专业人士的作品展示，就会发现他们选择的音乐往往能够营造气氛，来更好地烘托图像。Lightroom 允许向幻灯片放映添加背景音乐，甚至可以把音乐嵌入到幻灯片放映中，并以多种格式在Lightroom 之外存储。本节我将介绍怎样向幻灯片放映添加背景音乐。

第1步：

在靠近右侧面板区域下方的音乐面板中，单击+按钮添加音乐（如图11-45所示），弹出选择要播放的音乐文件对话框，从中选择在幻灯片放映时想要播放的音乐文件，并单击选择按钮。

提示：添加多条音轨

在Lightroom以前的版本中只能使用一首歌，因此如果你的幻灯片很长，只能选择时间也比较长的歌曲。但是现在，你可以添加多首曲子，连续播放。在添加完第一首歌后，只需转到音乐面板，再次单击添加音乐按钮以添加更多音轨。通过查看音乐面板上方的持续时间列表可以知道所有曲子播放完所需的时间。

注意：Lightroom 要求音乐文件是MP3或AAC 格式，它无法识别WAV 文件。如果你的计算机中装有iTunes软件，则可以用它把音乐文件转换为AAC 格式。在音乐库中，单击想要转换的歌曲，之后转到iTunes 的文件菜单，在创建新版本子菜单中选择创建AAC 版本，就可以看到转换后的歌曲版本出现在原来文件的正下方（这些文件位于音乐文件夹内的iTunes文件夹下）。

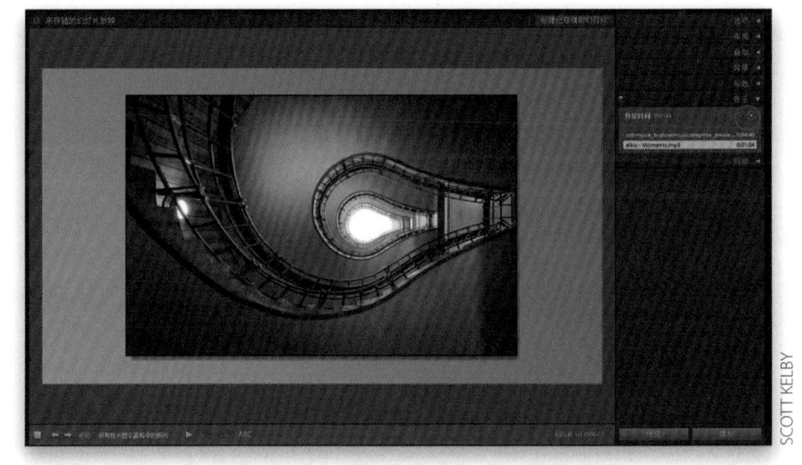

图 11-45

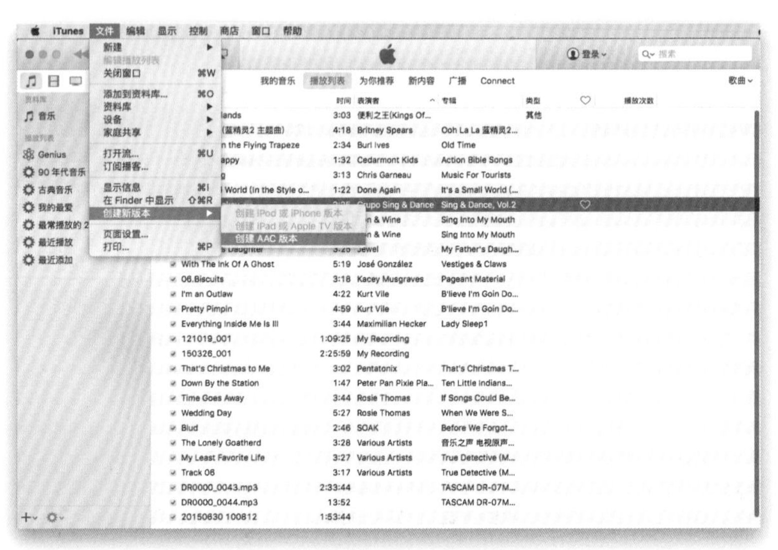

图 11-46

图 11-47

第 2 步：

现在，在开始幻灯片放映或者在预览区域预览时，就会在后台播放背景音乐。如果想让 Lightroom 自动调整幻灯片放映的时长，使它与我们所选择的音乐长度相匹配，则可以单击回放面板中的按音乐调整按钮（如图 11-47 所示），其作用上是根据音乐的长度调整幻灯片的时长和渐隐时间（因此，它实际上是自动计算）。

提示：自动同步音乐

Lightroom CC 中新增的一项功能是把音乐自动同步到幻灯片放映当中。只需在回放面板中勾选将幻灯片与音乐同步复选框，它就能自动分析音轨，根据节奏和每段的间隔来选择其认为最适合切换至下一张幻灯片的位置。

11.9 选择幻灯片和渐隐时长

除了选择音乐之外，Lightroom 幻灯片放映模块内的回放面板还可用于选择每张幻灯片在屏幕上停留的时长，以及两张幻灯片之间过渡的时长。我们可以选择按顺序或者随机播放，放映完最后一张幻灯片之后是重复播放还是结束，以及是否提前准备预览，以使幻灯片放映不会因等待图像数据的渲染而中断显示。

第1步：

要选择幻灯片在屏幕上的停留时间，请转到回放面板，在自动设置下，拖动幻灯片长度滑块选择每幅图像应该在屏幕上显示多少秒。然后，使用交叉淡化滑块选择图像之间渐隐过渡应该持续多长时间。Lightroom使用溶解过渡——一张照片溶解为下一张。如果想自己手动放映幻灯片（如当你使用幻灯片讲座或讲课时），请单击手动按钮。然后，当幻灯片开始放映后，使用右方向键移动至下一张幻灯片。

图 11-48

第2步：

在回放面板中还有几个控件需要介绍：（1）默认时，幻灯片按照它们在胶片显示窗格内的排列顺序播放，除非勾选了随机顺序复选框；（2）默认时，在播放完胶片显示窗格内的最后一张幻灯片后，幻灯片将循环放映，再次播放所有幻灯片，除非取消勾选重播幻灯片放映复选框；（3）在Lightroom CC中，Adobe新增了“肯•伯恩斯效果”，它能使照片在屏幕上逐渐放大并移动，为幻灯片放映增加动感。我们只需使用平移和缩放复选框就可以打开或关闭该效果，它下方的滑块用于控制强度低表示移动缓慢，高表示移动迅速。

图 11-49

11.10 分享幻灯片放映

如果你想向别人展示幻灯片放映，他们正好就在附近，你可以直接在Lightroom 内演示它。但是，如果他们在比较远的地方（客户可能位于其他城市或其他国家），则可以把幻灯片输出为多种不同的格式，如Windows Movie Format、QuickTime、Flash 和H.264分享给他们，也可以以PDF 格式保存幻灯片，但是这种格式保存不了幻灯片的背景音乐。

图 11-50

第1步：

要把幻灯片放映保存为带有背景音乐的视频格式，请单击左侧面板区域底部的导出为视频按钮（如图11-50所示）。

提示：在不同的屏幕尺寸下查看预览

怎样以不同的输出长宽比来预览幻灯片放映呢（如在HDTV上以16:9的尺寸查看，或者在常规的NTSC和PAL显示屏中以标准的4:3长宽比观看幻灯片）？只需打开布局面板，从底部的长宽比预览下拉菜单中选择所需预览的尺寸即可。

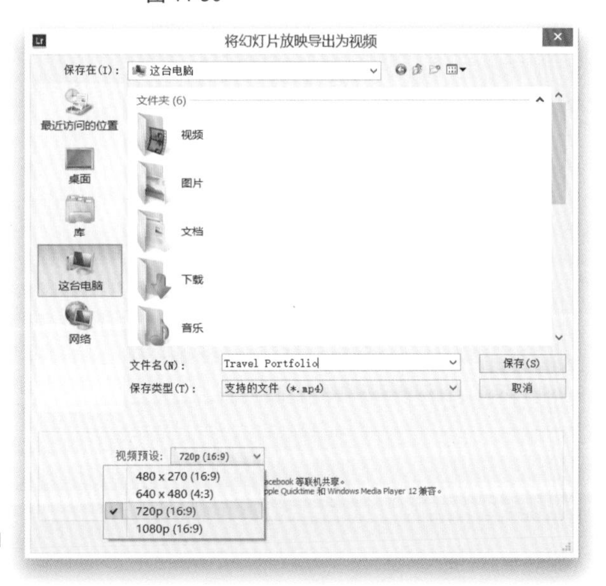

图 11-51

第2步：

在单击导出为视频按钮后，弹出将幻灯片放映导出为视频对话框（如图11-51所示），其中的视频预设下拉列表列出了视频的不同尺寸。选择一种视频预设尺寸之后，它会在该下拉列表下方显示出这尺寸最适合于哪种应用，以及哪种类型的设备或软件能够读取该文件。因此，在命名幻灯片放映，并选择想要的尺寸后，单击保存（Mac：导出）按钮，就能按照我们所选尺寸以及与我们所选视频类型兼容的格式创建文件。

第3步：

单击导出为PDF按钮可以以PDF 格式保存幻灯片放映。PDF 适用于电子邮件发送，因为它可以大大地压缩文件，但是，其缺点是不能保存我们所添加的任何背景音乐，这对很多用户来说是一大损失。如果你觉得这不是问题，则值得考虑采用这种格式。在单击左侧面板区域底部的导出为PDF 按钮后，会弹出将幻灯片放映导出为PDF 格式对话框（如图11-52所示）。命名幻灯片放映，之后在该对话框的底部有一个品质滑块——品质越高，文件越大（在通过电子邮件发送时要考虑这一问题）。我通常将品质设置为80，还总是勾选自动显示全屏模式复选框，宽度和高度尺寸将自动插入到宽度和高度字段内，但是，如果想要图像变得更小些，以便于电子邮件发送，则可以输入更小的宽度和高度设置，Lightroom 会自动按比例缩小图像。完成之后，单击保存（Mac：导出）按钮。

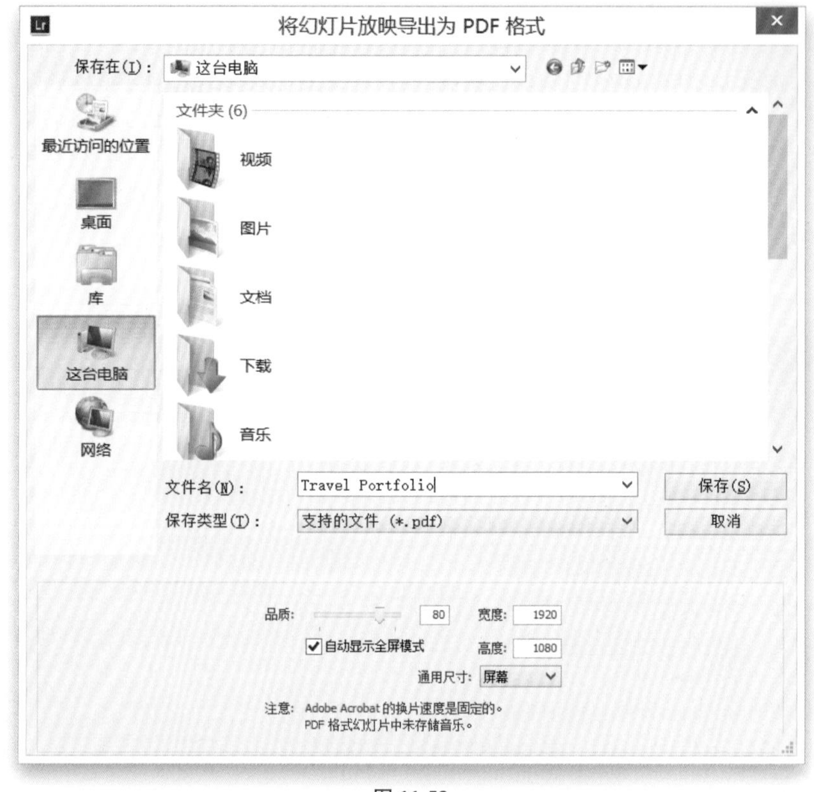

图 11-52

第4步：

当用户双击PDF文件，它就会启动Adobe Reader，在打开幻灯片之后，进入全屏模式，开始幻灯片放映。

提示：为PDF添加文件名

如果打算把PDF 幻灯片放映发送给客户审查，则一定要先转到幻灯片放映模块，在创建PDF文件前使文件名文字叠加可见。这样，客户就能够告诉你他们认可的照片名称。

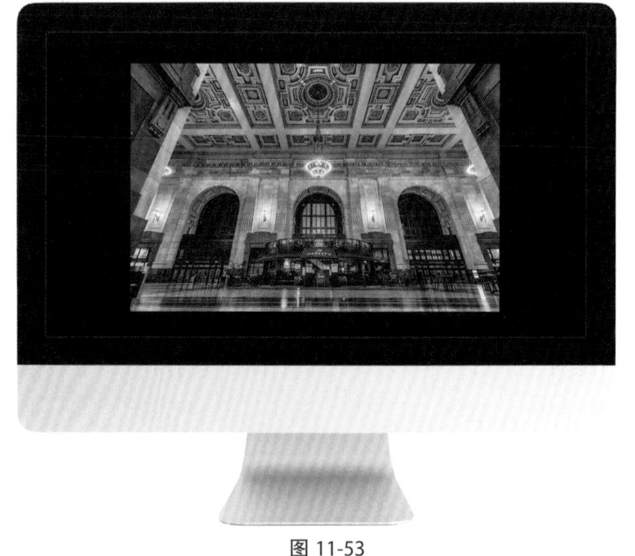

SCOTT KELBY AND ©DOLLARPHOTOCLUB/KASPARS GRINVALDS

图 11-53

Lightroom快速提示

▼ 使用草稿模式提速

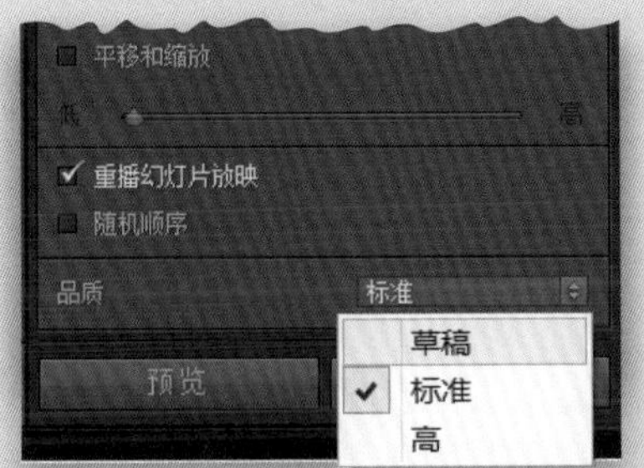

没有比编辑幻灯片时，不得不长时间等待高清预览更糟糕的了，因此我建议使用草稿模式来加快幻灯片预览，免去了等待渲染的时间。从回放面板下方的品质下拉菜单中选择草稿。共有三个品质可供选择：草稿（相当快）、标准（比较快）和高（比较慢）。但这些品质设置只在Lightroom的幻灯片预览中才能使用，通常只能以高品质导出幻灯片。

▼ 关闭“效果”

如果不希望幻灯片中出现花哨的特效怎么办（音乐同步、平移和缩放、随机顺序选项等）？只需单击位于回放面板上方的手动按钮关闭这些效果即可，单击自动即可再次打开。

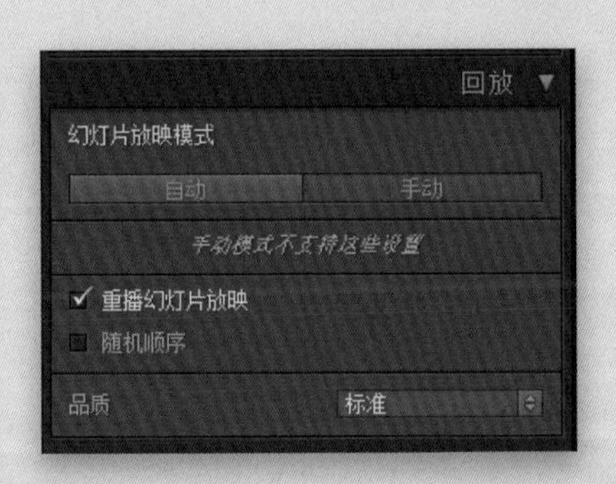

▼ 预览幻灯片放映内的照片效果

在中央预览区域下方工具箱最右端可以看到一些文本，它们显示当前收藏夹

幻灯片 2/7 (0:00:30)

内有多少照片。如果把光标移动到该文字上，光标变为一个双向箭头，单击并左右拖动，即可查看当前幻灯片放映布局内的其他照片。

▼ 旋转箭头的用处

当如果观察下工具箱，就会看到两个旋转箭头，但它们总是灰色的。这是因为它们不是用于旋转照片，而是旋转我们创建的自定文字。

▼ 一种更好的启动幻灯片放映方法

在启动幻灯片放映时，一旦幻灯片显示到屏幕上，请按空格键暂停播放。现在当客户坐到屏幕前时，他们看不到第一张照片，他们看到的是黑色屏幕或者标题屏幕。当你准备好开始展示时，再次按空格键，正式开始幻灯片放映。

▼ 精细的幻灯片设计

虽然可以在Lightroom内从零开始创建幻灯片放映，但并不是说必须要在Lightroom内设计幻灯片。如果遇到在Lightroom无法设计的幻灯片，则可以转到Photoshop制作幻灯片，把它们保存为JPEG格式，之后重新把完成后的幻灯片导入到Lightroom，再给它们添加背景音乐等效果。

▼ 将上次创建的幻灯片放映保存到收藏夹

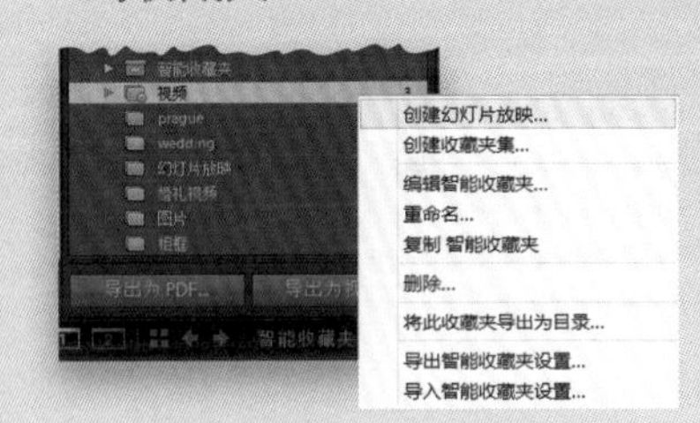

收藏夹面板现在也显示在幻灯片放映模块。如果你单击某个收藏夹，并想为幻灯片放映选择该收藏夹内的几张照片（把预览区域底部工具箱内的使用下拉列表修改为选定的照片），用它们来创建一个幻灯片放映，你可能希望保存这一幻灯片放映，这样就不用再次浏览所有照片了。只需要用鼠标右键单击收藏夹，从弹出菜单中选择创建幻灯片放映选项，或者单击预览区域顶部的创建已储存的幻灯片按钮，即可以创建一个新的收藏夹，其中只包含我们在指定幻灯片放映中使用的那些照片，并具有正确的排列顺序和模板。因此，如果再次需要完全一样的幻灯片放映时（相同的效果、相同的照片、相同的顺序），就可以非常方便地应用它。

摄影师：Scott Kelby ┊ 曝光时间：1/100s ┊ 焦距：123mm ┊ 光圈：*f*/1.1

第12章

视频编辑

12.1 视频编辑

上一版的Lightroom支持导入数码单反相机拍摄的视频，不过仅此而已。在Lightroom CC中，功能从剪辑视频到添加特效，如白平衡、色调分离效果等应有尽有，基本上大部分的照片编辑功能，现在都能用于视频中了（包括应用曲线、添加对比度、更改色相，或者诸如同步大量视频的色彩的标准化功能）。以下是详细介绍。

第1步：

把视频导入Lightroom和导入照片的方法一样，不过当你打开导入窗口后，缩览图左下角的视频图标会提醒你该文件为视频（Lightroom支持大部分单反相机的视频格式，因此导入不成问题），导入后就可对其按导入图像的程序进行操作（如存入收藏夹，添加星级、元数据等）。视频导入完成后，小摄像机图标消失，取而代之的是缩览图左下角显示出视频的时长（如图12-1所示，此刻被选中视频的时长为18秒）。

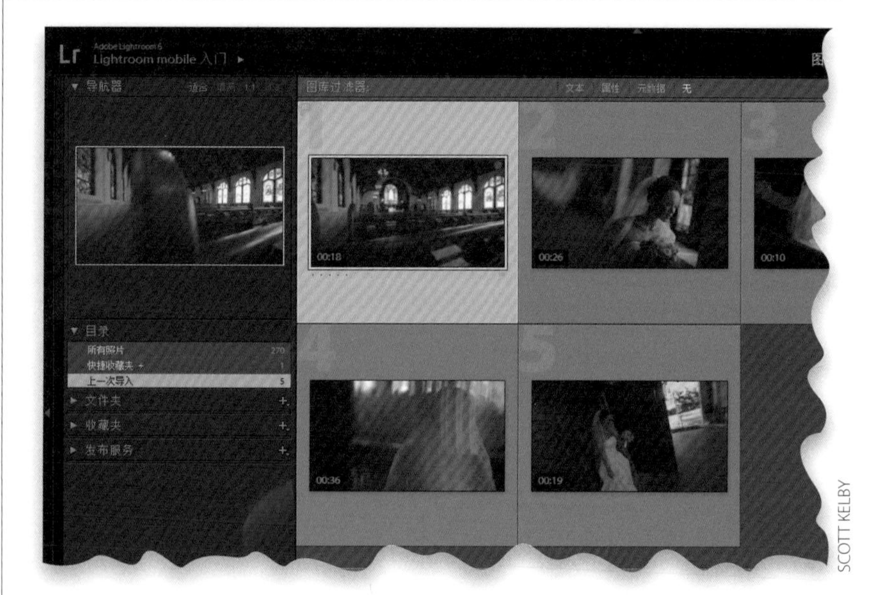

图 12-1

第2步：

在视频上左右拖动鼠标，可以对视频进行快速预览。这样的快速滑动虽然无法浏览视频的所有画面，但是便于在两三个相似视频间快速搜索。例如，你拍了一些新郎和新娘切新婚蛋糕的视频，现在想找出切蛋糕时的片段（而不是切完后），即可以通过快速滑动每个视频来寻找，而不必逐个打开查看。

图 12-2

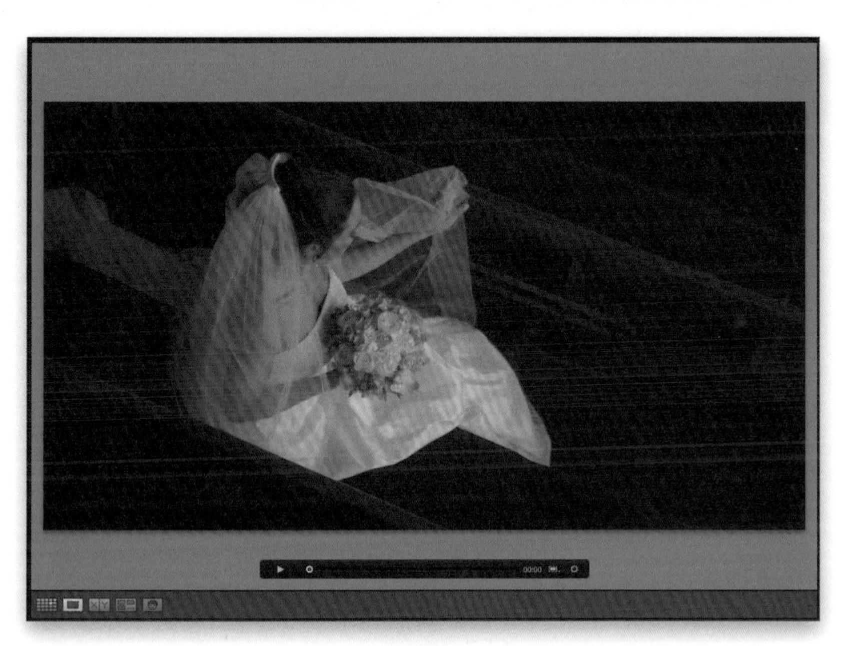

图 12-3

第 3 步：

双击后打开视频，即可在放大视图中观看它（如图12-3所示）。单击播放按钮播放视频，或者按键盘上的空格键来播放/暂停。如果想浏览视频（类似于手动快进或后退），只需拖动控制进度条上的播放指针即可。虽然视频和音频是同步播放的，但是Lightroom不具备音频控制功能，你需要通过调整计算机的音量控制来调节音频。

图 12-4

第 4 步：

如果需要裁剪视频长度（你可能想把结尾剪掉一些，或者剪掉开头，让它晚几秒播放），可以单击裁剪视频按钮（进度条最右侧的小齿轮图标），即可弹出裁剪控制条（如图12-4所示）。裁剪方法有两种：一种是只需单击视频任一边的末端标记（看起来像两个小竖条）并向内拖动来裁剪视频（如图12-4所示）；另一种方法是设置裁剪起点和终点（相当于“由此开始”和“由此结束”），按空格键播放视频，当它播放至你想设为开始的瞬间时，按Shift-I键设置裁剪起点；同理，当达到需要的终点瞬间时，按Shift-O键设置裁剪终点。两种方法的效果一样，可以按个人喜好选择使用。

第5步：

此外，还有一些你不得不知的炫酷视频裁剪知识：视频裁剪并非永久性的，而是无损操作，以便保护原始视频。裁剪操作是在导入文件时生成的副本中完成的（稍后在导入中详细介绍），所以虽然导入的视频被裁剪（Lightroom中的视频也被裁剪了），但你依旧可以随时返回原始视频，并撤销裁剪操作。

图 12-5

第6步：

现在来感受另一个快捷功能。你是否有朋友碰到过这种情况，视频上传途中发现缩览图是从中间裂开的，而非常规形态呢？这是因为缩览图是从整个视频中随机选择的几帧画面（如果选择了第一帧，那么视频会从黑色渐入，缩览图呈现黑色，这样不利于识别视频）。不过在Lightroom中，你可以自主选择缩览图的画面（视频术语称之为“海报帧”）。如果你有四五个相似的视频，想为它们选择易辨别的标志帧，可以选择视频中最重要的部分作为缩览图（该缩览图不仅可以用于Lightroom，导出后也依然适用）。若想自定义缩览图，首先从视频中选择你想作为缩览图的部分，然后转向控制进度条，单击并拖动帧按钮（裁剪视频按钮左侧的小长方形图标），选择设置海报帧（如图12-6所示）。现在你的视频便以当前的图像为缩览图了。

图 12-6

图 12-7

第 7 步：

如果你想截取视频中的某一幅画面，把它制作成一张独立照片的话，很简单，与上一步的操作相同：找到视频中想要独立成照片的部分，然后单击帧按钮，不过这次选择的是捕获帧，这会创建第二个文件（和其他照片一样的 JPEG 图像文件），它将出现在胶片显示窗格中被选中视频的右侧（如图 12-7 所示）。不过如果你还没把视频添加到收藏夹中，JPEG 图像会和视频堆叠在一起（参见第 2 章，了解堆叠知识和操作）。若缩览图左上角出现“2”则表明它生效了（表示该堆叠中有两张照片）。重申一次，只有当视频不在收藏夹中才会出现该操作。

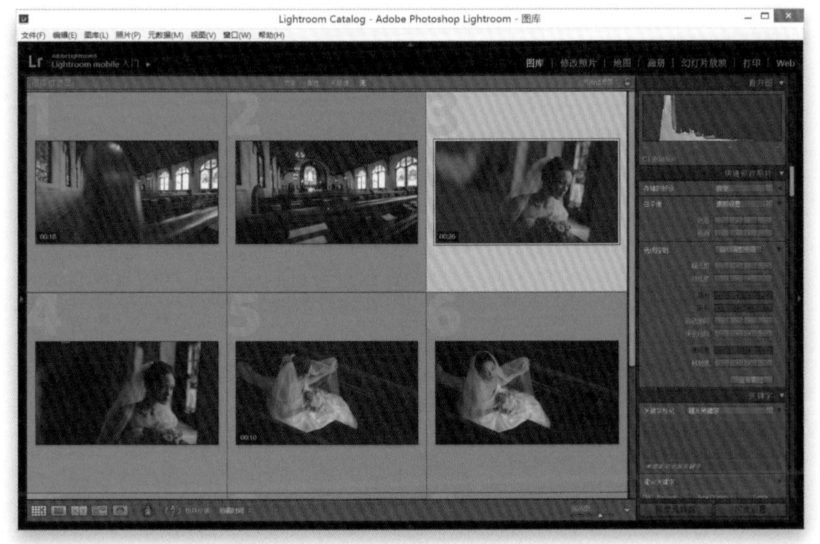

图 12-8

第 8 步：

了解如何创建静止图像非常重要，因为现在就要用这个技能做一些有趣的事了，即把特效应用到视频中去。现在纯属娱乐，单击视频，然后按键盘上的字母键 D 跳回修改照片模块，会看到预览区域的中央出现“修改照片模块不支持视频”字样，不过别担心，事情没那么糟糕。按 G 键跳到图库模块的网格视图，然后查看右侧面板区域。看到那些快速修改照片控制选项了吗？对，我们可以用它们编辑视频（不过只是其中最重要的一些选项，而非全部。随后我会告诉你如何使用更多的编辑选项）。

第9步：

现在来试一试：双击视频，然后单击三四次对比度的右向双箭头按钮，并查看屏幕上图像的对比度。该操作不仅会用于缩览图，还会应用于整个视频中。此时一些编辑控制选项是灰色的，这是因为不是所有的快速修改照片控制选项都能应用于视频中（比如不能使用清晰度、高光、阴影滑块等），但是重申一次，我一会儿会告诉你使用更多控制选项的方法。

图 12-9

第10步：

所以现在你可以对整个视频的白平衡进行调整（非常简单），或者使用曝光度滑块改变视频的亮度，用鲜艳度滑块来让视频更生动等，但是你一定希望把更多修改照片模块中的选项应用到视频中去吧？当然了！不过我们知道修改照片模块不适用于视频，该怎么办呢？那就用障眼法。这种方法能帮助你实现更多修改照片模块中的功能：从视频中截取一帧图像放入修改照片模块中，使用从色调曲线到HSL面板中的所有选项进行调整，一旦调整完成，这些编辑就会被应用到整个视频中去，这简直太棒了！现在来尝试一下：单击快速修改照片面板下方的复位按钮，然后从视频中截取一帧图像（从弹出菜单中选择捕获帧），一旦JPEG图像出现在下方胶片显示窗格中的视频的旁边，就可以按字母键D跳转到修改照片模块。

图 12-10

图 12-11

图 12-12

第11步：

现在你要做的是使用Lightroom的自动同步功能，把一张图像中的编辑效果应用于其他选中的照片（或视频）中。现在来试一下：下拉到胶片显示窗格，单击静止图像，然后按Ctrl（Mac：Command）键并单击视频把它们一起选中。确保右侧面板区域下方的自动同步处于开启状态（如图12-11中红色圆圈所示）。现在就可以编辑照片的白平衡、曝光、对比度和鲜艳度等设置了。还能使用相机校准面板设置黑点和白点，添加双色调或分离色调效果，使用色调曲线等，这些调整都能自动应用到选中的视频中。还不错吧？这里我把曝光度增加到+1.15，对比度增加至+25，并将饱和度降低到–50。然后前往颜色面板（在HSL/颜色/黑白面板中），把饱和度降至–8为照片添加漂白效果。这些调整将在一两分钟后应用到胶片显示窗格的视频缩览图中。

第12步：

那么当你创作了炫酷的效果并想把它应用到其他视频上该怎么做呢？把它设置为预设，然后只需在图库模块的快速修改照片面板中单击一下就行了。保存设置的方法是进入预设面板（位于修改照片模块的左侧面板区域），单击面板标题区域的右侧+按钮。出现新建修改照片预设对话框后，单击全部不选按钮，然后打开你刚才调整的复选框，给预设取一个描述性名称，随后单击创建按钮（如图12-12所示）。

第13步：

设置好预设后就可以使用了。单击右侧面板下方的复位按钮，然后按字母键G跳转到图库模块的网格视图，双击你的视频。现在转到快速修改照片面板的已存储预设弹出菜单（位于面板上方），进入用户预设查看你刚刚存储的预设。选中该预设后，其效果就能应用到整个视频中了（如果你把裁剪视频进度条设置为可见，如我此处所示，就能看到该效果被应用到了整个视频中）。

图 12-13

提示：不能应用于视频的设置

你无法从修改照片模块的基本面板或者镜头校正、效果面板中添加清晰度、高光或阴影，也不能使用调整画笔。不过静止的图像上可以应用这些功能。那么如何才能得知你此时的操作是以预设形式应用于视频的，还是在进行同步设置呢？一种方法是在编辑时查看胶片显示窗格中的缩览图，如果只有一个缩览图在变化（JPEG图像文件），那么它就没应用到视频里；另一种快捷途径是在存储预览时查看。看到第12步中，新建修改照片预设对话框中的其他功能都变灰了吗？那些编辑都不能被用于视频中。

第14步：

记住，此处进行的都是“无损”编辑，所以把它们用到视频中无论刚刚编辑完还是一年以后，你都可以单击快速修改照片面板下方的全部复位按钮来清除这些效果（如图12-14中红色圆圈所示）。

图 12-14

图 12-15

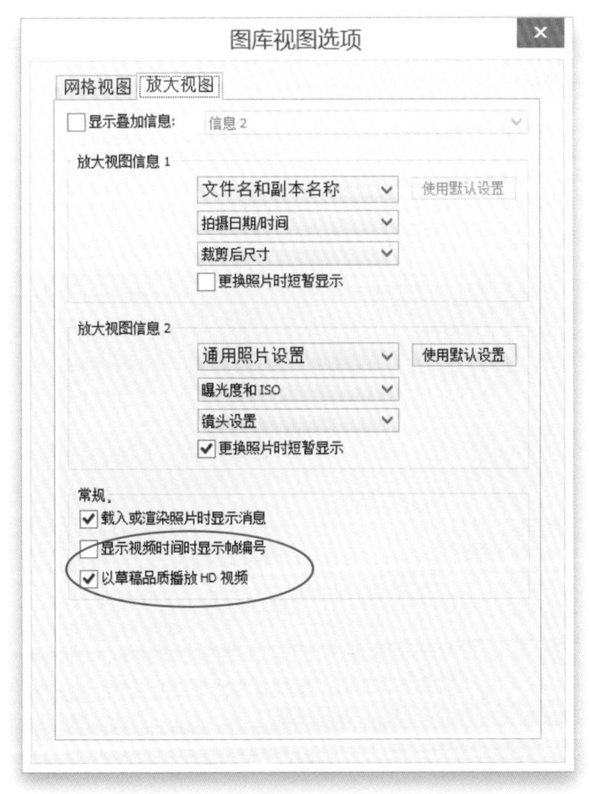

图 12-16

第 15 步:

把视频按自己喜欢的方式编辑完成后，你可能会想把它保存到其他地方以便分享（或者在视频编辑软件中打开用到其他视频中去）。尽管你不能直接在 Lightroom 中用邮件发送视频（更多原因是视频文件尺寸太大难以用邮件发送），不过可以通过直接导出预设来完成。此外，也可以单击你想要导出的视频，然后在左侧面板区域下方单击导出按钮（如图 12-15 所示）。

提示：视频首选项

在图库视图选项的放大视图选项卡中，只有两个视频首选项［按 Ctrl−J（Mac：Command−J）键］。在下方的常规部分，显示视频时间时显示帧编号复选框表示其可以在时间旁边添加帧数。下边的以草稿品质播放 HD 视频复选框为的是如果你的计算机不够快，它能确保你在播放 HD 视频时更流畅——与全画质 HD 版本相比，草稿品质视频的分辨率较低，无需很高的实时播放能力。

第16步：

出现导出对话框后，可以看到稍微向下的部分就是导出视频区域（如图12-17所示）。由于你单击了想要导出的视频文件，因此勾选此处的包含视频文件复选框，你只需进行两个简单的选择：（1）你想把视频存储为什么格式？我用的是应用广泛的H.264格式，它能在尽量降低视频品质损失的情况下压缩文件大小（就好比JPEG格式对图像文件的作用），但是当然，它的压缩是基于（2）你所选择的品质设置的。如果你打算把它分享到网络上，就要考虑更低的品质而不是最高（你在菜单中选择品质大小时，实际大小和帧数将在右侧出现）。不过如果你想把该视频发送到专业视频编辑软件中去，则需要选择最高。查看第8章，了解更多导出功能。

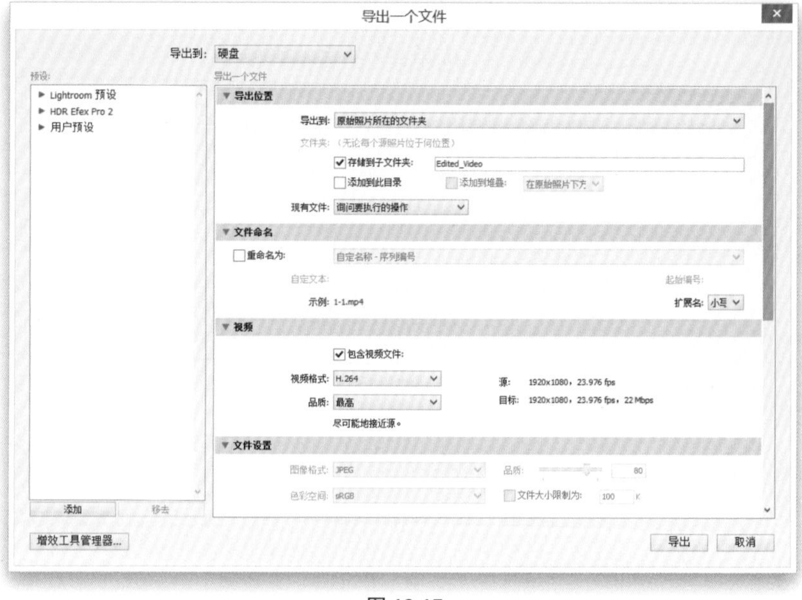

图12-17

第17步：

在阅读本书的其他部分之前，我想为你展示在哪些情况下使用Lightroom视频编辑功能，可以让生活更便捷的卓越实例。我使用较多的功能是暖化皮肤色调。尽管我们使用白卡为视频设置了恰当的白平衡（取代静止图像使用的灰卡），但是精准的白平衡色调偏冷，而人的肤色偏暖会更好看。因此通过捕捉视频中的静止图像，在修改照片模块中打开，把色温滑块向右侧的黄色拖动，便可以让视频中人的肤色看起来更自然。此时，需要确保打开了自动同步，并且在胶片显示窗格中同时选中了视频和静止的帧画面。

图12-18

图 12-19

图 12-20

图 12-21

第 18 步：

另一个重要功能是确保多个视频之间的人物肤色相同——尤其是当你打算把这些视频用其他视频编辑软件拼合到一起时。最快捷的方式是从视频中捕捉静止图像，在放大视图中打开，然后同时选中那个图像和所有视频，再在图库模块中使用快速修改照片面板的白平衡控制选项来调整静止图像，这时其他被选中的视频就会应用相同的白平衡设置。不过，务必要确保右侧面板区域下方的自动同步开关是打开的。

第 19 步：

如果你希望视频呈现胶卷效果，可以通过提升对比度来实现：进入图库模块，单击视频，单击一到两次对比度的右向双箭头。对自然饱和度进行相同的操作，可以使视频让人眼前一亮。这些是“每日必需”的编辑类型，但是当然，还有诸如特殊效果等类型，同样很好操作。例如，让整个视频呈现为黑白色的同时还保留一种色彩。操作方法是：捕捉静止的图像，然后把它放入修改照片模块中。选择要避开的颜色（如红色），然后进入 HSL 面板单击上方的饱和度选项卡，选取目标调整工具（在面板的左上方附近），单击你不想保留的所有颜色。现在开始拖动目标调整工具，直到画面呈现黑白色（这个视频不太适合使用这个技巧，但是此处我降低了色彩饱和度，保留了头纱和鲜花，她的嘴唇和彩色玻璃的色彩）。然后返回并把这些调整应用到视频中去。

摄影师：Scott Kelby ┆ 曝光时间：1/100s ┆ 焦距：123mm ┆ 光圈：*f*/11

CHAPTER 13

第13章
人像处理工作流程

13.1 工作流程第1步：一切从拍摄开始

接下来要介绍的是我特有的工作流程，在这个例子中，我在影棚内进行拍摄，所以它当然是从联机拍摄开始的，即把相机连接到笔记本计算机，直接拍摄到Lightroom 内（关于更多联机拍摄的内容，请参阅第1章和第4章）。对于非联机拍摄，我将在后面进行介绍。

第1步：

在设置灯光前，我使用单反相机的USB数据线连接计算机。连接成功后打开Lightroom，转向文件菜单，选择联机拍摄中的开始联机拍摄选项，进入联机拍摄设置对话框，选择照片在计算机中的存储位置，单击确定，就会出现如图13-1所示的悬浮窗口。现在，一切准备就绪（关于设置联机拍摄的具体细节请参见第1章）。

第2步：

我们使用的灯光很简单，其中，闪光灯头是Elinchrom BXR 500s（一款超值的500瓦影棚闪光灯，带内置无线接收器）。以53英寸 Midi Octa柔光箱（我经常使用这款柔光箱拍摄人像）作为主灯光位于模特的上方一点，稍微倾斜以照射主体。用到的第二个柔光箱是27 × 27英寸柔光箱，用以照亮模特身后的幕布背景。相机设置：使用的是Canon 70-200mm f/2.8的镜头。在影棚中我使用手动模式，保留快门速度设置1/125s，这时只需调整光圈值（这张照片的光圈是f/11）。此外，在影棚中，我通常把ISO感光度设置为相机的最低感光度值（本例中是ISO 100）。模特坐在白色的宜家工作桌旁，我在她手臂下放了一块很薄的有机玻璃，以便形成镜面反射效果。

SCOTT KELBY AND BRAD MOORE

图 13-1

SCOTT KELBY

图 13-2

拍摄结束之后，在Lightroom 和Photoshop 内开始排序、编辑处理之前，我们有一些非常重要的事情要做——在执行任何其他操作之前应立即备份照片。我实际上还在现场的时候就备份了。以下是备份的逐步操作过程。

13.2 工作流程第2步：备份照片

图 13-3

第1步：

联机拍摄（直接从相机传送到笔记本计算机，像我在这次拍摄中做的那样）时，照片已经位于计算机上，它们已经在Lightroom 内，但是还没有在任何地方备份——这些照片唯一的副本是在这台计算机上。如果笔记本计算机出现问题，那么这些照片就会永远丢失了。因此，在拍摄之后要立即备份这些照片。尽管在Lightroom 内可以看到照片，但还需要备份这些照片文件自身。一种快速查找其文件夹的方法是转到Lightroom，右键单击这次拍摄的某张照片，从弹出菜单中选择在资源管理器中显示（Mac：Show in Finder），如图13-3所示。

图 13-4

第2步：

这将打开Windows资源管理器（Mac：Finder ）的文件夹窗口，实际照片文件显示在其中，因此请单击该文件夹，把这个文件夹拖放到备份硬盘上（必须是一个独立的外置硬盘，而不只是一台计算机上硬盘的另一个分区）。如果你没有外置硬盘，则至少要把该文件夹刻录到光盘上。

13.3 非联机拍摄时，从存储卡中导出照片

我平时尽量采用联机拍摄——便于查看照片，但有时联机拍摄也没什么意义（如运动、婚礼，或者其他一些不太适合联机拍摄的题材），这时我们使用非联机拍摄，拍完的照片将存在相机的存储卡里。以下是我从存储卡导出照片的操作步骤。

第1步：

我把相机存储卡插入读卡器，就会出现如图13-5所示的Lightroom导入窗口。从左到右查看顶部，可以看出我正在导入存储卡。在顶部中间单机复制（复制照片），可以看到最右端显示我正在复制（我的外接硬盘）。如果此时某张照片没有闪动，或是空白框，或通过缩览图看到它不太好，那么可以取消勾选该缩览图的复选框，随后再把它们删掉。

SCOTT KELBY

图 13-5

第2步：

在右侧面板中，我需要对这些照片二次复制到我的备份硬盘中（因此对每张照片需要复制两次，存储在两个不同的地方）。我选择快速载入预览，因为我想尽快在图库模块中查看照片。保持选中该选项，以防重复导入照片。我还会为文件取一个描述性的名字（如本例中的名称为FakeFurStudioShoot），然后Lightroom为它们从001开始编号。最后在在导入时应用面板中，给每张照片都添加了版权信息（参见第2章，了解如何创建版权模板）。现在只需单击导入按钮就可完成操作。

图 13-6

13.4 工作流程第3步：找出“留用”照片并建立收藏夹

现在照片已经导入Lightroom中，并且被备份到独立的硬盘，因此，现在该为这次拍摄的照片创建“保留”收藏夹，以删除那些虚焦、闪光灯没有触发或者混乱的照片（标有排除旗标的照片）。我们将通过创建收藏夹简化后面的工作，之后在该收藏夹集中为留用和选择图像（要展示给客户的最终图像）创建另一个收藏夹。

图 13-7

第1步：

在图库模块内，请转到收藏夹面板，单击该面板标题右侧的+（加号）按钮，从弹出菜单中选择创建收藏夹集。当创建收藏夹集对话框弹出后，把新的收藏夹命名为Fake Fur Studio Shoot，之后单击创建按钮。现在我们得到了收藏夹集，可以在其中保存我们的留用图像，以及要展示给客户的最终图像（但是我们现在并不真正打算用这个收藏夹集——我们创建它是为了在稍后步骤中使用）。

图 13-8

第2步：

我现在要查找这次拍摄中的留用和排除照片。按字母键G，在网格视图内查看照片，然后转到最顶部，双击第一张照片（这样它放大在放大视图内）。现在使用键盘上的左、右方向键查看拍摄中的每一张照片。每当看到一幅可留用照片时，按键盘上的字母键P将其标记为“留用”，每当看到需要排除的照片（虚焦、构图失败、杂乱等）时，按字母键X将其标记为“排除”，以待删除。如果标记错了，按字母键U移去旗标（关于留用和排除方面的内容，请参阅第2章）。

第3步：

选出留用和排除照片后，让我们从照片菜单中选择删除排除的照片，以删除排除照片，保留留用照片（如图13-9所示）。顺便说一下，当你将一张照片标记为排除后，它的缩览图实际上变得灰暗，呈现另一种视觉效果（除了黑色旗标之外），提醒你照片已被标记为排除：看看第二行第一张照片，能看到其缩览图变灰暗了。

图 13-9

第4步：

接着我们打开过滤器，以仅显示留用照片。请转到预览区域上方的图库过滤器，单击属性，之后单击白色留用旗标过滤图像，以便只显示出留用照片。

注意： 如果在预览区域的顶部看不到图库过滤器工具栏，请按键盘上的\键使其可见。

图 13-10

图 13-11

图 13-12

第 5 步：

按Ctrl-A（Mac：Command-A ）键选择所有留用照片，之后按Ctrl-N（Mac：Command-N）键创建新的收藏夹。在创建收藏夹对话框弹出后，把这个收藏夹命名为Picks，勾选在收藏夹集内部复选框，从下拉列表内选择我们在第 1 步中创建的Fake Fur Studio Shoot 收藏夹集。记住一定要勾选包括选定的照片复选框，这样的话，这些选定的照片会自动导入新收藏夹，现在单击创建按钮，把这些留用照片即保存在Fake Fur Studio Shoot收藏夹内（如图13-11所示）。这些留用照片仍然保留有旗标，但是因为它们位于自己的收藏夹内，所以我们需要全部选中这些照片，然后按下字母键 U 移去旗标，为下一步做准备。

第 6 步：

现在，我们需要进一步精简照片——精简到只有那些我想展示给客户的照片。选择Picks 收藏夹某个拍摄姿势的所有照片，之后按字母键 N 进入筛选模式，只保留一到两张我比较满意的照片。单击剩下的照片，然后将其标记为留用。然后按字母键G回到常规网格视图，继续筛选下一组姿势的照片完成精简操作后，打开图库过滤器中的留用旗标滤镜，选择所有留用照片，再创建另一个新的收藏夹，把它命名为Selects，并保存在Fake Fur Studio Shoot 收藏夹集内。

13.5 工作流程第4步：快速修饰选中的照片

在上一节中，我们已经把之前拍摄的大量照片像精简为将要演示给客户的这一部分，本节我将介绍如何在Lightroom 的修改照片模块内调整它们。顺便提一下，这是一些快速调整，我们现在并不想花费大量的时间去编辑照片，因为客户很可能只想找出一幅最终图像或者一张也不要。

第1步：

让我们对本例的这张留用照片做一些轻微的调整，以准备好给客户展示。在修改照片模块中打开污点去除工具（快捷键Q），然后单击一下每个瑕疵（如图13-13所示）。另外，使用污点去除选项面板下的大小滑块调整画笔尺寸，让其稍微大于你想要去掉的瑕疵的大小。

图 13-13

第2步：

为了让照片更出众，需要稍微调亮模特的眼白和虹膜。使用调整画笔工具（快捷键K），双击调整画笔选项面板中的效果二字使所有滑块归零，然后把曝光度滑块向右拖动至0.15，稍微提高曝光。现在对模特的眼白进行描绘（如图13-14所示），确保不要过于明亮（修饰过度），如果需要的话，可以稍微降低曝光度值。接着我们来描绘虹膜，我通常只描一下虹膜的下半部分。重申一次，一旦开始绘制，切记把曝光度滑块调整为合适的数值。

图 13-14

图 13-15

第3步：

现在来锐化模特的虹膜。在调整画笔选项面板中，单击上方的新建按钮以创建新的调整，并保留之前所做的调整。双击效果二字将所有滑块复位归零，然后调整锐化程度数值，描绘人物的虹膜，直到看起来清晰明亮为止。

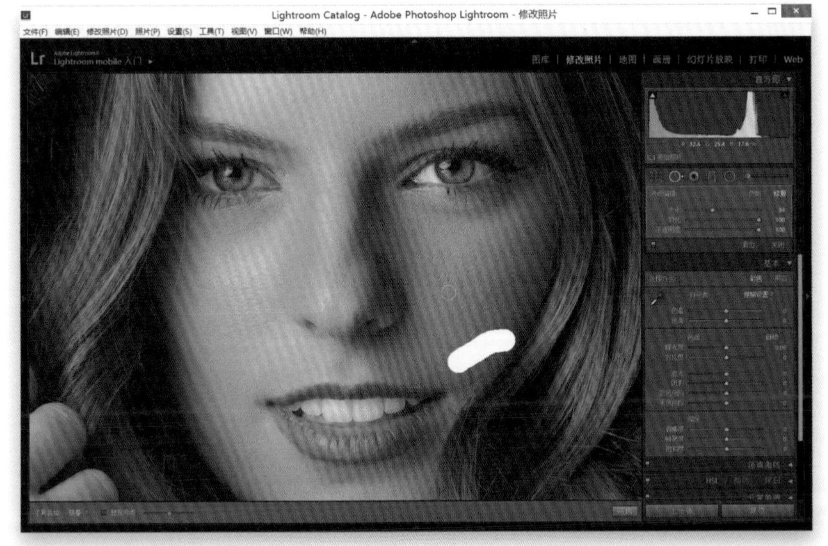

图 13-16

第4步：

最后，在模特的右脸颊上有一根略显杂乱的掉发，让我们来去除掉它。再次使用污点去除工具（快捷键Q），对该区域绘制以消除它，如图13-16所示（画笔起初呈白色，以便于查看处理的位置，然后它会修复该区域）。另外，不要忘了把这些快速修饰应用到需要发送给客户的其他照片当中。

13.6 工作流程第5步：将照片通过电子邮件发送给客户

现在，我希望将修饰完的照片校样尽可能快捷简单的方式发送给客户，对于这样数量较少的一批照片，意味着可以直接通过电子邮件将它们从Lightroom 中发送给客户。如果我有大量照片需要发送（15张、20张，或者更多），我会创建一个校样Web页面。

第1步：

按字母键G 跳回网格视图，单击Selects收藏夹。选择刚刚进行过快速修饰的三张照片，因为它们是你即将发送给客户的照片。进入图库菜单，选择重命名照片（如图13-17所示）。当重命名照片对话框出现后，将照片名改为比较简单的，客户方便使用的名称（我使用模特的名称或者拍摄中特有的东西加上Proof[校样]，然后再加上序列号，这样的话，所有的照片将被重命名为FurProof-1，FurProof-2，以此类推）。

图 13-17

第2步：

当三张Selects 照片仍然处于选中状态时，进入文件菜单，选择通过电子邮件发送照片（如图13-18所示）。

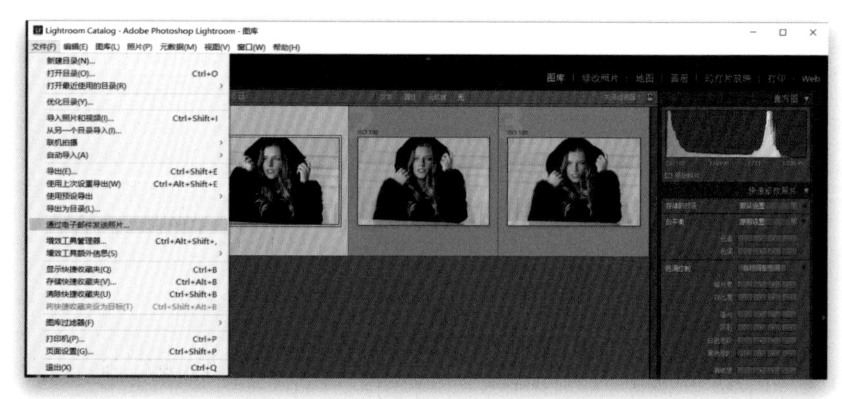

图 13-18

图 13-19

第 3 步：

在弹出的电子邮件信息对话框内（如图 13-19 所示），你可以键入客户的电子邮箱地址，电子邮件的主题等信息。需要特别指出的一件事是发送照片的尺寸，如果担心客户在照片最终完成之前（或者付款之前）使用照片，你可能希望发送非常小的校样，这种情况下，你不仅应该发送尺寸较小的照片（从左下角的预设下拉菜单中选择小），而且还要给照片添加水印。在添加完客户地址信息后，只需单击右下角的发送按钮即可。

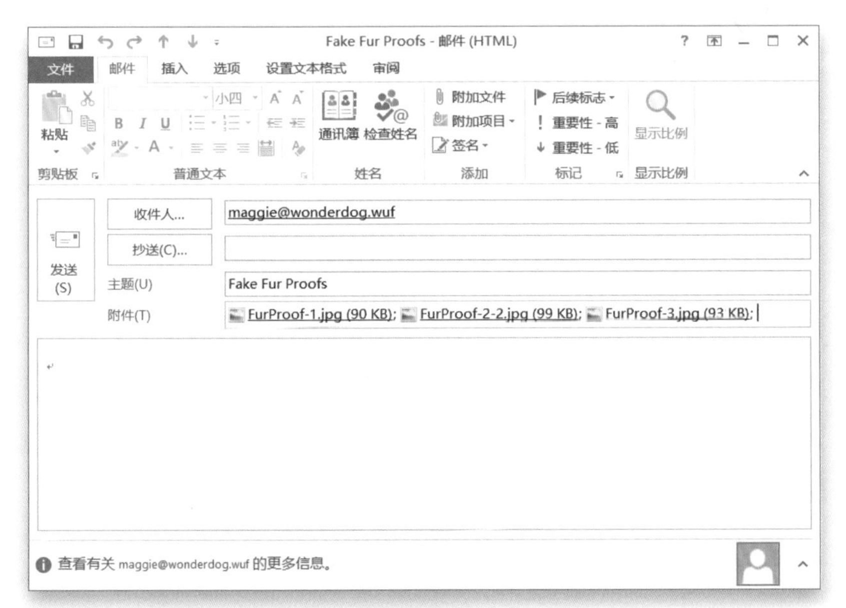

图 13-20

第 4 步：

这将打开你的电子邮件应用程序，创建一个空白电子邮件，添加上你刚刚填写的信息，并且附加上你的照片。看看例图，就可以发现我给客户发送的校样尺寸非常给力。我将预设设置为大，其长边像素是 800，品质为高，但是即使这样，三张 JPEG 文件加起来才 283 KB。所以，实际上你可以通过电子邮件发送很多照片（如果依据上述设置的话，每张照片的文件大小大约 94 KB，则在这些设置下，你可以通过电子邮件发送 50 张类似的 JPEG 校样，并且这还是在最保守的 5 MB 电子邮件附件的情况下计算的）。单击发送按钮，将其发送到客户那里。现在，我们只需等待，希望他们喜欢这些照片。

13.7 工作流程第6步：在Photoshop内做最终的调整和处理

当客户把他们选择结果告诉我之后，我就开始处理最终图像——首先在Lightroom内进行处理，如果有需要，就转到Photoshop内调整。在这个例子中，由于树脂玻璃的边缘出现在画面左侧，并且还要修复画面背景的右侧，因此需要转到Photoshop来完成最终的调整，但这一处理总是从Lightroom开始。

第1步：

客户通过电子邮件把他们的挑选结果发送给我之后，我转到图库模块内的Selects收藏夹。在这个例子中，客户只选中了一张照片，我按数字键6用红色标签将其标记，如图13-21所示。然后进入修改照片模块进行修复。而修复玻璃边缘和背景的工作要在Photoshop中完成，因此请按下Ctrl-E（Mac：Command-E）键，把标有红色标签的照片发送到Photoshop中，然后在编辑照片对话框中选择编辑含Lightroom调整的副本，然后单击编辑按钮，在Photoshop中打开该照片。

图 13-21

第2步：

照片在Photoshop中打开后，按Ctrl-+（Mac：Command-+）键进行缩放。现在从工具箱选择矩形选框工具（快捷键M），在树脂玻璃边缘的凸起处拖出一个矩形框（如图13-22所示）。修复前的这个操作是为了对该区域划出一个保护“网”，以防不小心修复了桌子的其他区域——矩形框限定了修复范围，我们只能在这里进行绘制或仿制。

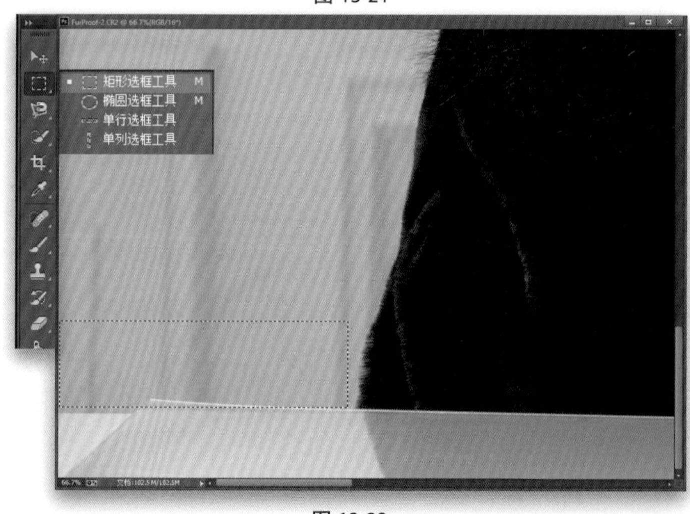

图 13-22

图 13-23

第3步：

拖出矩形框后，选择仿制图章工具（快捷键S；其图标看起来像是橡皮图章）。我将使用它仿制（复制）树脂玻璃翘起的上方区域，按住Alt（Mac：Option）键并单击背景中想要仿制到瑕疵区域的干净部分（这叫做“取样”），取样完成后，只需把鼠标移动到瑕疵区域绘制（仿制）干净的部分，取样就会覆盖掉瑕疵部分。

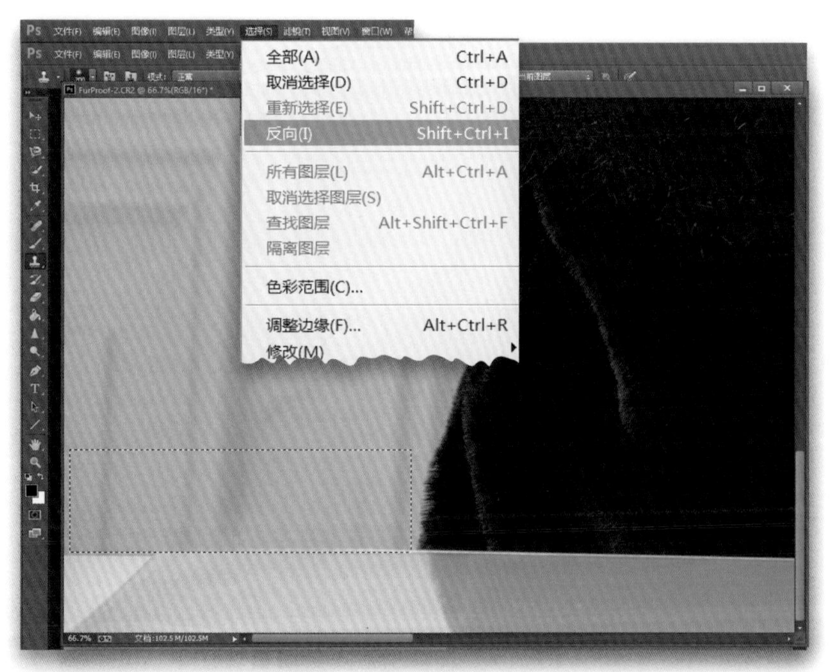

图 13-24

第4步：

仿制完成后（如图13-24所示），需要把树脂玻璃扩展到照片边缘处。之前我们所做的操作只能影响到矩形框选中的区域。而现在恰恰相反，我们需要保护矩形内的区域，绘制外围（矩形的下方）区域。我们需要反转保护选区，因此转入选择菜单选择反向（如图13-24所示）。现在，除了我们仿制的矩形区域外，其他部分都被选中了，这样就不用担心不小心仿制刚修复好的区域。照片中的左下角处树脂玻璃和照片边缘有个缝隙，可以通过从树脂玻璃的其他部分取样，绘制那个缝隙来修复它。

第5步：

选择仿制图章工具，按住Alt（Mac：Option）键并单击树脂玻璃缝隙旁的右侧区域取样，然后只需仿制到缝隙处，直到树脂玻璃看上去是自然延伸到照片边缘即止。如果仿制失败了，只需按Ctrl-Z（Mac：Command-Z）键撤销，然后再操作。左边调整完后，按Ctrl-D（Mac：Command-D）键取消选定。现在来修复模特身后的右侧墙面，有一些不自然的灯光问题。

图 13-25

第6步：

看到右下角的不自然区域了吗？墙上的阴影和明亮区域过渡，非常显眼，处理这种情况时我会选择一块不同的墙面，仿制它来覆盖瑕疵，但需要做些处理来配合颜色和色调。先在背景左侧选择一个可以覆盖右侧瑕疵区域的矩形选区（如图13-26所示）。千万别选中桌子，只选墙面就好。选好后按Ctrl-J（Mac：Command-J）键，把选区作为独立的图层放在背景的上方。

图 13-26

图 13-27

第7步：

选区形成了独立的图层后，需要把它移动到另一边。按下键盘上的V键切换到移动工具，然后单击并拖动高矩形选区至右侧，让矩形边尽可能与现有的边平行（如图13-27所示）。由于右侧的灯光和颜色与左侧大相径庭，偏蓝的图层无法融合在偏黄的背景当中。这时只能尽全力让选区平行，然后解决颜色不自然的问题，这时还可以看到选区生硬的边缘。现在，按住Ctrl（Mac：Command）键，在图层面板中直接单击顶部图层的缩览图，选中该区域（如图13-27所示，现在选区被再次选中了）。

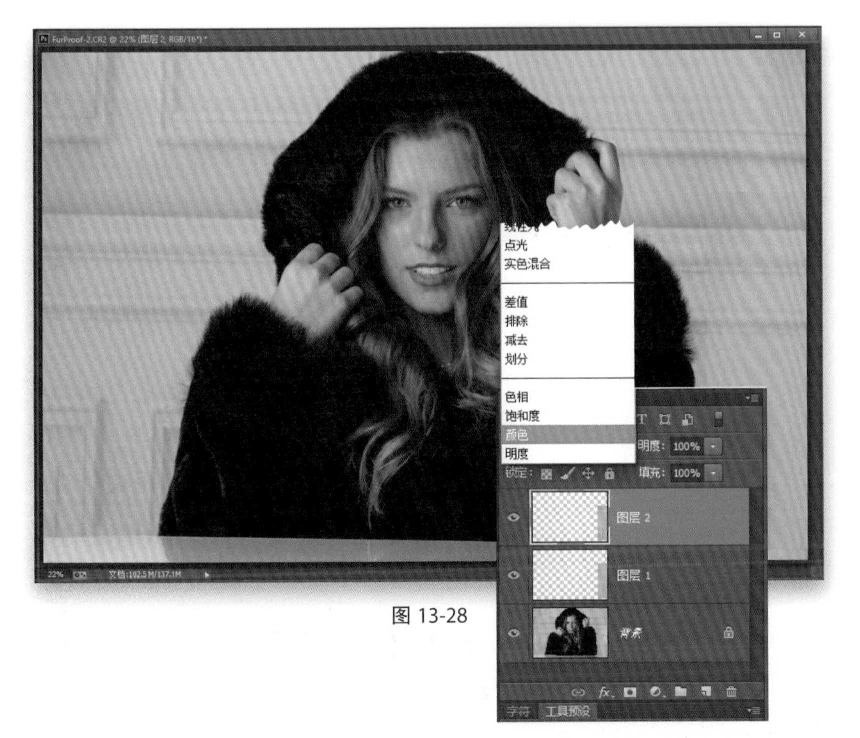

图 13-28

第8步：

接下来我们一起修复颜色问题，先复制一块瑕疵墙面，使其成一个独立的图层，然后切换为图层混合模式，找回原始墙面的颜色，不要细节。在图层面板中，先单击以激活背景图层，选区由此位于背景图层。再次按下Ctrl-J（Mac：Command-J）键使选区成为独立的图层，然后把它拖动到图层堆叠的顶层。在面板的顶端的正常下拉菜单中选择颜色选项，现在虽然还能看到明显的边缘，但至少颜色看起来舒服了不少。

第9步：

现在要通过蒙版隐藏硬边，但在操作之前先把这两个图层（左侧修复的区域，以及刚才用来匹配颜色的顶部的颜色模式图层）合二为一。单击顶部图层（颜色图层），按Ctrl-E（Mac：Command-E）键来合并它们，同时保持外观完好无损。为了隐藏硬边，首先单击图层面板下方的添加图层蒙版图标（左数第三个图标），然后按字母键D，接着按字母键X，把背景设置为黑色，从工具箱中选择画笔工具（快捷键B），从画笔选择器中选择较好的软边画笔来绘制边缘，这样就能柔化边缘（如图13-29所示），完成修复。

图 13-29

第10步：

完成Photoshop的操作后，需要把处理后的照片发送回Lightroom中，只需按Ctrl-S（Mac：Command-S）键保存并关闭照片窗口。当你切换回Lightroom时，编辑后的照片会出现在收藏夹中原始照片的右侧，如图13-30所示。

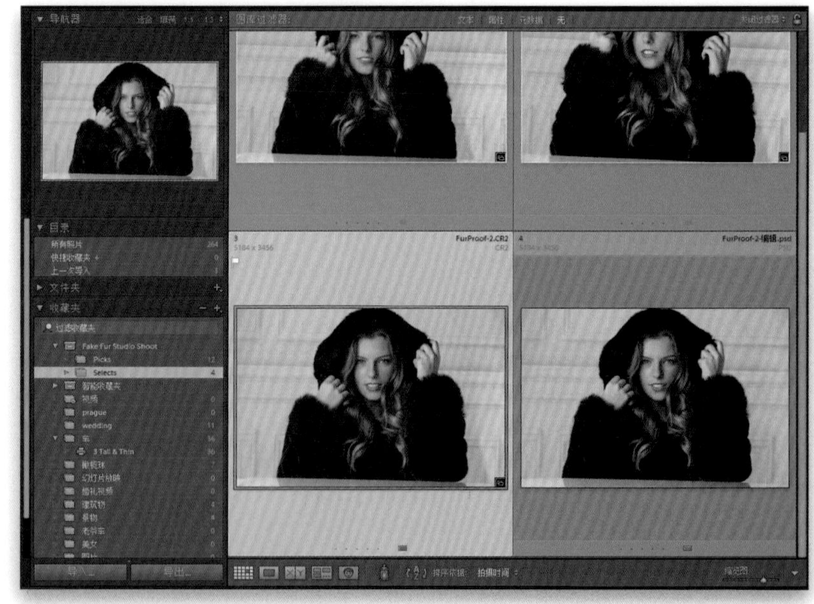

图 13-30

13.8 工作流程第7步：传递最终图像

照片修饰完成后，就该把最终图像传送给客户了，既可以将其通过电子邮件发送给客户，也可以将最终图像打印出来后传递给他们。通过电子邮件和通过电子邮件发送校样的方法相同，所以我就不用重复了，本节我希望你能学习如何为客户制作打印品。

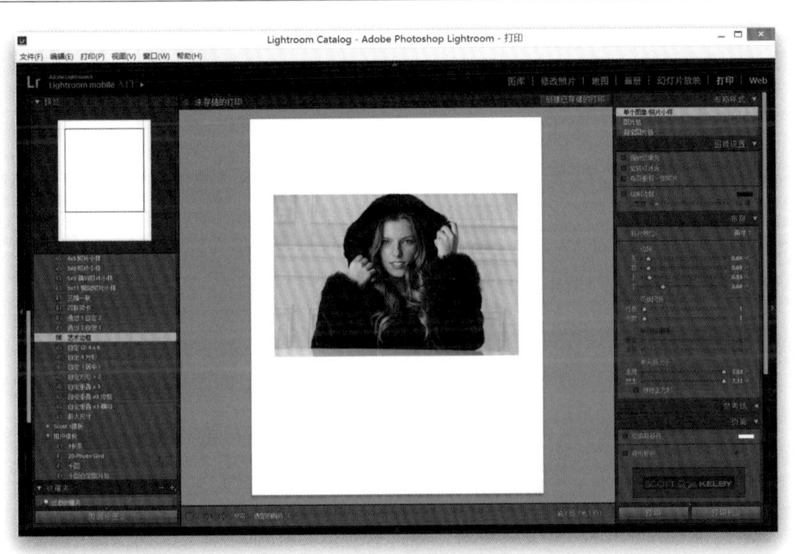

图 13-31

图 13-32

第1步：

单击已经经过充分修饰过的照片，然后转到打印模块，在模板浏览器中，单击想要使用的模板——我选择艺术边框模板。该模板的默认页面设置是美国信封（8×11英寸），因此，如果需要不同的尺寸，则请单击底部的页面设置按钮，该对话框打开后，从中选择打印机、纸张尺寸和方向，然后单击确定按钮应用这些设置。选择新的页面尺寸后可能需要调整页边距，因为它不会自动调整所有东西。

第2步：

现在，该打印照片了。向下滚动到打印作业面板，从顶部的打印到下拉列表中选择打印机。然后，关于打印分辨率，由于我要打印到彩色喷墨打印机，所以我将其保持为240 ppi。请确保打印锐化复选框处于勾选状态，从右侧的下拉列表中选择锐化数量（我通常选择高），然后选择从纸张类型下拉列表中选择即将用来打印的纸张类型（在这里我选择高光纸）。然后，在色彩管理部分，选择你的配置文件，并设置渲染方法，在本例中我选择相对。

第3步：

现在，单击右侧面板区域底部的打印机按钮，弹出打印对话框（图13-33是从Windows中截取的，但是Mac打印对话框有相同的基本功能，只是布局样式不同）。选项将根据打印机的不同有所不同。

图 13-33

第4步：

现在打印一份校样：单击打印按钮后，很有可能你打印出的图像比在计算机上看到的图像要暗一些。如果是这样，请勾选打印调整复选框（位于打印作业面板底部），将亮度滑块向右拖动，然后再进行打印测试，与屏幕上显示的图像进行比较。可能需要几次打印测试后，才能得到满意的结果，调整对比度的方法也一样。然而，如果色彩有问题，如照片看起来太红或者太蓝等，你需要转到修改照片模块，在HSL/颜色/黑白面板中降低该颜色的饱和度，然后再进行一次打印测试。这就是我对人像从头到尾的处理工作流程。请记住：之所以把这一工作流程内容放在本书的结尾，是因为只有在你阅读本书的其余章节之后，它才有意义。因此，如果没有理解它的意义，则一定要回头参考我这里给出的章节，这样可以学到本书前面你已经跳过，或者自认为不需要学习的内容。

图 13-34

13.9 给Lightroom新手的10个重要建议

接下来有10件事情是我希望当初开始使用Lightroom时有人能告诉我的。当然了，现在你可能会想，为什么在本书结尾才给这么重要的建议。这是因为如果你是Lightroom新手，首先需要学习一些Lightroom术语、功能和概念，之后这些建议才会变得有意义。如果读完这句你在想：“但是我在阅读本书之前就已经知道这些术语和功能了！”那么你可能不是个初学者，对吗？不管怎样，我们来一起看一下这些建议（排序并没有特别的意义）。

（1）将照片储存在一个主文件夹下：

你可以按照自己的意愿在主文件夹内设置很多子文件夹，但是如果希望Lightroom工作流程平稳有序，关键在于不要从计算机或外置硬盘的不同位置导入照片。选择一个主文件夹（如第1章中所述），将所有照片文件夹置于该主文件夹内。然后，将它们导入Lightroom（如果从存储卡中导入，则可以将卡中照片复制到主文件夹中）。除此之外，这使得备份图片库变得简单。每次当我看到别人Lightroom中的文件非常杂乱时，就知道他没有遵循这一简单原则。还有，如果在笔记本计算机上工作，完全可以将照片储存在外置硬盘中，而不必放在笔记本中，因为笔记本的硬盘很容易被快速塞满！

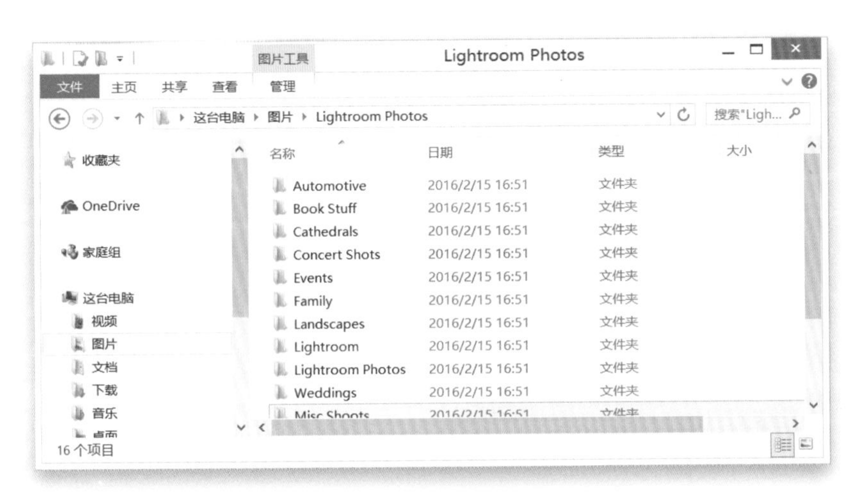

图 13-35

（2）使用单独模式使导航更简洁：

如果厌倦了在Lightroom长长的面板列表中上下滚动页面，我强烈推荐打开单独模式。这样的话，唯一展开的面板就是当前工作的那个，其他面板会自动收起。这不仅能避免杂乱，还能节约时间，使自己更专注于当前工作的区域。用鼠标右键单击任何面板标题，从菜单列表中选择单独模式即可。

图 13-36

（3）使用收藏夹，而不是文件夹：

文件夹是从某次特定拍摄中导入的真实照片在计算机或外接硬盘中存储的位置。但是一旦导入所有这些照片，我们中的大多数人关心的是那些好照片，这也就是收藏夹被发明的原因。我们经常开玩笑说："当我们想查看拍摄的烂片时，就会去文件夹。"因为我们将所有好照片，即留用照片，都放在收藏夹里了。这类似于我们通常对传统胶片的处理方式——将好的照片打印出来，然后放在影集里，将其他的留在影室的处理架上。收藏夹就像影集（实际上，我希望称其为影集）。此外，收藏夹更安全，因为它能避免你不小心从计算机或硬盘中删除照片。

图 13-37

图 13-38

图 13-39

图 13-40

（4）在Lightroom 内完成尽可能多的工作：

我在Lightroom内通常可以完成85%左右的工作，只有在Lightroom内无法处理的才转到Photoshop中操作（如合成有图层的图像、创建专业水平的板式、使用画笔工具、进行高级人像修饰等）。在Lightroom的修改照片模块内，你可以完成惊人数量的日常工作，尤其是当Lightroom 5增加了修复画笔工具后。因此，花些时间学习这些工具，在Lightroom内完成尽可能多的工作，这将加快后期处理工作流程的速度，其效果超出你的想象。

（5）想快速工作？创建预设和模板：

如何在Lightroom内有效率的进行工作，其关键在于为每天都做的事情创建预设和模板（尽管很多用户甚至从来都不花几秒钟时间创建一个）。如果发现自己多次重复某一特定编辑，则可以在修改照片模块为其创建预设，之后只需单击一次就能完成操作。如果经常使用某一打印设置，请将其保存为打印模板。将文件导出为JPEG或TIFF格式时，请创建导出预设，这样可以节约时间。甚至创建导入预设也能节约时间。因此，创建和使用预设及模板是Lightroom最大的优点之一，能够使工作效率大大提升。

（6）将图像存储为JPEG格式：

在Lightroom 培训班中，这个问题被问了很多次。因为文件菜单下没有“存储为”选项，甚至没有“存储”命令。如果进入文件菜单下，你会发现4种不同的导出命令，但是没有一个是“导出为JPEG”，所以，存储为JPEG格式的操作不是很明显。然而，你可以单击导出按钮，当导出对话框出现后，调整设置文件可以将选中图像存储为JPEG。顺便提一下，由于“保存为JPEG”是一件很可能经常执行的操作，所以请同样创建一个导出预设，这样就可以非常方便地完成该操作了。

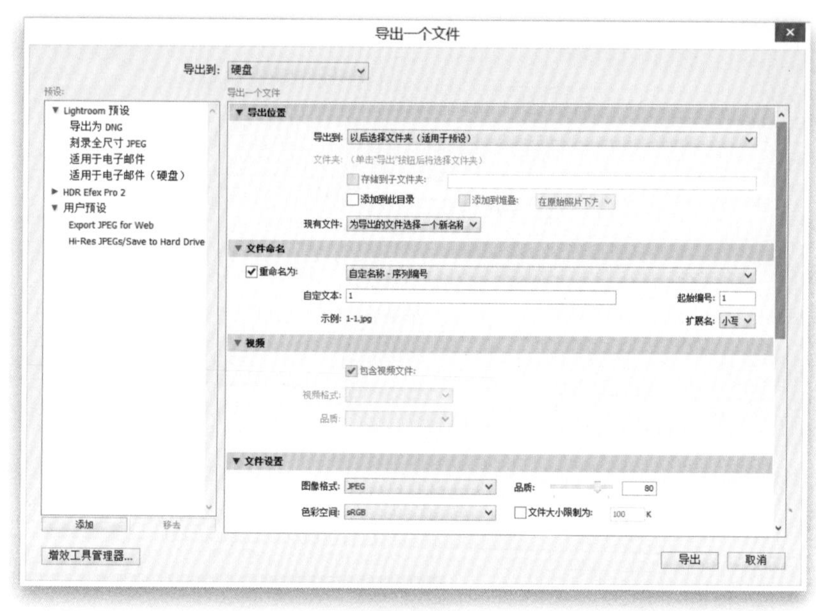

图 13-41

（7）关闭面板自动隐藏和显示：

我收到过很多来自Lightroom新手的电子邮件，他们咨询是否有方法可以关闭面板自动隐藏和显示功能。我们可以用鼠标右键单击每个面板中间边缘的小箭头，在弹出的下拉列表中选择手动，这样只有当你单击小箭头时面板才会打开。

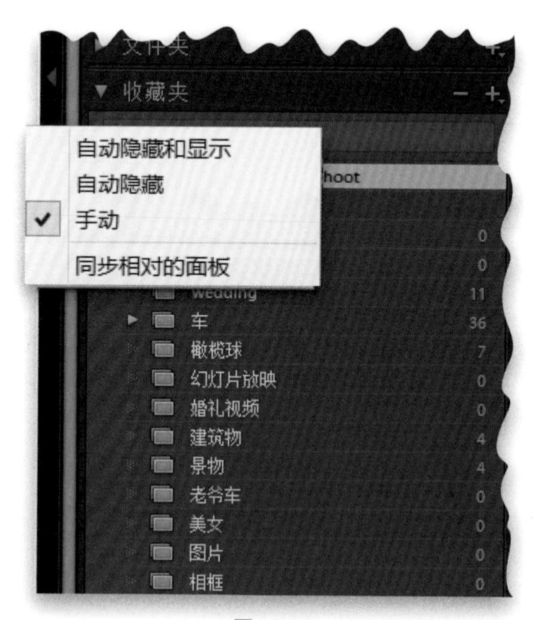

图 13-42

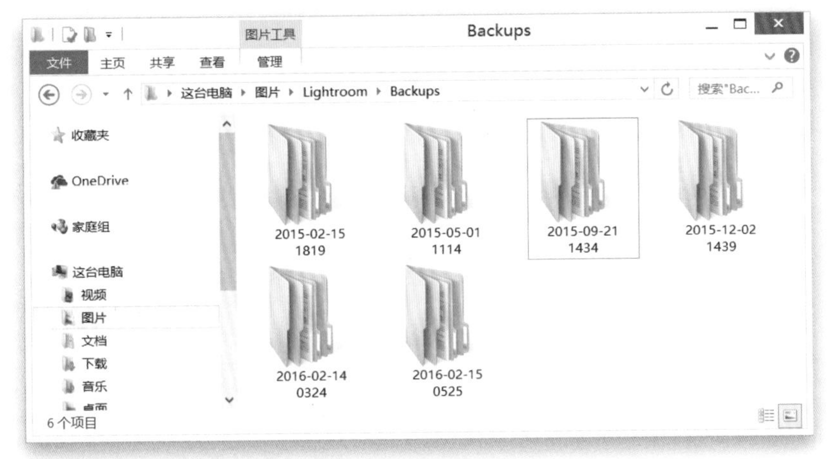

图 13-43

（8）清除旧备份：

如果你定期备份目录，无论是每天还是每周，没过多久，计算机中将会堆积一大长串备份文件。一段时间之后，那些旧的、过时的备份将会占用大量硬盘空间，而且那些旧的备份文件几乎没有什么用，因此，请前往备份文件夹，删除已经超过几周时间的备份。同样，如果你已经定期备份了整个计算机，如备份到云端或者无线硬盘，你就没必要再备份目录了，因为在这些地方你已经做了备份。

图 13-44

（9）尽可能久地坚持使用一个单一目录：

虽然你肯定有多个目录（这是Lightroom的特色），但是我给你的建议是尽可能长时间地坚持使用一个单一目录。当前，Lightroom最多可以应对大约150000张图片，但是，如果超过约100000张图片时，程序运行开始变慢，请确保运行文件菜单的优化目录功能。仅使用一个目录可以使工作流程更加简洁，所有照片尽在眼前，而不必重新下载不同的目录来搜寻当前图片库。当人们询问多个目录问题时，Adobe Lightroom的产品经理Tom Hogarty给出的也是相同建议。他的答案是：坚持使用一个目录。这是非常明智的建议。

（10）是否真的需要添加关键词：

我们最初教授的是，花费合理时间向所有导入的照片添加通用、具体的关键字（搜索条目）。如果你出售照片，或者是一名记者，这一点绝对是必须的，如果客户打电话问你："将所有红色汽车的照片都发给我，必须是竖幅的，我只想要那些能看到司机，而且司机必须是女性的照片。"那你肯定赞成添加关键字。但是，如果你只是保存去年去巴黎度假的一些照片，则就没必要浏览照片并添加关键字了。所以，我认为如果使用收藏夹，并借助简单的描述性名称就能在几秒之内找到目标照片，则可以不必给所有图像添加关键字（我通常是这样）。我并不是告诉你不要添加关键字，而只是让你考虑自己是否真的需要花费一定的时间添加一大串关键字，因为大多数用户可能不需要这么多（或者一点都不需要）。

图 13-45

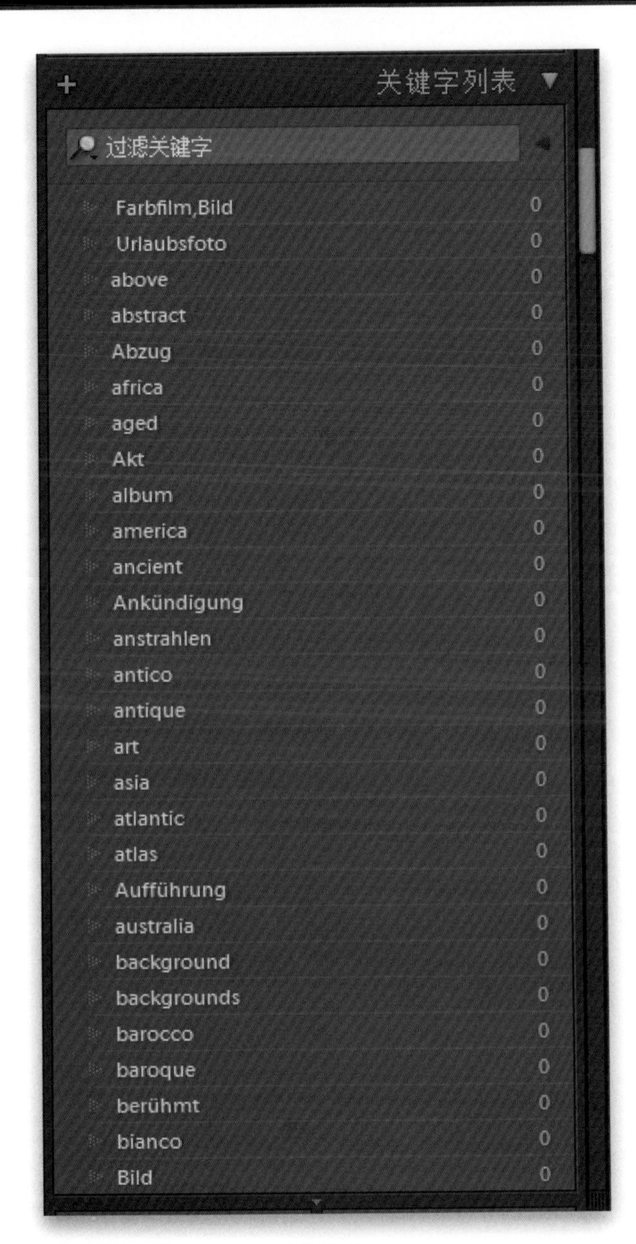
关键字列表
过滤关键字
Farbfilm,Bild 0
Urlaubsfoto 0
above 0
abstract 0
Abzug 0
africa 0
aged 0
Akt 0
album 0
america 0
ancient 0
Ankündigung 0
anstrahlen 0
antico 0
antique 0
art 0
asia 0
atlantic 0
atlas 0
Aufführung 0
australia 0
background 0
backgrounds 0
barocco 0
baroque 0
berühmt 0
bianco 0
Bild 0

图 13-46

图书在版编目（CIP）数据

Photoshop Lightroom 6/CC摄影师专业技法 / (美)斯科特·凯尔比 (Scott Kelby) 著 ; 王聪, 杨庆康译. -- 北京 : 人民邮电出版社, 2016.12 (2017.5重印)
ISBN 978-7-115-42811-0

Ⅰ. ①P… Ⅱ. ①斯… ②王… ③杨… Ⅲ. ①图象处理软件 Ⅳ. ①TP391.41

中国版本图书馆CIP数据核字(2016)第136717号

版权声明

Scott Kelby: the Adobe Photoshop Lightroom CC book for digital photographers
ISBN:9780133979794
Copyright©2015 by Scott Kelby.
Authorized translation from the English language edition published by New Riders.
All rights reserved.
本书中文简体字版由美国 New Riders 授权人民邮电出版社出版。未经出版者书面许可，对本书任何部分不得以任何方式复制或抄袭。
版权所有，侵权必究。

◆ 著　　　[美] 斯科特·凯尔比（Scott Kelby）
译　　　王　聪　杨庆康
责任编辑　张　贞
责任印制　周昇亮
◆ 人民邮电出版社出版发行　　北京市丰台区成寿寺路 11 号
邮编　100164　　电子邮件　315@ptpress.com.cn
网址　http://www.ptpress.com.cn
北京盛通印刷股份有限公司印刷
◆ 开本：880×1230　1/20
印张：21.4　　　　2016 年 9 月第 1 版
字数：681 千字　　2017 年 5 月北京第 3 次印刷
著作权合同登记号　图字：01-2015-4178 号

定价：108.00 元

读者服务热线：(010)81055296　印装质量热线：(010)81055316
反盗版热线：(010)81055315
广告经营许可证：京东工商广字第 8052 号